"大国三农"系列规划教材

普通高等学校教材

生态工程

Ecological Engineering

第二版

许艇　主编

李季　李洁明　副主编

化学工业出版社

·北京·

内 容 简 介

本书以生态工程的基础理论和实践应用为主线，主要介绍了生态工程的概念及发展历史、生态工程基本原理及设计思路、土壤恢复生态工程、农田复合生态工程、养殖业生态工程、水体污染修复生态工程、湿地生态工程、土壤污染修复生态工程、固体废物利用生态工程、人工设施生态工程以及综合生态工程等内容。通过对国内外生态工程经典案例的分析，培养读者的观察力、想象力和系统思维能力，激发创新意识，鼓励突破、改进和优化原始生态工程设计思路，创设一种开放、灵活、生动多样的生态环境。

本书具有综合性强、内容丰富、视角独特、理论联系实际等特色，可作为高等学校生态工程、环境科学及相关专业本科生、研究生教材，也可作为生态环境领域科研人员和管理人员的参考书。

图书在版编目（CIP）数据

生态工程 / 许艇主编；李季，李洁明副主编. —2版. —北京：化学工业出版社，2024.12. —("大国三农"系列规划教材). —ISBN 978-7-122-24256-3

Ⅰ. X171.4

中国国家版本馆 CIP 数据核字第 2024QD2747 号

责任编辑：刘兴春　卢萌萌　　　　文字编辑：丁海蓉
责任校对：宋　玮　　　　　　　　装帧设计：韩　飞

出版发行：化学工业出版社
　　　　（北京市东城区青年湖南街13号　邮政编码100011）
印　　装：北京天宇星印刷厂
787mm×1092mm　1/16　印张 22½　字数 556 千字
2025 年 2 月北京第 2 版第 1 次印刷

购书咨询：010-64518888　　　　售后服务：010-64518899
网　　址：http://www.cip.com.cn
凡购买本书，如有缺损质量问题，本社销售中心负责调换。

定　　价：86.00元　　　　　　　　　版权所有　违者必究

《生态工程》
（第二版）

编写人员名单

主　　编：许　艇

副 主 编：李　季　李洁明

编写人员：许　艇　李　季　李洁明　杜章留
　　　　　方　萍　李洁明　刘树枫　乔玉辉
　　　　　田光明　魏雨泉　于瑞鹏　张宝莉
　　　　　赵桂慎

前言
PREFACE

半个多世纪以来,国际生态学研究发生了一系列的重大变化。生态学改变了长期以来的纯自然主义的倾向,明确提出人类是生物圈固有的组成部分,并对生态系统产生举足轻重的影响。生态学正越来越紧密地与全球和地区的社会经济发展相结合,并服务于生产实践。许多全球性以及国家的重大建设项目和热点均离不开生态学的参与,有关生态系统服务、生态系统分析和生态工程设计等应用生态学研究在区域经济发展中发挥着越来越重要的作用。

中国是一个生态脆弱、资源短缺、环境压力突出的国家,自20世纪80年代以来学术界和各国政府普遍关注的"人口、资源、能源、环境和粮食"等重大问题在中国并未得到根本缓解。在全国范围内,城乡绿化和大区域的生态环境建设得到了大幅度的发展,然而更多的生态问题不断涌现,并呈现"一波未停,一波又起"的态势。例如,东北地区黑土层流失、土地盐碱化和荒漠化、重金属污染、畜禽粪便污染、农药残留超标等。中国的生态学肩负太多的任务,一方面它仍要继续高举火炬,揭示那些尚未被人类认识的问题和潜在风险,以照亮未来的前进方向;另一方面它还要紧握利剑,不断创新与探索,提出解决这些问题的方法和技术。

解决中国严峻的生态问题的关键在于两点,其中一点是广泛的认同和认可。问题不怕提出来,关键是当事人的态度及具体行动。我们目前看到的生态问题多数还是表面的或易察觉到的问题,大量的问题尚藏在后面。实际上只要坦然揭示和面对这些问题,统一意志,就没有解决不了的问题。另一点是适宜的技术和方法。生态问题具有隐蔽性和潜伏性的特点,许多问题治理起来常常要付出比产生问题时更大的成本,地下水污染的治理就是这样。然而借助于日益快速发展的现代技术,如工程技术、生物技术等,要找到解决这些问题的办法也并不难。

生态工程(ecological engineering)就是这样一门解决生态问题的学科。H. T. Odum给出的生态工程的定义是"设计和实施经济与自然协调的工艺技术"。我国著名生态学家马世骏则进一步认为,"生态工程是利用生态系统中物种共生与物质循环再生的原理及结构与功能协调原则,结合结构最优化方法设计的促进分层多级利用物质的生产工艺系统"。与大量的生态学过程及机理研究相比,生态工程的研究尚处于发展初期,表现在其指导原理、设计方法尚不完善,工程应用方向及范围也相对有限。然而随着生命学科与环境学科间、生物学与工程学间的合作日益增加,生态工程已在许多领域得到广泛认可和应用,如人工湿地在污水处理中的应用,堆肥技术在固体废物处理中的应用,微生物及植物在土壤污染修复中的应用等。近10年来应用生态学的快速发展也充分说明生态学除了在路边像裁判一样评判别人外,它还在逐渐扮演着运动员的角色,以"解决问题,修复地球"为己任。

本书是在编者多年的教学及实践基础上编写的。2008年,受北京市教委生态学重点学科项目资助,出版了"生态学重点学科丛书",《生态工程》为其中一个分册。该书出版后一直作为我校和部分兄弟院校生态学专业的本科生及研究生教学用书。随着生态工程技术的快速发展及应用领域的拓展,本书第一版内容已无法满足现代生态学专业培养改革的要求,因此编者及其团队组织编写人员对第一版进行了全面修订。此次修订的主要内容(即第二版的特色)有:

（1）重新调整了章节内容，本书第一版侧重土壤、农田、养殖、水环境、湿地、固体废物、人工设施和综合生态工程几个方面，而第二版扩大了生态工程技术的研究和应用范围，增加了更多农业以外的领域。

（2）在讲授内容方面做了大量修改，第二版偏重原理及技术结合，案例部分占了相当篇幅，约 1/3，而且多为近年本学科领域的最新进展或经典研究成果。

本书由许艇任主编，李季、李洁明任副主编，具体编写人员及分工是：第一章由李季编写；第二章由方萍编写；第三章由杜章留编写；第四章由许艇、于瑞鹏编写；第五章由李洁明、魏雨泉编写；第六章由李洁明编写；第七章由张宝莉编写；第八章由田光明、乔玉辉编写；第九章由魏雨泉编写；第十章由赵桂慎编写；第十一章由李季、刘树枫编写。全书最后由许艇统稿并定稿。

本书的出版得到了中国农业大学"大国三农"系列规划教材项目的资助，中国农业大学生态科学与工程系的王平杰、孙岚清、李璇、刘伟霞、王文婷、杭胜、郑义等同学在相关资料准备方面做了大量工作，在此致以诚挚的谢意。

限于编者水平及编写时间，书中不足和疏漏之处在所难免，敬请读者提出修改建议，以待后续再版时更正。

编者
2024 年 7 月

目录
CONTENTS

第一章　生态工程总论 ··· 001
　第一节　生态工程的概念和意义 ··· 001
　　一、生态工程的概念及由来 ··· 001
　　二、生态工程产生的时代背景 ·· 002
　　三、生态工程相关概念及特点 ·· 003
　　四、生态工程的意义 ·· 006
　第二节　生态工程的主要类型和特点 ··· 006
　　一、生态工程的主要类型 ·· 006
　　二、生态工程的特点 ·· 010
　第三节　生态工程的发展历史及现状 ··· 011
　　一、国外生态工程的发展 ·· 011
　　二、我国生态工程的发展历史及现状 ·· 013
　第四节　生态工程研究的主要领域及发展展望 ·· 017
　　一、生态工程研究的主要领域 ·· 017
　　二、生态工程发展展望 ··· 019
　思考题 ·· 020
　参考文献 ··· 020

第二章　生态工程基本原理及设计思路 ·· 022
　第一节　基本原理 ·· 022
　　一、系统原理 ··· 022
　　二、生物学原理 ·· 025
　　三、生态学原理 ·· 027
　　四、经济学原理 ·· 031
　　五、工程学原理 ·· 033
　第二节　生态工程设计思路与方法 ··· 034
　　一、生态设计思想及原则 ·· 035
　　二、生态工程设计思路 ··· 035
　　三、生态工程设计流程与步骤 ·· 036
　第三节　生态工程的评价 ·· 038
　　一、生态工程评价原则 ··· 038
　　二、生态工程评价方法 ··· 038

三、生态工程评价案例 ·· 042
　　四、生态影响评价 ·· 044
第四节　生态工程设计案例分析 ·· 046
　　一、案例1：成都活水公园 ·· 046
　　二、案例2：哥伦比亚咖啡种植园生活污水处理生态工程 ················· 047
　　三、案例3：美国纽约高线公园生态工程 ··· 049
思考题 ··· 052
参考文献 ··· 052

第三章　土壤恢复生态工程 ·· 053
第一节　土壤生态系统的特点 ·· 053
　　一、多层次结构的复合生态系统 ··· 053
　　二、动态开放系统 ·· 054
　　三、自然过程最活跃的场所 ·· 054
　　四、人类活动最激烈的场所 ·· 055
第二节　盐碱地改良生态工程 ·· 056
　　一、盐碱地综合治理配套技术 ·· 057
　　二、盐碱地改良工程案例 ··· 060
　　三、盐碱地治理的工程生态设计 ··· 061
　　四、盐碱地治理工程 ·· 063
　　五、盐碱地治理区概况及治理效果 ·· 064
第三节　荒漠土壤恢复生态工程 ·· 067
　　一、我国土地荒漠化状况 ··· 067
　　二、土地荒漠化成因和治理模式 ··· 068
　　三、荒漠土壤恢复生态工程案例 ··· 069
第四节　水土流失恢复生态工程 ·· 072
　　一、水土保持的耕作措施 ··· 073
　　二、水土保持的治坡治沟工程措施 ·· 074
　　三、水土保持的林草生物措施 ·· 076
　　四、典型案例分析 ·· 077
第五节　黑土地保护生态工程 ·· 081
　　一、我国黑土地分布、开发利用和主要问题 ···································· 081
　　二、我国黑土地退化主要原因 ·· 083
　　三、我国黑土地保护实施途径 ·· 083
　　四、黑土地保护工程技术及方案 ··· 085
　　五、黑土地保护工程案例 ··· 087
思考题 ··· 091
参考文献 ··· 091

第四章 农田复合生态工程 ··· 093
第一节 农田生态系统的主要特征 ·· 093
一、农田生态系统的概念 ··· 093
二、农田生态系统的人工控制特点 ·· 093
三、农田作物的个体发育及群落演替特点 ··· 094
四、农田物质生产、能流与物流的特点 ·· 095
第二节 农田间、混、套作生态工程 ··· 095
一、农田间、混、套作的基本概念 ·· 096
二、农田间、混、套作的生产和生态服务功能 ································· 096
三、农田间、混、套作技术要点 ··· 099
四、农田间、混、套作典型案例 ··· 099
第三节 农田病虫害生物防治生态工程 ··· 107
一、生物防治概况 ··· 107
二、生物防治的基本类型 ·· 108
三、农田生物防治典型案例 ·· 109
第四节 复合农林业生态工程 ·· 112
一、复合农林业概况 ··· 112
二、复合农林业基本类型 ·· 115
三、典型案例 ··· 115
第五节 稻田养鱼生态工程 ·· 118
一、稻田养鱼概况 ··· 118
二、稻田养鱼的经济效益-社会效益-生态效益 ································· 119
三、稻田养鱼生态工程类型 ·· 120
四、稻田养鱼生态工程技术 ·· 120
五、典型案例——稻-鱼共作系统可持续性的生态机制 ··················· 121
思考题 ·· 123
参考文献 ·· 123

第五章 养殖业生态工程 ··· 125
第一节 规模化畜牧养殖现状及问题 ·· 125
一、规模化畜牧养殖业发展现状及环境污染问题 ······························ 125
二、规模化养殖业问题产生的原因 ·· 128
三、规模化养殖业污染治理政策及原则 ·· 130
第二节 畜牧养殖生态工程 ·· 132
一、畜牧群落生态工程 ·· 132
二、综合防治生态工程 ·· 133
三、农牧复合生态工程 ·· 133
第三节 水产养殖生态工程 ·· 137
一、淡水综合养殖 ··· 137

二、常规鱼混养模式 ……………………………………………………………… 138
　　三、鱼鳖混养模式 ………………………………………………………………… 139
　　四、鱼虾混养模式 ………………………………………………………………… 139
　　五、鱼蟹混养模式 ………………………………………………………………… 140
 第四节　鱼菜共生生态工程 …………………………………………………………… 141
　　一、鱼菜共生概况 ………………………………………………………………… 142
　　二、鱼菜共生基本原理 …………………………………………………………… 142
　　三、鱼菜共生生态工程类型及技术 ……………………………………………… 143
　　四、鱼菜共生生态工程案例 ……………………………………………………… 145
 思考题 …………………………………………………………………………………… 145
 参考文献 ………………………………………………………………………………… 146

第六章　水体污染修复生态工程 …………………………………………………… 147
 第一节　水体富营养化 ………………………………………………………………… 147
　　一、水生生态系统的特点 ………………………………………………………… 147
　　二、水质净化的生物学原理 ……………………………………………………… 148
　　三、水体富营养化的概念与成因 ………………………………………………… 148
　　四、水体富营养化产生的危害 …………………………………………………… 149
 第二节　景观水体的污染修复 ………………………………………………………… 151
　　一、景观水体的重要性及其现状 ………………………………………………… 151
　　二、污染来源及防治方法 ………………………………………………………… 151
　　三、生态修复技术 ………………………………………………………………… 152
　　四、案例——以北京市动物园水禽湖富营养化综合整治为例 ………………… 154
 第三节　湖泊水体的污染修复 ………………………………………………………… 155
　　一、湖泊水体的重要性及其污染现状 …………………………………………… 155
　　二、污染来源及防治方法 ………………………………………………………… 155
　　三、生态修复的原则 ……………………………………………………………… 160
　　四、案例——山东省南四湖人工湿地工程 ……………………………………… 161
 第四节　养殖水体的污染修复 ………………………………………………………… 163
　　一、养殖池塘中污染物的种类及产生的危害 …………………………………… 163
　　二、养殖水体的处理和修复技术 ………………………………………………… 164
　　三、案例——宜兴市河蟹养殖池塘的水体污染修复 …………………………… 166
 思考题 …………………………………………………………………………………… 169
 参考文献 ………………………………………………………………………………… 169

第七章　湿地生态工程 ………………………………………………………………… 172
 第一节　湿地生态系统概况 …………………………………………………………… 172
　　一、人工湿地的概念及分类 ……………………………………………………… 173
　　二、人工湿地的组成及净化机理 ………………………………………………… 175

    三、人工湿地参数对人工湿地净化效果的影响 …………………………………… 176
  第二节 湿地植被与水生植物 ………………………………………………………… 177
    一、湿地植被 ……………………………………………………………………… 177
    二、水生植物 ……………………………………………………………………… 179
  第三节 水平流人工湿地的设计建设与案例 …………………………………………… 181
    一、水平流人工湿地的设计与建设 ……………………………………………… 182
    二、水平流人工湿地案例 ………………………………………………………… 188
  第四节 潜流人工湿地的设计建设与案例 ……………………………………………… 190
    一、复合潜流人工湿地的设计与建设 …………………………………………… 190
    二、潜流人工湿地案例 …………………………………………………………… 195
  第五节 垂直流人工湿地的设计建设与案例 …………………………………………… 198
    一、垂直流人工湿地的设计与建设 ……………………………………………… 198
    二、多级垂直流人工湿地案例 …………………………………………………… 201
  思考题 …………………………………………………………………………………… 206
  参考文献 ………………………………………………………………………………… 206

第八章 土壤污染修复生态工程 ……………………………………………………… 208
  第一节 土壤污染物的来源与危害以及土壤污染的特点 …………………………… 208
    一、土壤污染物的主要来源 ……………………………………………………… 208
    二、土壤污染物的危害 …………………………………………………………… 210
    三、土壤污染的特点 ……………………………………………………………… 212
  第二节 重金属污染土壤修复技术 …………………………………………………… 213
    一、物理修复技术 ………………………………………………………………… 213
    二、化学修复技术 ………………………………………………………………… 215
    三、生物修复技术 ………………………………………………………………… 216
    四、农业修复技术 ………………………………………………………………… 218
  第三节 有机污染土壤修复技术 ……………………………………………………… 222
    一、物理-化学修复技术 ………………………………………………………… 223
    二、生物修复技术 ………………………………………………………………… 223
    三、联合修复技术 ………………………………………………………………… 229
  第四节 污染土壤修复生态工程案例 ………………………………………………… 229
    一、土壤污染修复生态工程概述 ………………………………………………… 230
    二、农用土壤污染修复生态工程案例 …………………………………………… 231
  思考题 …………………………………………………………………………………… 237
  参考文献 ………………………………………………………………………………… 238

第九章 固体废物利用生态工程 ……………………………………………………… 239
  第一节 固体废物的产生、特点、处理及利用 …………………………………… 239
    一、固体废物的产生及特点 ……………………………………………………… 239

二、固体废物的处理方式 240
   三、固体废物的资源化利用 241
 第二节 好氧堆肥基本过程、原理与工艺 242
   一、好氧堆肥基本过程 242
   二、好氧堆肥原理 243
   三、好氧堆肥工艺 246
 第三节 厌氧消化原理与工艺 253
   一、厌氧消化基本过程 253
   二、厌氧消化微生物 255
   三、厌氧消化的影响因素 256
   四、厌氧消化工艺 258
   五、厌氧反应器 260
 第四节 腐生生物处理固体废物生态工程 262
   一、腐生生物转化原理 262
   二、腐生生物转化技术工艺 262
   三、腐生生物处理技术应用的影响因素 264
 第五节 固体废物生态工程处理案例 264
   一、污水处理厂污泥好氧发酵处置工程 264
   二、养殖粪污厌氧消化处理工程 269
 思考题 273
 参考文献 273

第十章 人工设施生态工程 275
 第一节 种养结合生态温室 275
   一、种养结合生态温室的基本原理 275
   二、种养结合生态温室的关键技术 276
   三、种养结合生态温室发展模式与案例 279
 第二节 工厂化垂直生态农场 283
   一、工厂化垂直农场发展过程 283
   二、工厂化垂直农场发展类型 285
   三、工厂化垂直农场生态循环技术 287
   四、工厂化垂直生态农场发展前景与展望 289
 第三节 太空生命保障人工闭合生态系统工程 290
   一、太空生命保障系统发展过程 290
   二、太空生命保障系统主要类型 295
   三、太空生命保障人工闭合生态系统关键技术 296
   四、太空生命保障人工闭合生态系统案例 297
 第四节 微型人工生态系统工程 299
   一、微型人工生态系统工程发展现状 299

二、微型人工生态系统工程关键技术 …………………………………………………… 301
　　三、微型人工生态系统工程发展前景 …………………………………………………… 303
　思考题 …………………………………………………………………………………………… 304
　参考文献 ………………………………………………………………………………………… 304

第十一章　综合生态工程 …………………………………………………………………… 309
第一节　综合生态工程的基本原理、类型和特点 …………………………………………… 309
　　一、综合生态工程的基本原理 …………………………………………………………… 309
　　二、综合生态工程的类型和特点 ………………………………………………………… 310
第二节　生态村与生态农场建设 …………………………………………………………… 314
　　一、生态村 ………………………………………………………………………………… 314
　　二、生态农场 ……………………………………………………………………………… 317
第三节　生态工业园 ………………………………………………………………………… 320
　　一、生态工业园的由来和发展 …………………………………………………………… 320
　　二、生态工业园的含义和基本原理 ……………………………………………………… 324
　　三、生态工业园区案例分析——以广西贵港国家生态工业园区为例 ………………… 324
第四节　循环经济示范区 …………………………………………………………………… 328
　　一、循环经济的基本模式 ………………………………………………………………… 328
　　二、循环经济示范区的概念、指导思想 ………………………………………………… 328
　　三、循环经济示范区建设理论 …………………………………………………………… 330
　　四、循环经济示范区建设原则和规划步骤 ……………………………………………… 332
　　五、循环经济示范园区建设案例 ………………………………………………………… 334
第五节　生态区域建设 ……………………………………………………………………… 335
　　一、生态县建设 …………………………………………………………………………… 336
　　二、生态省建设 …………………………………………………………………………… 337
　　三、生态县建设规划设计案例 …………………………………………………………… 337
　思考题 …………………………………………………………………………………………… 347
　参考文献 ………………………………………………………………………………………… 347

第一章
生态工程总论

第一节 生态工程的概念和意义

一、生态工程的概念及由来

在国际上，美国学者 H. T. Odum 在 1962 年首次提出生态工程（ecological engineering）一词，并把生态工程定义为："人运用少量辅助能而对以自然能为主的系统进行的环境控制"。1970 年，他又指出"人对自然的管理即生态工程"。1983 年，他对此定义进行了进一步修正后提出，"设计和实施经济与自然协调的工艺技术称为生态工程"。从这些描述可以看出，尽管早在 20 世纪 60 年代初国际上就提出了生态工程的名词，但始终没有一个确切和完整的概念。1992 年，国际期刊 *Ecological Engineering* 正式诞生并对生态工程做出定义，即"生态工程是为人与自然互惠互利而设计的生态系统"。1993 年，W. J. Mitsch 教授提出"为了人类社会及其自然环境的利益，对人类社会及其自然环境加以综合的、可持续的生态系统设计，以期达到生态恢复、生态更新、生物控制等目的"。在 2004 年，Mitsch 给出定义，"生态工程是可持续生态系统的设计，将人类社会与其自然环境相结合，以造福双方"。2008 年，*Ecological Engineering* 期刊编辑部分别给出了实用生态工程和科学生态工程的定义，将实用生态工程定义为"为了人类社会的利益，对规划或管理项目的生态部分进行构想、实施和监测，包括对环境的期望"，将科学生态工程定义为"基于工具、方法和概念的科学发展并直接用于实际生态工程"。2012 年，Mitsch 在多年研究基础上进一步提出，"生态工程是为了实现对人类和自然的"双赢"，把人类社会与自然环境的需求结合起来设计可持续生态系统的学科"。

中国生态工程的产生基本上是与西方同步的，并带有鲜明的独立性。早在 1954 年，我国著名生态学家马世骏在研究防治蝗虫灾害时，从生态学理论出发提出改善生态系统结构和功能的生态工程设想、规划与措施，如控制水位及苇子面积、改变蝗虫的滋生地等，实践结果表明其生态效益和经济效益十分显著。1979 年，马世骏在中国环境科学学会上做了学术报告——《环境理论的发展和意义》，在几十年生态学研究的基础上，进一步形成了生态工程思想，他提出：由于在工业发展过程中环境受干扰，迫切需要采取保护政策，促使人们不得不在社会—经济—生态—资源物质系统之间，考虑多方面相互依赖的特点，从而近来在社会科学和自然科学之间产生了新的杂交科学前沿，即社会—经济—自然生态系统的结合，它是处理当前国际上五大社会问题的重要理论依据。又提出：工业城市生态是近年开展研究的典型的社会—经济—自然生态系统，在此复合系统中包括复杂的物质能量代谢系统及地质化学循环系统。此项研究密切联系废物管理、营养物质循环和区域性食物供应系统这三个系统的循环关系，可以及时且有效地把人类和动物产生的废物还回土壤，把工业废物分别加以分解或再生，这对持续地维护现代化都市优良的环境和支持郊区现代化农业是重要的。它依据的机理就是模拟自然生态系统长期持续链环结构的功能过程，可称为生态系统工程。继而又提出生态工程的原理是生态系统的"整体、协调、再生、循环"。他强调生态工程是生态学原理在资源管理、环境保护和工农业生产中的应用。

1984年，马世骏提出的生态工程的定义被多数人认为是较完整的一个定义。

马世骏关于生态工程的研究和理论为国内外生态工程研究打开了思路，奠定了坚实的理论和实践基础。1987年，由马世骏和李松华主编的《中国的农业生态工程》一书在我国出版。本书绪论开端提出"生态工程是利用生态系统中物种共生与物质循环再生原理及结构与功能协调原则，结合结构最优化方法设计的分层多级利用物质的生产工艺系统。生态工程的目的就是在促进自然界良性循环的前提下，充分发挥物质的生产潜力，防止环境污染，达到经济效益和生态效益同步发展。它可以是纵向的层次结构，也可以发展为几个纵向工艺横连而成的网状工程系统。"1989年，马世骏、颜京松和仲崇信参与了由美国W. J. Mitsch和丹麦S. E. Jørgensen主编的世界上第一本生态工程专著，使生态工程在国内外成为一门新兴的学科，从而正式问世。在马世骏等的推动下，中国生态工程充分地吸收了几千年传统思想与智慧结晶，并对一些长期实践的生态工程进行了初步的总结和分析，如稻田养鱼、桑基鱼塘等。相对而言，西方的生态工程应用较窄，局限于小规模的试验研究以及一些较大的湿地工程中，而中国的生态工程无论是应用范围还是应用规模均远大于西方。近年来，在国际生态工程学会的组织下，生态工程概念汇集全球生态学家智慧，也逐渐得到学界广泛认可，即"为了提高人类福祉，利用生态学的基本原理和整体思维方式来解决问题的一门工程学"。

二、生态工程产生的时代背景

生态工程是在20世纪60年代以来全球生态危机爆发和人们寻求解决对策以及资源环境保护的宏观背景条件下应运而生的，是科学发展和社会需求的必然结果，有着客观的历史背景和坚实的理论与方法基础。

20世纪60年代以来，由人口激增、资源破坏、能源短缺、环境污染和食物供应不足所造成的全球性生态危机是人类所面临的共同问题。但在不同的国家和地区表现不尽相同，发达国家主要面临的是高度工业化和强烈集约型农业经营带来的环境污染问题。为解决这一问题，20世纪60年代末70年代初人们认真讨论过"无废物"（zero discharge）目标，并希望完全消除污染，防止其进入环境。当时人们对改善环境的技术充满信心，后来的实践使人们逐渐认识到，由于种种原因运用常规方法不可能实现"无废物"目标。主要是因为治污需要大量的人力、物力和财力，发达国家难以满足，发展中国家更是如此。同时，当采用某种净化技术时有可能将污染物由一种介质中转移到另一种介质中去，导致二次污染。为了减少甚至消除环境污染，保护有限的资源，人们试图运用生态系统的某些自净功能如生物净化功能来实现污染治理的目标，于是在发达国家便产生了生态工程研究。

在发展中国家，所面临的不是单纯的污染问题，而是人口增长、资源破坏、生产不足和环境污染共同组成的"综合征"。这些国家不但要保护资源和环境，更迫切地要以有限的资源生产出足够的产品，达到高产、优质、低耗、高效，以供养日益增长的人口。他们不应当再走发达国家所走的先污染、后治理发展模式，必须立足于本地资源和条件去寻求适合自己的发展途径和技术。生态工程恰恰提供了这样一种发展战略和实现低耗、高效、无或少废物生产的适用技术，因此其受到了广泛的重视。

作为一个新的学科研究领域，生态工程的产生除社会需求外，还必然要有其科学理论基础和方法论基础。

首先，20世纪30～40年代以来，生态学研究的各个领域都取得了重大进展。生态学的多数重要理论在这一时期中得以形成。特别是生态系统概念的提出、生态系统生态学和全球生态系统观的建立，使生态学的研究提高到一个崭新的水平。而且这一时期整个科学技术与生产力进入了一个突飞猛进的新时代，它不仅直接来源于自然科学及技术手段的纵深突破，更主要的是各分支学科的横向渗透与发展。即由单一学科的微观研究，逐步向多学科综合的宏观研究方向发展。生态工程学导源于生态学，虽然是应用生态学的一个分支学科，但其重要概念、理论、方法已经或正在为系统论、控制论、信息论、协同论、耗散结构理论、突变论及混沌现象、自组织理论等所渗透，正从过去以传统的自然科学分析为主，对自然界分门别类的研究，而且越分越细的倾向，变为以系统论的整体观、综合观为指导，在分析的基础上进行综合，将物理学、化学、生理学、毒理学、数学等自然科学的不同分支学科的基础理论、方法、成就，以及农学、土壤学、水产学、畜牧学、林学、环保工程学、运筹学、计算科学等多种技术科学，还有社会学、经济学等人文科学的成就吸收渗透进来，形成应用生态学中一门多学科交叉渗透的新兴分支边缘学科。与此同时，应用生态学的其他分支学科，例如农业生态学、城市生态学、区域生态学等也得到了迅速发展，为生态工程概念的完善和生态工程学的建立奠定了科学基础。

其次，生态工程作为一门独特的学科，只有当它能够致力于社会可持续发展，并能够通过实际应用解决传统工程或技术无法完全解决的问题时才有价值。传统工程或技术尽管力求将各方面影响降至最低，但不会产生环境效益，因为许多小影响的累积效应仍然会导致环境退化。生态工程对社会和环境的价值是通过现实的应用来说明的，这些应用体现了其关键的定义元素：综合多学科系统思维，定量设计并提供性能可靠的解决方案应用于生态系统。

再次，系统科学的发展特别是系统工程学在各领域中的广泛应用为生态工程的研究提供了理论和方法论基础，发挥了重要作用。正如马世骏教授1979年所预料的那样：我们现在的生活状态已在相当长的时间内逾越了某种确定的概念水平，现代生态学阐明，在网状连接的结构内，一个新水平的复杂系统正从以前的非系统概念中上升出来，许多科学家预料此种相互作用的新结构及其理论，即将在未来有所创造和突破。

最后，近年来迅速发展起来的系统分析方法和计算机技术，以及生态学、生物学、农学、土壤学等学科领域新技术、新方法的发展，为生态工程学的研究和实践提供了方法论和技术的基础。

综上所述，生态工程的产生有着历史背景与实际的需要，在理论上、方法和技术上都已有了一定的基础。

三、生态工程相关概念及特点

（一）生态工程的相关概念

1. 生态

通常是指生物的生活状态。指生物在一定的自然环境下生存和发展的状态，也指生物的生理特性和生活习性。"生态（eco）"一词源于古希腊文字，意思是指家（house）或者我们的环境。简单地说，生态就是指一切生物的生存状态，以及生物之间、生物与环境之间环环相扣的关系。

2. 工程

18世纪，欧洲创造了"工程"一词，其本来含义是有关兵器制造、具有军事目的的各项劳作，后扩展到许多领域，如建筑屋宇、制造机器、架桥修路等。随着人类文明的发展，人们可以建造出比单一产品更大、更复杂的产品，这些产品不再是结构或功能单一的东西，而是各种各样的所谓的"人造系统"（例如建筑物、轮船、铁路工程、海上工程、地下工程、飞机等），于是工程的概念就产生了，并且它逐渐发展为一门独立的学科和技艺。在现代社会中，"工程"的定义为以某组设想的目标为依据，应用有关的科学知识和技术手段，通过有组织的一群人将某个（或某些）现有实体（自然的或人造的）转化为具有预期使用价值的人造产品的过程。

3. 生态工艺

在深入了解生态学的基础上，运用生态系统管理技术在措施上花最小代价，对环境造成最少的损伤。尽管"生态工艺"一词的定义和"生态工程"最为接近，但依然缺少工程中的预期使用价值的含义。

4. 生态工程学

应用自然生态系统原理，通过同自然环境合作，进行对人类社会和自然环境双方都有利的复合生态系统设计的学科。"生态工程学"一词的定义将生态工程和科学结合，在生态工程的基础上增加了理论的重要性，但还不完全接近生态工程的定义。

5. 泛生态学

辛德惠院士作为承担黄淮海平原区域综合治理国家重点项目的两位主持人之一，在1985年"六五"攻关总结中正式提出完整的方案——改造与调控盐渍化农业生态系统的工程生态设计与多层次人工控制系统的建设；1990年"七五"攻关中创立工程科技领域的一个新方向，在曲周试验区、邯郸市菜篮子工程等项目中运用了生态设计的思想和方法，在农业-农村综合发展中结合自己对系统科学、生态学、工程学乃至美学、哲学、思维科学的长期研究，逐渐形成并于20世纪90年代初正式提出了普适性工程生态设计及其理论——泛生态学，其整个理论体系体现了科学大统一、大协调、大战略的特点。辛德惠院士在其撰写的《农田生态系统概论》前言中，估计了未来的世界粮食安全形势，指出"为解决粮食问题，我国应做出自己的贡献"，提出了"对农业生态潜力的限制因素加以改造，对生态环境系统加以合理调控，建立起综合发展的高质量农田生态系统"。他在这本书里较早地采用系统论的方法综合考虑人类社会的发展问题，为我国生态工程的发展提供了坚实基础。

（二）生态工程与环境工程的区别

环境系统和经济系统是两个共存的系统，双方通过物质和服务交换发生着联系，而技术和工程则在其间发挥着重要作用。

一般来说，环境工程的目的就是通过开发技术及工艺解决经济系统的污染问题，并保障环境的健康安全，基本的做法是把污染物集中到系统外进行处理。生态工程则寻求一条系统内解决的思路，通过生态系统的自设计和其他工艺的结合，实现系统污染的零排放或最小排放。比较而言，生态工程的边界大于环境工程，如图1-1所示。

具体来讲，环境工程的研究对象是自然系统，而生态工程的研究对象是生态系统；环境工程的理论基础是环境科学，而生态工程的理论基础是生态学；环境工程仍要利用大量化石能，其成本较高，人为设计明显，而生态工程主要采用自然能，成本较低，是一种人为辅助下的自设计；环境工程的处理结果仍有再污染的情形，而生态工程则追求无污染。二者的区别如表1-1所列。

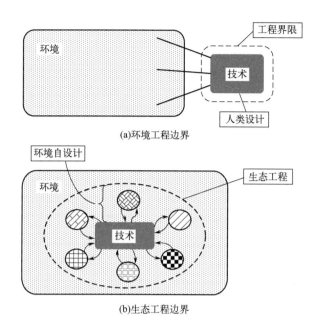

图 1-1　环境工程边界与生态工程边界的区别（H. T. Odum & B. Odum，2003）

表 1-1　生态工程与环境工程的区别

项目	工程类型	
	环境工程	生态工程
基本单元	自然系统	生态系统
基本理论	环境科学	生态学
基本能源	化石能	太阳能
基本费用	大量	合理
设计特点	人为	人为辅助下的自设计
控制结构	污染源	有机体
与自然的关系	再污染	协调、无污染
生物多样性	改变	保持或增加

生态工程与环境工程均以解决环境问题为目的，但着重点不同。一般认为，生态工程是利用生态多样性、活的生态系统及技术来解决环境问题，而环境工程则依赖新的化学、机械或物质技术来解决这些问题。

从实际工程实施角度比较：a. 环境工程中生物作用相对有限，是一种被动的应用，而生态工程中则十分强调生物的作用；b. 环境工程侧重于集中处理，而生态工程侧重于分散处理；c. 环境工程多集中于生产过程后端废弃物的处理，而生态工程则贯穿整个过程，既包括前端的生态治理，如植被恢复，也包括中间的生产，如生态产业和生态农业，以及后端的污染修复。

四、生态工程的意义

生态工程的意义主要是模拟自然生态系统中物质和能量的转换原理，并运用系统工程技术去设计、规划和调整生态系统中的结构要素、工艺流程、信息反馈关系及控制机构，尽可能获得最大的生态效益。在生态系统演替过程中，有两种基本功能起着重要作用：一是通过生物或子系统间相互协调形成的合作共存、互补互惠的共生功能；二是以多层营养结构为基础的物质转化、分解、富集和循环再生功能。这两种功能的强弱决定了生态系统的稳定性。生态系统的动态过程中通常包含复杂的物理、化学和生物作用，其中生物起着传递者和建造者的作用。生物在长期演化和适应过程中，不仅建立了相互依赖或制约的食物链联系，而且由于生活习性的演化形成了明确的分工，分级利用自然界提供的各种资源。正是由于这种原因，有限的空间内才能养育如此众多的生物种类，并保持相对稳定的状态和物质的持续利用。把自然生态系统中这种高经济效能的结构原理应用到人工生态系统中，设计和改造工农业生产工艺结构，促进系统组分间的再生和共生关系，疏通物质能量流通渠道，开拓资源利用的深度及广度，减少对外部"源"和"汇"的依赖性，促进环境和经济持续稳定发展，是生态工程的基本目标。近年来，我国城乡建设中出现了各种不同类型的生态工程，例如物质和能量的多层利用工程、工业城市废物再生利用工程、城市污水多功能的自净系统以及多功能农业生产和生态农业工程等。

第二节　生态工程的主要类型和特点

一、生态工程的主要类型

运用生态系统的基本原理（主要是生物共生、物质循环再生、食物链、生物与环境相互适应等原理），根据当地的自然条件、生产技术和社会需要，可以设计出多种多样且相互结合的生态工程类型。

1. 物质能量的多层分级利用系统

根据森林生态系统多层分级利用光能的结构特点，可以模拟不同种类生物群落的共生功能，包含分级利用和各取所需的生物结构系统。这类系统可以进行多类型、多途径模拟，并可在短期内获得显著的经济效益。图1-2是利用秸秆生产食用菌和蚯蚓等的生产设计。秸秆还田是保持土壤有机质的有效措施。但是，秸秆直接返回土壤，不仅需经过长时间的发酵分解，才能发挥肥效，而且有时还容易造成C/N值失调，影响土壤有效养分的提高。但在一定条件下，如果利用氨化、糖化和微生物发酵等过程先把秸秆变成家畜喜食的饲料，而后用家畜的排泄物及秸秆残渣来培养食用菌，生产食用菌的残余料又用于繁殖蚯蚓，最后才把利用完剩下的残物返回农田，收效就会较好。虽然最终还田的秸秆有机质的肥效有所降低，但增加了生产沼气、食用菌和蚯蚓等的直接经济效益。

2. "废物"再生利用和环境调节工程系统

工农业生产和农副产品加工过程中会产生大量的"废物"，这些"废物"长期以来未能得到很好的利用，不但浪费了大量的可利用资源，而且成为污染城乡环境的污染源。因此，回收和消除此类污染物质是城乡建设与环境保护工作中必须考虑的重要问题。例如制糖业会造成许多的污染和浪费，为了解决这一问题，变废为宝，应设置一些子系统来循环利用这些

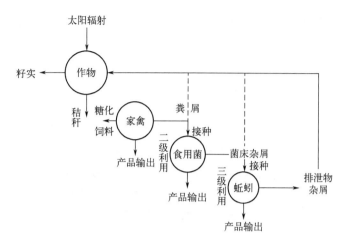

图 1-2　生态工程原理应用之一：作物秸秆的多级利用（马世骏 & 李松华，1987）

废物，从而减少污染并从中获益。可以通过有效利用甘蔗制糖副产品——废糖蜜，生产出能源酒精和高附加值的酵母精等产品；通过使用另一副产品——蔗渣，替代部分燃料煤，热电联产，供应生产所必需的电力和蒸汽，保障园区整个生态系统的动力供应。除上述生态工业链主线外，利用酒精厂发酵车间废 CO_2 制轻质碳酸钙等副生态链，不但可以生产具有一定经济价值的产品，而且能够有效利用 CO_2，减少 CO_2 对环境的污染。通过图 1-3 所示的链网结构，使得行业之间优势互补，达到园区内资源的最佳配置、物质的循环流动、废弃物的有效利用，并将环境污染减少到最低水平。这种兼顾生产和环境保护的工艺可称为利用废物再生功能的环境调节工程。若干工艺流程所构成的工程体系即废物再生的调节工程系统。

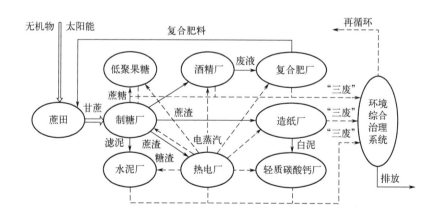

图 1-3　生态工程原理应用之二：生态产业园区再利用系统模式（曹伟，2004）

3. 景观土地利用规划系统

景观生态规划是建立合理景观结构的基础，它在自然保护区设计、土地持续利用以及改善生态环境等方面有重要意义。以景观生态学的原理和方法保护与管理物种栖息地是维持生物多样性最有效的途径。在我国的黄土高原，研究发现不同的景观布局对土壤的养分流失和水土保持具有不同的作用。从黄土梁坡顶至坡脚（见图 1-4），土地利用的结构分别为：a. 草地-坡耕地-林地类型；b. 坡耕地-草地-林地类型；c. 梯田-草地-林地类型；d. 坡耕地-林地-草地类型。研究发现，坡耕地-草地-林地类型和梯田-草地-林地类型具有良好的保持养分与水土的效果，而其他类型的效果相对较差。由此要求在进行区域土地利用规划时应充分考虑景观特点，达到水土保持的目的。

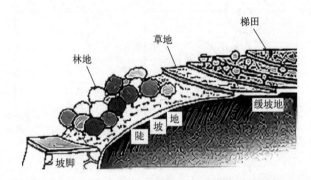

图 1-4　生态工程原理应用之三：黄土高原景观土地利用规划系统（白晓慧，2017）

4. 多功能农工联合生产系统

生态系统通过完全的代谢过程——同化和异化，使物质流在系统内循环不息，这不仅保持了生物的再生不已，并通过一定的生物群落与无机环境的结构调节，使各种成分互相协调，达到良性循环的稳定状态。这就是生态系统的内稳态机制。这种结构与功能统一的原理可应用于农村工农业生产布局、城市规划和国土区域治理方面。图 1-5 是农、林、牧、渔生态系统的初级生产模式。这个模式中的防护林带为农田创造良好的小气候条件，同时招引益鸟栖居，捕食农田害虫；作物籽粒及秸秆为禽畜提供精、粗饲料，而禽畜的粪便又为农田提供有机肥料，或为鱼池提供肥水；鱼池底泥上田作肥料。该模式中物质和能量得到了较充分的利用。生态农业县、乡、村的设计和建设就是这种模式的具体应用。

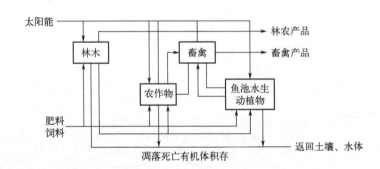

图 1-5　生态工程原理应用之四：农、林、牧、渔生态工程初级模型（马世骏 & 李松华，1987）

5. 多功能污水自净工程系统

在一般情况下，自然生态系统内部不易出现某种物质过多积累从而造成系统崩溃或主要生物成分大量死亡的现象，这是由于系统本身就拥有自行解毒的"医生"（微生物）和解毒的工艺（物理的、化学的）过程。即使由于某种物质过分积累，破坏了系统原来的结构，亦会出现适应新情况的生物更新，通常把自然生态系统的这种功能叫自净功能。模拟此种复杂功能的工艺体系应是今后解决工业废水污染的重要途径。图 1-6 是这类原理的应用模式之一，包括相互交错的食物链和三个方向的物流与能源，以及不同性质的输入与输出。

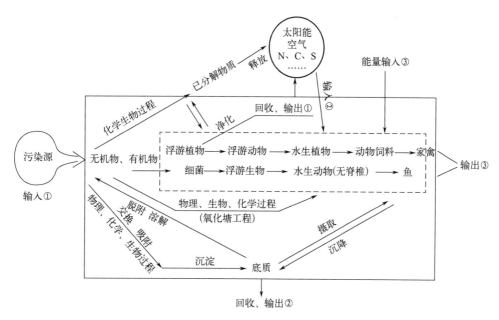

图 1-6　生态工程原理应用之五：污水自净系统（马世骏 & 李松华，1987）

6. "无废城市"可持续系统

生态工程规划是国民经济与社会发展规划的组成部分，事关经济和社会可持续发展的全局，必须在可持续发展理论的指导下，按照法律、法规的要求，从制度上进行规范，确保可持续发展战略的实施。"无废城市"是以创新、协调、绿色、开放、共享的新发展理念为引领，通过推动形成绿色发展方式和生活方式，持续推进固体废物源头减量和资源化利用，最大限度减少填埋量，将固体废物的环境影响降至最低的城市发展模式，是建设美丽中国的细胞工程，是探索城市可持续发展的路径之一。"无废城市"是一个系统工程，其规划是系统性的整体规划，涉及环保、发改、商务、工业、农业等多部门和多领域，需要多个部门协同推进。"无废城市"的建立要求重新定义废物的价值，重塑城市资源与废物流动体系，构建绿色全产业链。"无废城市"建设有利于解决城市固体废物污染问题，助力加快城市发展方式转变，是未来城市可持续发展的重要途径。图 1-7 所示是天津生态城"无废城市"的总蓝图。

上面列举了生态工程的几种类型，它们能把生产效益、经济效益与生态效益协调结合起来，把生物量增加、转化和维护与改善生态环境结合起来，比较适用于我国的国情。不过，它们仅仅是具有代表性的几个模式，随着生态工程的广泛宣传和发展，特别是广大人民群众为提高农业生产的经济效益和解决乡镇企业发展与维护良好生态环境的矛盾，将会因地制宜地创造出许多更好的生态工程类型。从目前情况来看，今后的发展趋势可能主要表现在对空间和时间的利用、集约（陆地和水体），物质的多层次多途径转化，以及水陆环境的交互补偿等的进一步探索。

作为一门应用性的技术体系，生态工程的产生和发展与区域性生态环境治理及经济发展密不可分。而生态环境治理与经济发展都需要从综合治理和建设的角度出发，将不同产业的生态工程综合起来，应用于某一特殊地区的环境整治与建设当中才能发挥最大作用。

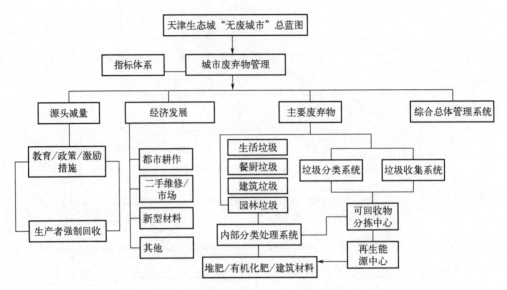

图 1-7　生态工程原理应用之六:"无废城市"可持续系统

二、生态工程的特点

作为一种生产工艺系统,生态工程除具有一般工程的共性外,还有自身的特点,主要表现在如下几个方面。

(1) 物质循环　作为生态系统的主要功能之一,物质在大气、水体、岩石以及生物间的输入和输出,与能量流动同时进行,彼此相互依存,处于动态平衡中。其中,污染物的迁移转化在一定限度内可减少环境污染及其对系统稳定性和发展的影响。

(2) 协调与平衡　在处理生物与环境的相互作用中,强调对生态系统进行全方位、多层次、宽领域的生产工艺设计,避免系统的失衡和破坏,使生物与生物、生物与环境间相互协调、和谐统一,共同进化与发展,并且少消耗、可持续、多效益。

(3) 物种多样性　利用生态系统保持自身稳定性的特点,重视利用生态系统负反馈和自我调节功能。确保在一定程度的干扰因素下,生物多样性程度可以提高系统的抵抗力稳定性,在充分发挥物质生产潜力的同时达到资源利用和环境保护的协调一致。

(4) 整体性　强调经济效益、社会效益和生态效益的高度统一。既要考虑眼前生产和生活的需要,使生产者和消费者在经济上与精神上都满意;也要考虑到长远的生态效益,保护资源、保护环境,让子孙后代有一个舒适的安身立命场所。

(5) 系统学与工程学　系统(体系)的结构决定功能,可以是纵向的层次结构,也可以发展为由几个纵向工艺链索横连而成的网状工程系统,并通过改善和优化系统的结构以调节功能。这区别于生态工程技术,这个系统中的某个环节即某个具体的工艺技术。例如农业生态工程中,生态农业系统是指对一个特定区域(县、乡、村、户)整体的农业生态工程设计和建设而言;而生态农业技术则是对某个具体的工艺设计而言,如间套作技术等。通过将生态学与工程技术相结合,从而保持系统很高的生产力。

第三节 生态工程的发展历史及现状

一、国外生态工程的发展

在高度工业化、城市化和集约型农业经营造成的资源与环境等问题的背景下，国外生态工程在农业、城市、工业和环境等领域中逐步发展。

（一）农业生态工程

自20世纪70年代初以来，西欧、美国、澳大利亚和亚洲一些国家出现了各种形式的替代农业，主要包括有机农业、持续农业、生物动力学农业、自然农业、生态农业等类型。

1. 有机农业

20世纪90年代以来，国外有机农业发展迅速，欧洲是多年来有机农业用地不断增长的地区。据报道，截至2020年全球已有190个国家进行有机农业实践，共有7490万公顷的有机农地，占总农地面积的1.6%，是1999年有机农地面积的6.8倍左右。20世纪90年代全球有机食品和饮料的市场价值仅为几十亿美元，2000年达到180亿美元，而2020年已经达到1290亿美元，是20年前的7.2倍左右。

2. 持续农业

1985年美国加利福尼亚州议会通过的《持续农业研究教育法》首次提出"持续农业"，又先后提出了"低投入可持续农业（LISA）"和"高效率可持续农业（HESA）"等构想。近些年来，LISA的实践在伊朗、美国以及面临许多农业挑战的埃及、印度等国家中较为成功，能在减少生产投入的同时增产增收，并保护耕地的生物多样性。

曾被世界称为"公害大国"的日本于20世纪80年代正式提出"绿色资源的维护与培养"，自1992年以来，日本各级当局努力推广可持续农业并建立农业环境保护补贴制度，通过实践和立法促进农业的可持续发展。

3. 生物动力学农业

奥地利哲学家Rudolf Steiner于1924年提出一个观点即生物动力学农业，要求在能量和物质转化循环上不局限于农田，而是扩展到同牧业与加工业相结合，并涉及农业生产结构和分配制度的改革。截至2021年，生物动力学农业已经在60多个国家尤其是发达国家得到认可，全球有超过7000家的农场和企业获得了国际有机农业的最高标准体系德米特（Demeter）的认证，占地面积25万多公顷。目前，Demeter香蕉和橄榄油是最主要的产品，由于对产品转化的浓厚兴趣和分销渠道的增多，很多地区已转化为生物动力种植。其中生物动力葡萄栽培越来越重要，全球约有1012家酒庄通过了Demeter认证，以法国为首，拥有438家酒庄，而非欧盟国家的多数酒庄位于瑞士、美国、智利和阿根廷。

4. 自然农业

自然农业是第二次世界大战后由日本自然学家和哲学家福冈正信首倡，这种方法使田间作业大为简化且有序，用工少，农田保水培肥能力改善，农田环境处于自然相对平衡状态，水稻产量接近传统农业和施用化学品的平均产量。经过发展，由韩国自然农业创始人赵汉珪创立的Janong品牌的自然农业农、畜产品于2003年9月获得了ISO 9001、ISO 14001体系认证。自然农业已在日本、韩国、美国、泰国和越南等30多个国家得到应用和发展。

5. 生态农业

生态农业的思想源于中国古代的用地养地，20世纪70年代美国密苏里大学土壤学家 W. A. Albrecht 首先提出生态农业的概念，80年代由英国 M. K. Worthington 等发展充实。20世纪20年代，生态农业在欧洲兴起；30～40年代在瑞士、英国、日本等国家得到发展；60年代，欧洲的许多农场转向生态耕作；70年代末，东南亚地区开始研究生态农业，结合移民与经济开发计划，开辟并建立了生态农业区域；80年代，发展中国家在生态农场工作的农民已超过300万人；90年代，世界各国均有了较大发展，建设生态农业，走可持续发展的道路已成为世界各国农业发展的共同选择。

其中，以色列是一个土地和淡水资源都十分匮乏的国家，为解决这个问题，20世纪50年代末，发展了滴灌和其他微量灌溉技术，还重视研究利用废水进行农田灌溉的再循环原理，极大地提高了水资源利用率。菲律宾是东南亚地区开展生态农业建设起步较早、发展较快的国家之一，最具代表性的是位于马尼拉附近的玛雅农场，从20世纪70年代开始，经过10年的建设，最初的面粉厂变成了一个农、林、牧、副、渔良性循环的农业生态系统。

无论是有机农业、持续农业、生物动力学农业、自然农业还是生态农业，它们之间都是相互交叉甚至是相同的，都是常规农业的替代方案，有着一致的目标：通过保护有限的资源，在保证农业持续发展的同时生产出安全健康的食品。

（二）城市生态工程

随着城市化进程的加快，城市河流污染问题日益突出，河流污染修复引起了人们极大的关注。在国外应用相对成熟的曝气技术是河流修复早期就开始使用的一种简单有效的方法，从20世纪60年代开始，在美国、英国、德国等国家得到了广泛的应用，并取得了较好的水质改善成果。此外，20世纪70年代，欧美国家就开发了几乎完整的下水道系统和污水处理厂，通过吸附、降解和过滤来净化河流污染物的生物膜技术得到了大量研究，对氨和悬浮物等物质的去除有显著的成效，水质恶化现象明显减缓。

（三）工业生态工程

1989年 H. T. Odum 的学生 W. J. Mitsch 与我国著名生态学家马世骏等知名学者合作撰写并出版了世界上第一本研究生态工程的专著《生态工程：工业生态技术》。国外企业在建设生态工程时更注重科技创新和管理制度相结合。例如，美国 Patagonia 公司通过革新生态友好技术、降低生产过程能耗、减少碳排放量建设生态工程；泰国的生产者延伸责任制外加灵活的制度框架和环境友好产品差额费用将促进电子电器固体废物的回收和利用，促进了企业生态工程的建设。在污水再生利用方面，目前世界上污水处理厂建设最多的国家是美国，而以色列自20世纪90年代开始建设了大量污水再生、输配、储存和利用设施，90%的再生水用于农业灌溉，是目前公认的污水再生利用最成功的国家。

（四）环境生态工程

环境生态工程是从系统思想和能量最低原理出发，按照生态学、环境学和工程学的原理，运用现代科学技术成果、管理手段和专业技术经验组装起来的，以期获得较高的社会、生态、经济综合效益的现代工程体系。环境生态工程不仅关注传统环境工程处理的污染对象，而且关注投资运转成本。

国际上环境生态工程的研究和发展较早较快，其中 Odum 利用湿地处理生活污水的几个生态设计试验可被认为是环境生态工程的开端，1992年美国提出的环保"4R"（Reduce，

Reuse，Recycle，Replace）策略是环境生态工程的重要措施之一。同时期，多个国家开展了一系列关于环境生态工程的应用和研究，特别是湿地环境生态工程方面。例如，北美国家主要利用湿地生态系统中的香蒲和芦苇处理煤矿废水，去除重金属，并维持和改善湿地水质；在丹麦格雷姆斯湖等水体中，应用物理、化学和生物方法建立防治富营养化的生态工程，有很多方法一直沿用至今。

20世纪30年代以来，欧美国家先后经历了煤烟型污染、光化学污染物、酸雨等一系列大气污染问题，在几十年的治理中积累了诸多防治对策和控制技术的经验。20世纪70年代末，美国先后颁布并实施了《国家环境政策法》、《清洁大气法》，并在1990年进行了重大修改，主要运用法律手段进行大气污染防治；1979年欧洲各国针对大气污染物的跨界运输问题签署了远距离跨国界空气污染条约，1985年在芬兰签署了第一个限制硫排放协议，1994年签署了第二硫协议，1999年Gothenburg协议针对硫、氮氧化物、氨和有机挥发物的排放制定了2010年的排放限制。经过20多年的努力，欧洲空气污染控制在减少排放和改进环境质量等方面取得了显著成效。

此外，土壤生态系统尤其是农田的污染状况与人类的健康息息相关，国外关于土壤污染治理与修复技术的研究工作开展得较早，尤其是欧美等发达国家和地区对土壤污染的来源、机制、风险和修复技术等理论与方法方面开展了系列研究，在微观分子机制、污染物迁移风险和污染土壤环境质量标准制定及修复技术设计等研究中取得了系统性、创新性进展。

二、我国生态工程的发展历史及现状

（一）我国生态工程的发展历史

生态工程在我国被正式提出始于20世纪70年代末期。1978年，随着"科学的春天"的到来，许多科学家敢于冲破长期以来制约我国科学发展的教条主义思潮和极"左"的条条框框束缚，以实事求是的作风，对我国社会经济发展及实现"四个现代化"过程中存在的一系列重大科学技术问题，开展了相当广泛的研究与探讨。正是在这种有利的社会大环境条件下，长期以来在我国一直少有提及的生态环境问题和生态学研究迅速发展起来。

马世骏教授在1983年首先提出了生态工程的定义，并在随后的几年里进行了修改。他提出"模拟生态系统原理而建成的生产工艺体系即生态工程"。1987年，他给"生态工程"下了更为明确的定义：生态工程是利用生态系统中物种共生与物质循环再生原理及结构与功能协调原则，结合结构最优化方法设计的分层多级利用物质的生产工艺系统，生态工程的目标就是在促进自然界良性循环的前提下，充分发挥物质的生产潜力，防止环境污染，达到经济效益与生态效益同步发展。20世纪80年代中期，云正明提出了"农村庭院生态系统"和"林业生态工程"两个概念，对生态工程内涵做了比较明确的阐述。生态工程近年来多以"山水林田湖草沙生态保护修复"或"国土空间生态修复"等为主题开展研究，侧重于生态工程内涵特征、实践路径、区划格局、技术标准、理论认知等领域研究。

我国的生态工程研究时间虽不长，但发展之迅速，范围之广泛，效益之明显，皆使世界注目。目前，我国的生态工程研究已在资源管理、环境保护、工农业生产、城市建设和重大工程建设中得到广泛应用，并发挥着越来越重要的作用。

（二）我国生态工程的现状

进入21世纪我国更加重视生态建设，生态工程自形成以来历史很短，但是发展很快，特别是在生产的实际应用中取得了长足进步，并取得了较大成绩。例如，五大防护林生态工程（三北防护林体系、太行山绿化工程、海岸带防护林体系、长江中上游防护林体系和农田林网防护林体系），在防风固沙、减少径流、改善保护区内农田小气候、促进农业增产及多种经营中显示了良好的效益。我国环保生态工程类型也很多样，如湖北鸭儿湖治理有机磷和有机氯农药污染的生态工程，苏州外城河葑门支塘污水资源化生态工程，防治太湖局部水体饮用水源蓝藻的生态工程以及多种多样的城市污水资源化生态工程等。

生态工程学是一门综合性很强的应用科学与技术，技术性强、涉及面广、实用价值高。生态工程涉及农业、林业、畜牧业、渔业、工业、国土规划、资源开发和环境保护等领域，对指导农业综合规划、资源的合理开发利用都具有重大意义。为了有针对性地进行生态工程的研究和实践，结合不同领域和地区的特殊性进行生态工程的类型划分成为关键。由于生态工程不同类型之间相互交叉渗透，存在着相当复杂的内在联系，而且生态工程这个年轻的领域尚处于发展阶段，许多理论与技术有待进一步开拓和完善，特别是生态工程所涉及对象的广泛性决定了关于生态工程分类体系的建立还相当困难，目前划分较细致的分类体系尚不成熟。

一般根据生态工程的发展现状和趋势，生态工程的划分主要从以下几个方面进行：生态工程按区域类型可分为山地生态工程、水体生态工程、湿地生态工程、滩涂生态工程、草原生态工程、盐碱地生态工程、沙漠生态工程、过渡带生态工程、环境脆弱带生态工程等；生态工程按工程目的可分为生态保护工程、生态恢复工程、污水处理生态工程、固体废物处理生态工程等。

作为一门应用性的技术体系，生态工程的产生和发展与区域性生态环境治理和经济发展密不可分。而生态环境治理和经济发展都需要从综合治理与建设的角度出发，将不同产业的生态工程综合起来，应用于某一特殊地区的环境整治与建设当中才能发挥最大作用。因此，按照不同的地形、地貌、地理环境类型、社会经济特点等区域类型来划分生态工程类别也更具实际意义。

1. 环境生态工程

我国长期以来在废物利用、再生、循环等方面积累了许多的经验。如生活污水及粪便的多级处理，可用作农田肥料，或用于养殖蚯蚓，或用来培植食用菌。例如，马世骏教授等运用生态学的理论与生态工程，在20世纪50年代首先提出通过调控湿地生态系统的结构与功能来防治蝗虫灾害。在我国，环境生态工程的建设就是从整体出发，研究和处理特定生态系统的内部结构与功能，并加以优化，提高生态系统的自净能力与环境容量。

目前我国环境生态工程建设的内容有5种类型：a. 无废（或少废）工艺系统，主要用于内环境治理；b. 分层、多级利用废料生态工程，使生态系统中每一级产生的废物变为另一级生产过程的原料，使废料均被充分利用；c. 复合生态系统内的废物循环再生系统，如桑基鱼塘生态工程；d. 污水自净与利用生态系统；e. 城乡（或工、农、牧、渔、副）系统。

结合生态工程来看，以上几种类型都是在一定区域内，应用生态工程理论与技术来分层、多级利用废料，实现生态效益、经济效益的良好协调统一。

环境生态工程的特点如下。首先，它是以整体观为指导，其研究和处理对象是生态系统或复合生态系统，全面规划一个区域，而并非某些局部环境或生态系统中的某一部分，其目的是多目标，即同步取得生态（环境）效益、经济效益和社会效益。其次，以调控生态系统内部结构与功能为主来提高生态系统的自净能力与环境容量。一方面要求工厂、生活区以太阳为主要能源，采用物理的和生物的工程措施与方法，尽可能减少排污量；另一方面采用综合措施等，提高系统的自净能力。再次，将生产与净化结合起来，不仅处理"三废"，使其无害化、资源化、变废为宝，同时促进生产、节约开支。而其能源主要是太阳能，尽量不用或少用化石燃料或电力作为辅助能，设备一般比较简单，价格及运转费用低廉，而且因处理污水、废物还生产商品，有直接利润，经济效益显著，特别适合环保投资及运转费用不足的地区和单位应用。最后，其技术措施主要为层次优化组合，因地制宜地联结该地原有的但过去未与环保相联的生产项目与技术、外地或国外已应用过的但过去在本地尚未应用的生产项目或工艺，以及少量创新生产项目与工艺。这种因地制宜建立于大量已有的、成熟的生产项目及工艺上的组合，虽然实际上是一种创新，但技术措施相对较简单。这些特点正是这类生态工程受到欢迎、易为人们接受的原因。

2. 农业生态工程

我国在农业生态工程方面的研究与进展也取得了令人瞩目的成绩，特别是我国生态农业建设层面。无论是从农户到村庄，还是从乡镇到县城，把生态农业技术与工程技术结合，创造了许多具有自己特色的农业生态工程模式；十分注重生态效益与经济效益、农业生产与生态环境建设保护的结合。1993 年启动的全国生态农业试点县，经过 5 年的建设，生态环境得到了较大的改善：土壤沙化的治理率为 60.5%；水土流失治理率为 73.4%；森林覆盖率为 30.5%，提高了 3.7%；固体废物利用率为 31.9%，比实施农业生态工程前有较大幅度的提高。1994 年，我国政府制定并颁布的《中国 21 世纪议程》，明确指出推进农业可持续发展的方式就是生态农业建设。1999 年，国务院印发《全国生态环境建设规划》，提出要用 50 年的时间基本上实现中原大地山川秀美，要继续抓好生态农业建设，建设好一批农业生态工程。2015 年 4 月 25 日发布的《中共中央国务院关于加快推进生态文明建设的意见》提出，要加快美丽乡村建设，即依托乡村生态资源，在保护生态环境的前提下，加快发展乡村旅游休闲业；引导农民在房前屋后、道路两旁植树护绿；加强农村精神文明建设，以环境整治和民风建设为重点，扎实推进文明村镇建设。

我国的农业生态工程研究具有以下几个特点：

① 研究对象以农业生态系统为主，内容更广泛，综合性更强，与西方国家生产专业化特点不同。由于我国农业无论是农户还是农场都普遍进行综合经营，从而使农业生态工程的研究对象往往是各种产业的综合体。所以我国生态农业建设和研究中，除一般种植业、畜牧业外，还包括水产养殖、有机废物资源化养殖（包括食用菌类）、果林与作物的间作、某些手工业和加工业等。多数生态工程试点都以农户或农村为单位进行农田与庭院相结合的生态农业建设。

② 我国农业生态工程的研究目标注重生产效益、经济效益和生态效益的结合。强调提高生产效益和经济效益是建立在提高生态效益的基础上，强调农业生产与环境保护同步发展。农业生态工程试点中的绝大多数都在一定程度上实现"三个效益"同步提高的目标。

③ 注重传统农业技术和现代技术的结合。我国传统农业中许多精湛技术，凡是符合生态学原理的，在今天的农业实践中仍被证明是行之有效的。耕作措施、操作工艺将在不断改进的基础上广泛加以采用。并与当代的生物技术、生态技术、化学技术、机械技术，以及软科学技术紧密结合。这样不但易于被农民接受，而且更适合我国农业生产条件复杂与劳力资源丰富的特点。我国出现的许多农业生态工程模式，实质上是劳力密集与技术密集相结合的产物，是多项硬技术与管理软技术相结合的产物。

④ 政府重视、政策导向、广泛开展。在我国，农业生态工程建设较早地受到党和政府

的重视，从事于此项工作的部门众多，人员也越来越广泛。农业农村部和生态环境部两个主要的部门来组织、协调我国生态工程的研究与建设。目前，几乎在各省、自治区、直辖市中都形成了生态工程研究的专门队伍。不少县、地区成立了生态农业建设办公室。全国国家级生态农业试点县已有100多个。

⑤ 存在的主要问题是理论研究和实践发展的结合还不紧密，还存在一定的距离。一方面，我国农业生态工程模式在全国范围内种类繁多，形式多样，而且随时间推移不断推陈出新地出现生产力水平更高的各种生态工程模式。有的模式甚至建造好后就束之高阁，很难用于指导实际生产，更难进行全面的总结和进一步的高度理论概括。造成这个问题的主要原因是：一是理论脱离实际，只注意模式的形式和方法的选择，缺乏深入细致的研究，尤其是对参数的研究不够，因此，往往出现这样的情况，本来需要多年辛苦研究才能建造的模型，而我们几个月就能"完成"；二是许多参数靠统计报表，而主要统计报表中数据不准确以及报表内容简单，常反映不出实际情况。另一方面要注意宏观研究和微观研究相结合，既根据资源和经济状况搞好区域发展的宏观规划，又要确实制定实现这些规划的生态工艺和方法措施；在生态农业建设方面还应该注意研究，如何采用省工、省时、经济有效的方法来使我国传统农业中那些符合生态工程原理的耕作措施和方法发扬光大。

3. 林业生态工程

林业生态工程是指依据生态工程学和森林生态学的基本原理设计、建造的以木本植物为主体、协调人与自然关系的一种生产工艺系统。规范的林业生态工程应有全面的工程规划，有明确的工程建设规模、工程区域范围、投入资金和建设期限等内容，在施工过程中或竣工以后有相应的检查验收和监督体系来确保工程的数量和质量。建设林业生态工程的目的在于保护、改善和持续利用自然资源与环境。林业生态工程对涵养水源、保持水土、防风固沙、维护生态平衡、减少自然灾害、保障和促进工农业生产的发展、为人类创造一个良好的生存环境具有重要的意义。

我国林业生态系统的发展大致分为两个阶段。第一阶段，20世纪70年代，我国启动三北防护林工程，标志着我国开始利用政府资金进行生态工程建设。随后又相继启动了长江中上游防护林工程等重点工程，这一阶段只是单纯地进行生态建设，没有一个系统地评估与管理的平台。第二阶段，20世纪90年代，我国林业开始认清现实，将之前的重点工程进行整合，发展出天然林资源保护工程、退耕还林等5个生态工程，开始走大工程带动大发展，发挥重点工程中"天然林资源保护工程"和"退耕还林"等生态工程功能的新发展路线。

根据林业生态工程在某一固定区域建设的目的、结构与功能，林业生态工程可划分为山丘区林业生态工程、平原区林业生态工程、风沙区林业生态工程、沿海林业生态工程、城市林业生态工程、水源区林业生态工程、复合农林业生态工程、防治山地灾害林业生态工程和自然保护林业生态工程等。

林业生态工程不仅对生态环境有良好的保护作用，而且是维持生态平衡和可持续发展的重要因素，在林业生态建设中出现的种种问题的解决都有深刻的现实意义。近年来，我国的社会经济不断发展进步，社会经济建设中的林业生态工程建设也发挥出了更大的作用，尤其是改革开放以后我国加强了林业生态工程建设的力度，因此取得了一定的成绩和效果。然而，随之出现的种种问题也渐渐暴露出来，例如：林业生态工程建设中的工程质量较低，这对我国林业生态工程的建设发展造成了极大的影响；我国林业生态工程资金投入不够连续，由于林业生态工程持续时间长，很多工程到后来资金中断导致工程无法继续；工程质量不高，我国很多林业生态工程采用散乱作业的方式，施工质量受到影响；工程监督水平不足，目前我国急需林业生态工程相应的人才。从我国环境保护的总体目标出发，我国林业生态工程的发展趋势应当以保持水土和生物多样性等为基础，从而建立起具有自然差异的复合型生态经济体系。

林业生态工程的目标是在促进林业系统良性循环的前提下，充分发挥林业生产潜力，防止环境污染和水土流失，达到经济效益和生态效益的同步发展。它可以是纵向的层次结构，也可以是几个纵向的工艺链联合而成的网状工程系统。林业生态工程的内容十分复杂，主要可划分为生物群落建造工程、环境调控工程和食物链工程。

（1）生物群落建造工程　主要是把设计的种群按一定的时间顺序或空间顺序定植或安置在复合生态系统之中。主要包括林业生态工程各组成部分（如林种）的空间布局和配置、生物种群选择、稳定林分结构设计与调控等。例如，以小流域为单元的防护林体系高效空间配置、农林复合可持续经营、混交林营建等工程技术。

（2）环境调控工程　主要是为了保证植物正常生长发育，采取的改良当地立地条件的技术措施。如干旱、半干旱区改善造林立地条件的各类蓄水整地、径流汇集及节水补灌、地面覆盖保墒、土内防渗漏等工程，以及生根粉、吸水剂应用等措施；水土流失区防止各类侵蚀的水土保持工程措施；风沙区沙地造林采用的人工沙障等工程措施；低湿盐碱地排水工程等。

（3）食物链工程　主要是生产性食物链和减耗性食物链。生产性食物链是根据人工植物群落产品来确定的，这种食物链可以有效地将绿色植物产品或加工剩余物转化成经济产品。减耗性食物链是指在生态系统中通过引入新的环节或者增大现有环节来减少生产耗损，从而增加系统生产力的一种食物链。这种食物链的设计旨在优化能量的转换效率，使得能量在通过食物链的各个营养级时损失得更少，从而提高整个生态系统的能量利用效率。

第四节　生态工程研究的主要领域及发展展望

一、生态工程研究的主要领域

（一）自然资源保护

1. 水资源保护

针对当前存在的主要水问题，人们越来越认识到水利工程建设可能对环境带来的负面效应，生态工程在水利建设上的应用将成为研究的重点。人工湿地可以通过减缓水流的速度，增加水力停留时间，吸收输入湿地的营养成分，湿地植物如芦苇和水葫芦能有效地吸收有毒物质，有利于毒物和杂质的沉淀与排除，减少水体的富营养化，增加经济效益。水体岸边的生态缓冲林带通过控制侵蚀，减少径流中氮、磷浓度，防止流失泥沙、养分进入河道水体。

2. 物种多样性保护

中国生物多样性保护取得积极进展，通过建立以国家公园为主体的自然保护地体系、推进实施生物多样性保护重大工程等举措，国家重点保护和珍稀濒危野生动植物及其栖息地得到有效保护，生物多样性下降趋势得到缓解。野生动植物保护和恢复成效初显。中国以自然保护地体系为主体，不断加强野生动植物就地保护。实施濒危野生动植物抢救性保护工程，促进野生动植物恢复。组织建立了东北虎豹、祁连山、大熊猫、三江源、海南热带雨林、武夷山、神农架、普达措、钱江源和南山10处国家公园体制试点。全国已建近200个植物园，建立250处野生动物救护繁育基地，60多种珍稀、濒危野生动物人工繁殖成功。部分珍稀濒危物种野外种群逐步恢复，藏羚羊、普氏原羚等物种数量明显增加。

3. 林业资源保护

在20世纪50～70年代，我国森林资源消耗和破坏严重，长期以来存在较多的环境问题，人们赖以生存的地球家园遭受了极大的破坏。如今人们对生态工程建设高度重视，尤其是林业生态工程。20世纪80年代之后，我国大力发展林业，开始建设林业生态工程，并落实了相关的方针政策。针对北方沙尘问题建设了三北防护林，针对长江汛期洪水的预防建设了长江流域防护林。实施这些措施充分提高了我国民众的森林保护意识，在政府与民众的支持下，我国现如今的森林覆盖率已经达到20%，我国的人工造林森林面积已经是世界之首，林业生态工程进展显著，生态环境整体水平极大地改善。

（二）生态系统修复

近20年来，中国不断加强森林、草原、湿地等重要生态系统保护修复，开展生态退化区域恢复治理，实施一大批重要生态系统保护和修复重大工程，生态恶化趋势基本得到遏制，自然生态系统质量有所改善，生态系统服务功能逐步增强。国家相继组织实施天然林资源保护、退耕还林还草、退牧还草、防护林建设、湿地保护修复、京津风沙源治理、防沙治沙、水土保持、石漠化治理等一系列生态保护修复工程，推进沿海城市"蓝色海湾"综合整治，实施"南红北柳""生态岛礁"等海洋生态修复工程。根据第5次至第9次森林资源清查数据以及2021年国家林业和草原局发布的森林覆盖率数据，全国森林覆盖率由16.55%提高至23.04%，增加了6.49%；森林蓄积量由112.7亿立方米增加至175.6亿立方米，增加了55.81%；森林面积由15894万公顷增加至22045万公顷，提高了38.70%。全国草原植被综合盖度达到56.1%，湿地保护率达到50%以上，自然生态系统总体稳定向好。

我国河湖生态保护修复取得积极进展。加强了河湖岸线的保护修复，在长江保护修复攻坚战中，腾退的长江岸线就达到了162千米，滩岸复绿达到1213万平方米，长江岸线的面貌得到了显著改善。针对太湖、巢湖、滇池、洱海等富营养湖泊，加快了湖泊周边的产业结构调整，推进退圩还湖、严格实施氮磷管控和农业面源污染治理，有效遏制了填湖造地、侵占湖泊水域岸线及违法采砂采矿等违法行为。

（三）综合环境治理

1. 城市环境治理

为了适应人类对水资源、防洪、航运、灌溉的需要，应加强城市河道的规划与设计，加强对生态环境的保护。河流是一个相对独立的生态系统，因此，必须将城市河道生态环境保护与恢复纳入城市环境综合治理中。以往的水利建设只能解决人民的生活和生产需求，必须改进河流利用方案和设计。长期以来，我国一直十分重视河流的治理，但随着工业的发展，河流的污染越来越严重。因此，将生态工程技术应用于河流治理，对于河流生态系统的修复有着重大的意义，而河道的生态治理则是实现城市可持续发展的关键。目前，城市工业发展对生态环境造成的损害日益严重，开展河流的生态管理已经迫在眉睫。因此，在确保河流生态功能的同时，引进生态水利工程，以维护和恢复河流生态功能为目标，在满足水利工程的供水、防洪、发电、航运需求的基础上，建设生态河堤，加强自然河流建设，恢复退化的河岸带，改善河床生态系统水体和生物群落的相互依存关系，提高河道自净能力，推动水利生态工程健康发展。

2. 农村环境治理

生态工程在农村中的广泛应用,使其在我国农村发展中发挥着重要的作用。农业面源污染会给水体带来长期和潜在的污染,这将导致水环境的整体退化,如地表水的富营养化和地下水水质的恶化。我国农业面源污染防治工作起步较晚,始于20世纪80年代初,有关人员对湖泊水库富营养化水质调查和河流水质规划进行了研究。而对其他类型的农业面源污染开展的防治工作不多,只是一个初步的探索。除了大量的城市垃圾堆积在农村地区外,我国农村地区的固体废物量也相当惊人,我国农村每年产生的人粪尿、禽畜粪便和作物秸秆的总量超过40亿吨。将传统农业与现代技术相结合,建立一系列有效的生态技术体系,对农村固体废物的治理具有十分积极的意义。生态工程体系的形成对资源的利用和处置、农村固体废物污染控制、环境保护与经济发展的统一将发挥重要的促进作用。生态工程更是为农村发展的长远利益打下了有力的基础。生态工程下的农村生产,主要利用生物间的相互作用来进行生产活动,基本停止了化学农药的应用,这杜绝了农业发展中污染的产生,保护了生态环境。而生态农业中的循环利用,也对生产活动中的废物进行了有效的处理,大大提高了资源的利用率。因此,生态工程极大地改善了土地环境,使得农业生产有了长远意义上的发展。

二、生态工程发展展望

(一)农业生态工程

打造层次、多位面一体复合农业系统。最近几年,对农林牧复合系统的研究越来越多,取得的研究成果也在不断增加。相比较其他生态农业模式,农林牧复合系统最为显著的特点,是能够针对有限的土地资源进行多方面、可持续的开发利用,这是其他任何一种土地利用方式所无法比拟的。对于农业技术人员而言,应该认识到,一个完善的复合结构模式,必须确保各个生物种群具备显著的生态位分化,尽可能减少不同种群复合经营时的负面作用,实现相互之间的协调共生,从时间、空间、顺序以及数量等方面进行系统性调控,确保生态系统的稳定发展。

(二)城市生态工程

1. 城市水环境治理

利用生态工程技术防治河湖污染具有相对成本低、无环境副作用且景观效果良好等特点,它强调和谐统一的自然观,是国内外污染控制与生态修复技术研究的重点领域,其发展和应用前景已深受瞩目。但是,生态工程技术也存在其不足之处,如建立稳定的生态净化系统需要较长周期、净化速度较缓慢等,这都是以后需要深入研究并解决的问题。

2. 城市固体废物治理

垃圾处理的各个阶段都是有可能对环境造成二次污染的。所以,保证对垃圾的无害化处理也成为了城市生态工程的热点问题。实现城市生活垃圾的资源化处理有多种不同的模式,明确其所产生的生态贡献率是重中之重。伴随着人们消费结构的转变,城市生活垃圾的成分也发生了变化。剩菜剩饭、果皮等容易腐坏的厨余垃圾的含水量较高,而干垃圾中的塑料、纸张等容易燃烧,所以对不同性质的垃圾进行合理的资源化处理也是城市生态工程亟待研究的问题。

(三)环境生态工程

针对当前大尺度生态工程研究局限和重大科技需求,基于人与自然双向互惠关系重构的生态工程调控原理，建立区域山、水、林、田、湖、草、沙协同保护与修复工程技术方法是亟待研究的科学问题。

1. 基于人与自然双向互惠关系重构的生态工程调控原理

生态工程的终极目标是生态系统服务和人类福祉协同提升。因此，需要通过生态工程调控，持续优化甚至重构人与自然双向互惠的关系，深入研究生态系统与人类福祉及资源环境的关系，人类发展需求与生态系统服务供给的冲突及其权衡的生态学原理，需要开发生态系统监测、评估、预测和监管的理论方法，研究设计生态系统的保护、利用、管理和重建等应用理论及方案。

2. 区域山、水、林、田、湖、草、沙协同保护与修复工程技术方法

山、水、林、田、湖、草、沙生态要素间具有复杂的关联性，在生态系统上具有完整性。因此，要在完善单要素生态修复技术的基础上，深入揭示生态系统的要素与要素、要素与系统、系统与环境的生态学关系，以及其关系的形成机理、维持机制和调控原理，集成和优化跨尺度、多要素生态修复技术，以满足国土空间生态保护修复技术需求。

思考题

1. 请简述国内生态工程的主要类型及特点。
2. 请简述国内外生态工程的主要差异。
3. 结合生态工程的典型案例，阐述其中所包含生态工程的特点。
4. 生态工程的特点给你哪些启示？

参考文献

[1] Abell J M, Özkundakci D, Hamilton D P, et al. Restoring shallow lakes impaired by eutrophication: Approaches, outcomes, and challenges [J]. Critical Reviews in Environmental Science and Technology, 2020, 52 (7): 1199-1246.

[2] Bansal S, Lishawa S C, Newman S, et al. Typha (cattail) invasion in north american wetlands: Biology, regional problems, impacts, ecosystem services, and management [J]. Wetlands, 2019, 39 (4): 645-684.

[3] Bormans M, Maršálek B, Jančula D. Controlling internal phosphorus loading in lakes by physical methods to reduce cyanobacterial blooms: A review [J]. Aquatic Ecology, 2016, 50 (3): 407-422.

[4] Newbould P J, Odum H T, Mchale J. Environment, power, and society [J]. American Journal of Public Health, 1970, 61 (1): 314.

[5] Gosselin F. Redefining ecological engineering to promote its integration with sustainable development and tighten its links with the whole of ecology [J]. Ecological engineering, 2008, 32 (3): 199-205.

[6] John P, Hennig B. A world map of biodynamic agriculture [J]. Agricultural and Biological Sciences Journal, 2020, 6 (2): 114-119.

[7] Jørgensen S E. A eutrophication model for a lake [J]. Ecological Modelling, 1976, 2 (2): 147-165.

[8] Lishawa S C, Jankowski K J, Geddes P, et al. Denitrification in a laurentian great lakes coastal wetland invaded by hybrid cattail (typha×glauca) [J]. Aquatic Sciences, 2014, 76 (4): 483-495.

[9] Manomaiviboool P, Vassanadumrongdee S. Extended producer responsibility in thailand [J]. Journal of Industrial Ecology, 2011, 15 (2): 185-205.

[10] Mitsch W J, Jørgensen S E. Ecological engineering: An introduction to eco-technology [M]. New York: Wiley, 1989.

[11] Mitsch W J, Jørgensen S E. Ecological engineering and ecosystem restoration [M]. New York: Wiley, 2004.

[12] Odum H T. Man in the ecosystem [M]. In proceedings Lockwood Conference on the Suburban Forest and Ecology,

Bull Conn Agr Station 652 Storrs，1962：57-75.
[13] Odum H T. Systems ecology：An introduction [M]. New York：Wiley，1983.
[14] Odum H T，Odum B. Concepts and methods of ecological engineering [J]. Ecological engineering，2003，20（5）：339-361.
[15] Perry A，Kleinmann R. The use of constructed wetlands in the treatment of acid mine drainage [J]. Natural Resources Forum，1991.
[16] Sarkar D，Kar S K，Chattopadhyay A，et al. Low input sustainable agriculture：A viable climate-smart option for boosting food production in a warming world [J]. Ecological Indicators，2020，115：106412.
[17] Sndergaard M，Jensen J P，Jeppesen E. Role of sediment and internal loading of phosphorus in shallow lakes [J]. Hydrobiologia，2003，506-509（1-3）：135-145.
[18] Straskraba M. Simulation models as tools in ecotechnology [J]. Annual Review in Automatic Programming，1985，12（2）：196-199.
[19] Sun L，Xu L. Israeli water achievements today and enlightenment to China [J]. Chinese Journal of Population Resources and Environment，2008，6（4）：6.
[20] Wang J，Liu X D，Lu J. Urban river pollution control and remediation [J]. Procedia Environmental Sciences，2012，13（10）：1856-1862.
[21] Willer H，Trávníček J，Meier C，et al. The world of organic agriculture statistics and emerging trends 2022 [M]. Bonn：FiBL and IFOAM-OI，2022.
[22] Xu Z，Xu J，Yin H，et al. Urban river pollution control in developing countries [J]. Nature Sustainability，2019，2（3）：158-160.
[23] 白晓慧. 生态工程：原理及应用 [M]. 北京：高等教育出版社，2017.
[24] 曹伟. 城市生态安全导论 [M]. 北京：中国建筑工业出版社，2004.
[25] 曹永强，刘明阳. 基于 Cite Space V 的国内生态工程研究文献可视化分析 [J]. 生态学报，2019，39（11）：4190-4199.
[26] 刘鑫朋，王凡，唐运秋. 浅析农业生态中应用农业生物环境工程 [J]. 南方农机，2016，47（12）：35，77.
[27] 马世骏. 生态工程——生态系统原理的应用 [J]. 生态学杂志，1983，4：20-22.
[28] 马世骏，李松华. 中国的农业生态工程 [M]. 北京：科学出版社，1987.
[29] 苗泽伟，苗泽华. 国内外工业生态工程及其比较分析 [J]. 生态经济，2012（8）：112-117.
[30] 彭熙伟. 工程导论 [M]. 北京：机械工业出版社，2019.
[31] 盛连喜. 生态工程学 [M]. 长春：东北师范大学出版社，2002.
[32] 王夏晖，王金南，王波，等. 生态工程：回顾与展望 [J]. 工程管理科技前沿，2022，41（4）：1-8.
[33] 许巍，袁斌，孙水裕，等. 城镇污染河流修复技术研究进展 [J]. 广东工业大学学报，2004，4：85-90.
[34] 闫静，吴晓清，罗志云，等. 国外大气污染防治现状综述 [J]. 中国环保产业，2016，2：56-60.
[35] 张黎. 新形势下的林业生态工程建设 [J]. 绿色科技，2017，13：145-146.
[36] 赵汉珪. 自然农业 [M]. 延吉：延边大学出版社，2004.
[37] 赵齐，潘丽群，赵欣，等. 日本农业可持续发展模式研究 [J]. 合作经济与科技，2016，18：5-7.
[38] 朱端卫. 环境生态工程 [M]. 北京：化学工业出版社，2017.

第二章
生态工程基本原理及设计思路

第一节 基本原理

虽然生态工程的类型多种多样,但是,生态工程的目标和特征是明确的,设计和实施生态工程的指导思想主要是以下几个核心领域的基本原理。

一、系统原理

生态工程的目的是构建一个实现社会-经济-生态复合效益的良性循环系统。"系统"这一概念,由贝塔朗菲(L. Von Bertanlanffy)在20世纪初首先提出,指的是处于一定相互联系中的,与环境发生关系的各组成成分的总体。如今,"系统"的概念已经渗透到各学科及日常生产、生活之中,人们通常谈论的"系统",已脱离其已有的概念约束,变得通俗化。

因此,要具体理解系统原理,可以从以下几个方面着手。

1. 整体性原理

系统的整体性,又称为系统功能的整合性,即"系统整体功能大于部分功能之和"。

系统的任何一个要素的变化是系统所有要素的函数,而每一要素的变化也引起其他所有要素及整个系统的变化。系统具有各要素所没有的新的性质和行为,即新生特性,系统整体性不能表述为要素性质的简单叠加,这是因为要素与要素之间还存在着某种关系。

系统首要的原理就是整体性原理,所谓整体性,是针对机械论的系统观而提出的。在机械论看来,系统的性质是其组成部分的性质的简单总和,而且这种机械论长期以来一直影响了生物学的发展。贝塔朗菲则认为,自然界的许多现象是不能用机械论加以解释的,胚胎及生命的形成过程中即如此。

一个典型的例子就是胚胎学家杜里舒(H. Driesch)的实验及其观点转变的过程。他在1894年写的胚胎发生学著作中坚持了机械论观点,但相隔5年后他开始明显倾向活力论(系统论)观点,这都源于他的海胆试验。在他的试验中,海胆受精卵经过胚胎的原肠阶段正常地发育为幼虫,但当把原肠胚切为两段后,那半个原肠胚不是形成半个幼虫,而是形成了一个较小且完整的胚胎,最后发育成完整的幼虫。这一实验的意义在于证明胚胎具有调整发育的能力,并使盛行一时的机械论发育思想完全破裂。

因而他着重指出,"要想理解一个整体或系统不仅需要了解其各个部分,更重要的是需要了解它们之间的关系",他主张从事物的关系中、相互作用中发现系统的规律性,这就是整体性观点的具体表述。

从系统的整体性原理出发,贝塔朗菲甚至给出了一般系统论的一种定义,即"一般系统论是关系整体"的一般科学,由此可见该原理在系统科学中的重要基础地位。

2. 有机关联性原理

系统的整体性原理作为一般系统论的核心，是由系统的有机性，即由系统内部诸因素之间以及系统与环境之间的有机联系来保证的。

系统是通过各组成部分的有机联系而形成的整体，因此在一般系统论中，不仅要研究其各个组成部分的特性和功能，而且要着重研究系统诸因素之间的相互联系、相互作用，这种重要的性质常用"有机关联性"来表述，它表达了这样一个基本原理，即任何具有整体性的系统，它内部的诸因素之间的联系都是有机的。诸部分之间相互关联、相互作用，共同构成系统的整体。各个因素在系统中不仅是各自独立的子系统，而且是组成母系统的有机成员，同时系统与环境也处于有机联系之中。

系统与其外部环境之间的有机关联，使得系统具有开放的性质，一般系统论所研究或处理的系统基本都是开放系统，与外界环境有物质的、能量的、信息的交换，有相应的输出和输入以及量的增加或减少。系统内部诸因素之间必须具有有机的关联才能与系统的"开放"性质一致，保证系统的整体性。

例如，在小麦生态系统中为了获得 $10t/hm^2$ 的净生产力（4t 种子和 6t 麦秆都折合成 $C_6H_{12}O_6$），必须要从土壤和大气环境中获得 16t H_2O 和 20t CO_2。在叶片内，16t H_2O 将通过光解作用而分解成 14t O_2 和 2t H；14t O_2 将逸入大气之中，2t H 则被用来使 CO_2 还原，从而产生 14t 有机物和 8t H_2O。为了保证上述光化学反应的完成，植物大约要从外部吸收 $1.3×10^9$ kcal（1kcal＝4.185kJ）的日光能，但是，此能量中的绝大部分又将转变成植物进行蒸腾作用时所需的热量，以便使约 1t 重的矿质营养（N、P、K、S、Ca）在生产有机物的过程中发挥必要的作用。

以下是一个系统内通过物质、能量流动所建立起联系的例子：在非洲草原上，狮子、斑马和草地之间就保持着内部的有机联系，并通过捕食关系联系起来。一群狮子（10 头）一年一般要吃掉 400 匹斑马，或需要 1500～2000 匹斑马来维持（1 匹斑马一年平均生 3～5 匹小斑马），而 1 匹斑马每年需要 10t 草，生产 1t 草需要 $1hm^2$ 草地，因此，1 头狮子群需要 $200km^2$ 的草原以维持它们之间的平衡关系。

3. 动态性原理

系统的有机关联性不是静态的，而是与时间有关的，是动态的。动态一般理解为事物的运动状态，机械论者认为就是机械的运动，系统论者则认为任何系统及其组分始终处于一个连续不断变动的过程中。系统的动态性原理同有机关联性原理密切相关，有机关联性原理强调的是各要素之间空间的分布，而动态性原理则强调的是时间上的变化。一方面，系统内部的结构，其分布位置不是固定不变的，而是随时间变化的；另一方面，系统在与外界进行物质、能量、信息交换的过程中一直处于连续不断的动态变化之中。

实际上，一个生态系统几乎总是处在运动变化之中，而其变化过程常常是很复杂的。在天然或半天然植被中，一个植物群落都是经历了一系列发展演变形成的。从理论上来说，这种演变总是从裸地上的先锋植物开始，最终发展到演替顶极，因此，任何生态系统中的植物群落都将随着时间的推移在数量和质量上改变着其中的植物种类成分，与此同时消费水平和土壤条件也都在不断地变化。

以森林为例，青年时期的森林具有最高的净第一性生产力，此后随着林龄的增长，生产力逐渐下降。当生态系统趋近演潜顶极时，也就是说，固定的能量同损失的能量达到平衡时生物量达到最理想的数值。

又例如，在热带稀树干草原上，生态系统几乎总是由一些土链及土链上不同的植被所组成。在土链的各个链环上，经常生活着一定数量的野生大型脊椎动物群。例如，典型的淋溶土土链、崩积土土链和淀积土土链，由于三种土链的土壤不同，因而导致土壤中水分含量的变化，而随此变化的结果是形成了三种不同类型的干草原或稀树干草原，即低草的干草原、中等高度草的干草原和高草的干草原，在这些草原中栖居着各种吃草的大型有蹄类动物。雨季时，所有的食草动物都成群地聚集到长有浅草的高地上；当旱季来临时，这些食草动物则被迫向洼地迁移。这时的洼地土壤湿润，有利于植物的生长。在以草秆为主的较高的稀树干草原上，一些能很好地消化这种粗纤维素草秆的斑马和野牛首先到来，它们清理植被（通过它们的践踏和消费将把大量的草秆清除掉），从而为后来者开辟出食物市场；随后，羚羊和角马相继到来，它们以残秆上重新长出的嫩叶为食；而最后来到此草原上的是瞪羚，它们将取食草本植物的蛋白质和丰富的果实。因此，"牧草的连续演替"现象在草原上展现出来，而此演替的次序取决于各种动物群的取食范围及其生物量。

4. 协同性原理

生态系统中存在竞争，但同时也存在协同与合作，协同与竞争是一对矛盾，而协同应是系统中的主流。

达尔文提出的"适者生存"的思想是自然选择的重要机制，它使研究者的注意力集中在自然中的各种竞争上，于是种间合作的重要性就往往被低估。但有理由认为，在达到某种平衡的生态系统中，种群之间的负相互作用和正相互作用，如同平衡的方程式一样，最后得到平衡。

两个物种的种群之间，正相互作用有偏利作用（一个种群有利）、原始合作（两个种群有利）和互利共生（两个种群有利，它们发展的结果是彼此间完全依赖）。

例如，微生物与植物的共生能加强矿质循环和食物生产。最明显的例子就是菌根，菌根体现了真菌丝状体与植物活性根系间的互利共生关系（不应与死根的寄生真菌混淆）。植物、真菌与根系组织形成"有机体"，能增强植物从土壤中吸取矿质的能力；同时，植物也给真菌提供了光合作用的某些产物。

互利共生也可以发生在动物与动物之间，如牛椋鸟以大型哺乳动物诸如水牛、长颈鹿和斑马身上的寄生虫为食，啄食它们皮上的蜱和蛆（图2-1）。

(a) 牛椋鸟与水牛　　　　　　　　(b) 牛椋鸟与长颈鹿

图 2-1　牛椋鸟与水牛、长颈鹿等的互利共生关系（图片来自网络）

5. 层次性原理

客观世界的结构是有层次的，任何系统既是其他系统的子系统，又是由许多亚系统组成的。层次结构包括横向层次和纵向层次，横向层次又叫系统的水平分异特性，是指同一水平上的不同组成部分;纵向层次又叫系统的垂直分异特性,是指不同水平上的组成部分。生态学研究十分重视客观世界的这种层次性,Odum 用"生物学谱"的概念来表示生物界的层次性结构,并说明现代生态学研究的重点是有机体以上的种群、群落,特别是生态系统层次。

农业系统本身也是按层次组织起来的,一个农作物或家畜个体,既是一个由基因、细胞、组织、器官等层次组成的复杂系统,又是作物群体或畜群、农田、农场、农村、地区、国家、世界农业系统的一部分。

层次结构理论认为,组成客观世界的每个层次都有自己特定的结构和功能,形成自己的特征,都可以作为一个研究对象和单元;对任何一个层次的研究和认识都有助于对另一个层次的研究和认识,但对任何一个层次的研究和认识都不能代替对另一个层次的研究和认识。因此,层次结构理论为我们对自然界进行综合性研究提供了有用的指导原则,注意事物的层次性,即一件事物在整个层次结构中的位置及其与其他事物的联系,我们才可能对问题有更全面的认识。

二、生物学原理

生态工程的主要特征之一就是生物物种的有机组合,了解基本的生物学法则,有助于生态工程的创新设计与有效实施。

1. 限制因子原理

限制因子原理,指的是生物有机体的组成包括大量的无机物质和有机物质,每一种生物生长都需要一定种类和一定数量的营养物质,如果其中有一种营养物质不足或完全缺失,生物生长就会受到限制甚至不能生存。图 2-2 的桶状模型有助于我们对该原理的理解,即任何一块木条导致的缺口都将影响整个木桶装水的高度和容量。

另外,生态系统的结构与功能取决于影响它的动力因素或限制因子(如温度、太阳能等)。根据生态系统原理,处于任何一种状态的系统本身都有一限制因子存在。

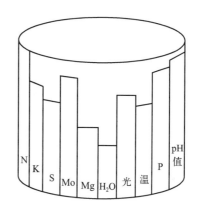

图 2-2 限制因子原理示意图(方萍等,2002)

在自然界中,各种有机体和环境的相互关系是极其复杂的,环境因子对生物的作用也各不相同,有时显得特别重要,即成为主导因子,有时则不那么重要,即成为辅助因子,但一旦该因子超过或接近有机体忍受程度的极限时,就可能成为一个限制因子。可以说任何环境因子都有可能成为限制因子,并大体上可来自自然、人为、环境这么几个方面。无论是自然的变异,人为管理不当,还是环境的不可逆后果,都可能直接影响生态系统的进程。

澳大利亚曾开垦过数百万亩(1 亩 $\approx$ 666.7m^2)荒地种植牧草,其水分、温度及其他自然条件都比较优越,但由于缺乏微量元素钼,牧草生长不良,结果开垦区成了不毛之地,后来给土壤施用钼肥后,苜蓿生长良好,成为澳大利亚的重要牧场。

河流富营养化是一个典型的限制因子决定系统状态及其种类组成的例子。在一个水库或河流中养分的输入与藻类的浓度直接相关,如在丹麦哥鲁斯(Gluns)湖中当磷输入从 1.6g/(m^2·a)降到 0.4g/(m^2·a)后,湖中藻类浓度明显下降,透明度相应增加。

同样地，有毒废物也是生态系统的一个限制因子。纽约长岛海峡（Long Island Sound）的南大湾（Great South Bay）提供了一个"鸭与牡蛎"的故事。沿着流入海湾的支流建造了许多大鸭场，鸭粪使大面积的河水变肥，从而使浮游植物密度大大增加。由于海湾中循环率低，营养物质很少流入大海而多半沉积下来。初级生产力的增加本应带来好处，但事实并非如此。新增加的有机营养物和低的氮磷比例使生产者的类型完全改变，这个海区由硅藻、绿鞭毛藻和腰鞭藻组成的正常的混合浮游植物几乎完全被非常小的 *Nannochloris* 属和 *Stichococcus* 属所取代。以正常浮游植物为食而常年生长繁盛的著名蓝点牡蛎因不能利用新兴的藻类而逐渐消失，该水域中其他的贝类也都消失了。

2. 耐受性原理

耐受性原理由美国生态学家 V. E. Shelford 于 1913 年提出，他认为一种生物的存在与繁殖依赖综合环境中的全部因子，只要某种因子的量过足或过多，超过了该生物的耐受限度，则生物难以生存，甚至灭绝。这一定律将所有生态因子中任何接近或超过耐性上限或下限的因子都当作限制因子。

生物对每一种生态因子都有其耐受的上限和下限，上下限之间就是生物对这种生态因子的耐受范围，其中包括最适生存区（图 2-3）。

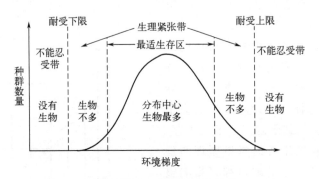

图 2-3 耐受性原理示意图（李振基等，2000）

3. 环境适应性原理

生物的环境适应性是生物在长期的生存竞争中为了适应环境而形成的特定性状表现。各种环境因子长期综合作用的结果，使生物最终表现出趋同适应和趋异适应效应。

（1）趋同适应 是指亲缘关系疏远的生物，由于长期生存在相同的环境条件下，通过变异、自然选择和生态适应，在器官形态等方面表现出相似的现象。其结果是使不同种的生物在形态、生理和发育上表现出很强的一致性或相似性。

（2）趋异适应 是指同种生物的不同个体或群体，由于分布地区的差异，长期接受不同生态环境的综合影响，不同个体或群体之间在形态、生理等方面产生明显差异。

（3）生态型 指同种生物的不同个体或群体，长期生存在不同的自然生态条件和人为培育条件下，发生趋异适应，并经自然选择和人工选择而分化形成的生态、形态和生理特性不同的基因型类群，分类学上属于"种"以下的分类单位。通常情况下，分布区域和分布季节越广的生物物种，生态型越多；生态型越单一的生物物种，适应性越窄。例如，我国的黄牛，在不同的自然区域分别形成不同的生态型，主要有北部地区草地黄牛、中部华北农区黄牛、西南与南部亚热带及热带地区黄牛。

（4）生活型 指不同种的生物，由于长期生存在相同的自然生态条件和人为培育条件下，发生趋同适应，并经自然选择和人工选择而形成的具有类似形态、生理和生态特性的物种类群。生活型着重从形态外貌上进行区分，分类学上属于"种"以上的分类单位。例如，沙漠干旱区的仙人掌（仙人掌科）与生活在相同条件下的霸王花（大戟科）、海星花（萝藦科）、仙人笔（菊科）等植物有相似的外部特征，属于同一生活型；而生活在水中的鱼类多数具有相似的流线型外形结构；哺乳动物如鲸、海豚等与陆地哺乳动物明显分属不同生活型，而与其他的鱼类形态较为相似。

4. 生物进化原理

生物进化有遗传、变异和选择三个基本过程，其中遗传、变异是生物进化的内因和基础，而选择决定了进化的发展方向。

自然进化是自然变异和自然选择的结果，是生态因子对生物适应能力的考验，表现为对生物变异中有利部分的保留。自然选择使有利于生物个体生存和繁殖能力的变异性状加强，不利的变异性状被淘汰，其结果是形成新的对所处生态环境适应性更强的进化类型，但需要经历漫长的时间。

人工进化则是人类为了自身发展的需要，在利用自然变异成果的同时，增加人工创造变异或驯化的过程，其结果是使生物品种不断满足人类社会的需要，但可能导致对生物自身生态适应性的破坏。例如，许多动植物品种，虽然在生长量、生长速度、繁殖系数等方面有很大提高，但与其近缘野生种相比，在生存能力、对不利生态条件的耐受力等方面有所下降。

三、生态学原理

生态工程设计的对象就是不同的生态系统，因而其遵循的设计原理主要来自生态学原理。根据已有的研究成果，生态学原理主要体现在以下几个方面。

1. 物种共生原理

物种共生原理即利用不同种生物群体在有限空间内结构或功能上的互利共生关系，建立充分利用有限物质与能量的共生体系。例如，稻田养鱼、农林间作等。

稻田养鱼就是利用稻鱼共生、稻养鱼鱼养稻的互惠关系建立的一种生态工程。在稻田生态系统中，水稻作为光合作用的主体，进行能量和物质的转化，但同时受到田间杂草、浮游植物等的竞争影响。放养鱼类后，可取食大量杂草等，防止养分流失，并将储藏的能量转化为高营养的鱼产品；鱼在稻田中拱泥觅食，破坏稻田水面上形成的隔氧层，搅动田水，起到一定的增氧作用，有利于水稻生产；同时鱼为稻田排放出大量含丰富营养物的粪便；水稻生长的同时对水面起到遮蔽阳光作用，使稻田中的水温保持稳定，也有利于鱼的生长发育。因此，稻田养鱼能促进水稻增产，一般增产幅度为10%，每公顷还可收到210~870kg鱼苗，经济效益、生态效益显著。

胶茶间作也是一种互利共生的系统，是20世纪80年代在南方植胶区大面积推广的生态工程。通过合理调整胶茶种群结构后，该系统既可抵抗低温、风害等不利条件，减轻水土流失，保持土壤养分，又可促进害虫天敌数量的增加，增强胶茶种群抗病虫的能力，也将土地利用率提高了50%~70%，提高了光能利用率，橡胶树的平均生长量比单胶林提高了17%，总产值还比单胶林提高了80%以上。

共生现象还广泛地存在于生物界不同种群间，最常见的是异养生物与自养生物间的共生关系，异养者从自养者处获取食物，而自养者则从异养者处得到保护。农业中根瘤菌与豆科植物的共生，一些高等植物与菌根菌的共生，某些动物与其肠道中生活的纤维分解菌、固氮菌的共生等都是典型的、极有价值的例子。

2. 物质循环再生原理

根据生态系统物质循环原理，多类型、多途径、多层次地通过初级生产、次级生产、加工、分解等完全代谢过程，完成物质在生态系统中的循环。

农业生态系统中的物质循环，通常指生命活动必需的元素或无机化合物在农业生态系统中的循环流动，这种物质流动的频率、速度直接决定着系统的生产力大小，并受到生物种群特性、库的吸收固定及贮存能力的影响。生物转换效率越高，库与库之间的沟通流动越畅通，物质的转化效率就越高。农业生产本身就是在一定限度内获取物质转换、能量流动及经济效益最大化的过程。

我国珠江三角洲地区的基塘生产系统是物质循环再生原理的典型案例。

基塘生产系统包括桑基鱼塘、蔗基鱼塘、果基鱼塘、草基鱼塘、花基鱼塘等，这是我国珠江三角洲地区的人民在长期的生产劳动中总结的成果，变不利条件为有利条件，形成一整套的科学耕作方法和独特的经营管理制度。人们在低洼的地区挖地成塘，把挖出的塘泥堆积在塘四周成为基堤，在塘中蓄水养鱼，在基堤上种桑养蚕或种植甘蔗、果木，用塘泥作桑、蔗、果的肥料，以蚕粪、桑叶作鱼饵，塘基互养，形成一个无废物、无污染，本身能调节水、肥和饲料，结构上较为合理的农业生态系统，经济效益比单纯种稻约高出几倍。据统计，珠江三角洲有几十万亩大大小小的鱼塘，密布于桑林、蔗林之间，其中桑基鱼塘最为普遍（图2-4）。

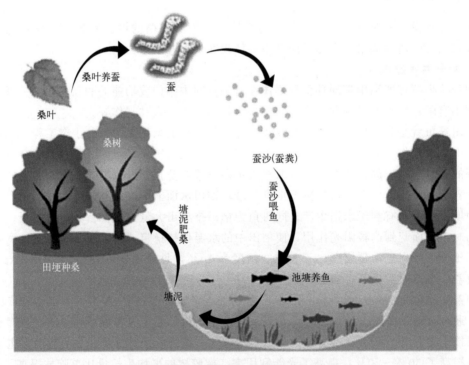

图2-4　桑基鱼塘示意图（图片来自网络）

3. 自组织原理

生态系统具有的调节与反馈机制使得系统产生自组织功能，以适应外部环境的变化，并最大限度地减轻（或强化）这种变化带来的影响。这种自组织功能是通过生态系统内部多种自我调控机制实现的。

通过正负反馈机制，生态系统各生物种群密度与群体增长率间保持着一种平衡关系。当种群密度增大时，种群的群体增长率减小，使得种群数量增加减速，负反馈机制使得种群数量逐渐处于平衡水平；在种群数量低的情况下，群体增长率提高，个体大量增加，种群密度就增大，形成正反馈。农田中害虫与天敌间的关系即是如此，害虫数量增长时，天敌即因食量增加而大量繁殖，害虫因被食而大量减少，又反过来影响了天敌的繁殖。

由于处于同一生态位上，生态系统中的不同组分还会发生相互补偿作用，从而减轻系统的危害，这种多元重复现象保证了系统在某些成分发生变化的情形下其输出可以稳定不变，使系统稳定性得以有效地保持下去。例如，复杂的乔、灌、草、针阔叶林中，由于食虫鸟较多，马尾松较难发生松毛虫灾害，而在马尾松纯林中，则易暴发松毛虫灾害。

除以上两种机制外，一切生态系统都有一种自我调节、自我修复和自我延续的能力。即生态系统对任何外来干扰和压力，均能产生相应的反应，借以保持系统各组分之间的相对平衡关系，以及整个系统结构、功能的大体稳定状态，使这个系统得以继续存在下去，这种机制也可称系统的内稳态机制，即系统抵抗变化和保持平衡状态的机制。内稳态机制普遍存在于生物个体体内和生态系统中，如动物通过血液循环、皮肤收缩、出汗等来调节体温，植物通过膨压变化、气孔开闭、形成角质层以至落叶来调节水分盈亏等。

高等水生生物的自净作用也是一个例子。例如，凤眼莲经两周实验后可使水中总氮从 3.89mg/L 降到 0.8mg/L，供试水质的总氮含量呈递减趋势，表明凤眼莲对水中的氮有去除作用；芦苇、狭叶香蒲、菱等高等水生植物对水中氮、磷也有富集能力，经测定，干芦苇中含氮 1.176%、磷 0.264%，如果定期从湖中打捞这些植物就可以从水中除去相应数量的氮和磷。

4. 生物多样性原理

生态工程的实施需要生物多样性的支撑，同时也影响生态系统的生物多样性状况。复杂生态系统之所以稳定，就是因为其生物组成种类繁多且均衡，食物网纵横交错，形成较稳定的空间分布结构和生物群落结构。若一个物种增加或减少，其他种群可以及时补偿，从而保证了系统的稳定发展。生态工程设计中，应该避免单一物种构建的系统，充分考虑物种多样性在系统稳定发展中的重要性。

另外，值得一提的是，随着生命科学和生态学的发展，生物多样性原理不仅仅指的是物种多样性，还包括更微观的遗传多样性、更宏观的生态系统多样性。

5. 边缘效应原理

生态交错带即相邻生态系统之间的过渡带，其特征是由相邻生态系统之间相互作用的空间、时间及强度所决定的。例如，森林与草原间、农区与牧区间、城市与农村间等都有过渡带。

生态交错带通常是一交叉地带或种群竞争的紧张地带，两种群落组分同时出现在同一总体气候条件下，并处于激烈的竞争状态下，其中哪个能获得立足地取决于局部地形造成的小生境、土壤质地，以及植物的生存适应性和种间相互作用关系等，结果往往形成两种群落成分的镶嵌式分布，使得交错带生物种群更加多样与复杂，并提供了更多的营巢、隐蔽和摄食条件。

同时，生态交错带实际上还起着流通通道的作用，如同一过滤器或屏障一样，由于相邻生态系统热量等的差异，能量、物质（尘埃、雪等）、有机体（花粉、小动物等）沿压力差方向移动，相邻差异越大，这种流动速度越大。

目前人类活动正在大范围地改变着自然环境，形成许多交错带，这些交错带在一定程度上可以控制不同生态系统之间物质、能量与信息的流通，并对该过渡区生态系统间的物质、能量、信息流有着特殊作用，而且显然可以缓冲邻近生态系统带来的冲击。因此，如何保护与合理利用生态交错带，并探讨生态交错带的有效管理，也是生态工程设计中的重要内容。

6. 生态位原理

生态位（niche）是生物物种在完成其正常生活周期时所表现出的对环境的综合适应性，即一个物种在生物群落和生态系统中的功能与地位。

生态位又分为基础生态位、实际生态位、空间生态位。基础生态位是指物种对环境的潜在综合适应范围（亦称潜在生态位）。实际生态位是指在一个特定生态系统中生物实际占据的生态位状况。空间生态位是指生物在空间分布上的功能与作用。

在进行生态位的量化研究时，常用生态位宽度、体积和重叠度等指标进行描述，实际生态位比基础生态位在这些指标上都要窄小。

生态位宽度，指的是一个生物所利用的各种资源的总和或多样化程度。也指现实生态位超体积的限度，通常采用宽或窄加以描述。

生态位重叠，指的是两个生物（或生物单位）出现的利用同一种资源或共同占有其他环境变量的现象，包括生态位的完全重叠和部分重叠等。

生态位分离，指的是同一群落中的每种生物都有与其他物种明显不同的功能和作用，即相互之间的生态位是明显分开的。

生态位压缩，指的是由于外来物种的侵入，本地物种对空间的利用被迫限制和压缩。这种由竞争导致的生境压缩不会引起食物类型和所利用资源的改变。

生态位释放，指的是生物由于种间竞争减弱而引起生态位扩展的现象。

生态位移动，指的是两个或更多物种由于减弱了种间竞争而发生的行为变化和取食格局变化，这些变化可以是短期的生态反应，也可以是长期的进化反应。

生态位的概念在种群关系、群落结构和资源利用与管理方面有非常广泛的应用，在生态工程设计领域有一定的指导意义。

7. 竞争排斥原理

竞争排斥原理（principle of competitive exclusion）即在一个资源有限的稳定环境中，具有相同资源利用方式的物种，不能长期共存在一起。竞争排斥原理也可以理解为两个生态位高度重合的物种，不能共存于同一栖息地中，或者说，处于同一生态位中的两个物种，不能长时间共存。因为，共存于同一生态位的两个物种，必然产生种间竞争，而竞争失败者有灭绝、离开或改变生态位三种结果。

普遍认为，竞争排斥原理来源于高斯原理（Gause's principle），由苏联学者高斯（G. F. Gause）于1934年首次提出。高斯原理基于以3种草履虫为研究对象的实验：

① 将大草履虫（*Paramecium caudatum*）、双小核草履虫（*Paramecium aurelia*）、袋状草履虫（*Paramecium bursaria*）分别放在3个培养管中，3个培养管中都加入它们的食物酵母菌，以及酵母菌的食物燕麦片。培养一段时间后3种草履虫的数量都正常增长。

② 将大草履虫（*P. caudatum*）与双小核草履虫（*P. aurelia*）一起培养，依然加入同样的酵母菌与燕麦片，但大草履虫（*P. caudatum*）总是倾向于消失（未观察到两种草履虫相互攻击）。

③ 将大草履虫（*P. caudatum*）与袋状草履虫（*P. bursaria*）一起培养，依然加入同样的酵母菌与燕麦片，二者共存但出现明显分层。大草履虫（*P. caudatum*）在氧气浓度高的上层，袋状草履虫（*P. bursaria*）在氧气浓度低的下层。

基于上述实验，提出了高斯原理：两个相似的物种的竞争结果是极少能占领相似的生态位，而是每个物种各占有某些特别的生态位，并具有优于其竞争者的生活方式，互相取代。后来，高斯原理被逐渐完善为竞争排斥原理，1960 年由 Garrett Hardin 提出并发表在 *Science* 上，之后也有很多学者对这一理论提出了更多的补充和完善。

四、经济学原理

（一）自然资源合理利用原理

自然资源合理利用原理即在有限的自然资源基础上，既获得最佳的经济效益，又不断提高环境质量。自然资源分为可更新资源和不可更新资源两大类。

1. 可更新资源的合理利用

太阳能、地热能、风能、水力能等可更新资源与地球起源演变、星体相互作用及地球表面的气流、洋流等流体力学过程有关。人类对这些可更新资源的利用一般不会影响其可更新过程。然而森林、草原、鱼群、野生动植物、土壤等自然资源的更新过程与生物学过程有关，其更新速度很容易受到人类开发利用过程的影响。人类对这类资源的过度利用会损害该类资源的更新能力，甚至导致这类资源的枯竭。因此，要合理利用这些可更新资源，重点是保护其自我更新能力和创造条件加速其更新，使自然资源取之不尽、用之不竭，并保持最大收获量。

（1）保持可更新资源的最大持续收获量　可更新资源保护的核心是把资源开发利用的速度控制在资源更新能力允许的范围之内，以便实现对资源的永续利用。

以渔业生产为例，鱼类和其他生物一样，有它的幼年期、青年期和老年期。多数鱼类需要多年才能长大成熟。如果过量捕捞，种群数量下降过多，尚未性成熟的幼鱼和尚未产完卵的大鱼大量减少，鱼类资源得不到恢复，就不可能持续获得最大的捕捞量。

保护可更新资源，特别是生物资源，使之免于被过度利用的主要措施有：a. 直接限制收获量；b. 通过限制开发能力，间接限制收获量；c. 在法律上确定资源的归属权或使用权；d. 在经济上通过税收、补贴、工资、价格等措施控制开发者能够获得的利润水平；e. 通过人口政策，使人口增长与资源条件相适应，减轻人口对资源造成的压力；f. 通过替代资源的开发利用，分散需求压力，从而达到保护资源的目的。

（2）可更新资源的增殖　人类不但可以被动地采取措施使开发能力和利用速度适应资源的更新速度，而且可以主动地采取措施保护和增强资源的更新能力。例如，为了保护和增强森林资源的再生能力，可采取封山育林、加强抚育、培育速生丰产树种、残林更新和营造新林等方法。

2. 不可更新资源的合理利用

自然资源中的矿物资源（金属矿物、非金属矿物、化石能源）和社会资源中的化肥、农药、机具、燃油等生产资料，随着使用逐步被消耗，不能循环往复长期使用，属于不可更新的资源。

对不可更新资源，必须从物质循环的生态学角度出发，掌握各种矿物的自然循环规律。对它的开发利用应以对环境和自然循环过程干扰最小的方式来进行。

合理利用不可更新资源的基本途径有：

（1）矿物的再循环和回收利用　只有降低矿物资源消费量和提高回收利用率，才能延长矿物资源的使用年限，推迟枯竭期的到来。例如，磷的储量不大，而且又无法用其他资源代替，这是生态学家普遍担忧的问题。据美国生态研究所估计，如果人类不使用磷肥，可能连20亿人口也养活不了。据估计，磷肥资源可能在21世纪被耗尽。因此，处理好磷的再循环和回收利用问题已成为一个十分重要的课题。

（2）资源替代　资源替代的范围很广，可以用可更新资源替代不可更新资源，如以木替代金属，以生物能源（沼气、酒精等）替代不可更新的化石能源（煤、石油、天然气等）；也可用储量大的资源替代储量小的资源，如以铝替代铜，以塑料制品替代铜、铝、锡等。

（3）提高资源利用率　提高资源利用率就是以更少的单位资源消耗生产出更多的产品。要提高资源利用率，一方面，要遵循边际效益原理和限制因素原理，把有限的资源投放到增产效果最大的地区和生产部门，使有限的资源发挥最大的增产作用。另一方面，要改进资源利用技术。例如，能源不能像铁、磷等矿物资源那样被反复循环利用，但通过改进能量利用技术，其利用效率就能大大提高。

（二）生态经济平衡原理

生态经济平衡是指生态系统及其物质、能量供给与经济系统对这些物质、能量的需求之间的协调状态。

生态经济平衡的内涵为生态系统物质、能量对于经济系统的供求平衡。现代经济社会是一个生态经济有机体，就是说现代经济社会不只是由单一经济要素所构成，而是一个含人口、资金、物资等经济要素和包含资源环境等生态要素的多层次、多目标、多因素的网络系统。这诸多的经济要素和生态要素正是在社会生产与再生产过程中才相互结合形成层次更高、结构及功能更加复杂的生态经济有机系统。

在生态经济平衡中，一方面生态平衡是第一性的，经济平衡是从属的第二性的，因为从发展时序上讲，生态系统先于经济系统存在，经济系统是从生态系统中孕育产生的。另一方面，生态平衡是经济平衡的自然基础，在生态经济系统中，一定的经济平衡总是在一定的生态平衡基础上产生的。经济平衡并不是被动地去适应生态平衡，而是人类主动利用经济力量去保护、改善或者重建生态系统的平衡。人类经济越发展，其对生态系统的主体的作用越强大，相应越要求承受经济主体的生态基础越稳固和越具有耐受能力，不仅要靠自身的调节，而且更重要的是要靠经济力量的促进。

（三）生态经济效益原理

生态经济效益是评价各种生态经济活动和生态工程项目的客观尺度，对任何一项生态工程项目都需要进行生态经济效益的比较、分析与论证，以选择最优或最满意的方案。

讲求生态经济效益，是人们从事一切经济活动的基本原则。为了更有效地利用自然资源和保持生态平衡，不仅需要进行近期的经济效益分析、比较，也需要进行较长期的生态经济效益分析、比较，以尽量少的资源消耗，取得最佳生态经济效果，以达到保持生态平衡、提高生态环境质量、促进社会经济发展的目的。

生态效益与社会效益之间最大的区别在于前者是自然再生产过程的"有用性"度量标准，后者则主要是社会有用性及其后果的度量标准，是社会再生产过程的产物——是由社会及经济系统生产出来，而又面向社会的使用价值及其消费后果。

生态效益可以用价值形态的指标来度量，但一般是用机会成本、影子价格等度量的。如森林可更新氧气，那么其生态效益即可用更新氧气量表示；但也可以给其一个参照价格，即用人工制造氧气的成本作为其"机会价格"，计算其象征性的价值，也就是其生态效益的价值。

在同等生态效益和劳动消耗的条件下，技术手段合理，经济资源与生态资源组合得当，也就是说所有经济资源的投入符合生态系统反馈机制的需求，从质和量两个方面有利于形成有序的生态经济系统结构的良好循环，生态系统的生产力就可得到最大限度的发挥。

（四）生态经济价值原理

生态经济价值原理，或生态资源价值问题，是目前亟待解决的生态经济理论问题。从普通经济学的劳动价值理论或商品价值理论的观点出发，没有经过人类劳动加工的自然生物资源（物种、种群、群落），其所具有的使用价值或效益是没有价值的。自然生态系统（如森林）的涵养水源、调节气候、保护天敌、保持水土等生态效益的表现，既不是使用价值也不表现为价值。如果不从理论上解决自然资源及环境质量的价值问题，实际生产中不把资源成本和环境代价这些潜在的价值表现出来，恰当地进行人为活动的功利性评价，人们就不可能改变对大自然恩赐的无偿耗费，滥用、破坏自然资源的现象就不会杜绝，自然的无情报复就难以避免。

五、工程学原理

通常的工程指按照人们的要求，利用不同材料，遵循设计原理与材料特征，从而建造的具有一定结构的工艺系统。目前的工程设计主流为功能派设计，即主要依客户的要求而建造工程。而生态工程则应把客户的需求与生态环境统一起来进行考虑，既满足客户的生产、生活等需要，又与周围环境相吻合。因而这里的工程原理非常规的原理，而着重介绍工程中的环境因子调控原理，如能量、质量衡算与传递。

1. 能量衡算与能量传递原理

以太阳能为例，从工程的空间到内部结构充分考虑最大限度地使用太阳能。如工程的布局、植被的选择、太阳能建筑材料的使用以及取暖、取光等方面都要做出调整。

太阳能日光温室的应用在过去几十年中发展迅猛，1991年时北方五省只有5万余亩，2018年全国节能日光温室即达到577455.69hm^2，而且仍在扩展。其原理即利用薄膜吸收太阳能，并用于夜间的热量需求，从而保证植株的提前生长与上市，有相当好的经济效益。近年又在增加太阳能转换上做了大量工作，如多层膜应用、有色膜应用、反光幕悬挂等。

农业工程及建筑中也强调自然采光作用，建筑中理想的玻璃即透光性好、热性能好的玻璃，或叫低辐射率玻璃，其日光的发生效率至少可以达到荧光灯的3倍，国外近些年发明的"超级窗户"即此。另外，近几年推广的暖舍养畜也是一种方式。

利用太阳能、天然能或生物质能将是未来节能社会的一个特点，各种节能灯、节能材料等被发明出来，一旦技术成熟即可全面应用。与此同时，一些节能型建筑也在兴起，生态建筑即其中的一个新兴事物，如浙江省生态城区与绿色建筑研究所设计的生态住宅，英国也有生态住房建成。

2. 质量衡算与质量传递原理

以农业生态工程中的水资源为例，农业生态工程设计中要求强调水的节约、高效利用，以降低对这种稀缺资源的耗竭。我国农业用水的效率很低，渠道水利用系数仅有0.46，大部分的水被浪费掉了。因此，改进灌溉方式有着巨大的潜力，目前应用较多的有地下管灌系统和地面喷灌、滴灌系统。例如，20世纪60年代在以色列发展起来的滴灌系统，可将水直接送到紧靠植物根部的地方，以使蒸发和渗漏水量减到最小。我国农田灌溉水有效利用系数提高到0.565。

世界上许多工业发达国家都把提高工业重复用水率作为解决水资源短缺的一个重要手段，日本的工业重复用水率已从1965年的36%提高到了1985年的74%，美国也从1960年的51%提高到了1985年的87%，由此可见节约用水的广阔前景。我国在工业上主要是改革用水工艺，提高循环用水率，2021年工业用水的平均重复利用率达92.5%，"十三五"期间，全国万元国内生产总值用水量下降28.0%，万元工业增加值用水量下降39.6%。

3. 流动性原理

以无污染工艺的流程为例。无污染工艺又称无废工艺、清洁生产等，它是以管理和技术为手段，通过产品的开发设计、原料的使用、企业管理、工艺改进、物料循环综合利用等途径，实施工业生产（包括生产产品消费）的全过程控制，使污染物的产生、排放最少化的一种综合工艺过程，目的是使生产和消费过程的废物资源化、最少化、无害化。

无污染工艺具体体现在如下3个方面：

① 选择无毒、低毒、少污染的能源和原料，包括常规能源的清洁利用、可再生能源的利用、新能源的开发和利用，以及各种节能技术的开发和应用。

② 选择无污染的工艺设备，强化生产过程的管理，减少物质的损耗，提高资源、能源的利用率，包括：尽量少用或不用有毒有害的原材料，以及尽可能地选择无毒、无害的中间产品；减少生产过程的各种危险性因素，如辐射、噪声、有毒物暴露等；采用少废、无废的工艺和高效的设备，最大限度地利用原料与能源；具有简便、可靠的操作和控制系统，以及有效的管理体系。

③ 开发、设计、生产无毒无害的产品，使其在使用过程中以及使用后不会对人体健康和生态环境造成危害，而且产品废弃后易于回收、再生和重复利用，或者易处理、易降解。

农业生态工程设计中在考虑无污染原理时也必须注意到输入、过程及输出三个环节的控制和管理，选择什么样的投入品，这些投入品和生产的管理以及产品的质量控制都必须遵循以上原则。在节约能源的同时，应注意减少化学品的使用，如农田化肥、农药、生长素的应用，畜禽生产中农用激素的应用，建筑中有毒、有放射性材料的使用等。

第二节　生态工程设计思路与方法

纵观人类科学发展历程，自哥白尼提出太阳中心论以来，其学说得到培根、伽利略、开普勒、牛顿等的阐述和证明，生命即机器的科学观逐渐形成。在现代科学及工业革命的推动下，物理学、化学、生物学、工程及上百门分支学科投入了对宇宙这一机器中每一分支的研究考察。西方的文明也是在这种科学观的支持下，不断创新，不断掘取资源，获取财富，人即是剖析、索取自然的万能之手。人类正越来越多地占据着地球的有限空间，过着日益富足的生活。而所有这些，皆源于现有的科学世界观忽略了这样一个事实：这一机器是活的，它的各个部分是相互关联的，任一支节的活动都会影响到其余部分。

因此，传统的科学世界观带有很大的片面性和局限性，它需要修正，生态设计就是在人类反思历史以重塑世界观的情形下提出，并开始付诸实施的。

一、生态设计思想及原则

有关生态设计的含义有不同的诠释，Doug 认为：生态设计（ecological planning）就是通过一系列的假设、行动，从而使系统最大限度地与周围文化空间环境相适应的变革过程。这里的社会变革，指的是创造一种社会公平与生态持续的人类社会，实质上是一强调适应环境的过程，旨在通过对现有城市乡村的变革实现生物区域（bioregion）或生态村（eco-villages）、生态城（eco-city）的重建。

Dorney（1987）认为：生态设计是指在现有设计基础上，对环境信息、环境管理做较为理想的、综合的设计与调整，这种调整主要基于：a. 生态系统结构功能的分析；b. 对系统变化中各要素（土地、水等）现有利用情形及其潜力做出判断；c. 任何外界影响下可能损益的判断；d. 综合历史变化及环境损益于一体，对资源进行合理调整以满足所有期望；e. 调整意见不同的利益主体间的需求。

Crowther（1992）从设计角度出发，认为一个好的设计不应仅仅是对空间的美学、结构、机械、电信等的堆砌，而应体现为一个整体，即一个生态与人类协调的整体，因此他认为生态设计为设计者们开拓了创新变革的机会，设计师的任务就在于创造一个最健康、最有活力的生态环境。

从以上三位学者的论述中可以看出，生态设计的含义及侧重点皆有所不同，不过有一点是共同的，即无论是建筑设计师、环境工程师还是生态学者都认为未来的设计需要人与自然间的协调，需要人工设计与自然设计之间的统一，而且只有这样的设计才是健康的、可持续的。因而生态设计的出发点完全不同于以往的工程设计，它旨在营造一种自然与人类统一体，实际上它是设计史上的一场变革，将影响方方面面。

生态设计的基本原则包括以下几点：

① 人应是自然的分工，也是自然生态设计中的一部分，因此人类的一切设计应遵从其所处生态系统的要求，不可超越该生态系统的极限，因为只有在该生态系统保持活力的情况下，作为系统成员的人或人为设计才有活力。

② 生态设计之前应对研究的生态系统作详细的分析和评价，包括系统各要素组成特征、要素的变化规律、要素间相互作用，由此为后续工作提供翔实的知识基础。

③ 除了对系统要素及其过程的分析外，还应对生态系统历史演化机制作必要的了解，如系统的阈限、反馈与滞后效应，系统的恢复及消化能力，以及系统约束等。

④ 建立在生态系统全面认识基础上的生态设计应充分发挥和再现自然生态系统的和谐特征，所有的人为设计皆为体现生态系统的潜在价值而服务，起一种烘托作用，而不能破坏自然的节奏和形式。

⑤ 由于任何生态系统特别是区域生态系统的开发都包含当地居民的活动，生态设计应以生态系统的共同发展为主旨，并首先考虑当地居民的生存与福利，不可以牺牲当地利益为代价。因此，设计中还应考虑当地居民的生活、生产、就业、培训等。

⑥ 与生物、人工社会系统最吻合的环境系统就是能保证该系统健康持续发展的系统，而且这种功能不受层次限制，它可以是景观中的植物配置也可以是一个国家的发展。

二、生态工程设计思路

生态工程设计思路，是依据生态设计基本思想和基本原则，针对具体的生态工程目标而采取的设计与实施方案。要理解生态工程的基本设计思路，可以先从理解生态工程的学科发展目标、主要类型、概念发展，以及生态工程与其他工程类型的异同点对比开始（见表2-1）。

表 2-1　生态工程的概念及发展

时间	学者	有关概念的提出
1954 年	马世骏	首次提出"生态工程"，但尚未形成学科体系
1962 年、1963 年、1971 年	H. T. Odum	先后提出几种"生态工程"定义
1983 年	Uhlmann	提出"生态工艺技术"概念
1984 年	马世骏	给出"生态工程"确切定义，即生态工程是应用生态系统中物种共生与物质循环再生原理、结构与功能协调原理，结合系统分析的最优化方法设计的促进分层多级利用物质的生产工艺系统
1984 年/1985 年	Straskraba	提出"生态工艺技术"概念
1985 年	Gnauck	提出"生态工艺技术"概念
1986 年	熊文愈	提出拓展的"生态工程"概念
1988 年、1991 年、1993 年	Mitsch	提出拓展的"生态工程"概念
1989 年	Jørgensen	提出拓展的"生态工程"概念
1989 年	中国、美国、丹麦、日本等国生态学家	联合出版 *Ecological Engineering：an introduction to ecotechnology* 一书，生态工程正式成为一门学科，属于应用生态学的多学科交叉分支学科

从表 2-1 中可以看出，生态工程领域的日益成熟源自以下几个领域的发展：a. 生态系统的基本原则；b. 系统工程优化；c. 多学科交叉的边缘学科和综合工程学；d. 复杂的社会-经济-自然复合生态系统；e. 系统整体调控、人与自然和谐共生；f. 为人类社会及其自然环境双双受益和资源环境可持续发展而设计的具有物质多层分级利用、良性循环的生产工艺体系的不断创新等。

生态工程的目标是在促进生态系统良性循环的前提下，充分发挥其生产潜力，防止环境污染和生态破坏，实现社会效益、经济效益与生态效益同步发展。要实现生态系统自设计和经济系统人为设计的高度统一，一方面，要充分考虑生态系统的结构、功能及其特点，尊重其基本演替与变化规律，使人类活动控制在自然生态系统允许的阈限范围内；另一方面，要通过发挥现代技术与人类长期积累下的经验和智慧，创新性地再造新的生态系统，恢复已有的良好生态系统，对退化的生态系统进行修复，实现系统价值的增值和长期稳定发展。这些基本思想在 Odum 的阐述中已清楚给出（如图 2-5 所示）。

三、生态工程设计流程与步骤

生态工程设计的一般步骤包括（如图 2-6 所示）：

① 系统边界确定。任何一项工程在设计前首先要做的就是对目标系统进行界定，特别是系统的边界。

② 生态系统分析。对选定的生态系统进行调查、分析，了解该生态系统的发展历史、

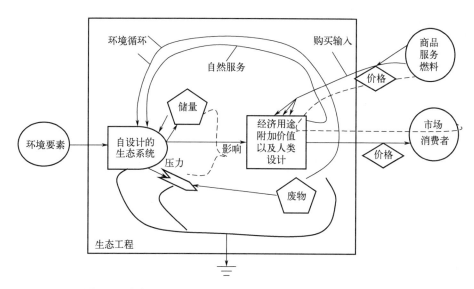

图 2-5　生态工程界面下的能流系统分析（H. T. Odum，2003）

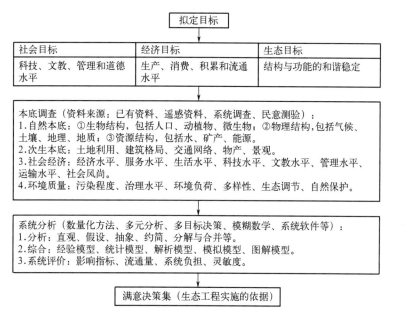

图 2-6　生态工程设计基本流程框图（马世骏，1984）

结构及演化、功能及其变化。

③ 生态过程影响驱动因子及响应。对影响该生态系统的所有环境及生态因子进行分析，找出关键性的驱动因子，并对这些因子改变下的系统响应进行分析。

④ 系统工程目标设定及工程方案构建。确定工程的目标，初步构建实现该目标的不同工程方案，包括具体的工艺路线和工艺流程，以及采取的工艺技术。

⑤ 生态工程方案的论证与修订。组织相关学科专家，对提出的不同工艺设计方案进行论证，并吸收政府、企业、民间的修改意见，进行统一修改，形成最终统一的工艺方案。

⑥ 生态工程方案实施。选定实施地点，按照确定工艺进行施工。

⑦ 工程运行记录及反馈。建立全面的工程跟踪记录，并对工程出现的问题进行完善和

修正，验证工程的可行性。

⑧ 工程验收。

第三节　生态工程的评价

一、生态工程评价原则

生态工程的设计与实施，必然产生一定的生态效益、社会效益和经济效益，也会对相应的生态环境带来一定的影响，终极评价是可持续发展。表 2-2 从 5 个方面确立了生态工程评价的原则，即可持续性原则、科学性原则、生态性原则、综合性原则、可操作性原则。

表 2-2　生态工程评价的原则

原则	具体内容
可持续性原则	生态工程评价需要考虑生态工程的可持续性，考虑工程实施对生态环境、经济和社会的长期影响，以确保不会对生态环境和社会造成负面影响
科学性原则	生态工程评价需要基于科学的理论和方法，应用科学的手段和技术收集资料，处理和分析数据，确保评价结果的准确性、可靠性、可信性等
生态性原则	生态工程评价以生态系统的生态服务功能和生态价值为核心，评估生态工程对生态系统不同时期的影响和贡献
综合性原则	生态工程评价应该根据生态系统的整体特征进行评价，不仅需要考虑生态系统的各个组成部分，还要考虑它们之间的相互作用和影响
可操作性原则	生态工程评价应该能够提供具体的、可操作的建议和措施，有助于生态工程的规划、设计和实施

二、生态工程评价方法

如前所述，生态工程是利用生态系统中物种共生与物质循环再生原理及结构与功能协调原则，结合结构最优化方法设计的分层多级利用物质的生产工艺系统，生态工程的目的是实现生态效益、经济效益、社会效益的良性循环。因此，生态工程评价通常从效益评价开始。

1. 可持续性评价

生态工程的可持续性评价，可以对构成生态工程的主要要素进行测度，如表 2-3 所列。

表 2-3　生态工程的可持续性评价

构成要素	测度内容	可能的测度变量
生态整合性	多样性格局、组分间关联性、功能过程	遗传多样性、物种多样性、生境多样性、营养联结性、种间作用强度、种间亲缘关系、基因流、能流、物质流、景观异质过程等
自维持活力	基础代谢水平、代谢效率	生产力、物质降解效率、能量转化效率、养分代谢效率

续表

构成要素	测度内容	可能的测度变量
自调节力	内源平衡、缓冲能力、对干扰的反应	正负反馈均衡、组分结构功能冗余性、共生性、污染负荷、病虫害承受力、环境压力的耐受性、对干扰的反应回复力、阻抗力
自组织力	组织成熟度、能量资源耗散的有效性、进化或演替的有序性	生态位特性、营养结构的合理性、代谢平衡、资源利用的层次性、养分能量循环状况、养分能量再生能力、能量的数量和质量、生物信息累积能力、发展趋向、相互作用

2. 效益评价法

生态工程的效益评价主要以生态效益、经济效益和社会效益为主。魏轩等汇总了部分学者关于我国生态工程三大效益评价的指标，如表 2-4 所列；不同效益评价方法的优缺点比较如表 2-5 所列。

表 2-4 生态工程效益评价指标（魏轩等，2020）

效益类别	评价指标	指标说明	文献支持
生态效益	生态系统服务指标	生态系统服务整体改善	Sjögersten 等指出退耕还林工程实施后被访农户认为当地总的生态系统服务提高，如生物多样性增加
	护坡指标	固土护坡成效	Stokes 等指出造林生态工程不重视造林的因地制宜，导致滑坡的风险加大
	治污指标	减少水体和土壤污染	Zhang 等指出湿地生态工程能减少水中的总悬浮固体、化学需氧量和总磷，效率达到 94.96%、78.52% 和 79.68%
经济效益	农产品产出指标	农业产量提高	Lescourret 等提到黑龙江省拜泉县实施的农业生态工程在 7 年间将粮食产量提高了 5.5%，比对比县高了 1.7%
	林产品产出指标	林业产出增加	Robbins 等指出造林工程使中国的原木产量从 2000 年的 $4.4 \times 10^7 m^3$ 增加到 2009 年的 $7.1 \times 10^7 m^3$
	扶贫指标	区域农户收入增加	Groom 等得出退耕还林工程能有效减轻实施地区的贫困程度，尤其是年收入低于 2000 元人民币的农户
社会效益	农户迁移指标	从土地上解放出来的劳动力的安置	Grosjean 等提到退耕还林工程的配套措施，如就业中心的设置，影响退耕农户的迁移安置
			Mullan 等描述了造林工程的实施，使原先从事耕种和采伐的劳动力向外迁移
	农户参与意愿指标	农户心理角度的成效	Démurger 等认为农户参与退耕还林工程的主要驱动力之一就是该工程本身的特性，如对退耕地的限制条件

表 2-5　不同效益评价方法的优缺点比较（魏轩等，2020）

步骤	方法	方法优点	方法缺点
构建指标体系	德尔菲法	充分收集多位专家意见，取各家之长	专家间缺少沟通，存在一定的片面性
	头脑风暴法/BS法	排除折中方案，得到创造性方案	时间成本、经济成本高
	文献研究法	不受时间、空间限制开展，结果可靠性强	文献本身不完善，文献获取困难
	数理统计法（如主成分分析法）	操作简单，理论基础可靠	没有考虑不同指标相对于评估目标的不同内涵
确定指标权重	专家打分法	直观，选择余地较大	经验性、主观性较强
	层次分析法	系统、实用、简洁，所需定量信息较少	只能从原有方案中优选，仍存在一定的主观性
	熵值法	可信度和精确度较高	缺乏指标间横向比较，各指标的权数随样本的变化而变化
	变异系数法	用于评价指标对评价目标而言较模糊时	不够重视指标的具体意义，存在一定误差
综合计算评价	灰色综合评价	数据不用进行归一化处理，无需大量样本	不能解决评价指标间相关造成的评价信息重复问题
	模糊综合评价	解决了判断的模糊性和不确定性问题	计算复杂，对指标权重的确定主观性较强
	TOPSIS法	对数据分布、样本量、指标多少无严格控制，应用范围广	权重值通常是主观值，具有一定的随意性
	BP神经网络	运算速度快、自学习能力强、容错能力强	精度不高，需要大量的熟练样本

注：BS为头脑风暴；TOPSIS为逼近理想解排序法；BP为反向传播。

近年来，随着生态系统服务功能研究的不断深入，不同生态系统的四大服务功能（支撑功能、调节功能、供给功能、文化功能）都有非常具体的服务类别、功能类别、指标类别体系，为不同类型生态工程（如森林生态工程、湿地生态工程、农业生态工程等）的生态效益评价提供更多的便利，具体生态工程的效益评价指标体系可以参考相关生态系统领域的分级标准、国家标准等，如《森林生态系统服务功能评估规范》（GB/T 38582—2020），如图2-7、表2-6所示。

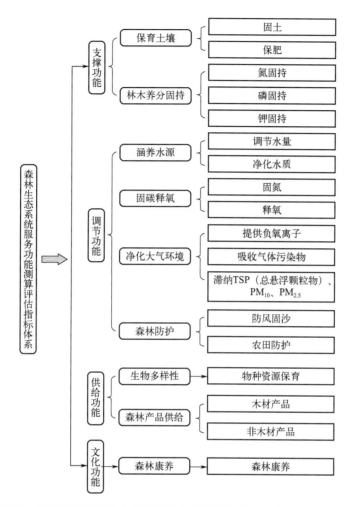

图 2-7 森林生态工程生态效益评价参考指标体系（GB/T 38582—2020）

表 2-6 中国典型生态工程效益分析（魏轩等，2020）

工程名称	"三北"防护林工程	退耕还林还草工程	京津风沙源治理工程
开始时间	1979 年	1999 年	2002 年
实施范围	中国"三北"（西北、华北和东北）风沙危害、水土流失严重的地区	25 个省区的易产生水土流失的坡耕地和易产生土地沙化的耕地	京津及周边的风沙源地区
主要内容	在保护好现有森林和草原植被的基础上，营造防风固沙林、水土保持林等防护林	分步骤、有计划地停止耕种，因地制宜地进行造林种草，恢复林草植被	以林草植被建设为主，采取沙化土地综合治理、脆弱生态修复等综合治理措施
工程成果	截至 2016 年年底，累计完成造林 2918.53 万公顷，工程区森林覆盖率由 5.05% 提高至 13.02%	截至 2016 年年底，已累计完成退耕还林任务 0.298 亿公顷，工程区森林覆盖率平均提高 3 个百分点以上	到 2016 年年底，北京市累计完成造林 49.5 万公顷，沙尘天气从 2000 年的年均 13 次减少到年均 2~3 次

3. 能值评价法

能值分析，是生态系统生态学的研究方法之一。基于生态系统能量流动的量化分析，针对生态工程评价而言，通常将生态工程中不同种类、不可比较的能量流转化为统一标准的能量单位，来衡量和分析系统中各生态流（如太阳能标准差、能值货币）等，得出一系列能值综合指标，定量分析系统的结构功能特征与生态效益、经济效益等。

图 2-8、图 2-9 显示了能值评估基本流程及能值分析过程。有关生态工程评价的能值评估法，通常包括以下 5 个步骤：a. 数据收集；b. 数据处理；c. 能值计算；d. 结果分析；e. 工程评估。具体操作内容根据不同生态工程类型的差异而有所调整。

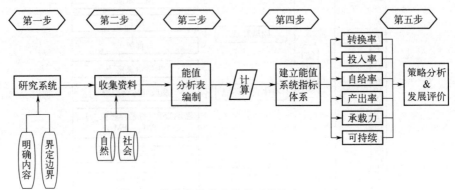

图 2-8 能值评估基本流程（岳俊生，2017）

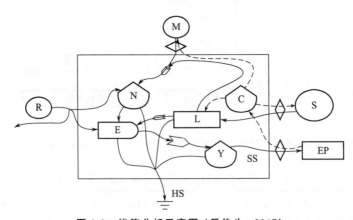

图 2-9 能值分析示意图（岳俊生，2017）

R（renewable）—自然环境投入的可更新资源能值；N（non-renewable）—自然环境投入的不可更新资源能值；M（materials）—人类经济社会购买投入的物质能值；L（labour）—人类经济社会投入的人类劳动；S（service）—人类经济社会投入的管理服务；Y（yield）—产出能值；C（capital）—投入的资金；E（environment）—作用环境；EP（exported production）—额外的产出；SS（study systems）—研究的系统；HS（heat sink）—系统热耗散

常规的能值计算参数，如光照辐射、风速、反射率等数据，可以参考 Atmospheric Science Data Center（NASA EARTHDATA ASDS）(https：//eosweb. larc. nasa. gov/)；降雨数据等，参考地方气象局发布信息；高程数据等，参考 Google Earth 或 GPS 实地测量等；各项能值计算公式及能值转化率，参考能值手册。

三、生态工程评价案例

以基塘生态工程为例，能值评估需要具体计算的数据参数如下（岳俊生，2017）。

(1) 能量投入

① 光照辐射能：面积×年均辐射量×地表反射率；水田光反射率 0.30；旱田光反射率 0.25。

② 风动能：0.5×面积×空气密度×涡流系数×时间×风速。

③ 雨势能：面积×平均海拔×平均降雨量×雨水密度×重力加速度。

④ 雨化能：面积×平均降雨量×雨水吉布斯自由能×密度。

⑤ 河水势能：水体积×水吉布斯自由能×密度。

⑥ 水土流失：面积×侵蚀率×土壤有机质含量×每克有机质所含能量。

⑦ 机械：工作时间×机械功率，1kcal=4186J，1kW·h=3600000J=860kcal；基塘区机械工作时间 20h/a，功率 35kW/h；对照区机械工作时间 60h/a，功率 90kW/h。

⑧ 燃料：工作时间×每小时耗油量×燃油做功；基塘区机械工作时间 20h/a，油耗 15L/h；对照区机械工作时间 60h/a，油耗 50L/h；燃油做功 54200000J/L。

⑨ 种子：用量×面积×能量；种子含内能（如 3000kcal/kg）；萌发能量利用率（如 33%），3000kcal/kg×33%=1000kcal/kg。

⑩ 劳动力：管理时间×能耗；人每天能耗（如 $2.50×10^3$ kcal/d）。

⑪ 作物产出能：作物含能量×作物产量；水生生物收获量较多时需要按照干物重折能，较少时则忽略不计。

(2) 资金投入（根据当地经济水平相应折算）

① 基塘区塘基加固费用 [如 0.675 元/(m^2·a)]、翻耕费用 [如 2.03 元/(m^2·a)]、除草费用 [如 2.03 元/(m^2·a)]、收获 [如 2.43 元/(m^2·a)]。

② 对照区塘基加固费用 [如 0.075 元/(m^2·a)]、翻耕费用 [如 0.9 元/(m^2·a)]、除草费用 [如 0.18 元/(m^2·a)]、肥料费用 [如 0.93 元/(m^2·a)]、杀虫剂费用 [如 0.336 元/(m^2·a)]、收获费用 [如 0.675 元/(m^2·a)] (Li 等，2011)。

汇总上述能量、资金投入，即可得到关于该基塘生态工程的能值评估。

另外，图 2-10 为常规农业生态系统的能源分析示意图，有助于对农业生态工程，尤其是农田生态工程相关领域的能值分析和能值评估。

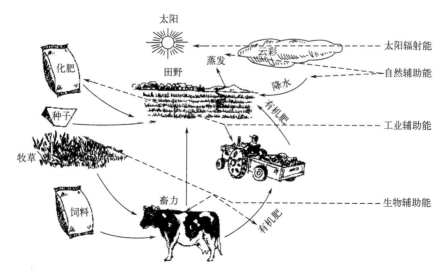

图 2-10 农业生态系统能源分析示意图（罗常园，1994）

四、生态影响评价

我国 2022 年 7 月 1 日正式实施的《环境影响评价技术导则 生态影响》（HJ 19—2022），其中新增的生态影响的框架流程、评价方法等，对不同类型生态工程的生态效益评价有一定的规范指导和参考作用。相关内容如图 2-11、表 2-7 和表 2-8 所示。

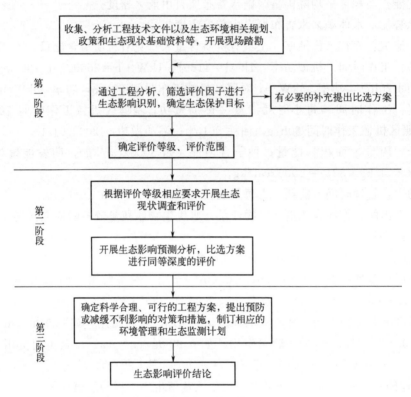

图 2-11　生态影响评价工作程序（HJ 19—2022）

表 2-7　生态影响评价因子筛选表（HJ 19—2022）

受影响对象	评价因子	工程内容及影响方式	影响性质	影响程度
物种	分布范围、种群数量、种群结构和种群行为等			
生境	生境面积、质量、连通性等			
生物群落	物种组成、群落结构等			
生态系统	植被覆盖率、生产力、生物量、生态系统功能等			
生物多样性	物种丰富度、均匀度、优势度等			
生态敏感区	主要保护对象、生态功能等			
自然景观	景观多样性、完整性等			
自然遗迹	遗迹多样性、完整性等			
……	……	……	……	……

注：1. 应按施工期、运行期以及服务期满后（可根据项目情况选择）等不同阶段进行工程分析和评价因子筛选。
2. 影响性质主要包括长期与短期、可逆与不可逆生态影响。

表 2-8 生态影响评价自查表（HJ 19—2022）

工作内容		自查项目
生态影响识别	生态保护目标	重要物种□；国家公园□；自然保护区□；自然公园□；世界自然遗产□；生态保护红线□；重要生境□；其他具有重要生态功能、对保护生物多样性具有重要意义的区域□；其他□
	影响方式	工程占用□；施工活动干扰□；改变环境条件□；其他□
	评价因子	物种□（　　　　　） 生境□（　　　　　） 生物群落□（　　　　　） 生态系统□（　　　　　） 生物多样性□（　　　　　） 生态敏感区□（　　　　　） 自然景观□（　　　　　） 自然遗迹□（　　　　　） 其他□（　　　　　）
评价等级		一级□　　二级□　　三级□　　生态影响简单分析□
评价范围		陆域面积：（　　）km²；水域面积：（　　）km²
生态现状调查与评价	调查方法	资料收集□；遥感调查□；调查样方、样线□；调查点位、断面□；专家和公众咨询法□；其他□
	调查时间	春季□；夏季□；秋季□；冬季□ 丰水期□；枯水期□；平水期□
	所在区域的生态问题	水土流失□；沙漠化□；石漠化□；盐渍化□；生物入侵□；污染危害□；其他□
	评价内容	植被/植物群落□；土地利用□；生态系统□；生物多样性□；重要物种□；生态敏感区□；其他□
生态影响预测与评价	评价方法	定性□；定性和定量□
	评价内容	植被/植物群落□；土地利用□；生态系统□；生物多样性□；重要物种□；生态敏感区□；生物入侵风险□；其他□
生态保护对策措施	对策措施	避让□；减缓□；生态修复□；生态补偿□；科研□；其他□
	生态监测计划	全生命周期□；长期跟踪□；常规□；无□
	环境管理	环境监理□；环境影响后评价□；其他□
评价结论	生态影响	可行□；不可行□

注："□"为勾选项，可写√；"（　　）"为内容填写项。

第四节　生态工程设计案例分析

生态工程设计目前在国际上仍处于初始阶段,其理论及方法还未完全成熟,因此尚不能如建筑工程等领域那样得到广泛应用,这主要受到以下3个方面因素的影响。

① 生态工程设计中众多参数的确定不同于一般工程系统中有可移植性及唯一性的特点,而是需要分别对工程与生态系统进行分析和判断,并带有相对的人为可调整性,因此限制了其工艺设计的标准化。

② 更重要的是人们对周围生产、生活环境的需求还未达到人与自然相协调的程度,即绝大多数人们的需求尚停留在基本物质保障与经济效益的阶段,发达国家的观念也仅停留在外部环境的美化上,尚未渗透到工艺的设计领域。因而生态工程才表现出其超前性,但随着人们需求的提高,这一阶段必将到来。

③ 由于缺乏这方面的需求,也由于传统教育制度的缺陷,工程与生态领域之间几乎没有交流,因而限制了从事生态工程人才的培养,目前双方都在做一些初步的探讨,相对来说工程领域在接受生态思想后动作要快一些,但深入的特别是基于区域的设计必须由两部分人员共同参加才可能完整。

一、案例1:成都活水公园

成都活水公园是由美国著名环境艺术家贝西·达蒙创意,由中国、美国、韩国的园林、环境、水利等方面的专家共同设计并建造的一座模拟自然生态系统的新概念公园。以水为主题,集水环境、水净化、水教育等于一体。通过清洁水、污染水、净化水的各种形态,揭示了水、自然和人类健康互相依存的关系,旨在唤起人们共同爱护水、保护水的意愿,是一座城市综合性环境教育公园。

成都活水公园的生态工程设计思路,是将人工湿地处理污水工艺与城市园林艺术相结合,净化护城河受污染水体,充分利用淡水资源,建设成集观赏、娱乐和污水处理于一体的城市公园旅游景点,是人工湿地处理污水工艺较高层次的应用。其中,活水公园人工湿地是集二级处理和深度处理于一体的完整的水处理生态工程,选配不同植物类型,构建成一系列湿地生态工程,在供游客观赏的同时,实现污水的处理与净化。主要工艺过程包括厌氧沉淀池、兼氧池、人工湿地床系统、养鱼塘系统、戏水池及连接各工序的水流雕塑与自然水沟五部分(如图2-12所示)。

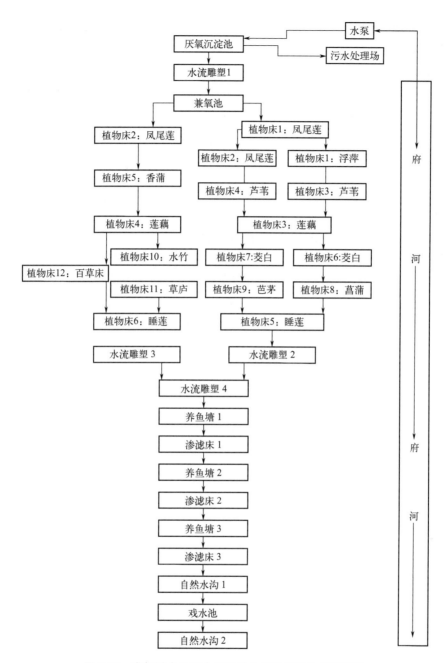

图 2-12 成都活水公园人工湿地生态工程设计工艺流程

生态工程运行效果：
① BOD、COD 和 S^{2-} 的最终去除率在 85% 以上；
② TN、TP、石油类等的最终去除率在 90% 以上；
③ 总大肠菌群的去除率可以达到 99.97%；
④ 出水水质达到Ⅲ类水域水质标准。

二、案例 2：哥伦比亚咖啡种植园生活污水处理生态工程

哥伦比亚咖啡种植园位于地形陡峭的山地，山顶上建有一些小型居住区。传统的废水处

理方法及大规模废水稳定塘系统均不合适。因此，采用砾石床溶液培养植物的狭长型水平地下流人工湿地，用于咖啡种植园生活污水的二级处理，湿地系统由英国朴次茅斯大学设计。

工程建在山坡上，占地 $50m \times 80m$，整个工地地形比降达 $15 \sim 20m$。山坡底部有一些低洼处作为暴雨期泄洪通道。工程设计特色在于：没有电力供应，水流充分利用地形自动流动，分别进入顺坡串联的几个生物氧化塘，从而进行污水处理。具体设计如下（如图 2-13～图 2-15 所示）：

① 采用由金属筐组成的垂直滤池作为污水的初级处理设施，简称 GRIF，建在山坡上部最陡峭的地方。

② 污水的二级处理采用建立在山坡中部的地下流芦苇床（GBH），在工程尾端采用砾石滩将熟化塘与边缘 GBH 床相衔接。

③ GRIF 内部填料直径由顶部 100mm 向底部 20mm 逐渐过渡。系统设有平行的两组 GRIF，通过筛网与布水室中阀门控制水流进行间歇性进水或同时进水。

④ GBH 床选择 2m 宽的狭长型，采用两个芦苇床串联的方式避免施工问题，芦苇床中以每平方米 5 簇的密度种植当地物种。

⑤ 熟化塘位于系统工艺尾端，对芦苇床出水做进一步处理，去除大肠杆菌。为了让阳光穿透水体，熟化塘的深度仅为 0.9m，停留时间为 5d。

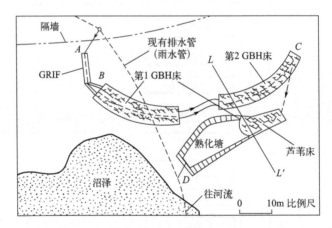

图 2-13　哥伦比亚咖啡种植园人工湿地污水处理系统平面图

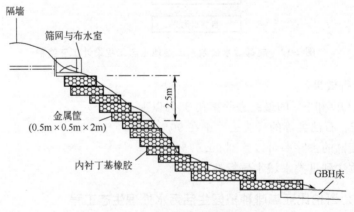

图 2-14　GRIF 设计的纵剖面示意图

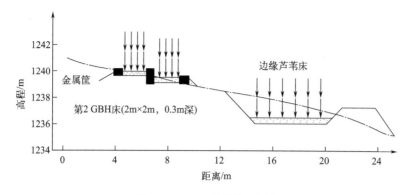

图 2-15　L—L′剖面示意图

工程效果：
① GRIF 粗滤池去除 25% 的有机污染物，使水质符合 GBH 要求；
② GBH 单元去除效果最好，去除率可达 80%；
③ SS 去除率达到 85%；
④ 总磷（TP）去除率为 74.1%；
⑤ 氨氮去除率为 57.1%；
⑥ 污水中病原菌下降约 4 个数量级，效果显著；
⑦ 安全进入城市管网水处理系统。

三、案例3：美国纽约高线公园生态工程

1. 背景介绍

高线铁路是纽约曼哈顿西侧的一条高架货运铁路，位于街道上空 30ft（1ft＝0.3048m）的半空中，20 世纪 30 年代建成，1980 年就已停止使用。虽然已经废弃了近 50 年，但这一片浮在半空中的野草地以及那被野草淹没、锈迹斑斑的铁轨成就了都市人的浪漫想像，冒险家和流浪艺术家更是视之为天堂。2009 年，经过重新设计的高线铁路再次开放，变身成一座现代城市版"空中花园"。

高线公园是一个回收利用废弃高架铁路建成新的城市生态公园的先例，促进了生态可持续发展，体现了城市更新和改造再利用的适时原则。利用生态工程设计原理，保护与创新相结合，建立了一个集栖息地、野生动物和人共用于一体的城市走廊。除了为纽约市提供宝贵的开放空间外，高线公园已成了邻近地区的经济发电机，吸引了新文化机构、商业和住宅开发方面的投资。

公园已开放部分长约 1.45mi（1mi＝1.61km）、宽为 30～60ft（1ft＝0.3048m）的路段。公园入口设在甘斯佛街，走上阶梯后，游客将置身于一排排绿树之中，完全不再理会城市里喧闹的街道、房屋，甚至是曼哈顿的精品店。因为在眼前，一幅人间仙境的图景正慢慢打开，绵延 8 个街区，到第 20 街区结束。根据公园整体设计，公园第二部分将一直延伸到第 30 街区，而最后一部分则将到达哈德逊河畔，环绕"哈德逊庭院"。到公园第二部分完工时，游客在公园里将看到一个不一样的纽约城和哈德逊河，其中包括很多地标性建筑，例如自由女神像和帝国大厦。

2. 设计思路

采用"植-筑"的设计策略。通过改变铁路步行道与植被的常规布局方式，将有机栽培

与建筑材料按不断变化的比例关系结合起来，创造出多样的空间体验，如荒野的、文雅的、私密的、公共的等。新高线景观独特的线性体验与哈德逊河公园的行色匆匆形成鲜明的对比，它更加悠然自得、超脱世俗，在保留基地的另类和野性的同时，体现出一个新型公共空间所应具有的功能性和大众性。

"植-筑"概念是整个设计策略的基础——地面铺装和种植体系的设计呈现出软硬表面不断变化的比例关系，从高使用率区域（100％硬表面）过渡到丰富的植栽环境（100％软表面），为使用者带来了丰富的体验。

3. 设计分析

高线公园的设计尊重了高线场地的自身特色：它的单一性和线性，它简单明了的实用性，它与草地、灌木丛、藤蔓、苔藓和花卉等野生植被以及与道碴、钢铁和混凝土的融合性。解决方案主要体现在以下3个层面。

首先是铺装系统。条状混凝土板为基本单元，它们之间留有开放式接口，接缝被特别设计成锥形，植物可以从坚硬的混凝土板之间生长出来。铺装系统的设计与其说是步道，倒不如说是一种犁田式景观，这种混杂营造出一种独特的肌理，行人自然地融入其中，毫无旁观者的距离感。植被的选择和设置不同于传统的修剪式园林，呈现出一种野性的生机与活力，体现了场地本身极端的环境特点和浅根植物的特性。

其次是让一切放缓，营造出一种时空无限展延的轻松氛围。悠长的楼梯、蜿蜒的小路、幽深的环境，使人放缓脚步流连其间。

最后是比例尺度的精心处理，尽量避免追求大且醒目的趋势，而采用一种更加微妙灵活的手段。公共空间层叠交替，沿着一条简洁有致的路线呈现出不同的景观，让人沿途领略到了曼哈顿和哈德逊河的旖旎景色。

设计者追求的是对原生生态环境的模仿和再现。公园的植物种植设想源于"自生植物"（由自落的或偶然落下的种子生长出的植物），即在高线停止使用后的30多年间在废弃铁轨间顽强生长的植物。一期工程包括了210种本地植物，大部分都是原本生长在高线上的物种。当然，也从质感、颜色、抗寒性、耐久性等方面对植物进行筛选；同时，强调开花时间的多样性，保证从1月末到12月中旬都有花卉竞相开放。

进行改造的挑战性在于：要让它保持自然长成的野生状态，少有设计的痕迹，同时要在上面架设一条路径供人们行走，而又不把它变成一个玫瑰园或是绿色雕塑园。为此，公园设置了植物区与步行区，面积大致相当，局部有交织。步行区以木质和混凝土铺装为主，混凝土模块以手指形状伸入野草地，为植物生长留出空间。植物区特意保留了部分铁轨、枕木和碎石路基，既维持高线的本来面貌，又维护自生植物原来生长的环境。

4. 工程效果

① 空间形式方面：体现为绿色廊道、复杂地形、多元空间、悬浮空间、立体景观等。
② 循环利用方面：从工业遗迹、设施利用、价值挖掘等几个方面可见一斑。
③ 历史文脉方面：体现为历史记忆、文脉延续、后工业时代、新旧交融等。
④ 生态效应方面：体现为多元生境、本土植被、人工生态系统、低碳城市等。
⑤ 经济效益方面：体现为多方捐助、激活周边、区域联动、多方获益、发展潜力等。
⑥ 公众参与方面：体现为提出保留、参与管理、公益活动等。
⑦ 人本主义方面：体现为宜人尺度、人车分层、人性化设计、建筑调整等。

高线公园更像是一条海滨木板人行道，静静地躺在城市这片由砖瓦、钢筋和玻璃组成的大海旁。所以,高线公园创造了一种沉思的情绪,让人们敬畏的同时心存感恩,庆幸自己能在都市中享受到这样的一份宁静(图 2-16)。

图 2-16 纽约高线公园实景照片

从比地面高 30ft 的高架空间环顾四周,除了杂乱纷沓的楼顶和时尚消费的大型广告刊版外,这里可以看到 19 世纪末 20 世纪初的工业区红砖建筑,也可以看到世界顶级建筑师们相互较劲的所谓现代建筑，还有哈德逊河夕阳余晖的河景，更可以看见该都会区（城市集群区）快速变化的轨迹。当然，时不时还会看到些肆意挥洒的现代派画作或装置艺术。

思考题

1. 根据目前你掌握的知识，分析生态工程最有希望应用的领域有哪些？并给以论述。
2. 你能给出生态工程设计的一般步骤吗？包括几个阶段？各自的工作内容及特点是什么？
3. 关于哥伦比亚咖啡种植园污水处理湿地生态工程设计，你能分别从系统和生态两个方面论述其遵循的原理有哪些吗？
4. 成都活水公园的启示有哪些？纽约高线公园的启示有哪些？
5. 简述生态工程效益分析法和能值评价法的基本步骤。

参考文献

[1] Crowther R L. Ecologic Architecture [M]. Boston: Butterworth Architecture, 1992.
[2] Démurger S, Pelletier A. Volunteer and satisfied? Rural household's participation in a payments for environmental services programme in Inner Mongolia [J]. Ecological Economics, 2015, 116: 25-33.
[3] Dorney L C. The professional practice of environmental management [M]. New York: Springer, 1987.
[4] Doug A. Futures by design: The practice of ecological planning [J]. Gabriola Island, BC: New Society Publishers, 1994.
[5] Groom B, Palmer C. REDD+ and rural livelihoods [J]. Biological Conservation, 2012, 154: 42-52.
[6] Grosjean P, Kontoleon A. How sustainable are sustainable development programs? The case of the sloping land conversion program in China [J]. World Development, 2009, 37 (1): 268-285.
[7] Lescourret F, Dutoit T, Rey F, et al. Agroecological engineering [J]. Agronomy for Sustainable Development, 2015, 35: 1191-1198.
[8] Li B, Yuan X Z, Xiao H Y, et al. Design of the dike-pond system in the littoral zone of a tributary in the Three Gorges reservoir, China [J]. Ecol Eng, 2011, 37: 1718-1725.
[9] Mullan K, Grosjean P, Kontoleon A. Land tenure arrangements and rural-urban migration in China [J]. World Development, 2011, 39 (1): 123-133.
[10] Sjögersten S, Atkin C, Clarke M L, et al. Responses to climate change and farming policies by rural communities in northern China: A report on field observation and farmer's perception in dryland north Shaanxi and Ningxia [J]. Land Use Policy, 2013, 32: 125-133.
[11] Stokes A, Sotir R, Chen W, et al. Soil bio-and eco-engineering in China: Past experience and future priorities [J]. Ecological Engineering, 2010, 36 (3): 247-257.
[12] Zhang D Q, Gersberg R M, Tan S K. Constructed wetlands in China [J]. Ecological Engineering, 2009, 35 (10): 1367-1378.
[13] 方萍, 曹凑贵, 赵建夫. 生态学基础（双语教材）[M]. 上海: 同济大学出版社, 2008.
[14] 李振基, 等. 生态学 [M]. 北京: 科学出版社, 2000.
[15] 马世骏. 生态工程——生态系统原理的应用 [J]. 北京农业科学, 1984 (1): 1-2.
[16] 生态环境部. 环境影响评价技术导则 生态影响 HJ 19—2022.
[17] 魏轩, 周立华, 韩张雄, 等. 生态脆弱区生态工程效益评价的比较研究 [J]. 生态学报, 2020, 40 (1): 377-383.
[18] 岳俊生. 基于能值理论的湿地生态工程评估研究 [D]. 重庆: 重庆大学, 2017.

第三章
土壤恢复生态工程

土壤恢复生态工程是生态工程原理在土壤恢复这一特定领域的应用，土壤恢复的目标是重建和优化土壤生态系统的结构与功能。因此，土壤恢复生态工程就是应用生态学、生态经济学与系统科学基本原理，采用生态工程方法，吸收现代科学技术成就与传统农业中的精华，建成的以恢复土壤结构和功能为中心的生产工艺体系，以实现防治土壤侵蚀和改良各种低产田，建设高效、稳定、持续发展的土壤生态系统的目的。

第一节 土壤生态系统的特点

土壤是陆地的一个重要组成部分，土壤生态系统是陆地生态系统的一个子系统，同时又是一个独立的生态系统。土壤生态系统可以定义为：地球陆地地表一定地段的土壤生物与其他环境要素之间相互作用、相互制约，并趋向生态平衡的相对稳定的系统整体。与其他自然生态系统的组成相同，土壤生态系统主要分为：生命有机体部分，即植物和土壤微生物等；非生命无机环境，即母岩与母质、土壤矿物质、水分、空气和太阳光能等。

与其他自然生态系统不同的是，土壤生态系统有不同的边界。一般生态系统是生物与生物、生物与环境之间长期相互作用从而形成的统一整体，它重点研究生产者、消费者和环境三者之间的相互关系，而土壤生态系统则是围绕土壤中各因素之间以及与人类生产活动之间相互作用、相互制约所构成的统一整体，主要研究地球陆地表面各自然地理要素（地貌地形、气候、生物、土壤母质等）之间的相互作用、相互联系，以及植物、陆地水、大气、藻类、岩石风化物、动物和人之间的物质迁移与能量转换，以土壤综合管理为目的。

一、多层次结构的复合生态系统

土壤生态系统的结构包括两个方面，即水平结构和垂直结构，它占据三维空间，其具体范围可根据研究目的确定。如研究全球性的环境问题，可联系全球性或地带性土壤生态系统的结构和功能的变化；而景观层次的研究，可认识不同景观和地貌系列土壤生态过程与变化规律。独立的土壤生态系统，其水平结构一般由多种子系统组成，而这些子系统又有等级层次的不同，它们在地球陆地表面呈现不完全连续的分布状态。从类型来看，森林土壤、草原土壤、荒漠土壤、农田土壤等都是不同的土壤生态系统。在这些系统中，又包含着多种多样、大大小小的更次一级的子系统，它们呈斑块状分布于地表。土壤生态系统就是由这些子系统复合而成的，根据区域的不同，它可能包括的子系统多少也不同。每一个自然区域都可以划分为很多小面积的景观单位或地域单位。

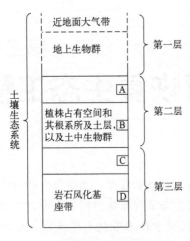

图 3-1 土壤生态系统剖面层次图

土壤生态系统在垂直方向上从土壤的母质层至植被（如图 3-1 所示），其上界（第一层）应包括近地面大气带及地上生物群在内，因为其中含有不同分解阶段的有机质，与土壤生物活动、土壤腐殖质形成、土壤养分循环等密切相关。中间层（第二层）是生物地被带，包括植株占有空间和其根系所及土层，以及伴生的土中动物与微生物群。这一层系生物物质累积、分解、转化，矿质元素淋溶、淀积以及水分蒸发、蒸腾最活跃的场所。第三层是岩石风化带。该层中生物群体剧减，生物有机体少，因此，这一层是矿质营养元素与水分补给基地，同样也是受下淋溶物质影响的淋溶淀积地带，某些由上层下淋的物质在此淀积或经此进入地质循环。

二、动态开放系统

土壤生态系统为物质流和能量流所贯穿，是一个开放系统，通过内部以及与外部进行的物质、能量的交换，表现出动态演替过程，可分为天然演替过程和人为控制演替过程。天然演替过程是一种自调节、自修复、自维持、自发展的过程。系统中，只要变更其中某些组成成分就会引起土壤生态系统成分、性质、结构和功能的变化。例如，森林土壤生态系统中生长的植物群落在裸地上的演变过程一般总是先锋植物—定居—顶极群落。植被的演替，同时也是土壤、土壤水、土壤气候和小气候的演替。这意味着各种地理因素之间相互作用的连续顺序，是土壤生态系统演替，以及土壤生物与环境之间相互作用的综合结果，是一个自然演替过程。人为控制演替过程是在人类定向干预下进行的，人类活动参与了系统中物质与能量的交换。人为控制演替系统是在人类干预和不同程度管理下产生的人工生态系统，如农田土壤生态系统、果园土壤生态系统等。随着人类社会的发展和科学技术水平的提高，人类驾驭自然的能力不断增强，表现在人工生态系统结构趋向稳定，效能不断提高。例如，太湖地区低湿土壤的改造、黄淮海地区盐渍化低产地区的综合治理与发展、内蒙古荒漠化地区的植被恢复与草场改良等，都是人类改造自然、驾驭自然，进行土壤生态系统人工演替，使其向良性循环方向发展与转化的具体体现。当然人工演替也不完全是合理的，在认识不足或利益驱使下对土壤生态系统的不合理利用会导致土壤沙化、次生盐渍化、贫瘠化、毒性化等。

三、自然过程最活跃的场所

土壤生态系统位于岩石圈、大气圈、水圈和生物圈的交界层，是物质三态的复合界面，构成了一个完整的生物与其环境无法分离的生态系统，有利于物质和能量的输入、交换、贮存。在土壤生态系统中，集中了光、热量、水分、岩石、生物等多种物质和能量，有机界与无机界相互作用、相互制约、相互适应、相互调节，它们之间进行着多种复杂的物理（固体物质的风化、搬运、堆积等）、化学（水解、水化、氧化等）和生物（绿色植物的光合作用、土壤微生物固氮等）过程等，直接影响养分循环和有机废弃物的处理。自然界中四大基本循环——大气循环、地质循环、水分循环、生物循环都在此不同程度地表现，各种循环的各个环节都表现为物质的迁移、能量的转换,构成该系统与外界的联系以及自身的发展,维持系统的动态平衡(如图3-2所示)。按循环途径分类,有:生物小循环(生物迁移过程)——有机质的形成与分解,它是土壤生态系统中物质和能量流动的主导过程;物质的地质大循环——矿物质的风化产物和有机质分解产物的水迁移物理过程、物质的物理化学迁移过程(吸附和解吸)、物质的化学迁移过程(溶解和沉淀);物质的大气循环——气体物质的大气迁移过程(挥发、扩散和大气沉降)。这些循环都是土壤生态系统中物质的重要迁移转化过程。

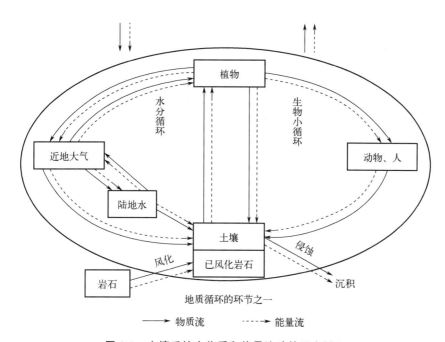

图 3-2 土壤系统中物质和能量流动的四大循环

四、人类活动最激烈的场所

土壤生态系统是一种人工干预最多的生态系统,它与人类的生产活动息息相关,如图3-3所示。人类生产活动对土壤生态系统的影响可分为直接影响和间接影响两个方面。其中,直接影响主要包括天然植被的破坏、土壤耕种、灌溉、排水、化肥和有机肥施用,以及病、虫、草的化学防治等;间接影响与工业的发展、大气和水污染、人为气候变化及流域治理等有关。

从维持土壤肥力或土壤生态系统基本生物生产能力的标准来看,人类生产活动对土壤生态系统的影响包括积极的和消极的两方面。积极影响,如我国江河流域的万顷良田和尼罗河三角洲上千年的土壤利用,荷兰建造的大量圩田,中欧一千多年的土壤生产利用等。消极影响,如水土流失、土壤沙化、土壤污染与次生盐渍化等。据统计,全世界每年平均有500万公顷的土地,由于人为因素影响而退化,不能生产粮食。按现在的速度发展,今后20年内将有1/3的可耕地丧失耕种价值。因此,土壤生态系统的建设是人类面临的一个紧迫问题,加强土壤生态工程研究与实施、建立良好的土壤生态系统是全人类的当务之急。

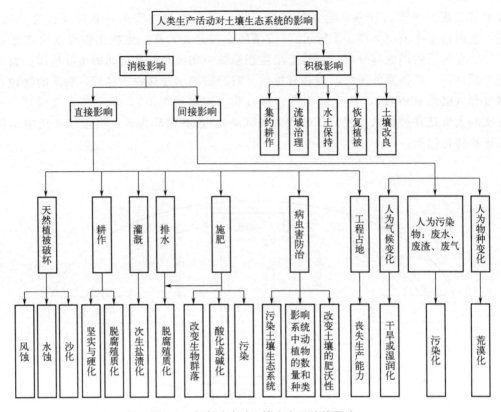

图 3-3 人类活动对土壤生态系统的影响

第二节 盐碱地改良生态工程

土壤盐碱（渍）化是阻碍农业可持续发展的全球性问题之一。2021 年世界土壤日（World Soil Day）以"防止土壤盐碱化，提高土壤生产力"为主题，旨在鼓励社会加强土壤盐碱化防治、提升土壤管理意识，进而保护好生态系统，增进人类福祉。据统计，当前全球盐碱土的总面积约为 11 亿公顷，而且仍呈上升趋势，严重影响世界各国农业的可持续发展。

我国被列为全球受盐碱化危害最严重的国家之一，盐碱地总面积为 3690 万公顷，主要分布于北方干旱半干旱气候带的东北、中北、西北、华北以及东部滨海地区。比较典型的地区包括新疆塔里木河绿洲盐渍土区、河套灌区盐渍土区、东北松嫩平原苏打盐碱土区、环渤海滨海盐渍土区和黄河下游盐渍土区等。用好盐碱地资源事关国家粮食安全，党和国家领导人对盐渍土地的治理和利用工作极为重视。盐碱化耕地作为我国最主要的中低产田类型之一，其面积约占全部耕地面积的 6.6%，而且土壤有机质含量不足 1% 的面积达到 26%，给我国耕地质量与粮食安全带来了巨大隐患。因此，提高其耕地质量与生产力水平对提升全国耕地质量和保障粮食安全意义重大。同时，开发治理未利用的盐碱地可以有效扩增国家的耕地资源，拓展农业发展空间。

当前，在全球气候变暖和水资源配置改变的背景下，盐碱化进程加快并愈发敏感，对人类不当利用和自然灾害的抵御能力减弱。特别是在脆弱生态区，盐碱化导致"山水林田湖草沙"系统的生产和生态功能退化。在西北地区，内流封闭的盆地（如准噶尔盆地、塔里木盆地、吐鲁番盆地、柴达木盆地、河西走廊等）汇聚了来自山地或河流的水盐，受地质条件限制而不能外泄，加之区域干旱的气候条件，导致土壤盐渍化严重。在东北平原和华北平原，受季风气候影响，60%～70%的降雨发生于夏季，加之地势平缓，排水不畅，导致夏季内涝和春季干旱周年反复，盐分在土壤和地下水之间频繁交换，形成盐渍土。在东部滨海地区，由于海拔较低，加之海水浸渍的影响，整个土体盐分较高，盐碱化严重。

东部沿海地区经济较为发达，盐碱地资源宜精细经营，可因地制宜发展农林牧业、水产养殖业、特种种植业（果蔬、花卉）、制盐业及观光旅游业等。华北平原盐碱化土地在优化水资源调控、改进农田水利工程的条件下，可用来发展经济作物种植，盐碱洼地则可发展水产养殖。东北西部盐碱化土地应以生态草建设为主，改善生态环境，发展畜牧业，不宜过量开垦。西北内陆气候干旱，盐碱化土地应以生态恢复为主，塔里木盆底、吐鲁番盆地等极端干旱区荒漠化土壤中盐分含量丰富，可用来进行制盐、化肥等生产。

2021年10月，联合国粮农组织（FAO）在罗马召开了全球盐渍土壤研讨会，在系统分析、总结国际盐碱地改良利用成果和经验的基础上，认为盐碱地是自然生态系统的组成部分，应学会与盐碱地共存（FAO，2021）。盐碱地综合改造利用是耕地保护和改良的重要方面。在气候变化和粮食安全背景下，迫切需要系统总结盐碱地改良经验，分析盐碱地改良利用面临的问题和挑战，以推动盐碱地可持续高效改良利用。

一、盐碱地综合治理配套技术

盐碱土的治理要针对不同土壤盐渍化类型和障碍程度、盐碱的发生与演变环境要素以及人为要素特点因地制宜地开展。不但要对当前的盐渍化土壤进行治理改良，还要防范土壤次生盐渍化的发生。治理盐渍土和防控土壤盐渍化的核心是根据土壤盐碱动态变化和环境要素特征，进行土壤水盐优化调控，清除或削减土壤盐分，防止土壤盐分积累。盐碱土治理的基本原理如图3-4所示：一是脱除表层土壤中过量的盐分离子，调控土壤酸碱平衡；二是阻控底层土壤或者地下水中的盐分上移积累，防止土壤返盐；三是抑制盐分对表层土壤和植物的危害；四是在条件许可时尽可能排除底层土壤和地下水中的盐分。

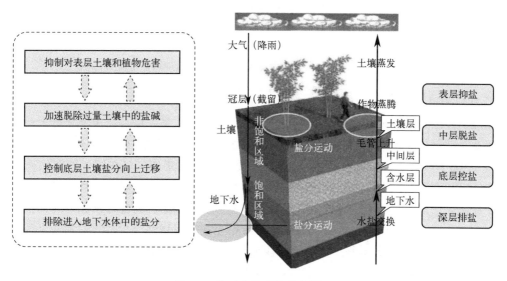

图3-4 盐碱土治理的基本原理

盐碱土改良的根本目的是改善土壤理化特性，为作物提供良好的生长发育环境，以实现作物的高产高效［作物的高产高效通常指的是在单位面积土地上，作物能在产出尽可能多的生物量（即产量）的同时，还能保持较高的经济效益和资源利用效率］。目前，我国已在众多地区对盐碱地进行综合利用，并且在盐碱地上开展了较多的农业生产实践。

现将改良方法介绍如下。

1. 工程措施

工程降盐措施改良盐碱土主要根据土壤水盐运移的特点，创造良好的排水条件，将水引入盐碱土壤中，使土壤表层盐分通过水的运移作用进入排水沟或深层土壤，进而达到降低表层土壤盐分的效果。相关原理示意如图3-5所示。由于土壤中的盐分水溶性强，易随水分运动进行迁移，在平整地面的基础上增设排碱沟，通过合理的灌溉制度将土壤表层盐分淋洗至排碱沟排出。然而，排水冲洗等水利措施虽被认为是治理盐碱地行之有效的方法，但由于既要冲洗土体中的盐分，还要控制地下水位的上升不致引起土壤返盐，这需要同时具备充足的淡水资源和良好的排水设施，做到灌排有效结合。由于建立水利措施的投资较高，而且其后期的维护成本也较高，同时还要考虑含盐高的排出水等问题。对处于干旱半干旱地区的发展中国家来说，由于少雨、蒸降比高、淡水资源有限，并且还受财力等方面的限制，工程降盐的措施目前在实施方面存在一定的困难。

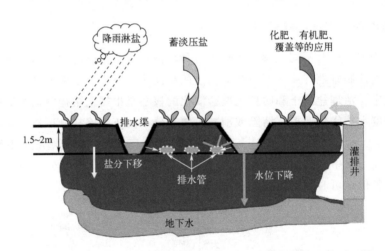

图 3-5　以地下水位调控和淡水洗盐为主的盐碱地改良技术模式

2. 农业物理调控降盐措施

物理调控主要是通过改变耕层土壤物理结构、降低蒸散量、增加深层渗漏量来调节土壤水盐运动，从而提高土壤入渗淋盐性能，抑制土壤盐分上行并减少其耕层聚集量（如图3-6所示）。传统上，盐渍土水盐运动的物理调控措施主要包括耕作（深耕晒垡、深松破板和粉垄深旋等）和农艺（地面覆盖、蒸腾抑制剂和秸秆深埋等）措施。随着近年来材料科学研究的不断深入，出现了可降解液态地膜、生物质材料、多孔吸附材料等盐渍化物理调控的新方法。对于理化特性较差的土壤，可以通过翻耕疏松土壤，以增强土壤透气性和透水性，并通过保墒措施降低土壤盐分含量。对于土壤盐分含量过大的区域，还可以通过剥离含盐碱表土，利用外运客土重新回填改变其原有盐碱地现状。物理降盐措施主要针对土壤结构差、养分低及适耕性差的盐碱土壤，采取一系列措施来改善土壤结构，以增强土壤透气性和透水性，并通过保墒措施降低土壤盐分含量，进而达到改善土壤环境，促进作物生长的效果，主要包括深耕、平整、秸秆覆盖等措施。

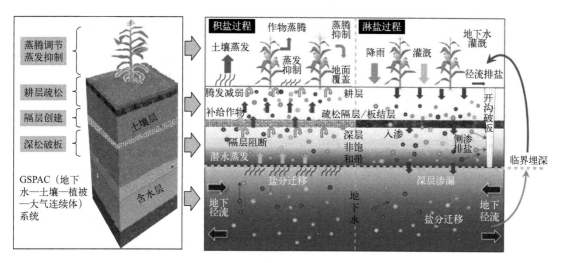

图 3-6　盐碱土水盐运动的物理调控原理（杨劲松等，2021）

深耕可重塑土壤团粒结构，切断盐分向上运移的路径，同时有效降低土壤密度（张谦等，2016）。此外，地表水的无效蒸发和潜水上升是土壤盐碱化的关键原因。而秸秆覆盖可以起到保水抑盐作用，一方面能够阻止土壤和空气接触，降低土壤水分散失；另一方面能够破坏土壤毛细作用，从而起到抑盐作用。将秸秆深埋能够利用秸秆作为隔离层起到压盐、抑制返盐和降低盐分的作用，还能改善孔隙状况，降低酸碱度，增加土壤有机质含量，提高农作物产量。综上，耕作等物理降盐方法操作性强，各类盐碱地均适用。但土壤是一个涉及物理、化学以及生物层面的复杂的系统，从长远来看，该方法仅在物理界面对盐碱土进行改良，不仅盐分消除不彻底、见效缓慢，而且盐碱土壤肥力水平低的问题也没有彻底根除。

3. 化学改良法

化学改良调理主要以离子代换、酸碱中和、离子均衡为主要原理，运用 Ca^{2+} 置换出土壤胶体上的 Na^+ 并淋洗出土体以降低或消除其水解碱度，利用无机酸释放、有机酸解离和 Fe^{2+}、Al^{3+} 水解形成的 H^+ 与土壤溶液中的 CO_3^{2-}、HCO_3^- 中和以清除土壤溶液中的 OH^-，通过降低土壤碱化度和pH值的方式消除碱化危害，主要适用于碱土、盐化碱土和碱化盐土（如图 3-7 所示）。目前常用的化学调理材料分为钙基（脱硫石膏、磷石膏等）、酸性盐（磷酸二氢钾、磷酸二氢钠等）、强酸弱碱盐（硫酸亚铁、硫酸铝等）和有机酸（腐殖酸、糠醛渣等）四类。Wang 等（2022）在滨海盐渍土改良培肥研究中发现，粪肥与塑料薄膜联合施用可降低盐分，增加土壤含水量，促进养分蓄积和作物增产。除有机肥外，无机改良剂也常被用来进行盐碱化土壤的改良，该类改良剂多具有膨胀性、黏着性及阳离子交换性，增加通透性，加速土壤脱盐，防止积盐、返盐，从而改良土壤。Li 等（2020）基于淋溶试验发现，在有机改良剂的基础上添加矿质改良剂可显著降低盐碱土壤pH值和交换性 Na^+，增加土壤团聚性和水分传导。钙质改良剂利用 Ca^{2+} 取代 Na^+，变亲水胶体为疏水胶体，促进团粒结构形成，进一步改善土壤结构。总体上，化学调理具有见效快、材料配方灵活多样等特点，但存在效果单一、持续时间短、可能发生二次污染等问题，应加强生命周期评价以评估其安

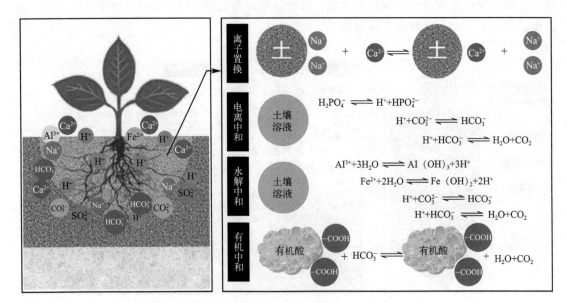

图 3-7 盐渍土化学调理原理示意图（杨劲松等，2021）

全性、经济性和长效性。

4. 生物改良法

生物改良是指通过提升植物的耐盐抗逆能力并在盐渍土上进行适应性种植，利用植物根系生长改善盐渍土理化性质，或最大化植物生物量并结合收获物移除根区部分盐分，主要机制表现在植物耐盐性、植物生长对土壤质量的提升、植物收获物除盐三个方面。生物改良措施主要包括植物改良和微生物改良等。大多数盐生植物和耐盐植物，如碱蓬、海蓬子、田菁、芦苇、羊草和柽柳等，都具备特殊的渗透调节机制或盐分泌机制，因此它们能够在高盐分的土壤中生长。微生物改良主要利用微生物代谢产物为植物提供营养，促进植物的生命活动，同时，植物的分泌物为微生物提供碳源，促进其新陈代谢，将微生物接种到植物上，通过微生物与植物的相互作用，提高植物的耐盐性，进而对土壤起改良作用。

二、盐碱地改良工程案例

1. 项目区背景

曲周县盐碱地治理区位于河北省邯郸地区东北部，曲周县北部，东经114°0′，北纬36°20′。是邯郸地区涝洼盐碱地的中心。位于黑龙港地区上游，属内陆冲积平原浅层咸水型盐渍化低产地区。据曲周县志，早在明朝崇祯年间就有"曲邑北乡一带，盐碱浮卤，几成废壤，民间赋税无出"的记载。生态恢复前这里旱涝盐碱危害严重，粮食亩产不足100kg，人均收入过低。治理前这里是田无一块方，地无一块平，到处红荆碱蓬丛生，景象十分荒凉。

2. 盐碱地成因及其土壤积累盐分和特点

（1）气候因素 该区属于半湿润易干旱气候区，冬春季节寒冷干燥，夏季温暖多雨，表现为明显的干湿季节的更替。年均降水量（1964～1983年）为558mm，年均蒸发量1837mm，春季强烈蒸发，旱季、雨季分明，7月、8月两个月份降雨量占全年的70%。受季风的强烈影响，冬季寒冷干燥，夏季温暖多雨，年季变率大，年内分配不均，雨季常积水成涝，年蒸发量是降水量的3倍，春季蒸发量大于同期降水量的9.5倍，春旱尤为严重。

(2) 水文地质因素　该区位于太行山的山前冲积平原，海拔 35~37m，以 1/4000 左右的地面坡降自西南向东北方向倾斜，坡降平缓，径流不畅。曲周县北部地下浅层淡水发育很差，浅层淡水区面积约占全县面积的 1/10，其余均为浅层咸水区，所进行的生态恢复区没有浅层淡水，呈浅层咸水-深层淡水的水文地质结构类型。该区西部有漳河故道穿过，咸水矿化度为 3~4g/L，含水层较厚，东部则矿化度为 5~7g/L，含水层较薄。矿化度较高的咸水是地表层土壤盐分的来源，冬春干旱季节，大大加剧了积盐过程。地下水位高，春季返盐期潜水埋深一般小于 2m。在气候和地质因素的综合影响下，形成原生盐渍土，田无一块方，地无一块平，到处红荆碱蓬丛生，盐土疙瘩林立。

(3) 土壤条件　试区内非盐化的浅色草甸土只占总面积的 13%，其余均为不同程度的盐渍化土壤。盐化土中，轻盐化土壤占总面积的 15.7%，中盐化土壤占 15.1%，重盐化土壤占 13.6%，盐荒地占 38.6%，试区里有近 2000 亩的重盐荒地。盐渍土的主要类型包括以 $NaCl$ 为主的氯化物盐化土、以 $NaCl$ 和 Na_2SO_4 为主的氯化物-硫酸盐化土，以及以 $CaCl_2$、$MgCl_2$ 和 $NaCl$ 为主的潮盐土，分别称之为"盐碱"、"白碱"和"卤碱"。盐渍土壤有机质含量低，一般只有 0.6%~0.8%，全氮含量也只有 0.03%~0.05%，有效磷奇缺，一般有效磷只有 $(2~3)×10^{-6}$，较低的只有 $(0.5~1)×10^{-6}$，个别盐斑土壤的有效磷几乎近于零。土壤肥力低下是盐渍土的特点。

(4) 土壤积盐过程及其特点　在气候和水文地质条件的相互作用下，该区盐渍土壤的积盐过程和特征如下。

① 春季为强烈蒸发-积盐阶段：这是一年中蒸发最强烈的时期，蒸发量约为降水量的 9 倍，干燥度为 3.15，最高达 4 以上。0~2m 日平均土体积盐量达到 $0.37t/hm^2$，为全年最高。盐分主要积聚在表层（0~20cm），占 0~2m 土体积盐量的 81%。

② 初夏（6月）稳定阶段：6月份的降水量和蒸发量的日平均值稍高于春季，对土壤的水盐运动影响不大，出现一个短暂的平稳时期。

③ 雨季（7、8月）淋溶-脱盐阶段：此期间平均降水量为 336mm，蒸发量为 381.1mm。潜水埋深可达 3.5m，有利于土壤脱盐。当潜水埋深为 0.5~1.5m、1.5~2.5m 和大于 2.5m 时，0~40cm 土层脱盐率分别为 5%~25%、25%~45% 和 35%~65%。

④ 秋季（9、10月）土壤蒸发-积盐阶段：此时潜水埋深可回升为 1.0~1.8m。因而土壤的积盐量、积盐率和积盐速度可能接近甚至超过春季。

三、盐碱地治理的工程生态设计

我国东部平原地区在季风气候影响和综合地学条件下的水运动以及其制约下的盐运动过程是黄淮海平原洼涝盐碱低产地区的基本过程，它们决定着这个区域农业生产的主要限制因素有春旱、秋涝、土地盐碱、浅层地下咸水以及由此派生的土壤瘠薄。这就是盐渍化农田生态系统存在和发展的自然基础。

在黄淮海平原季风气候影响下，盐渍化低产地区的形成，是多种不利自然因素和落后的社会经济因素综合作用的结果，为了从根本上改变面貌，必须进行综合治理。综合治理包括了综合对象、综合措施、综合发展和运用新技术，其基本思路如下。

① 依据黄淮海平原所处的半湿润易干旱季风气候控制地下水盐运动规律和地理生物能量带的特点，在对涝洼盐碱区农业生态潜力进行充分利用的同时，要对其基本限制因素（春旱、秋涝，土地盐碱，地下水咸，土壤瘠薄）进行综合治理，因为它们有内在联系，并在时

序上交互发生，因而不是单一治理。

② 运用一整套农林水牧综合措施和科学管理的人工控制系统，进行以利用、改造和调控为内容的综合治理，把盐渍化农田生态系统由低质量改造为高质量，达到抗旱、除涝、治碱、改咸和提高地力的目标，不是靠单一措施。任何割裂人工控制系统而片面采取某项或某些项措施的做法都会遭到失败，或效果不高。

③ 综合治理是为了利用、发挥农业生态潜力，进行农林牧渔综合发展，不断提高全效性农业生物生产力（包括加工产品的能力），在发展经济的同时，提高农民生活水平和文化科学水平。这是综合治理系统的目标。需要着重指出：综合发展是该地区农业生产潜力决定的，是在农区发展林业，在农区发展牧业，走农林牧结合的道路。主要特征是：林业以护田林网为普遍形式，同时适当发展果园、薪炭林、经济片林以及林农间作，牧业是用建立的多品种结构和当地的食物链结构来代替牧区较单一的种群结构。

④ 综合治理之后要综合预防，以实现持续的综合发展。

⑤ 通过综合措施、综合治理、综合利用和综合发展，对限制因素进行综合防治，挖掘农业生态潜力，提高综合性生产力，将低质量盐渍化农田生态系统改造成高质量的高产稳产农田生态系统，把黄淮海平原盐碱地区建成国家粮、棉、油、果、畜产品的商品基地，改善人们生活、生产的自然环境质量，建设生态圈。

总结，世界上盐碱地改良的三大关键问题是速度慢、易反复和局部成效难以推广扩大，这在半湿润易干旱季风区旱、涝、碱、咸共同危害的地方尤为严重。为了解决上述问题，并做到高速、根治和大面积全流域治理，就必须将综合治理与综合预防相结合，遵循综合防治三原则（通、控、肥），改造及调控盐渍化农田生态系统。

1) 通　就是把水盐运动单相当地小循环适当纳入陆海大循环中，打通排洪排涝、排碱排盐的通道，形成水通、盐通的输送系统。这套工程系统的功能是疏通地面径流的出路（骨干河道与田间配套）和改变地下水径流不畅的状况。通过各种形式的水平排水和垂直排水，加速水盐运动，使土壤朝脱盐方向发展，地下咸水朝淡化方向发展。

2) 控　"通"表示水盐运动地质大循环的方向，"控"则是调控水盐运动达到适宜值的定量化概念。

控的关键是人工控制地下水位。通过浅机井开采浅层地下水，利用并改造咸水，建立排、灌、蓄、补相结合的地下水库（土壤水库），以调节大气降水-地面水-土壤水-地下水的关系，成为人工干预的水运动系统，发挥抗旱、除涝、治碱、改咸的综合能动作用。

人工调控过程要遵守适量法则，即把水运动控制在最佳状态。根据曲周试验区的大田模拟试验的结果，在综合防治的改造阶段求得如下最佳地下水位过程线：春季强烈蒸发，返盐季节前地下水位因抽咸而下降可达 2.5m；汛前，由于抽咸排咸，主要是咸水利用，水位下降至 3.5~4m，或深于 4m；在汛期，确保水位不高于 1m，必要时进行雨季抽咸、除涝、防托；汛期以后，冬灌或压盐冲洗后，保持水位在 1.3~1.7m，随后进行下一轮的循环。改造以后，进入调控阶段（综合防治）。人工控制有以下 3 个关键点。

① 土壤适宜含盐量：在允许范围内，对作物无害，对地下水不污染——矿质化，对氯化物硫酸盐盐渍土来说，耕层含盐量为 0.2%~0.3%，在综合措施下同样得到高产量。

② 浅层地下水适宜矿化度：对土壤不盐化、不碱化，适于灌溉而无害于作物，其综合指标为 3g/L 左右。

③ 潜水埋深的适宜值：返盐量不超过土壤允许值，利用地下水作为浸润灌溉式的墒情

补充，以维持土壤墒情和提高抗旱能力，节约动力消耗。打破临界深度（2~2.2m）的限制，考虑该地区毛管强烈上升高度这一参数值，确定潜水埋深适宜值为1.7~2m。

3）肥　在上述基础上，同时采取有关措施加速培肥土壤，不断提高土壤肥力，保护土壤，建成根系营养调控系统，以保证作物高产、稳产对地力的需求，这是综合措施的战略任务之一。

黄淮海平原旱、涝、碱、咸的核心问题是水，即水少了旱，水多了涝，地碱和水咸又与地下水位高度直接相关。因此，综合治理的关键是治水，不治水谈不上改土。治水的中心就是以水利工程为主的农田基本建设。

四、盐碱地治理工程

（一）农业工程系统

综合治理旱、涝、碱、咸的水利工程实质上是一个水资源调控工程系统。试验区建立水资源调控系统的原则是：在保证水运动陆海大循环畅通的基础上，人工控制当地小循环，把蓄水用水和排水有机地结合起来，以防止水运动引起的各种自然灾害，并尽可能保证工农业生产和人民生活用水。

1. 深浅沟系统

试验区以干、支两级深沟为骨干，沟深3~4m，间距1000~3000m，同时起排、灌、蓄、补、控多种作用。相互垂直的干、支深沟将治理区分割成5000亩左右相互独立的综合治理单元。单元内有浅机井调控地下水位，斗沟、毛沟等三级排沟均按排除地面水设计为浅沟。所有水利工程均按二十年一遇、日降雨204.3mm、1.5~2d内排除的标准设计。

2. 深浅井系统

为便于实行咸淡混浇或轮灌，试验区以一眼深井带5~6眼浅井的方式组成深浅机井组。浅机井是利用咸水、调控水盐运动的关键措施，要求在整个耕地面积上均匀布井。根据当地水文地质条件和单井控制的灌溉面积，按300m×400m方格网法布井，每眼浅井控制面积150亩左右。井深25~40m，出水量每小时30m^3左右。深井每800亩一眼，成井深度300m，配6寸（1寸=0.0333m）深井泵，单井出水量每小时可达60~70m^3。

3. 灌溉排咸系统

井灌、河灌、排咸三位一体，建立了一套与支斗农毛四级排沟相对应的支斗农毛四级灌溉渠道系统。扬水站分设干沟两侧，提水灌溉，有足够的水头，可与井灌渠道结合；同时利用断面较小的灌溉渠道，将抽出咸水适当集中之后直接排入单元外的深沟河道，是避免咸水重新渗回地下，提高排咸效率的有力措施。

4. 平地压盐措施系统

试验区治理前微地形起伏不平，盐土堆星罗棋布，妨碍耕作管理，不利于灌溉压盐，必须进行平地压盐。土地平整一般在沟渠建成、方田划定的基础上以生产方田为单位进行。试区人少地多，劳力紧，均以机平为主、人工为辅。大平大整多在秋冬结合农田基本建设进行，平后即引水压盐（通常用冬季河流弃水）。重盐化土，第一次平地压盐后，春播棉花或绿肥可成苗七成以上，基本上做到改一方成一方，当年受益。第二次平地，使用平地机刮盐斑，压盐后基本上可以达到消灭盐斑得全苗。

（二）农林牧水及新技术措施系统

作用于生物性生产系统的直接措施，构成了一个复杂的多学科应用技术系统。包括改革耕作制度，引种培育和繁殖良种（作物、家畜等），培肥土壤，提高地力，水土保持，合理施用有机肥和化肥，植物保护，计算机模拟等。重点集中于以下几个基本问题的解决。

1. 耕作制度的合理和高效

粮食（包括精饲料）、饲草（包括牧草种植、作物秸秆、树叶等）、经济作物、蔬菜、药材花卉以及各种林木要统一安排，发挥农业生态潜力和人为措施效能。畜牧方面要占耕地的30%。

2. 培肥土壤、提高地力

农业生产的严重问题之一是对土壤掠夺式的利用，使地力下降，土壤退化，以致水土流失、沙化等。另外，普遍发生的是：人们只考虑给作物提供养分，施化肥就是供作物使用，只把土壤当作一个实际的而不是比喻的仓库。这一方面会导致施肥不合理（过量、比例失调）、肥效不高，或施肥无效；另一方面还会破坏土壤本身的性质，如结构恶化、土壤板结等。

3. 限制因素的消除和控制

对农田生态系统来说，大规模的限制因素是气候条件；而对当地生产来说，主要是土壤问题，如盐渍化、旱化、涝灾、贫瘠等。只有消除这些关键限制因素，才能谈得上提高土壤肥力。

（三）人工植被系统

黄淮海平原盐渍化低产地区在得到一定改造之后，要建立起栽培的林带-片林草原的人工植被系统。

（1）作物种群系列　粮食、经济作物、蔬菜、药材、花卉等。

（2）林木　在整个生物圈以及人与生态圈的关系中，森林生态系统的系列（自然的和人工的）具有重大意义，占有极重要的地位。在破坏森林引起严重后果的刺激下和科研工作成果所揭示的规律面前，人们普遍认识到了这个问题。而真正去解决它，尚有待于今后付出重大代价和巨大努力后才能逐步实现。人工木本植物作为土壤表面的保护者，在很大程度上决定着农田生态系统的抗侵蚀性能及抗逆性。

（3）绿肥牧草　是农区发展牧业的重要饲料资源，有提高土壤肥力，保护地表，提供家饲消费者的第一性生产量的功能。

此外，高度集约栽培、高生产力的各种温室和人工气候，也是人工植被未来发展的重要内容，可成为蔬菜、花卉、食用菌和特殊经济作物的不可忽视的来源。

（四）监测系统

监测包括水盐养平衡监测，土壤物理化学性质及过程监测，生物学、微生物学的生态监测，病虫害的监测，农田小气候的监测，人工植被生长发育和群体结构监测，灾害状况监测等。整个治理工程技术路线见图3-8。

五、盐碱地治理区概况及治理效果

（一）盐碱地治理区概况

（1）第一代试验区　1973年秋建立，以张庄为重点，包括高庄、大街、吴庄，总面积14668亩；第二代试验区，1978年秋建立，以王庄为重点，包括付庄、杏园、李西头，总面积6833亩；第三代试验区，1981年建立，以曲周县农场和四町村为中心，包括三町、五

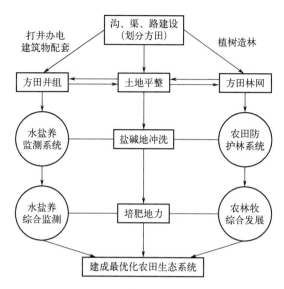

图 3-8 曲周试验区综合治理工程技术路线

町、李庄、刘庄和北京农大曲周实验站，总面积 14870 亩。三代试验区涉及曲周县北部的东里町、四町、龙堂和河南町 4 个乡镇，13 个自然村和 2 个场站，总面积 36371 亩，实际控制面积 44764 亩，其中耕地 33339 亩。历史上曾一度号称 3 万亩试验区。

（2）示范区　于 1982 年配合引进外资建立了综合治理示范区，包括曲周北部所有盐渍化低产地区的 8 个乡镇，157 个村庄，总面积 279.8km²，其中耕地面积 28.7 万亩（包括三代试验区）。

（3）扩散区　邱县西部（重盐渍化地区）10 万亩，曲周县南部（非盐渍化低产区）44 万亩。

（二）盐碱地治理效果

1. 盐碱地脱盐情况

针对 5000 亩综合治理单元内 2m 土体的总盐储量监测表明，治理期间土体脱盐发生了显著的变化，1974～1976 年间总盐储量从 40t 减少到约 29t，脱盐率达到了 28.2%（见表 3-1）。

表 3-1　综合治理单元土体脱盐状况

年份	总盐储量/t	脱盐量/t		
		1974～1975 年	1975～1976 年	1974～1976 年
1974	40.322	—	—	—
1975	31.817	3.505	—	—
1976	28.963	—	2.854	11.359
脱盐率		21.1%	9%	28.2%

根据对曲周试验区历年盐渍土面积的统计，1984～1999 年间，重度盐渍土已由 1984 年的 338hm² 下降到 1999 年的 43hm²，下降了 87.3%；中度盐渍土由 1984 年的 223hm² 下降到 1999 年的 98hm²，下降了 56.1%；轻度盐渍土由 1984 年的 317hm² 下降到 1999 年的

276hm², 下降了 12.9%。同时，非盐渍土面积则由 1984 年的 1345hm² 上升到 1999 年的 1806hm²，增加了 34.3%（见表 3-2）。

表 3-2　曲周试验区盐渍土面积动态变化（1984～1999 年）

项目		1984 年		1986 年		1989 年		1994 年		1999 年	
		面积/hm²	占比/%	面积/hm²	占比/%	面积/hm²	占比/%	面积/hm²	占比/%	面积/hm²	占比/%
非盐渍土		1345	60.5	1592	71.6	1637	73.6	1776	79.9	1806	81.2
盐渍土	轻度	317	14.3	301	13.5	325	14.6	290	13	276	12.4
	中度	223	10	97	4.4	100	4.5	101	4.6	98	4.4
	重度	338	15.2	233	10.5	161	7.3	56	2.5	43	2
	小计	878	39.5	631	28.4	586	26.4	447	20.1	417	18.8
合计		2223	100	2223	100	2223	100	2223	100	2223	100

2. 土壤质量变化

由于试验区长期大面积改土治碱，曲周县全县范围内的土壤肥力也有了很大的提高，有机质从 1981 年的 8.3g/kg 上升到 1999 年的 13.7g/kg。除了土壤速效钾含量下降外，土壤速效氮、速效磷和阳离子交换量（CEC）也有大幅度提高（见表 3-3）。

表 3-3　土壤质量变化

年份	有机质/(g/kg)	速效氮/(mg/kg)	速效磷/(mg/kg)	速效钾/(mg/kg)	CEC/(cmol/kg)
1981	8.3	36.476	4.645	171.33	12.981
1994	12.79	27.76	23.55	163.2	—
1999	13.7	58.31	29.5	122	14.81

3. 作物产量变化

治理前（1970～1972 年）三代试验区的粮食产量分别仅为 70.3kg/亩，133.7kg/亩和 157.5kg/亩。到 1989 年粮食亩产分别比原来提高了 954.05%、441.44% 和 248.73%（见表 3-4），为我国中低产地区粮棉生产的发展提供了典范和目标。

表 3-4　曲周试验区治理前后粮棉产量对比

试验区	粮食				棉花			
	治理前单产量/(kg/亩)	1989 年单产量/(kg/亩)	增加/%	年递增/%	治理前单产量/(kg/亩)	1989 年单产量/(kg/亩)	增加/%	年递增/%
一代试区（16 年）	70.3	741	954.05	15.86	7.6	80.7	961.84	15.91
二代试区（11 年）	133.7	723.9	441.44	16.6	8.4	71.1	746.63	21.43
三代试区（7 年）	157.5	547.5	248.73	19.54	28.9	62.8	117.30	11.73

4. 综合效益

曲周试验区经过17年的治理，面貌发生了深刻变化，所取得的综合效益是巨大的。

(1) 经济效益　与治理前比较，治理后试验区取得了巨大的经济效益，人均收入大幅增加（见表3-5）。

表3-5　曲周试验区生态恢复前后人均收入

试验区	人均收入/元		
	治理前	1983～1985年	1989年
曲周试验区	—	752.8	1517.2
第一代试验区（16年）	140.8	941	1469
第二代试验区（11年）	197.4	732	1746.7
第三代试验区（7年）	343.9	587	1407.7

(2) 生态效益　农田生态系统抗逆性提高；旱能灌，涝能排，粮食生产持续增长。盐碱地面积缩小，土地生产力提高；建立起培肥地力的反馈系统。农田林网发挥综合功能；生产生活环境质量提高。

(3) 社会效益　群众生活水平提高，开始走向小康水平。1986～1989年四年累计向国家提供商品粮2.44亿公斤，年递增6.8%；提供商品棉0.4亿公斤，年递增14.2%。经过7～16年盐碱地的生态恢复改造，证明在该试验区所采用的生态恢复技术和理论是成功和有效的。通过人工调控，可以把重盐渍化的土壤生态系统建成高质量农田生态系统。

第三节　荒漠土壤恢复生态工程

土地荒漠化（desertification）是全球性的环境灾害，早在1990年，联合国环境规划署（UNEP）就在内罗毕召开了荒漠化评估特别顾问会议，提出了荒漠化的新定义："由人类的不良影响的作用造成的干旱、半干旱及干燥半湿润地区的土地退化。"基于全球荒漠化脆弱指数（global desertification vulnerability index，GDVI），将荒漠化脆弱性分为四类，即极高、高、中和低，分别占全球面积的9%、7%、13%和31%（Huang等，2020）。随着时间的推移，荒漠化风险预计增加的地区主要是非洲、北美洲以及中国和印度的北部地区。

据报道，2019年全球荒漠化面积已达3600万平方公里，占地球陆地面积的1/4。更为严峻的是，荒漠化土地面积仍以每年5万～7万平方公里的速度在不断扩大。有研究对1951～1980年和1981～2010年这两个30年期间的比较分析表明（Michael等，2018），全球旱地增加了约0.35%，这主要是由于半干旱亚型的增加率为3.4%（从13.11%增加到13.56%）。荒漠化作为全球面临的重大环境问题，严重威胁着生态安全和可持续发展。因此，每年6月17日被联合国防治荒漠化公约（UNCCD）确定为"世界防治荒漠化和干旱日"（Desertification and Drought Day）。

一、我国土地荒漠化状况

旱地覆盖了地球陆地表面的41%，包括世界农业用地的45%，这些区域是最易受人为气候和土地利用变化影响的生态系统之一，同时受到荒漠化的威胁（Burrell 等，2020）。我国是世界上荒漠化、沙化面积最大的国家，荒漠化发生率居于高位，约4亿人口受到荒漠化影响，是受荒漠化影响最严重的国家之一。从1980年到2015年，中国45.76%的旱地经历了明显的土地退化，而11.43%的旱地经历了荒漠化（Li 等，2021）。截至2019年，我国荒漠化土地总面积已达到25737.13万公顷，占荒漠化调查区总面积的77.59%，占我国国土总面积的26.81%。此外，沙化土地面积为16868.23万公顷。与2014年相比，5年间全国荒漠化土地面积净减少378.80万公顷，年均减少75.76万公顷；沙化土地面积净减少333.52万公顷，年均减少66.70万公顷。

1. 各省份荒漠化状况

新疆、内蒙古、西藏、甘肃、青海5省（自治区）荒漠化土地面积位列全国前5位，分别为10686.62万公顷、5931.06万公顷、4269.27万公顷、1923.93万公顷、1894.81万公顷，各占全国荒漠化土地总面积的41.52%、23.04%、16.59%、7.48%、7.36%。上述5省（自治区）荒漠化土地面积达24705.69万公顷，占全国荒漠化土地总面积的95.99%；其余13省（自治区、直辖市）荒漠化土地面积合计为1031.44万公顷，占全国荒漠化土地总面积的4.01%。

2. 不同类型荒漠化状况

风蚀荒漠化土地面积达18074.16万公顷，水蚀荒漠化土地面积达2455.12万公顷，盐渍荒漠化土地面积达1604.17万公顷，冻融荒漠化土地面积达3603.68万公顷，分别占全国荒漠化土地总面积的70.23%、9.54%、6.23%和14.00%。

3. 不同程度荒漠化状况

2019年，我国轻度荒漠化土地面积达7585.13万公顷，中度面积达9302.95万公顷，重度面积达3828.23万公顷，极重度面积达5020.82万公顷，分别占全国荒漠化土地总面积的29.47%、36.15%、14.87%和19.51%。与2014年相比，2019年全国荒漠化土地净减少378.80万公顷，减少了1.45%，年均减少75.76万公顷。2019年轻度和中度的荒漠化土地比例由64.13%增加到65.62%，重度和极重度的荒漠化土地比例则由35.87%下降到34.38%。

二、土地荒漠化成因和治理模式

1. 土地荒漠化成因

土地荒漠化的成因有多种。第一种观点认为，气候干旱是荒漠化的主要成因，人类活动的冲击是次要的。这种观点的主要证据来自于地质历史时期气候、环境变化曾多次导致类似荒漠景观的出现，或人类历史时期以来气候变干，或有气象记录以来气候曾发生多次干湿波动，而这种变干趋势或干湿波动对荒漠化的发生、发展都有显著的影响。第二种观点认为，人类不合理的经济活动是荒漠化形成的主要动力，气候变化是次要因素之一。持此种观点的学者认为，现代人口剧增，土地压力增大，人类在生态脆弱的干旱、半干旱区过度的经济活动导致土地向生物生产力降低与土壤肥力丧失的方向发展。第三种观点认为，荒漠化是气候和人类活动共同作用的结果。持此观点的学者较多，但其中大部分人认为，自然和人为因素在荒漠化过程中的驱动作用很难区分。然而，从空间维度来看，随着人口的不断增加，人为因素在越来越多地区的荒漠化过程中起到主导作用；从时间维度来看，人为因素在现代荒漠化过程中的作用也日益突显。造成我国土地荒漠化的不合理的人类活动主要表现为滥牧、滥垦、滥樵、滥采、滥用水资源、滥开矿等。

2. 土地荒漠化治理模式

我国荒漠化地区有相当部分在历史上曾是林草丰茂、繁荣富庶之地，具备再造山川秀美的自然条件。我国防治荒漠化总体技术是完全可以满足防治荒漠化工程建设需要的。目前，一大批不同类型区的成功治理开发模式已形成，可作为借鉴与示范。

3. 榆林模式

榆林地区地处毛乌素沙地南缘，沙化面积达 2.44 万平方千米，有 6 座县城陷于重重沙漠之中，412 个村庄受风沙的侵袭压埋，100 年间，风沙吞没农田、牧场 200 万亩。针对以风力作用为主的沙质荒漠化土地，建立了"带、片、网"相结合的防风沙体系，使年沙尘日由 20 世纪 50 年代的 70 多天减少到现在的 20 多天，呈人进沙退、林茂粮丰的"塞上江南"景象。该模式适用于半干旱地区荒漠化治理。

4. 赤峰模式

赤峰市位于内蒙古自治区东部，不合理的土地利用使历史上水草丰美的大草原遭到严重破坏，荒漠化土地达 7 万平方公里，占总土地面积的 77%，251 万公顷草场退化，全市 70%的人口、12 个旗（县）的 148 个乡镇（苏木）受到荒漠化危害。后采取固沙造林育草技术、沙地衬膜水稻栽培技术和"小生物经济圈"整治技术进行治理，全市森林覆盖率从新中国成立初期的不足 5%提高到 21.2%，区域性生态环境得到明显改善。该模式适用于亚湿润干旱区荒漠化治理。

5. 临泽模式

临泽县位于甘肃省河西走廊中部黑河两岸，由于过度樵采、放牧，植被遭到严重破坏，沙化严重，原来的绿洲向南退缩了近 500m。后来，以绿洲为中心形成了自边缘到外围的"阻、固、封"相结合的防护体系，使流沙面积从 54.6%减少到 9.4%。该模式适用于干旱地带沙质荒漠化的治理。

6. 和田模式

和田位于新疆塔克拉玛干沙漠西南边缘，以绿洲为中心建立防护体系，兴修水利，节水灌溉，并采取固定流动沙丘的办法，治沙效果明显。和田曾被联合国开发计划署授予"全球环境 500 佳"称号。该模式适用于极端干旱区绿洲土地的荒漠化防治。

三、荒漠土壤恢复生态工程案例

（一）案例 1：通辽科尔沁草原山、水、林、田、湖、草、沙系统治理

1. 研究区概况

科尔沁草原位于内蒙古自治区东部，面积 11.12 万平方公里，通辽市占 52.7%。科尔沁草原山、水、林、田、湖、草、沙系统项目实施区域位于科尔沁草原生态功能区核心区，约占功能区总面积的 52.7%，范围上与通辽境内的西辽河流域边界重合。东与吉林省接壤，南与辽宁省毗邻，西与赤峰市、锡林郭勒盟交界，北与兴安盟相连。项目实施区域面积为 50438 平方公里，地理坐标为东经 $119°14'\sim123°43'$，北纬 $42°15'\sim45°59'$。

2. 存在问题及修复思路

草原退化、土地沙化、地下水水位下降是科尔沁草原的三个核心生态问题。在修复过程中要多因素共虑，同步攻克。围绕"一增两提"目标，聚焦草原退化、土地沙化及地下水水位下降三个关键问题，系统实施退化草原生态保护与修复、土地沙化综合治理、地下水超采

治理三大任务，设计退耕还草与草原生态修复工程等十类工程，布局退化草原生态保护修复单元、土地沙化生态治理修复单元、地下水超采治理修复单元三个单元，对科尔沁草原进行整体保护、系统修复、综合治理。

修复工程总体思路详见图3-9。

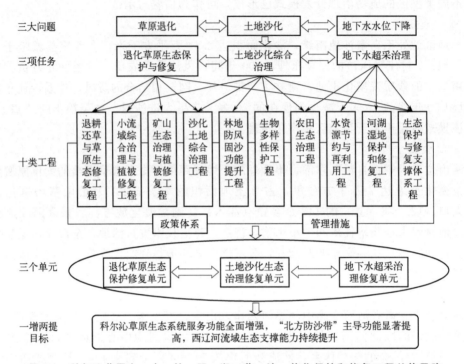

图3-9 科尔沁草原山、水、林、田、湖、草、沙一体化保护和修复工程总体思路

准确获取所研究区域植被盖度是反映该区域植被生长状况的重要前提，由于旱地的木本植被和草本植被在小范围内的混合分布，很难从卫星图像中直接绘制出它们的地图。无人机近地面遥感技术数据采集灵活、图像空间分辨率高，十分适合分析景观尺度下草原生态系统不同植被类型盖度的动态变化，为捕捉和量化旱地生态系统中稀疏植被的分布提供了一个很好的方法。利用无人机探测植被状况是无人机与植被生态学交叉研究的一个新方向。

3. 修复成果

新增退耕还草还林面积6.2万亩，草原管护治理恢复面积780万亩，退化草原治理率提升12%，草原综合植被盖度达到65%。在土地沙化治理方面，新增沙化土地治理面积114万亩，重度沙化土地治理率提高29.3%。在地下水超采治理、水资源保护与节约方面，农业用水与城市用水节约量每年达到3.96亿立方米，节水量占平原区地下水可采量的21.17%，地下水水位下降趋势得到有效遏制。通过以上措施，新增植被固土量182万吨/年，植被固碳量达到55.5万吨/年，沙区土壤风蚀量下降约8%。

（二）案例2：辽宁西北部地区沙化和荒漠化土地治理技术研究

1. 研究区概况

沙区位于辽宁省西北部沙化和荒漠化地区。其范围包括辽中区、康平县、法库县、新民市、台安县、黑山县、义县、阜新蒙古族自治县、彰武县、昌图县、建平县、北票市、朝阳县、凌源市、喀左县、龙城区、连山区、龙港区、绥中县和兴城市等7市20个县（市、区）。

2. 治理措施

（1）辽蒙边界阻沙林带工程　为了有效地遏制内蒙古科尔沁沙地风沙南侵，促进当地区域经济发展，保护辽宁中部城市群的良好生态环境，规划在沿科左后旗（科尔沁左翼后旗）、库伦旗、奈曼旗边界，在既有林带的基础上，营造一条乔、灌、草相结合的阻沙林带。

① 建设地点。工程建设地点位于辽宁省西北部辽蒙边界，由东至西包括铁岭市的昌图县，沈阳市的康平县，阜新市的彰武县和阜新蒙古族自治县，朝阳市的北票市、朝阳县和建平县，共计4个市7个县（市）。

② 技术要点。项目区的沙化土地可分为流动沙地、半固定沙地、固定沙地和沙质耕地4种类型。根据不同立地条件选择适宜的治沙模式和植物材料进行工程建设。

（2）营造林工程　为了有效地治理规划区内的流动沙地、半固定沙地和重度荒漠化土地、极重度荒漠化土地，实行全面封育治理，并辅以人工造林和飞播促进更新。营造林工程包括封山（沙）育林（草）、人工造林和飞播3种造林方式。

1) 建设地点　建设地点为沙区全部地区。

2) 技术要点

① 封育模式。根据立地条件在项目区内实行乔木型、乔灌型、灌木型3种封育模式。流动沙地和半固定沙地一般集中连片，而且风口多，是风沙危害严重的地区，也是治理的重点地区。流动沙地和半固定沙地治理采用生物措施和工程措施相结合、封沙育草和植树造林相结合的治理方式。保护措施采取工程围栏、生物围篱和专人管护。

② 先固后造。工程围栏设置在流动沙地和半固定沙地周围，设置方式是在面积较大且相对集中连片的流动沙地和半固定沙地外围架设铁刺线网，立柱采用钢筋混凝土筑成的水泥柱，规格为10cm×10cm×200cm，铁刺线选用10#线。架设的模式为水泥柱间距3m，埋入地下0.5m，地上部分1.5m。刺线间距25cm，绕捆6道，柱间刺线交叉捆绑加固。

③ 灌木固沙法。在工程围栏内设置生物围篱，生物围篱采用2年生裸根沙棘壮苗营造，带宽8~10cm。

④ 固后造林育草。在生物围篱内封沙育草和植树造林，同时设专人管护。主要营造防风固沙林，实行带状或团状造林，形成乔、灌、草相结合的复层防护模式。适宜的造林树种有沙柳、彰武松、杨树、樟子松、赤松、色木槭、紫穗槐、胡枝子等。集中连片的地域采用飞播方式造林（种草），也可在雨季网状撒播锦鸡儿、胡枝子、沙打旺等。

⑤ 重度、极重度荒漠化土地治理。采用工程围封与人工管护相结合，并且辅以人工促进更新的方式。0°~5°的平地用于粮食生产；5°~15°的坡地部分用于农业生产，部分栽植果树；15°~25°内的坡段，通过工程手段改造成水平梯田的可用于农果生产，土层较薄而不能修水平梯田的，可采用其他工程措施营造经济林、水土保持林或种草；25°以上坡地、耕地应退耕还林、还草，其他全部营造水土保持林或封山育林。

（3）樟子松固沙林衰退治理工程　据调查，辽宁省2004年樟子松发病面积达8333hm²，占总面积的18%。樟子松大面积衰退现象是我国三北地区引种栽培过程中出现的新问题，对三北防护林工程和治沙工程建设构成极大威胁，必须得到及时、有效的控制。

1) 建设地点　建设地点主要面向辽西北樟子松引种分布区，即彰武县、康平县和昌图县。

2) 技术要点

① 卫生伐。适当缩短采伐更新期，对年龄较大（40年生以上）、立地条件较差、已经出现枯死植株的重病林分，进行卫生伐和强度间伐，伐除枯死木、濒死木及枯梢病达Ⅱ级以上的病株，清除侵染源。保留健康木及感病较轻、有恢复正常生长能力的单株。将林分逐步改造成疏林草地，既能遏制病害发展，还可为牧业发展提供空间。

② 抚育间伐。对感病较轻、年龄中等（20~40年生）、保留密度较大的林分，先进行行状、带状间伐，同时伐除染病单株，再通过留优去劣进行密度和结构调整。适时引进阔叶乔木或灌木改造成混交林，还可实行混农或混牧作业，使林、农、牧相互促进、和谐有序、可持续发展。对年龄较小（20年生以下）的林分，树木正处于旺盛生长阶段，多数无病或染病轻微，主要进行密度调整，以改善水分、养分状况，保持林分健康。

③ 修枝。修枝可避免无效蒸腾，缓解水分矛盾，降低林木的"物理年龄"，改善林木健康状况。修枝强度以单株树木保留10~20轮侧枝为宜，具体强度根据林龄和保留密度进行调节。通过间伐和修枝，将林分郁闭度始终控制在0.8以下，而且使郁闭度随林龄的增大而不断降低。

(4) 林、草、畜一体化建设工程

1) 建设地点　建设地点涉及辽西北土地沙漠化程度相对较轻且适合林、草、畜一体化立体开发的地区。其范围包括法库县、辽中区、新民市、台安县、黑山县、彰武县、昌图县、朝阳县、连山区和兴城市共10个县（市、区）。

2) 技术要点

① 林、草、畜业复合建设。选择风沙危害和水土流失相对较轻的丘陵山地与沙地，在治理的同时促进当地农牧业的发展。采用工程措施、生物措施、封山育草等治理方式，保护天然灌丛，恢复天然植被，培育防护-饲料型、防护-用材型、防护-固沙型灌丛等。再在既有林、新植林下开展草、畜复合经营。

② 模式林。以固定沙地为主，模式林面积控制在 $0.1~0.5hm^2$，造林密度为840株/hm^2，区内实际保留数在200株/hm^2以下，以保证未来的林分稳定及水分、养分的基本供应。可建立长方形、菱形、圆形、三叉形、马蹄形等不同形状的多种模式林。树种以樟子松、彰武松、油松等针叶树种为主，辅以五角枫、沙棘、紫穗槐、山杏等阔叶树种。

③ 林、畜示范模式。主要有林下养鸡模式，林下养鸭、鹅模式，林下种草养羊模式，林下养牛模式，林下养瘦肉型猪模式。

④ 草、畜业复合建设，林、草业复合建设和丘陵山地治理等。

第四节　水土流失恢复生态工程

水土流失是指在水力、重力、风力等外营力作用下，水土资源和土地生产力的破坏与损失，包括土地表层侵蚀和水土损失，亦称水土损失。水土流失是一种严重的环境问题，也是全球性的自然灾害之一。它不仅对农业生产造成了巨大的影响，而且还会对生态环境造成不可逆转的破坏。我国水土流失以水蚀和风蚀为主，其中水蚀最为严重，主要分布在西北黄土高原、西南云贵高原、北方土石山区、南方丘陵山区和东北黑土地区五大水土流失区。水土流失已成为制约我国耕地可持续利用的重要因素之一。从地类分布来看，产生水土流失的土地主要有三种：一是坡耕地。山区、丘陵区的耕地50%~90%分布在坡地上；二是荒山、荒坡。山丘区的荒山、荒坡一般坡度较陡，大部分用于放牧，如果滥垦和过度放牧，水土流失会更加严重；三是沟壑。如黄河流域黄土高原地区有沟壑14.4万条，大都是水力侵蚀和重力侵蚀最严重的地区。

水土流失的危害：

① 导致土地退化，威胁粮食安全。土地是人类食物的主要来源，也是人类赖以生存的重要资源。水土流失会直接改变土地利用现状，使其功能退化，生产能力下降甚至丧失。

② 导致河道淤积，加剧洪涝灾害。在降雨、地表径流侵蚀下，水体会携带大量泥沙，形成高含沙量水体。待水体进入平缓河段、湖库、堤坝后，泥沙会逐渐沉积，抬高河床，降低河道过水面和湖库有效库容，增加洪涝灾害风险，威胁沿岸人民生命财产安全。

③ 削弱生态系统调节能力，加剧干旱、风沙灾害。水土流失会破坏土地，淤塞河道湖库，破坏野生动物栖息地，威胁区域生物多样性，降低生态系统自我调节能力。

④ 进一步加大面源污染。面源污染也称非点源污染，其污染物主要由泥沙颗粒、残留农药、化肥、大气颗粒等组成。在水土流失情景下，这些固定点源污染物会借助地表径流、风力等方式进入其他区域的水体、土壤和大气中。

⑤ 恶化生存环境，加剧贫困。水土流失会增加流域洪涝灾害和环境污染，而在一些干旱、半干旱地区，水土流失还会加剧干旱、风沙灾害。

因此，控制水土流失，积极开展水土保持，已成为全世界普遍关注的重大环境问题和人类生存发展的问题。

从目前国内外水土流失的防治措施看，可将水土保持生态工程大体分为水土保持的耕作措施、治坡治沟工程措施和林草生物措施。

一、水土保持的耕作措施

在坡耕地上特别是缓坡耕地上，推行各种水土保持耕作措施，能拦截地面径流，减少土壤冲刷，增加粮食产量。据西北水土保护研究所在安塞县的测定，采取这些措施后，可减少侵蚀模数37%~56%，减少径流模数9%~38.5%。山西省太谷县土郊院村，1988年推行蓄水覆盖丰产沟，种植70亩玉米，平均亩产675kg（最高地块达到943kg），比对照田亩产430kg增产57%。在坡耕地退耕之前或未修水平梯田之前的过渡时期，水土保持耕作不失为一项重要的水保措施。

一般来说，我国的水土保持耕作措施可分为两大类：一类是以改变地面微小地形、增加地面粗糙度为主的耕作措施，如等高带状种植、水平沟种植等；另一类是以增加地面覆盖和改良土壤为主的耕作措施，如秸秆覆盖，少耕免耕，间、混、套、复种和草田轮作等。具体采用何种耕作技术措施，必须根据其适宜区域范围、适宜条件与要求来决定，不能生搬硬套，搞一刀切形式。具体措施如下。

1. 垄沟种植法

其是在川台坝地和梯地上采用垄沟种植法，在坡度为20°以下的坡耕地上使用，增产幅度明显，而且其投入比梯田与坝地少得多，容易为农民所接受。

2. 等高耕种法

等高耕种法是坡耕地保持水土最基本的耕作措施，也是其他耕作工程的基础。一般情况下，地表径流顺坡而下，在坡耕地上采用顺坡耕种方式会使径流顺犁沟集中，加大水土流失，特别在5°左右的缓坡和10°左右的中坡地上进行机械耕作时往往如此。采用等高耕作，对拦截径流和减少土壤冲刷有一定效果。据研究，等高带状耕作（间作）的要求是：坡地坡度在25°以下，坡越陡作用越小；坡度越大，带越窄，密生作用越大；带与主风向要垂直等。

3. 残茬覆盖耕作法

残茬覆盖耕作法是在地面上保留足够数量的作物残茬，以保护作物和土壤免受或少受水蚀与风蚀。据有关资料，增加10%的地面覆盖，侵蚀减少20%，20%的残茬覆盖能减少侵蚀36%，30%的残茬覆盖能减少侵蚀48%。

4. 少耕法与免耕法

少耕法与免耕法在保护土壤方面有积极作用。少耕法改善土壤通透性，有利于水分下渗。免耕法增加表层土壤层有机质含量，改善渗水性。上述两种方法有助于节约劳力、动力、机具与燃油消耗，降低了生产成本，提高了劳动生产力；节约了耕作时间，减少因耕作损失的土壤水分；增加了地面覆盖，减少水土流失，特别在黄土高原坡耕地上，保护性耕具有较大的推广应用价值。

5. 多作物种植

也是水土保持耕作法从种植制度上的发展，它把防侵蚀能力强的作物布置在坡耕地上，种植多种作物，充分利用自然资源，可提高单位土地面积生产力；同时也增大了农田植被覆盖率，延长了覆盖时间（因收获期不同），因而是减轻水土流失的好办法，应该因地制宜地加以运用。

6. 深松及浅松整地

深松整地不是保护性播种的必需流程，但深松整地与保护性耕作结合能起到保护土壤的良好效果。土地由于常年机械化翻耕会形成坚实的犁底层，其深度通常在20~25cm之间，犁底层的存在会严重影响雨水渗入土壤，进而易形成地表径流，导致水土流失。因此，在实施保护性耕作的过程中定期进行机械化深松作业，能有效改善耕层条件，利用深度超过30cm的深松铲，有效打破犁底层，在改善土壤耕层结构的同时提高土壤蓄水能力，并破坏表层土壤中病虫草害的生存环境，提高保护性耕作的实施效果。深松整地不需连年实施，通常间隔1~2年实施一次即可。由于深松整地也是在地表有秸秆覆盖的条件下实施的，因此，实施深松整地时应选择具有较强防堵功能的深松机，或选用具有旋耕深松功能的联合作业机，并在耕整地作业完成后进行机械整平。而浅松作为一种农业耕作技术，在生态工程中有着重要的应用。它主要涉及改善土壤结构、促进水分保持、增加土壤生物多样性、减少侵蚀、提升土壤肥力、促进作物生长、环境友好、生态修复等方面。浅松可以与其他生态工程技术相结合，如植被恢复、水土保持等，共同构建一个更加稳定和可持续的生态系统。浅松在生态工程中扮演着重要的角色，不仅能够改善土壤的物理、化学和生物学性质，还能促进生态系统的健康和可持续发展。

二、水土保持的治坡治沟工程措施

（一）治坡工程

梯田是改造坡耕地的一项重要措施，修筑梯田属于治坡工程。进行此项工程后可以改变地形坡度，拦蓄雨水，防治水土流失，达到保水、保土、保肥和增产的目的，发挥生态效益、经济效益、社会效益。据陕西省水土保持局的实测资料，坡地修成水平梯田后可以拦蓄70%~95%的径流、90%~100%的泥沙，粮食增产2倍多。修筑梯田一般以坡度5°~25°为宜，超过25°则宜退耕还林还牧草还果。我国梯田类型很多，按田面的纵坡不同可分为水平梯田、隔坡梯田、坡式梯田和反坡梯田。

1. 水平梯田

梯田的田面呈水平态，在坡地上以半挖半填方式进行，将土地坡面修建成有若干台阶的水平梯田，梯田面上种植作物，是高标准的基本农田。适宜种植水稻和其他旱作、果树等。在人多地少的地方应修建水平梯田，修一块成一块，一劳永逸。

2. 隔坡梯田

在坡面上将1/2～2/3面积保留为坡地，1/3～1/2面积修成水平梯田，形成坡梯相间的台阶形式，这样从坡面流失的水土可被截留于隔坡梯田上，有利于农作物生长，梯田上部坡地种植牧草和灌木，形成粮草间种、农牧结合的种植方式。修建隔坡梯田较水平梯田省工50%～75%，1亩隔坡梯田相当于拦蓄了2亩坡地的径流。据山西省水土保持研究所的试验结果，隔坡梯田可控制水土流失90%以上，较坡地增产20%以上。隔坡梯田特别适用于土地多、劳力少的地区，可作为水平梯田的一种过渡形式。

3. 坡式梯田

顺坡向每隔一定间距沿等高线修筑地埂从而形成梯田，依靠逐年翻耕、径流冲淤并加高地埂，使田面坡度逐渐减缓，终成水平梯田，所以这也是一种过渡形式。坡耕地修建成坡式梯田，是一项改造坡耕地较好的工程技术，具有广泛的适用性，具有投入少、进度快，既能保水保肥又能稳产的特点。据宁夏回族自治区水土保持站的试验分析，修建坡式梯田较一次性修建水平梯田，可减少用工80%，减少土方量75%，并能实现当年不减产，第2年增产，3～4年后增产幅度在10%以上。

4. 反坡梯田

田面微向内侧倾斜，反坡一般可达2°，能增加田面蓄水量，并使过多的暴雨径流由梯田内侧完全排走。适宜种植旱作与果树。

（二）治沟工程

治沟工程的目的是要通过修坝减少沟蚀和保持水土。在工程上可分为谷坊、小水库和淤地坝三类。

1. 谷坊

是修在沟底拦蓄泥沙的建筑物。根据所用材料的不同可分为土谷坊、石谷坊、柳谷坊三种，其中还可细分为土石混合谷坊和柴草谷坊等。在南方崩岗的沟底和沟口多修土谷坊，一般高5m左右，长度与沟底相等或略大，有的可达10～20m。石谷坊主要用石垒建成，除防止侵蚀外，还有提高水位、引水灌溉之用。柳谷坊是将柳桩捆成束捆，打在建坝之外，一般3～4排，每排间距0.5～1.0m，然后将柳梢束成捆填在其中。修建顺序是先上游，后下游；先支、毛沟，后干沟；先修沟底，逐年加高。在要害关键位置修土坝，并在主坝之间配合修副坝，主副结合，大小成群，当年就可收效。

关于谷坊间距和坝高的确定，是在土质沟道内，以上部坝根与下部坝顶大体呈水平来决定谷坊间距；而在石质和砂卵石沟道内，以修建后与沟道纵坡保持1/100～1/70坡度为宜。根据这一考虑确定谷坊数量、宽度、高度与间距，力求布局均匀，防止过稀、过密，否则容易造成洪水忽急忽缓，从而引起冲刷。

2. 小水库

小水库的建设一般包括土坝、溢洪道、泄水洞三大部分。水小时由泄水洞泄水，水大时由溢洪道泄水。在水土流失和干旱地区能起到拦蓄洪水泥沙、发展灌溉的作用，还可保护下游的淤地坝，是治沟工程不可缺少的措施。

3. 淤地坝

修建淤地坝就是在沟内打坝淤地，是建设基本农田的重要途径，是巩固沟床、拦截泥沙、变荒沟为良田的重要措施，在我国北方使用比较普遍，尤其在黄土高原更为重要。一般小型淤地坝可淤泥造地数亩，中型的淤地坝可造地几十亩，大型的淤地坝可造地百亩到几百亩。在长江流域的应用也很普遍。例如，湖北黄冈地区的浠水流域，上游治理沟壑200多条，新造良田1万多亩，所淤积的土地具有地面平整、肥沃、灌溉方便等特点，能大幅度提高农业生产，一般可收200～250kg/亩，高产的可达500kg/亩。根据沟底情况，一般打坝数座，在一条沟内先从下游沟口修第一座坝，被淤后再在其上游修第二、三座。根据情况在上游蓄水，下游种田。筑坝方法应统筹规划设计，选址施工，采取填土夯实等办法进行。

例如在贵州盘县采用谷坊/拦沙坝治理小流域中，拦截泥沙、保护下游耕地的沟道中的泥沙主要来源于集水区域的细小沟道，修建于沟道中的谷坊/拦沙坝工程在泥沙运动的通道中形成了一道人工屏障，既能拦蓄泥沙，又能稳固沟床，稳定边坡，遏制沟岸扩张，可大大减少泥沙下泄量。盘县旧营乡杨松小流域治理时，针对流域内山高坡陡、沟道密集、砂壤土易流失、地基条件差等情况，综合采用了谷坊群治理思路，从沟道上游修建梯级谷坊至下游，一条沟道修3～4座谷坊，层层拦截泥沙，同时在沟道两侧种植适宜的植被。两侧沟道停止流失，下游河道河床不再继续抬高，保护了河道、河堤、两岸农田及河道两岸居民房屋等，增加了可利用土地面积。

三、水土保持的林草生物措施

林草生物措施是水土保持工程中最重要的措施之一，对保蓄水土、改善生态环境、充分利用荒山荒坡发展多种经营有重要意义。该措施主要包括造林种草、封山育林以及管理牧场草场等。在林草措施中，首要的是营造水土保持林，其中包括水源涵养林、护堤护岸林、固沙护坡林、保土护沟林、薪炭林和饲料林等。营造水土保持林的原则是：a. 以乡土优势树种为主，适当引进其他优良树种；b. 以营造混交林为主，不种单一树种；c. 以速生树种为主，适地适树，提高蓄水保土能力；d. 以林为主，实行林农间作，发展多种经营，提高经济效益；e. 以生物措施为主，并与工程措施配合，提高生态效益与工程效益。营造水土保持林，必须明确目的，统一规划，根据所在地区自然经济条件采用适当林种，设计适当林型。其主要的技术问题有树种选择、林型配置、整地造林方法等。实施林草生物措施应从实际地情出发，依据不同区域特征，实行不同方案。在"宜林则林，宜草则草，农牧结合"方针的指引下，实行立地分类、适地适树的科学措施。林草措施在水土保持工作中体现的作用是巨大的，在防洪减灾中也能够发挥其独特优势。

陡坡耕地是我国水土流失最严重的地方，解决这一问题的根本措施就是退耕种草种树。据测定，黄土高原区陡坡地农作物和苜蓿的水土流失量相比，苜蓿比农作物减少径流量的93.7%，减少冲刷量的88.6%。陡坡地退耕种植林草，不但可治理水土流失，生态效益好，而且其经济效益也比种植农作物的效益高得多。例如，陕西省五华县开垦陡坡地5.56万亩，多年平均粮食亩产仅50kg左右，年均总产粮食288.5万公斤，收入288.5万元，陡坡耕地面积占全县耕地的9.8%，产量仅占2%；而同样的陡坡地如营造马尾松，年均产值达334万元，如种植杨梅、三华李等果树，年产值达4455万元。可见改变陡坡耕地的利用方式，对防止水土流失、改善生态环境、增加农民收入均能起到显著作用。

对于缓坡耕地特别是优质的缓坡耕地实行粮草间、套、复种的用养结合制度，可以达到改土培肥、防止水土流失和提高作物产量的目的。我国坡耕地多，分布的范围也广，适宜种草种树，特别是在水土流失严重的地区更应大力提倡种草种树。

四、典型案例分析

（一）案例1：甘肃康乐县水土流失现状及坡耕地综合治理

1. 康乐县概况

康乐县是水土流失重点治理区。气候类型为温凉半湿润气候，平均海拔2015.8m，极端高低温分别为29.9℃、16.5℃，多年平均气温和降水量分别为7.1℃和548.4mm。无霜期1774d，年日照时间1836.8h，年日照百分率41%。林草植被覆盖率26.55%。康乐县内有G248国道、S311省道，与县道及乡村道路相通，乡村道路全部硬化，交通便利。全县总面积1859.61hm^{2}的坡耕地中1201.80hm^{2}可以修梯田，占65%，其坡耕地基本没有水土保持措施，而且地块零散、面积小，耕地养分和水土流失严重，无法有效进行机械作业，产出率及机械耕作率低，农民人均可支配收入较低。

2. 水土流失情况

康乐县位于甘肃青海宁夏水土流失国家级和洮河流域省级水土流失重点治理区。坡耕地综合治理区位于康乐县西南部，水力侵蚀和重力侵蚀是其水土流失侵蚀的主要类型。治理区土地总面积18.63km^2，其中水土流失面积10.63km^2，占总面积的57.06%。项目区由于存在较多坡耕地，水土流失严重，坡耕地表层土壤和养分流失严重，有效养分和有机质含量持续降低，蓄水保土能力下降，加剧了干旱对农业生产的不利影响。坡耕地的产量低且不稳定，只能是广种薄收。项目区地形高低错落且零乱不整，经过多年侵蚀较多数量的土地生产力严重下降，尤其是在下游两岸。当地暴雨频发，时间短但集中、强度大，由于沟多坡陡，侵蚀更为严重。严重的侵蚀下常伴随崩塌、泻溜等重力侵蚀的发生，而且在下游愈发严重。水土流失现状表现为陡坡更严重，少数缓坡处由于种植人工牧草和稀疏植被情况较好。大面积坡耕地水土流失较为严重，导致当地经济落后，人们收入低、生活困苦，7~9月是暴雨集中时间段，再加上水、旱等一些自然灾害，更加剧了水土流失的严重程度以及经济落后状况。因此，加强坡耕地综合治理势在必行，它是治理水土流失，改善生态环境的必要措施。

3. 水土流失成因

（1）自然因素　流域内地形坡度大且陡、零乱不整，坡面长且径流量大，是造成水土流失的主要原因之一。集中大强度降水使面蚀严重是水土流失持续发展的动力。项目区耕地多为坡度大于5°的坡地，保土蓄水能力差，土壤抗蚀性、抗冲性较差，容易产生土壤侵蚀，项目区局部区域植被稀疏、覆盖不均、高度低、质量差，植被对地表的保护能力弱，大风和降水容易造成风蚀与水蚀，也是水土流失严重的直接因素。

（2）人为因素　重发展，轻管护，生态环境保护和建设意识不够，少数情况较好的坡地由于人为砍伐林木、过度放牧水，土流失问题也在逐渐恶化。随着国家对社会经济发展的日益重视，只重视提高农民经济收入，而忽略了对林草资源的保护、改良和建设，从而导致土壤侵蚀日益加剧。

4. 坡耕地综合治理方法

康乐县坡耕地综合治理采用坡改梯工程、土壤改良工程和林草种植等综合措施。

(1) 坡改梯工程　项目区离康乐县城约 20km，区内分布有国道和省道，交通便利，工程主要针对康乐县草滩乡的车长沟村、巨那村、达洼河村、拉麻山村、那那沟村 5 个村展开。坡改梯工程是治理黄河流域水土流失的重要措施，是黄土高原地区旱作农业健康发展的基础。在重视水土保持工作和生态文明建设的前提下，规划并实施坡改梯工程。梯田工程的设计标准为二十年一遇 6h 最大降雨量，排水及其他工程的设计标准为 5h 最大降雨量。按照近村、近路、近水的原则，先易后难，重点改造 5°~15°缓坡耕地，主要建设宽幅旱作梯田，对有坡度的老旧梯田进行改造。按照坡度缓田面宽、坡度陡田面窄的原则，地形坡度 5°~10°时田面宽度设为 20m 以上，地形坡度 10°~15°时田面宽度设为 15m。田块长度应随地形而定，能长则长，能宽则宽，不留斜头拐角，最大限度地利用土地。梯田施工包括先定线和清基，再挖筑培埂，修平田面后将表土覆上及后续管护等。施工方式为人工与机械相结合，机械平整田面，人工配合修筑地埂，主要施工机械为 74kW 推土机和装载机。水平梯田施工采用机械推平田面，人工辅助清理死角、填筑田坎的方法进行，技术要点包括定线、清基、田面修平等。机修梯田的施工程序是：先放线进行表土和田坎基础清理，再进行推土和挖填，并且对修筑田埂压实等。挖和填同时进行，填与压实轮番交叉，填一层压一层。推土机修梯田时要求沿着坡度直线向下，边挖边填，减少多余工作和二次推土。

(2) 土壤改良工程　拖拉机带动深松机、根茎类中药材采收挖掘机及旋耕、灭茬、整地、施肥等机具进行作业。打破犁底层，深松作业深度不小于 30cm，在深松的同时对地块增施有机肥，作业后的地块要达到"深、平、细、实"。增施有机肥可更新土壤有机质，促进微生物活性，有机肥是生产绿色食品的主要养分。商品有机肥的主要原料为畜禽粪便和农作物秸秆，经工厂化加工而成，具有腐熟充分、有机质丰富、易运输、肥效好等优点。选用当地信誉好、质量优的有机肥生产企业，本项目涉及有机肥为在康乐县购买的有机肥，示范带动农户施用商品有机肥，积极引导农民科学施肥。依托旱作节水农业、耕地质量提升等相关农业科技项目的实施，培养农民科学施肥意识和技能，实现精准施肥、有机-无机配施等，最大限度地利用有机肥，提高耕地质量。

(3) 林草种植　根据本项目实际情况，在水保林中挖穴、栽植。本项目造林位置为荒坡地，栽植云杉为带土球苗木，随整随造，时间选择在秋季树木基本落叶时和土壤开始冻结前。

① 整地。整地的标准为能容蓄设计的暴雨径流，而且土埂边整边夯实，分层进行，避免坍塌和穿洞。

② 起苗。起挖苗木是在浇水后 2~3d 内进行，主要选择旱地苗，起苗后根部先用土块裹住，再用草绳或无纺织布塑料膜包裹，边起边运，防止伤害苗木。栽植时要检查根系是否完整，可以洒水或蘸泥浆使根部湿润，苗木高度保持在 3m 以上，定干高度 2.5m。

③ 植树。栽植云杉时要将根系整理平整，树苗放正，以"三埋、两踏、一提"为规则适当深度栽植。

实施坡改梯工程、土壤改良工程和林草种植等综合措施，可以使梯田建设规模化，优化土壤结构，形成坡面水土保持防御体系，促进农业产业的规模化发展。

（二）案例 2：黄土高原残塬沟壑区"固沟保塬"水土流失治理措施

1. 项目概况

项目区位于山西省临汾市蒲县白村，属于黄土残塬沟壑区，地貌以塬面、梁峁、沟壑组成，塬面面积 3.8km²，部分沟头前进较快，沟边坍塌，水力侵蚀严重（见表 3-6）。项目区水土流失类型为水力侵蚀，以降雨为主，而且在境内形成 1 处较为严重的侵蚀沟，呈现直立型沟坡，深"V"形沟底，沟头仍在缓慢前进，严重危害人民的生命财产安全。

表 3-6 黄土高原残塬沟壑区侵蚀情况

塬面	塬面面积	3.8km²
	塬面分布	白村周边
侵蚀沟道	沟道条数	12 条
	沟道长度	12.32km
	侵蚀沟类型	稳定型
	危害程度	沟岸扩张、沟头前进，导致耕地面积减少，产生崩塌、滑坡等，危害人民的生命财产安全

2. 水土流失情况

(1) 水力侵蚀　主要有面蚀和沟蚀。面蚀主要发生在坡度 5°～10°的梁峁坡，侵蚀形态主要表现为片状及细沟侵蚀。土壤侵蚀模数 3000t/(km²·a)。沟蚀主要集中在坡度超 15°的梁峁坡、沟道、沟头及沟坡处，存在冲沟侵蚀、切沟侵蚀等多种形式的侵蚀现象。受暴雨、洪水冲刷多重作用，梁峁坡、沟坡及沟头呈跌水状或陡崖状，迫使原本的切割侵蚀现象愈发严重；各级沟道和边沟的冲沟侵蚀明显，若存在强降雨天气，水将汇入沟道内并对沟底产生强烈的冲刷作用，表现出沟岸扩张、沟头前行、沟底下切现象，土壤平均侵蚀模数为 11000t/(km²·a)。

(2) 重力侵蚀　河道下游左右两岸，有部分地段沟沿线以下为裸崖峭壁，是发生重力侵蚀的主要地段，在水力、重力双重作用下，滑坡、崩塌和泻溜时有发生。近年来由于人类活动加剧（农村道路硬化、居民屋顶积水、农村涝池荒废、沟头没有排水设施和防护措施），出现水土流失且程度持续加重，部分沟壑的源头向塬面腹地延伸，导致原本面积相对较大的塬面呈缩小的变化趋势。

3. 水土流失成因

(1) 自然因素

① 地面高低不平，坡度变化较大，一遇到降水极易造成水土流失。

② 多年平均降雨量比较集中，一般多集中在 6～9 月，约占全年降雨量的 70%，降雨形式以暴雨、冰雹等为主，为水土流失提供了侵蚀动力。

③ 植被稀疏，降雨直接冲刷地面，是导致水土流失严重的原因之一。

④ 土壤类别单一。规划单元内土壤以黄绵土为主，其是黄土母质基础经耕种活动影响后衍生出的幼年土壤，抗蚀能力弱，黏聚力偏低，若受到外部力的作用，将会有明显的水土流失问题。

(2) 人为因素　由于人类活动加剧，沟壑的源头由于水土流失而向塬面腹地推进，流入黄河及其支流的泥沙量增加，当地耕地面积减少，威胁到下游地区的安全，不利于地区的可持续发展。

4. 水土流失治理措施

黄土高原残塬沟壑区治理措施包括塬面措施配置、沟头措施配置、沟坡措施配置、沟道措施配置四个方面。

(1) 塬面措施配置

① 小型蓄水保土工程。工程实施地点安排在土质抗蚀能力强、地势低洼且集水范围较广的区域，提高建设标准以保证工程建设的安全性，例如在规划阶段便要考虑到与田、林、路的衔接，塬面径流控制等问题。对蒲县既有的涝池加以改造，采用钢筋混凝土或浆砌石砌筑池底和池壁，根据池内淤泥量安排清淤。在地表径流来源充足的区域修建水窖，优先选择具备前述条件的路旁、村旁等地，与沟头、沟边的距离超过20m，现场的土壤需坚实深厚，水窖容量以 $30\sim50m^3$ 为主。

② 坡改梯工程。综合整治零星缓坡梯田和条田、埝地，目的在于增加单块耕地的面积；提高基本农田建设标准，田边修建地边埂，搭配田间道路；切实改善种植条件，以便机械化和水利化生产活动的有效进行。新建梯田，建设区域优先选择在坡度 $5°\sim15°$（不宜过陡）、邻近村庄且土质良好的区域，沿等高线布设，与小型蓄排工程和田间道路结合，小弯就直，大弯就势。

③ 经济果林与水土保持林。在塬坡选择坡耕地，栽植经济林果。为保证栽植效果，耕地需选择地形较缓、背风向阳且邻近村庄的区域。按水平阶的要求整地，沿等高线布设，阶面宽 $1.0\sim1.5m$，上下间距 $3\sim5m$，坑穴直径和深度均为 $60cm$，单行坑穴栽植，具体栽植密度视树种苗木大小灵活控制。

(2) 沟头措施配置 根据项目区内水土资源、地形、地力等情况，在径流集中的汇流处，沿沟按地形修筑沟边埂。沟边埂的设计标准为十年一遇1h最大降雨量，在不影响沟边埂的防护作用的前提下，尽量少占土地。

(3) 沟坡措施配置 塬边线以下、沟谷线以上的区域均为沟坡，此区域的地面坡度以 $15°\sim45°$ 居多，地形呈破碎状，土壤为深厚黄绵土，沟深坡陡。沟坡范围内以天然草地和人工林草地居多，局部有少量的农耕地，区域内伴随严重的水土流失问题。

① 经济果林。在25°以下的坡地进行土地整治，创设良好的土地资源条件，以便营造经济果林。

② 造林种草。以水平沟、鱼鳞坑的方式对荒草地做整地处理；经过调查后确定现有林地林分的实际状况，适度采取补植措施，提升林分组成的可行性，确保水土保持林有良好的水土保持能力。

(4) 沟道措施配置 沟道内以沟谷、沟底、河流水系等区域为主，沟深坡陡，地形完整性欠佳，破碎且失稳。沟道断面以"V"形和"U"形居多，比降集中在 $3\%\sim15\%$，有少量人工林和较丰富的天然草地，沟道内水土流失异常活跃。沟道的治理以谷坊等小型沟道工程为主，视实际情况适度调节修筑方法，例如：修建小型淤地坝；为达到缓洪阻沙的效果，在沟底营造防冲林。

① 谷坊工程。谷坊类型以石谷坊、柳谷坊等形式为主，在支、毛沟以自上而下的顺序修建，抬高侵蚀基准，实现对沟道下切现象的有效控制。为强化对沟壑侵蚀的控制效果，谷坊工程与小流域综合治理活动同步进行，谷坊的位置、间距、结构形式等根据防洪标准、沟道比降、集水面积等而定，通常在沟底比降达到 $5\%\sim10\%$ 或更大、下切发育的区域进行，起到缓解沟蚀的作用。

② 淤地坝工程。为控制泥沙下泄，于支、毛沟设置小型淤地坝，用溢洪道或卧管涵洞排除超标准洪水。

③ 沟道防冲林。修建区域安排在沟滩、沟底，改善沟道现状，提升其防冲抗蚀能力。

第五节 黑土地保护生态工程

黑土地是指拥有黑色或暗黑色腐殖质表层土壤，性状好、肥力高、适宜农耕的优质土地。东北黑土地是世界上仅有的四大片最适宜耕作的黑土带之一，该地区粮食产量占全国粮食总产的近 1/4，输出的商品粮占全国商品粮总量的 1/3，被誉为我国粮食生产的"稳压器"和"压舱石"，在我国粮食安全和生态安全保障体系中占有重要地位。然而，由于多年来对黑土资源的高强度利用，并受到水土流失的影响，东北黑土地耕地质量不断下降，主要存在变薄、变瘦、变硬等系列问题，严重制约了粮食产能的稳步提升。因此，东北黑土地的可持续利用面临着严峻挑战，如何有效保护和利用黑土地，成为保障国家粮食安全的重要问题，已经引起了国家部委和领导人的高度重视。农业部等六部委联合在 2017 年发布了《东北黑土地保护规划纲要（2017～2030 年）》（2017）。习近平总书记在东北视察时对黑土地保护作出了诸多重要指示，强调"要采取工程、农艺、生物等多种措施，将黑土地保护好、利用好"；"坚持用养结合，综合施策"；"要保护好黑土地，这是'耕地中的大熊猫'"。2021 年，中央一号文件提出"实施国家黑土地保护工程，推广保护性耕作模式"。黑土地保护自此上升为国家战略。

一、我国黑土地分布、开发利用和主要问题

（一）我国黑土地分布

大面积分布有黑土地的区域被称为黑土区。全球范围内，黑土区总面积占全球陆地面积不足 7%，而且主要集中在中高纬度的北美洲中南部地区、俄罗斯-乌克兰大平原区、中国东北地区及南美洲潘帕斯草原区四大黑土区。四大黑土区中，北美洲中南部地区面积最大，南美洲潘帕斯草原区面积最小，我国东北黑土区排在第三。东北黑土区位于我国东北地区，东侧隔黑龙江和乌苏里江与俄罗斯相望，东南邻图们江和鸭绿江与朝鲜为邻，西与蒙古国交界，西南至七老图山-浑善达克沙地-内蒙古高原一线，南抵辽河。总面积为 109 万平方公里，约占全球黑土区总面积的 12%。

东北典型黑土区土壤类型主要有黑土、黑钙土、白浆土、草甸土、暗棕壤、棕壤、水稻土等。北起大兴安岭，南至辽宁南部，西到内蒙古自治区东部的大兴安岭山地边缘，东达乌苏里江和图们江，行政区域涉及辽宁省、吉林省、黑龙江省以及内蒙古自治区东部的部分地区。《东北黑土地保护规划纲要（2017～2030 年）》（2017）明确保护范围为东北典型黑土区，耕地面积约 2.78 亿亩。其中，内蒙古自治区 0.25 亿亩，辽宁省 0.28 亿亩，吉林省 0.69 亿亩，黑龙江省 1.56 亿亩。

（二）东北黑土地开发利用的历史进程

东北黑土区曾是生态系统良好的温带草原或温带森林景观，原始黑土具有暗沃表层和腐殖质，土壤有机质含量高，团粒结构好，水、肥、气、热协调。20 世纪前，东北黑土地经历了渔猎游牧、原始农业、传统农业和近代垦荒长期而缓慢的开发利用历程。这一阶段，因东北地区生产力水平极低，加上清代实施长期封禁政策，人类生产活动对东北黑土地的影响非常有限，东北黑土地在进入 20 世纪前仍然基本保持较为原始的状态。

进入 20 世纪之后，东北黑土地进入大规模移民和大规模土地开垦阶段，农业现代化得

到快速发展。但在东北黑土地农业现代化过程中，黑土地生态系统退化明显，遥感检测结果显示，10年间耕地面积增加206万公顷，森林面积减少41万公顷，草地面积减少57万公顷，湿地面积下降112万公顷。21世纪以来，东北地区农业得到快速发展，粮食播种面积稳步增加，粮食产量快速增长，粮食单产水平显著提高，农业机械化水平稳步提升。

（三）东北黑土地开垦现状及主要问题

受气候变化、农业开发利用强度上升、农田基础设施建设滞后等多种因素影响，东北黑土地呈现退化趋势，部分地区黑土地出现不同程度的变薄、变瘦、变硬等退化问题。当前黑土地面临着坡地开垦导致土壤侵蚀加剧的问题。据中国水土保持公报2021年数据，东北黑土地水土流失面积为21.41万平方公里，占黑土地总面积的19.68%。东北黑土地的土壤侵蚀具体包含以下特点：

① 水蚀主要发生在坡耕地。其中坡面上中部以侵蚀为主，而坡面下部和坡脚则以沉积为主。侵蚀强度与坡度、坡长和植被类型密切相关。

② 风蚀对农田土壤退化有重要影响。受风蚀影响的面积约占黑土地面积的11.1%，年均风蚀厚度0.5~1.0mm，占总侵蚀量的20%~30%。

③ 农田土壤侵蚀对土壤肥力造成严重破坏。平均坡度3°的坡耕地，因土壤侵蚀造成每年每平方公里流失氮磷180~240kg、钾360~480kg，相当于流失农家肥7500~15000kg。水利部水土流失动态监测结果显示，部分地区黑土上层厚度已由20世纪50年代的60~80cm下降到当前的20~40cm。玉米产量随黑土厚度减小呈明显下降趋势，每侵蚀1cm黑土层，玉米减产$123.7kg/hm^2$，20cm黑土厚度是维持玉米产量的最小黑土层厚度。

④ 侵蚀沟发展已造成耕地破碎化。东北黑土地上分布长度百米以上的侵蚀沟29.17万条，主要分布在漫川漫岗和低山丘陵地区，已累积损毁耕地33.3万公顷，年均造成粮食损失280多万吨。

1. 黑土变"瘦"

监测数据显示，东北黑土地存在黑土变"瘦"现象，土壤有机质与养分元素衰减。近60年，黑土耕作层土壤有机质含量下降了1/3，部分地区下降了50%。已有研究表明，黑土地开垦最初20年有机质含量下降约30%，40年后下降50%左右，20世纪70~80年后下降65%左右，进入一个相对稳定期。此后黑土有机质下降缓慢，平均有机碳含量年下降速度低于2%，每10年下降0.6~1.4g/kg。据估算，与1981年的第二次土壤普查结果（34.6g/kg）相比，2011年典型黑土区海伦市农田黑土平均有机碳含量下降4.0g/kg，近30年黑土表层有机碳含量下降12%，其中厚层黑土土壤有机碳下降最快（22%）。土壤侵蚀和碳源输入不足是导致有机碳含量下降的主要原因。长期耕作导致土壤微生物活性大幅降低，不利于土壤有效养分转化。黑土开垦后微生物残留物对土壤有机碳的贡献降低，在开垦5年、15年和25年后，真菌残体碳对土壤有机碳的贡献分别为71%、59%和55%，细菌残体碳对土壤有机碳的贡献分别为17%、16%和15%。

2. 黑土地土壤结构变差

长期耕作使土壤结构改变，蓄水能力下降。黑土是较容易形成紧实层的土壤类型。不合理的耕作方式显著加剧土壤压实，使得土壤耕作层逐渐变薄。与自然黑土相比，开垦20年、40年、80年的耕地土壤0~30cm土层土壤容重分别增加7.59%、34.18%和59.49%，总孔隙率分别下降1.91%、13.25%和22.68%，田间持水量分别下降10.74%、27.38%和53.90%。与第二次土壤普查时的数据相比，退化黑土中黏粒含量下降5.04%，部分黑土质地由轻壤土变成中壤土，黑土表层细颗粒向粗颗粒转变。未开垦的原始黑土地通常具有良好的结构性状，土壤中大于 0.25mm 水稳性团聚体含量较高。但黑土一经开垦，随着土壤中有机质含量下降，土壤团聚体的水稳性也明显降低。开垦 40 年以后，两者的变化逐渐趋于稳定和平缓。黑土被开垦后，人类活动和生态环境的改变使土壤中的大团聚体不断破碎，土壤有机质的物理保护减少，微生物活动加剧使土壤中有机物质分解速率增强，土壤有机碳的矿化速率比开垦前明显增大，而补充的有机物数量不足，入不敷出导致黑土地开垦后土壤有机质含量迅速下降。东北黑土地生态服务功能较 1990 年前有所下降，1990~2020 年，东北黑土地产水量、生态系统碳储量、土壤保持、防风固沙等生态系统服务功能以及 243 个县区生态环境状况指数退化趋势总体得到遏制，但仍未恢复到 1990 年之前的水平。

二、我国黑土地退化主要原因

不合理的垦殖和耕作方式是导致黑土地退化的主要原因。中国科学院海伦水土保持监测研究站多年的监测结果显示（如表 3-7 所列），土地利用方式不同，土壤流失量明显不同。其中，裸露的土壤流失量最大，其次是传统耕作方式，最少的是草地、免耕覆盖和横坡垄作（等高种植）方式，每年土壤流失厚度不足 1mm。不同管理方式显著影响土壤有机碳含量，2004~2017 年间开展的化肥＋秸秆还田处理、施化肥、无肥处理等不同施肥措施的比较研究表明，与试验起始土壤有机碳含量相比，化肥＋秸秆还田处理的土壤有机碳含量增加了 14.2%，而无肥对照处理的土壤有机碳含量则降低了 3.5%。同时，气候变化进一步加剧了黑土地退化，气候变暖导致微生物活性增强，土壤有机质的微生物分解加快，从而导致地力下降，加剧黑土地的水-土资源失调。

表 3-7　2007~2014 年中国科学院海伦水土保持监测研究站 5°坡水土流失监测结果

土地利用方式	总侵蚀量/(t/hm²)	平均每年侵蚀量/[t/(hm²·a)]	土壤厚度/mm
免耕	7.14	0.51	0.05
传统	339.12	24.22	2.42
草地	0.70	0.05	0.00
裸地	3362.15	240.15	24.02
横坡垄作	12.59	0.90	0.09

注：数据来源：中国科学院海伦水土保持监测研究站。

三、我国黑土地保护实施途径

（一）非侵蚀地区黑土地保育技术

东北黑土地非侵蚀区的保育技术主要从耕作土壤管理角度出发，将农业生产中的秸秆、畜禽粪便等农林废物经无害化处理后施入土壤中，补充黑土层有机质损失，保持黑土层有机质不下降或者缓慢上升。黑土地开垦一定年限后需要开展培肥工作，以维持和提升土壤耕地地力。土壤培肥措施除了保护性耕作外，主要还包括有机肥施用和轮作等途径。

1. 保护性耕作

保护性耕作技术是对农田实行免耕、少耕，尽可能减少土壤耕作，并保证在播种后地表作物秸秆残茬覆盖率不低于30%的耕作和种植管理措施。保护性耕作技术是促进黑土地土壤可持续利用的主要技术，也是发达国家可持续农业的主导技术。该技术已在美国、加拿大等70多个国家广泛应用，应用区面积达1.7亿公顷，占世界耕地总面积的11%。实践证明，保护性耕作可有效遏制黑土地退化，但也存在土壤压实、秸秆全量还田难、杂草侵扰、病虫害等问题。

东北地区是我国保护性耕作的先行区，黑土地上推广应用了一批新型耕作模式，如秸秆覆盖还田免耕技术、宽窄行秸秆全覆盖还田/宽窄行留茬交替休闲种植技术、秸秆覆盖还田条带耕作/秸秆旋耕全量还田技术等，其中秸秆覆盖还田条带耕作技术已成为"梨树模式"的主体技术之一。不同秸秆覆盖量及覆盖模式对土壤有机质截获和积累过程、养分循环过程以及水热调控过程有显著的影响。长期试验监测发现，秸秆和覆盖免耕显著促进了土壤有机质的积累。秸秆覆盖免耕提高了土壤的养分积累与供应能力。秸秆全量归还每年向土壤输入的氮、磷、钾数量分别相当于当地化肥施用量的25%、30%和200%。并且秸秆中的养分具有较高的稳定性，不易损失。在全量秸秆覆盖条件下，耕层全氮含量年均增幅为1.1%。全量秸秆覆盖显著提高了土壤碱解氮、有效磷和速效钾含量。秸秆覆盖免耕改善了土壤结构，提高了土壤抗旱保墒能力。秸秆覆盖免耕5年后，显著促进了土壤大团聚体的形成，增加了团聚体的稳定性，并且犁底层消失，改善了土壤下层结构和孔隙分布，显著促进了作物生长和根系穿透，水分下渗和保持，以及养分运移和供应。保护性耕作技术实现增产增效、节本节肥。

2. 轮作

东北黑土地区主要栽种玉米、大豆和水稻，玉米连作和大豆连作现象普遍存在。长期大豆连作增加了土壤中土传病虫害的发生，降低了土壤中有效养分的转化利用，从而导致作物减产。在北部土壤有机质含量较高地区，玉米连作导致黑土地表层土壤有机质含量下降，土壤基础肥力降低，土壤容重增加。长期田间实践证明，在东北黑土区实行作物轮作更有利于黑土地保护。豆科植物和禾本科植物如玉米轮作可显著改善土壤的物理属性，提高土壤有机质含量和作物产量。长期轮作，除了改变土壤有机质的数量性状外，对土壤有机质中组分的化学结构也有显著影响，轮作后土壤不同粒级团聚体结合有机质的能力增强，土壤有机质的化学稳定性增强。

3. 有机肥施用

自2015年开始，农业农村部正式启动"减肥减药"行动，力争实现农作物化肥、农药使用量零增长。但受多种环境因素的影响，我国有机肥施用比例仅为2%左右。我国改善土壤肥力状况仍依赖于化肥，年化肥用量超过全世界化肥总消耗量的33%，但氮肥利用效率只有30%左右，不到西方发达国家的50%，亟待通过精准的施肥方式和开发高效有机肥产品提高作物的养分利用率。秋季根据当地土壤基础条件和降雨量特点，推行深松（深耕）整地，以渐进打破犁底层为原则，疏松深层土壤。利用大中型动力机械，结合秸秆粉碎还田、有机肥抛撒，开展深翻整地。在粪肥丰富的地区建设粪污贮存发酵堆沤设施，以畜禽粪便为主要原料堆沤有机肥并施用。施用有机肥可提高土壤养分含量，改善土壤肥力属性，提高黑土表层腐殖化物质含量，有利于黑土层的保育。同时，有机肥进入土壤可降低土壤容重，增加土壤的孔隙率和通气性，土壤微生物活性增强，极大限度地维持了土壤有机质的平衡，提高了土壤有机质的储量。

（二）肥沃耕层构建技术

该技术将0～35cm土层旋转90°±30°，再将秸秆均匀深混到0～35cm土层之中，实行3

次肥沃耕层构建后，在 0~35cm 土层中每个位点的土壤互换一次，新加入的秸秆和有机肥在土壤全层均匀分布，有利于黑土表层土壤有机质的增补和更新。也可用优质有机肥替代秸秆，或秸秆配合优质有机肥深混到 0~35cm 的土层中。肥沃耕层构建后黑土表层的蓄水能力提升，土壤饱和含水量达到 210mm 以上，田间持水能力达到 140mm 以上，可保证 99% 的单次大气降水全部储存于土壤中，该技术可有效调节区域性年际间和季节间的降水不均匀问题。同时，由于该项操作是在秋季作物收获后进行，通过土层互换，土壤病原菌和虫卵置于土壤表面，经过冻融和太阳紫外线照射后部分病原菌和虫卵死亡，可有效减轻次年病虫害的发生。

（三）坡耕地水土流失的治理技术

坡耕地自然黑土层较薄（<30cm），垦殖后在土壤侵蚀和过度垦殖的双重影响下土壤肥力迅速降低。为了恢复坡耕地土壤肥力，早在 20 世纪 50~60 年代大量学者们就关注了坡耕地治理。梯田是东北地区首先实施的一项坡耕地治理技术，陈景岚在 1965 年提出了在坡耕地上修筑土梯田，用以控制水土流失。基于水土保持的耕作方法的研究一直是水土流失治理技术研发的热点方向。在 6° 以下的坡耕地上，学者们提出了等高耕作、横坡作垄、带状间作、粮草轮作、垄向区田、深松蓄水和保护性耕作等控蚀、保水、固土技术。采用横坡作垄和植物篱技术措施，地表径流量分别减少了 50%~80% 和 90%，深松耕法可以减小 94% 的水蚀，营造农田防护林风速可以降低 25%，有效控制风蚀。在东北黑土区中部海伦水土保持监测研究站的研究发现，免耕和横坡垄作的年径流量分别较传统耕作减少 97.7% 和 96.8%，侵蚀模数分别减少 98.9% 和 99.2%。坡面治理主要采取从上至下挖截流沟、建荒山荒坡灌木埂、栽种水保林、疏林草地生态修复、修水平梯田、建地埂植物带、改垄等技术措施；沟道治理主要采取修建谷坊、塘坝以及侵蚀沟秸秆填埋等工程措施。

四、黑土地保护工程技术及方案

1. 东北黑土地保护性耕作技术体系

保护性耕作技术体系是东北黑土地恢复和培肥地力的重要技术措施之一。

（1）技术环节　秸秆覆盖还田情况下少耕/免耕播种施肥、秸秆残茬管理、病虫草害防控、深松与表土作业等。

（2）主要技术模式　秸秆覆盖还田免耕、宽窄行秸秆全覆盖还田免耕/宽窄行留茬交替休闲种植、秸秆覆盖条带耕作/秸秆旋耕全量还田等。

（3）技术效果　有效利用作物秸秆，解决了焚烧秸秆会造成环境污染的问题，具有固土效益（风蚀水蚀"双减"）、蓄水保墒效益（每年土壤多蓄纳降水 60~80mm）、保肥效益（提升黑土有机质含量 17% 和养分供给能力）、固碳减排效益（土壤 CO_2 排放量下降 10%），以及增加土壤生物多样性（物种丰富度提高 10%~20%）。与传统耕作相比，可减少 50%~60% 的田间作业次数，从而显著降低生产成本，使广大农户获得更高的经济效益。

2. 东北黑土地肥沃耕层构建技术

肥沃耕层构建技术是东北黑土地保护利用的关键技术之一。

（1）技术环节　采用深翻和深混等机械作业方式，将 0~35cm 土层旋转 60°~120°，同时将秸秆和有机肥深混于 0~35cm 土层中，进行肥沃耕层构建。

（2）主要技术模式　肥沃耕层构建技术模式。

（3）技术效果　解决了玉米秸秆全量还田的技术瓶颈。耕层厚度增加至 30cm 以上，土壤有机质、速效磷和速效钾含量分别提高了 9.1%、9.3% 和 13.7% 以上，土壤培肥效果显著。土壤容重下降了 15.0%，孔隙率增加了 7%~10%，团聚体增加了 27.2%，土壤结构优化明显。玉米和大豆分别增产 10.5% 和 11.3% 以上，作物增产效果突出。

3. 东北黑土地水土保持技术模式

水土流失治理技术模式是东北黑土地坡耕地侵蚀防治的有效措施之一。

（1）技术环节　坡耕地水土保持措施主要有等高改垄（<30°）、地埂植物带（30°~50°）、梯田（>50°）坡面水土保持工程措施、秸秆覆盖条耕、大垄、垄沟苗期深松、垄向区田等。侵蚀沟防治措施主要有沟头跌水、沟底谷坊和沟坡护岸等工程措施，以及生态植被恢复。

（2）主要技术模式　包括工程措施为主、植物措施为辅，植物措施为主、工程措施为辅，植物措施和复垦四种模式。

（3）技术效果　坡耕地实施水土保持措施后土壤侵蚀可降低 80% 以上，耕层土壤有机质含量以年均 5.4% 的速率增加，等高改垄、地埂植物带、梯田的粮食分别增产 10%、15% 和 20%。治理后的侵蚀沟稳定，完全被林草所覆盖，填埋复垦后的侵蚀沟消失，地块完整，生态环境显著改观。

4. 黑土区苏打盐碱地高效治理关键技术模式

中国农业大学和中国科学院等科研机构系统地提出了"以耕层改土治碱为基础、以灌排洗盐为支撑"的重度苏打盐碱地快速改良新思路和新方法，有效解决了新垦重度盐碱地有水也难以种稻的重大技术难题，创建了苏打盐碱地定位分区改良关键技术模式。集成酸性磷石膏施用、覆沙压碱、有机物料还田等关键技术，削减降低土壤盐碱障碍，培肥地力。开发喷淋洗盐＋"小麦-燕麦草"一年两季创新种植模式；研发出抗逆品种配套栽培关键技术，集成创建了以目标产量为导向的苏打盐碱地分类治理模式。该技术模式累计推广 8647 万亩，实现了盐碱地大规模增产增收和环境友好"双赢"治理目标，为实现吉林省百亿斤粮食增产目标提供了重要科技支撑。

5. 智能化农机关键技术

通过天基黑土资源环境监测需求分析、天基探测载荷核心技术突破，对标现有卫星系统，开展大幅宽高分辨率高光谱探测载荷技术研究和高精度定标技术研究。空基方面，长续航高精度无人机组网控制系统搭配全谱段机载高光谱载荷。近地表监测系统方面，围绕伽马能谱探测仪和主动探地雷达两类新系统。在数据采集与应用方面，结合现有天空地系统可进行黑土区本底调查，完成核心示范地块土壤样本采集与分析。通过人工智能算法提升多要素反演精度，在黑土区核心示范区地块以及辐射区，土壤有机质反演模型可信度达到 83%。此外，遥感监测数据交互系统基于 Opena PI、云主机、并行计算使农情卫星遥感产品的生产周期从 7d 减少为 12h。

6. 表土剥离利用工程

表土剥离是为了有效保护和利用黑土地资源，如以建设项目占用耕地剥离耕作层为主的土壤剥离工程。但剥离活动不应仅限于耕地，只要涉及适合耕种的土壤都应进行剥离。其剥离层次不仅仅限于耕作层，而是视土壤肥沃程度而定，一般包括整个表土层（即耕作层、亚表层）或更厚的土层。剥离出的表土不仅仅限于耕地复垦等土地整治工程，土壤改良、绿化、育苗基质等均可使用。对于不可避免的建设占用耕地，必须实施表土剥离再利用工程。仅"十三五"期间，吉林省就实施表土剥离项目 1380 个，剥离面积 1.33 万公顷，剥离土方量 5174 万立方米，有效地保护了黑土地耕作层土壤资源。

7. 高标准农田建设工程

以高标准农田建设为平台，统筹实施大中型灌区改造、小流域综合治理、高标准农田建设、畜禽粪污资源化利用、秸秆综合利用还田、深松整地、绿色种养循环农业、保护性耕作、东北黑土地保护利用试点示范等政策，实行综合治理，通过农机购置补贴支持保护性耕作、精量播种、秸秆还田等相关农用机具。加大有机肥还田政策支持，有机肥田间贮存和堆沤用地按设施农业用地管理。鼓励企业发展种养循环农业，促进畜禽粪污资源科学还田利用。完善落实农业保险保费补贴政策，确保及时足额理赔。在黑土区推进稻谷、小麦、玉米完全成本保险和种植收入保险政策。实施修建田间道路、农田灌排设施及相应电力配套、农田生态防护林等涉及土壤改良培肥的工程。据报道，2006~2018 年间，吉林省累计建成高标准农田 81 万公顷，取得显著成绩。今后要继续加大耕地本身土壤质量的提升，增加土壤改良、培肥部分的投资比例。

五、黑土地保护工程案例

（一）黑土地保护"梨树模式"

在松嫩平原南部薄层黑土区，中国农业大学联合中国科学院东北地理与农业生态研究所、中国科学院沈阳应用生态研究所等单位，提出了黑土地保护性耕作"梨树模式"。"梨树模式"是以玉米秸秆覆盖少耕/免耕为核心，建立的秸秆覆盖、少耕/免耕播种、施肥、除草、防病及收获全程机械化技术体系（如图 3-10 所示），可解决东北黑土区玉米秸秆移除导致土壤退化的关键问题，有效保护了黑土层。传统的耕作制度是利用、利用、再利用，而"梨树模式"是利用中保护、保护中利用，不仅是一场耕作制度的变革，更是耕作理念的革新。

图 3-10 "梨树模式"的基本流程

"梨树模式"主要包括以下 4 种形式。

1. 秸秆覆盖免耕种植模式

在秋季机械收获后,将秸秆直接覆盖在地表,春季播种前用归行机进行苗带秸秆归行处理,然后用免耕播种机直接播种。该模式适用于土壤疏松的地块,特别是风沙区和坡岗地,可减少农机作业次数,保护土壤,抗风蚀和水蚀,保水抗旱效果好。

2. 秸秆覆盖条带旋耕种植模式

在秸秆覆盖的前提下,首先根据苗带秸秆量选择是否进行秸秆归行处理,然后对苗带进行条带旋耕。该模式能促进土壤水分散失,提高苗带地温,解决土壤板结问题,但会扰动土壤,破坏土壤结构,增加作业成本。

3. 秸秆覆盖垄作种植模式

在起垄种植的地块,秋季机械收获后,将秸秆集中覆盖在垄沟,春季种地前进行垄上灭茬,然后适时用免耕机播种,6 月末进行中耕培垄。该模式实现了垄上增温、垄下保墒,农民容易接受,适用于一家一户分散种植的地块。

4. 高留茬垄侧栽培种植模式

在秋季收获后,地上留有一定高度的秸秆,春耕时田间不进行翻地和机械灭茬,在原垄垄侧帮播种。该模式可减少失墒(即土壤失去了适合种子发芽或作物生长的湿度),适用于地势低洼的地区及山坡地,具有操作简单、省工省时、增产潜力大的特点。

秸秆覆盖均匀垄免耕技术,适用于西部风蚀干旱低产区;宽窄行秸秆覆盖免耕技术,适用于中部半干旱半湿润区的高产区;秸秆覆盖条带耕作技术适用于中部高产区、东部山区及北部低温冷凉区;秸秆覆盖免耕滴灌技术适用于西部干旱灌溉区;秸秆覆盖垄作免耕技术适用于高寒及低洼易涝地区。

薄层退化黑土保育与粮食产能提升长春示范区,2021 年主推"梨树模式"保护性耕作技术体系,通过技术应用示范,土壤抗旱保水能力增强,耕层厚度和土壤有机质保持稳定,梨树县高家村多年秸秆全量覆盖还田地块创造了连续 4 年超吨粮的记录。2021 年该技术模式在吉林省推广面积达到 2800 万亩,发挥了很好的示范带动作用,梨树县、双辽县成为保护性耕作的典型示范。2020 年 7 月 22 日,习近平总书记视察吉林省时指出要认真总结和推广"梨树模式",要采取有效措施切实把黑土地这个"耕地中的大熊猫"保护好、利用好,使之永远造福人民。

(二)黑土地保护"龙江模式"

中国科学院东北地理与农业生态研究所提出了适合黑龙江省的黑土地保护利用"龙江模式",该模式包括松嫩平原中东部和三江平原大部分地区的"黑土层保育模式"、松嫩平原中部的"黑土层培育模式"、松嫩平原西部的"松免结合的保护性耕作模式"、环大小兴安岭和张广才岭的"坡耕地控蚀增肥模式"。中国科学院等科研机构创建了北部退化黑土玉米-大豆轮作秸秆深翻埋还田肥沃耕层构建技术模式,建立了黑土地肥沃耕层的指标体系。农业农村部耕地质量监测保护中心和中国科学院东北地理与农业生态研究所联合起草了农业行业标准《东北黑土区旱地肥沃耕层构建技术规程》(NY/T 3694—2020)。

1. 秸秆翻埋还田模式——"黑土层保育模式"

主要适用于松嫩平原中东部和三江平原草甸土区,以黑土层扩容增碳为核心技术,组装免耕覆盖技术,建立"一翻"(秸秆和有机肥翻埋还田)"两免"(条耕条盖、苗带休闲轮耕)技术模式。通过在海伦、桦川等 4 个县(市)示范,6 年平均玉米增产约 10.2%,大豆增产约12.3%,土壤有机质含量提高3.2g/kg,黑土层保护深度在30～35cm之间,达到了东北黑土地保护规划纲要的要求。

2. 秸秆碎混还田——"黑土层培育模式"

针对风蚀和水蚀的土壤、薄层黑土、暗棕壤等中低产田,以秸秆和有机肥混合翻埋、松耙碎混为核心技术,通过玉米、大豆轮作,配套免耕覆盖、条耕条盖和苗带轮耕休闲技术,采用横坡打垄、垄向区田、植物篱等水土保持措施逐渐加深耕层,达到了肥沃耕层构建的效果。该模式适合黑龙江省第四、五积温带约4000万亩耕地。多年示范结果显示,大豆增产11.3%以上,玉米增产10.5%以上,有机质提高2.4g/kg,肥沃耕层达到了30cm,大团聚体含量增加了8.8%以上。

3. 四免一松保护性耕作模式

针对松嫩平原西部风沙、干旱、盐碱等问题,采用秸秆覆盖免耕配合深松的保护性耕作技术,改春整地为秋整地,旱地在秋季收获后实施秸秆机械粉碎翻压或碎混还田,推广一年深翻两年(或四年)免耕播种的"一翻两免(或四免)"模式,取得了良好的技术效果。齐齐哈尔市龙江县通过实施该模式,仅2年时间,试验田的土壤有机质含量就提高了5%,速效氮、速效磷和速效钾均提高10.5%以上,玉米增产10.8%。

4. 坡耕地蓄排一体化控蚀培肥模式

建立坡耕地蓄排水与控制面蚀、培肥土壤相结合的一体化系统工程,保护黑土地中的坡耕地,通过等高横向种植、修筑等高地埂、种植生物篱等措施防治水土流失,通过秸秆和有机肥还田培肥土壤。该模式适用于环小兴安岭地区,坡耕地约1200万亩。结果显示,作物增产13.8%,蓄水能力提高30.1%,保水能力提高20.9%,速效养分增加15%。经过3年培肥,径流量减少95.4%。

厚层黑土保育与产能高效提升海伦示范区,2021年主推有机物料深混还田肥沃耕层构建技术。海伦示范区位于松嫩平原腹地的海伦市,核心示范区建设面积1.2万亩,辐射松嫩平原中北部32个县(市、区)。示范区针对松嫩平原中北部中厚层黑土区气候冷凉和水土流失等限制粮食产能增效的突出问题,研究集成厚层黑土保育与粮食产能协同增效的系统解决方案并示范推广。2021年示范区主推有机物料深混还田肥沃耕层构建技术,能够打破犁底层,增加耕作层厚度,实现有机物料全耕层补给,有效提高黑土层中养分和水分库容。该技术模式在哈尔滨市、绥化市和黑河市等地推广应用1620万亩,实现了土壤耕作层厚度增加12cm,耕层土壤有机质保持稳定,作物产量提高10.2%的效果。

(三)黑土地水土保持技术模式

中国科学院等科研机构根据坡度实施丘陵复式地埂水土保持技术,应用秸秆填埋、耕地复垦技术治理侵蚀沟,形成了漫川漫岗侵蚀黑土水土保持技术体系。侵蚀沟治理措施实施的目的在于制止沟道溯源侵蚀,防止沟岸崩塌扩张,抬高沟道侵蚀基准面,制止沟床下切。目前东北黑土区侵蚀沟治理模式归纳为以下4类。

1. 工程为主、植物为辅治沟模式

该模式属以工程措施为基础,以植物措施为辅的侵蚀沟治理措施体系。主要由沟头措施、沟底措施、沟坡措施组成。适用于立地条件较差,或植被措施难以在短期内有效发挥作用的快速发展的大中型发展性侵蚀沟。侵蚀沟上方来水量较大,沟道比降较大,发展快,危害性较大。以石头、混凝土、铅丝笼等抗冲性较强的建筑材料为主,强行锁住沟头、稳住沟岸、抬高沟道侵蚀基准面,并在立地条件较好的部位辅助性地布置植物措施,澄泥过水,为沟道自我修复及后期绿化创造条件，最终达到全面治沟的目的。

2. 植物为主、工程为辅治沟模式

该模式属以植物措施为基础，以工程措施作为必要补充的侵蚀沟治理措施体系。主要由沟头措施、沟底措施、沟坡措施组成。适用于立地条件较好、上方来水量较小、沟体相对稳定、危害相对较小的中小型发展性侵蚀沟。对处于发展初期且立地条件较好的侵蚀沟，遵照"植物措施优先"的原则，以必要的工程措施锁住侵蚀沟发展的关键部位。再在沟体其他部位布置植物措施，利用植物桩体澄泥过水。随着泥沙的淤积及水分的蓄滞，植物成活繁育，固土封沟的作用逐步显现，最终达到完全控制、淤平侵蚀沟的目的。

3. 植物治沟模式

该模式属通过植物措施达到侵蚀沟治理目标的措施体系。主要由侵蚀沟整形措施、环沟埂、沟头（沟道）多级植物跌水、柳谷坊、沟坡（沟道、沟岸）植物措施等组成。适用于立地条件较好、上方来水量较小、沟体相对稳定、危害相对较小的发展性或趋于稳定的中小型侵蚀沟。这类侵蚀沟往往是地表径流的过水通道。通过沟头、沟道整形对上方来水进行分流、削能、排泄；利用植物自身的固土功能对整形后的沟体进行稳定，利用植物桩体对上方来沙进行拦截、对上方来水进行削能，最终达到理水保土、控制侵蚀沟发展的目的。

4. 复垦治沟模式

该模式属通过秸秆、煤矸石、风化石等物料填埋，消除沟道低凹地形，恢复坡耕地所在坡面完整性的措施体系。主要由沟道修整、竖井暗管布设、物料填沟、上层覆土等措施组成。适用于耕地中沟道比降较小的中小型侵蚀沟。通过填埋材料本身的透水空隙及沟底布设的暗管导流设施，变地表汇流为地下暗流，排走侵蚀沟上方来水，保障坡面的完整性。

总之，东北黑土区侵蚀沟治理模式作为国家"黑土地保护试点工程""东北黑土区水土流失综合治理重大工程""黑土区侵蚀沟治理专项工程"的重要推广技术，在黑龙江省海伦市、拜泉县、巴彦县，吉林省梨树县、榆树市、公主岭市，辽宁省昌图县以及内蒙古自治区东四盟得到了广泛推广。2003年，国家启动了"东北黑土区水土流失综合防治试点工程"，东北黑土区进入大规模开展水土保持工程建设阶段。2009年，水利部颁布了东北黑土区首个水利行业标准《黑土区水土流失综合防治技术标准》（SL 446—2009）。

（四）盐碱地生态治理与高效利用大安示范区

"三良一体化"盐碱地高效治理大安模式即"良田＋良种＋良法"三良一体化盐碱地高效治理与综合利用技术模式。其中，良田是基础，良种是关键，良法是手段。以低成本酸性磷石膏高效土壤改良剂、耐盐碱作物品种和密植高产栽培技术为核心的"良田＋良种＋良法"三良一体化系统施策、标本兼治，三者缺一不可。

大安示范区坐落在吉林省西部的白城和松原地区，核心示范区建设面积2.4万亩，辐射吉林省西部和内蒙古自治区东部的苏打盐碱地集中分布区。该区域是黑土区重要的商品粮基地、畜产品生产基地和黑土带的重要生态屏障区，同时也是黑土区增产潜力最大的区域。示范区重点针对盐碱地高效利用问题，打造盐碱地以稻治碱改土增粮模式、盐碱旱田改良及其高效利用模式、盐碱草地生产力提升与生态屏障构建模式、盐碱湿地资源利用与生态功能提升模式。

2021年，示范区集成酸性磷石膏施用、覆沙压碱、有机物料还田等关键技术，削减降低土壤盐碱障碍，培肥地力，取得明显实效。以稻治碱改土增粮模式应用示范，重度盐碱地水稻产量达417.0kg/亩，而对照仅为65.4kg/亩；轻度盐碱地水田，水稻实现625.6kg/亩的高产。耐盐碱粳稻新品种"东稻122"入选2021年吉林省农业主导品种,"东稻862"获得全国优良食味粳稻品评一等奖。同时,盐碱地以稻治碱改土增粮关键技术等4项技术被列入吉林省农业主推技术中。此外,重度盐碱地旱田,玉米产量达到338~428kg/亩,土壤pH值平均下降0.5个单位。喷淋洗盐+"小麦-燕麦草"一年两季创新种植模式,两季作物累计经济效益较传统玉米和杂粮杂豆提高35%~40%,该模式2021年已在吉林省西部风沙盐碱地辐射示范近万亩。以上相关技术模式已在吉林省西部推广300余万亩。

(五)智能化农机关键技术集成与产业化应用大河湾示范区

大河湾示范区位于内蒙古自治区呼伦贝尔市扎兰屯市大河湾农场,核心示范区建设面积3万亩,辐射大兴安岭东南麓地区。示范区针对大兴安岭东南麓地区黑土土层薄、低温冷凉、春旱秋涝、风蚀水蚀严重等退化问题,集成智能农机、无人化作业及保护性耕作等技术,探索构建以"数字化决策+智能化精准执行+针对性保护性耕作"为核心的黑土地保护"大河湾模式",创制黑土地智能农机精准作业应用系统。

2021年,示范区将信息技术、智能装备技术与传统种植技术融合,初步构建了"种植前地块级精准体检—种植中全程数字化信息采集—专家系统实时处方分析—机械化智能化精准执行"的现代农业新范式,在大河湾农场示范应用。开发出了土壤养分、墒情、长势等一系列的算法和模型库,反演出大河湾16.8万亩耕地、251个地块3大类15个小类的数据,并根据相关标准进行了地块评分与等级划分;基于人工智能等技术建立了作物识别、长势分析、病虫情分析等算法模型库,并建立了专家决策系统,可实现地块级农事的实时数据收集与农事建议指导;改造农场传统柴油动力农机1000余台,实现农机位置跟踪、计亩统计、油耗监测、深耕深松监测等功能,改造后的农机整体作业效率提升5%以上,全年完成作业面积140余万亩;基于自主研发的清洁能源全程无人驾驶智能农机"鸿鹄"T30和"鸿鹄"T150,结合条耕机和免耕播种机,2021年共改造农场传统柴油动力农机1000余台,改造后的农机整体作业效率提升5%以上,全年完成作业面积140余万亩。同时,开展了无人智能农机条耕和免耕播种保护性耕作示范,示范区内亩均人工减少60%以上。

思考题

1. 概述土地荒漠化成因及危害。根据自己的理解,提出"土地荒漠化"治理的建议,包括思路和具体措施。
2. 简述盐碱地成因及其危害,举例说明盐碱地治理的技术和措施。
3. 简述水土流失的成因和危害,举例说明防止水土流失的措施。
4. 简述黑土地退化的原因,举例说明我国黑土地保护实施途径(如梨树模式的内涵等)。

参考文献

[1] Burrell A L, Evans J P, De Kauwe M G. Anthropogenic climate change has driven over 5 million km² of drylands towards desertification [J]. Nature Communications, 2020, 11: 3853.
[2] FAO. Global symposium on salt-affected soils [J]. Food and Agriculture Organization of the United Nations, 2021.
[3] Huang J, Zhang G, Zhang Y, et al. Global desertification vulnerability to climate change and human activities [J]. Land Degradation and Development, 2020, 31: 1380-1391.

[4] Li C, Fu B, Wang S, et al. Drivers and impacts of changes in China's drylands [J]. Nature Reviews Earth and Environment, 2021, 2: 858-873.

[5] Li S, Yang Y, Li Y, et al. Remediation of saline-sodic soil using organic and inorganic amendments: Physical, chemical, and enzyme activity properties [J]. Journal of Soils and Sediments, 2020, 20: 1454-1467.

[6] Michael C H, Charles H U, James R E, et al. World atlas of desertification [J]. Publication Office of the European Union, 2018. https: //wad.jrc.ec.europa.eu/(accessed on 2 August 2023).

[7] 农业部国家发展改革委财政部国土资源部环境保护部水利部关于印发《东北黑土地保护规划纲要（2017—2030年）》的通知 [J]. 中华人民共和国农业部公报, 2017（7）: 50-54.

[8] 农业农村部. 东北黑土区旱地肥沃耕层构建技术规程 NY/T 3694—2020.

[9] 杨劲松, 姚荣江, 王相平, 等. 中国盐渍土研究: 历程、现状与展望 [J]. 土壤学报, 2022, 59: 10-27.

第四章
农田复合生态工程

第一节 农田生态系统的主要特征

一、农田生态系统的概念

农田生态系统(farmland ecosystem)是以农田为基础,由以作物为主体的生物成分和以土壤、水分、空气、光、热等为主体的非生物成分所组成,以发展农业生产为目标的人工控制的陆地生态系统。

农田生态系统包括:由农田及农田所处的地理、气候环境组成的环境系统;农田内以土壤矿物颗粒为骨架,以水、气为运动介质,以土壤微生物及根系活动为中心的土壤库;农田上以农作物为主体,包括杂草的植物库;病虫、鸟、田鼠、野兽、某些人工动物及其伴生生物所组成的复杂的多层次的大系统。农田生态系统以太阳能为主要驱动能源,辅以人工投入能量。

农田生态系统是农业生态系统最重要的子系统。农田生态工程是遵循农田生态学和生态系统原理,根据自然生态条件和社会经济环境设计与建造的农田生物群落结构及种群结构,利用种间和种际效应(互补、互防、相生、相克)来提高农田的光能利用率与能量产投比。农田生态工程的最终目标就是在充分合理利用水、肥、气、热等自然资源和社会资源的基础上,进行无污染健康食品的生产,以满足人类发展的需要,使农业生产实现"高产、优质、高效、持续、生态、安全"的发展目标。

二、农田生态系统的人工控制特点

农田生态系统的形成和发展,从一开始就是在人类的干预和影响下进行的,是人类生产和经济活动的产物。科学技术和社会经济等因素的变化,直接影响到人对农田生态系统的控制程度及其演变方向,因此,农田生态系统是一个人工控制的具有耗散结构的开放系统。

土地是农田生态系统的基础,是作物赖以生长的场所,农田生态系统的物质循环、能量转换和信息传递与土地分不开,农田土地的面积大小、形状及其范围决定农田系统的边界;农田质量的好坏、农田土地的利用程度和方式决定农田生态系统的生产力,并影响农田的景观,农田景观实际上是人工土地利用状况的外在表现。可以说,没有土地、没有人对土地的利用就没有农田,更谈不上农田生态系统。因此,与自然生态系统不同,农田的土地是人类为了自身的需要而开垦出来的,农田的位置、形状和大小是人类塑造的。土地一旦被开垦成农田,土地上原有的演替终止,原有的植被群落遭到破坏,其演化过程和方向就会在人工的强烈干预下,按照人类的要求周期性地进行。农田生态系统的质量好坏在很大程度上取决于土地的质量和作物的生产能力，与人类的技术水平、管理能力密切相关。人类可以根据自己的需要把荒山变成良田，把水田变成旱地，把旱田变成水田。人类既可以通过科学的管理手段如精耕细作、熟化培肥土壤，变低产农田为高产农田；也可以因无知和贪婪变高产农田为低产农田，甚至导致次生盐渍化、沙化、荒漠化、毒性化等。从2000年到2020年，农业用地减少了1.34亿公顷（FAO，2022），这不但削弱了农田生态系统的服务功能，更引发了一系列的环境生态安全问题，威胁到人类社会的发展。农田生态系统的运行既要遵循自然生态规律，又要满足社会和经济的共同需要。在国家农业政策和市场经济规律的指导下，人类采取多种管理措施，致使农田生态系统结构及生态过程的变动性远高于自然生态系统。总之，农田的产生、发展、利用、改造和管理都离不开人的因素，这从根本上决定了农田生态系统的人工控制特征。

三、农田作物的个体发育及群落演替特点

在以人工控制为特征的农田生态系统中，人类同样控制着作物的遗传性，并通过对土地、种植制度、管理方法的控制直接影响作物的个体发育、群体结构和群落演替，建立起高效的人工植被系统，以提高能量和物质的转化效率。这是农田生态系统的中心内容，也是农田生态系统和自然生态系统最基本的区别。

构成农田生态系统的生物种类组成和自然生态系统极不相同，其生物要素的主体——作物（包括果树、蔬菜、桑茶等）是人工长期选育的结果，其遗传性能和方向是根据人类的要求，在人为强烈干扰下形成的。现有的农作物无论是小麦、玉米、水稻、棉花，还是芝麻、花生、蚕豆、油菜，以及苹果、梨、桃、蔗、桑、茶等，仅仅依靠自然选择和进化是不会形成像现在这样的形态结构、生理功能和生产能力的。

农田生态系统中作物的个体生长、群体结构是人通过播种密度、搭配方式和管理技术来加以调节与控制的。由于人工控制和选择作物遗传性状，如果没有人为的帮助，它们就不能正常生长和发育，甚至被农田杂草所取代，农田生态系统就可能朝自然演替的方向发展，就会受到干扰和破坏，农田就有可能变成荒地而不复存在。

人类为了获得更多的农产品，要采取各种行之有效的措施来消除田间杂草，消灭病虫害，即对农田生态系统中的一切非希望的生物进行强有力的抑制。尤其是化肥、农药等农用化学品的大量使用，破坏和污染了农田环境，使得小生境减少了，从而使栖息在其中的动物和微生物种类也大大减少，生物多样性受到了严重的破坏。

总之，农田生态系统中生物的个体发育、群落演替完全是在人为因素的强烈干预下进行的。严格来说，农田生物群落的演替不是真正的演替，而是变迁。正是由于这种人工控制，农田生态系统中的生物种类相对不多，构成要素少，营养结构比较简单，其本身自我调节、自我修复的能力差且不稳定，抵御自然灾害的能力弱，系统生产力受自然因素的影响比较大，这是农田生态系统的一大特征，也是一大弊病。

但是，从另一方面来说，由于它的构成要素少，结构简单，自我调节能力弱，人类更容易按自身意志对其直接加以管理和控制。人类对农田生态系统的改造和调控要比对森林、草原、海洋等自然生态系统来的简易及有效。也就是说，系统的不稳定程度与人为控制的容易程度得到了统一。只有进行连续不断的、有目的的、科学合理的人为干预，才能维持农田生态系统的正常运行。

四、农田物质生产、能流与物流的特点

1. 农田生态系统的物质生产

作物从播种到成熟的整个生育期中,播种前后土地全部裸露,出苗后一段时间内由于植株尚未完全覆盖地表,土地呈部分裸露,使得作物群体截获光的面积和时间较短,系统的总生产力就比较低。不同植物生态系统的能量效率有较大差异,森林的总生产量较多,但净生产量占总生产量的比率最低;与此相反,农田生态系统的总生产量都较低,而净生产率则较高;多年生草构成的草原,总生产量和净生产率均处于中等数值。总的来看,三者的净生产量大致相等。森林的总生产力较高,主要是因为整个生育期叶子非常繁茂,充分捕获太阳辐射;其净生产率低,是因为叶以外的部分,即非光合系统所占的比率高,呼吸消耗的物质多。耕地则正好相反,其非光合系统所占的比率比森林小,呼吸消耗的物质少,因而净生产率较高。草原则基本上处于中间状态,即光合生产不高,呼吸消耗也不高。

同时,人类为了获取更多的农产品,通过选育高产作物品种、施肥、灌水、防治病虫草害等措施,创造适宜作物生长的环境,显著提高了目标产品的产量,使农田生态系统具有比自然生态系统更多的初级生产力。

2. 农田生态系统的能流和物流

在各项人为措施的作用下,农田生态系统的能流和物流也有着不同的变化规律,从而影响到整个农田生态系统的生产力水平和质量。

农田生态系统的物质循环和自然生态系统有着本质上的不同。人类为了获得产品才去栽培作物,农田所生产的有机物绝大部分以粮、油、饲料等形式向外界输出,营养物质(元素)被随之带走,越是高产的农田,这种物质输出就越多。人类为了避免作物产量的降低,就必然要向系统内输入一定的营养元素(如种子、有机肥等),越是高产,向系统补充的营养元素就越多,只有这样才能满足作物生长的需要,维持农田的养分平衡。所以说,农田生态系统中的物质途径不是封闭的,而是开放的。而且,随着科学技术的发展和工农业现代化水平的提高,农田产量和农产品商品率的比重加大,这种开放程度会越来越高。

农田生态系统的能流也有自身的特点:一方面,人们可以通过耕作和种植制度的改革、品种的合理搭配、防护林的营造以及保护地栽培等不同程度地控制农田小气候,最大限度地利用太阳光能;另一方面,由于农作物的生物化学潜能大部分随着农产品的输出而移出系统,为了给作物生长创造更加有利的生活环境,提高农田初级生产力,人们不得不向农田生态系统输入人力、畜力和机械等人工辅助能。这种辅助能投入的数量多少、质量好坏以及效率的高低,往往是影响农田生态系统质量好坏的重要因素。

总之,农田生态系统是一个具有耗散结构的开放系统,越是高产的农田,系统和外界的物质、能量交换越多,高产出必须有高投入,才能维持系统的稳定与平衡。

综合以上分析,我们可以清楚地看到:农田生态系统区别于自然生态系统的总体特征是,自然生态系统为生物及其周围环境所组成的结构-功能二元系统,农田生态系统则是农业生物-人为影响下的环境-人工控制三元结构所形成的结构-功能-组织三元系统。农田生态系统除具有自然属性外,还有经济属性和社会属性。

第二节 农田间、混、套作生态工程

农田间、混、套作生态工程,主要指我国传统意义上的农作物的间作、混作与套种等措

施及其应用（黄国勤 & 孙丹平，2017），通过不同作物之间的组合，使农田生态系统生物多样性增加、结构复杂、抗逆能力增强，生产潜力得到更好的发挥。

间、混、套作是我国传统农业的精髓。早在公元前1世纪之前的西汉《氾胜之书》中就有相关记载；在公元6世纪《齐民要术》中，进一步记述了桑园间作绿豆（Vigna radiata）、小豆（Vigna angularis）、谷子（Setaria italica）等豆科和非豆科作物；明代《农政全书》中有关于大麦（Hordeum spp.）、裸麦（Hordeum vulgare）和棉花（Gossypium spp.）套作，麦类作物和蚕豆（Vicia faba）间作的记录；清朝的《农蚕经》记述了麦与大豆（Glycine max）的套作；至新中国成立前，玉米（Zea mays）与豆类间作在全国各地已都有分布。

随着人口的增长和耕地面积的下降，如何在单位土地面积上产出更多的农产品，并保障农业生产的可持续发展迫在眉睫。在农业生产集约化的大背景下，农田生态系统中的作物物种趋向单一，同时更高的农药、化肥的投入也造成了诸多环境问题，例如土壤肥力下降，温室气体排放等。在保障粮食产量的同时强化农田生态系统的服务功能，达到用地、养地结合，是农业可持续发展的关键途径。农田间、混、套作是将生物多样性原理应用于农田生态系统中的重要方式（蔡承智，2001）。以往的研究已经发现了间、套作可以增强农田生态系统的服务功能，包括提高产量和产量稳定性，提高资源利用效率，提高土壤肥力，减少作物病害及环境污染。在当前集约化种植的背景下，如何构建适宜机械化的集约化间、混、套作综合技术模式，是发挥其优势的重要措施。

一、农田间、混、套作的基本概念

作物的间、混、套作，是指在人为调节下，充分利用不同作物间的某些互利互补关系，在减少竞争的条件下，组成合理的复合群体结构，使之既有较大的总叶面积，延长利用光能的时间，又有良好的通风透光条件和多种抗逆性，更好地适应不良环境条件，趋利避害，保证作物稳产增收（黄锦鹏等，2016）。

1. 间作（intercropping）

间作即两种或两种以上生育季节相近（或相同）的作物在同一块田地上同时或同季成行间隔种植（row intercropping）；若两作物呈多行一组带状间隔种植，称带状间作（strip intercropping）。带状间作有利于田间作业和分带轮作。

2. 混作（mixed intercropping）

混作即两种（或以上）生育季节相容的作物，按一定比例混合播种在同一块田地上。生产有时将间作和混作结合起来形成间混作，如玉米间作大豆，在玉米株间又混种小豆。

3. 套作（relay intercropping）

套作是在前作物的生育后期，在其行间播种（或移栽）后作物的种植方式。间作时两作物的共生期至少占其中一作物全生育期的一半以上，混作也是如此，而套作时两作物的共生期只占其全生育期的一小部分。套作的两作物的主要生育季节不同，一先一后，目的是让全田在整个生长季节内始终保持一定叶面积指数，充分利用作物前期和生育后期的光能，充分利用空间和时间，以复种争取季节，提高土地利用率。例如，冬小麦夏收前套种玉米。

二、农田间、混、套作的生产和生态服务功能

合理的间、混、套作可以提高水分利用效率和光能利用效率，促进作物对养分的吸收，

提高单位面积土地产出率,是增加农田生物多样性,控制作物病虫害的有效措施。间、混、套作群落内各种作物的形态特征和生长习性不相同,对生态条件的利用有着互补与竞争的关系,合理的间、混、套作群体互补大于竞争,因此表现出增产增收(李隆,2016)。

1. 增加农田生物多样性

集约化农业生产体系通常以优化单一种植体系的生产力为首要目标。在集约化农业生产体系中,作物多样性一般被降低到只有1种作物,并且在遗传上要求非常均一、整齐和对称,而且都配置大量的化肥、农药等外部投入。这些种植体系由于对环境有负面影响而受到批评,造成诸如土壤侵蚀、退化、化学污染、生物多样性的丧失和化石能源的过分利用等一系列问题。

间套作正是由于在同一地块同一时间至少生长两种或者两种以上的作物种,因而增加了农田的作物多样性。例如豆科作物与禾本科作物的间套作是国内外农业生产实践中常见的作物种间配置方式,如大豆/玉米、大豆/小麦、蚕豆/玉米、花生/玉米、谷子/花生、豌豆/玉米等体系。同时,还有各种非豆科/非豆科的间作套种模式也在生产中广泛应用,如马铃薯/玉米、小麦/玉米的间作套种等。无论是从外部表现上、内部冠层结构上,还是根系在土壤空间的分布上,彻底地改变了集约化农田整齐划一的外观和内部结构,增加了农田作物的多样性。

2. 增加生产力及其稳定性

生物多样性增加生态系统生产力。早在150多年前,达尔文就曾提出更高植物物种丰富度的群落具有更高的初级生产力,这一观点被人们引用了将近一个世纪。无论在人工构建的微生态系统中,还是在半自然的草原生态系统中,研究结果均表明生物多样性提高了生态系统的功能,特别是生态系统生产力。间套作在提高体系生产力的同时,还可以通过降低作物产量在年际间的变异,进而提升生产力稳定性和作物生产的可持续性。在农田生态系统间套作体系中,基于4个10年以上的田间定位研究(Ghosh等,2006;Hauggaard-Nielsen等,2001;Jørgensen等,2000;Sarkar & PAL,2004)发现,间作产量比单作增加22%,而且间作在时间尺度上相比单作具有更高的生产力稳定性。

3. 改善作物品质

豆科/非豆科间作在发达国家成为优质牧草生产的重要发展方向(许瑞轩 & 张英俊,2021)。在欧洲,特别是在温带地区,为了提高牧草产量和增加能值,禾谷类牧草逐渐被人们重视,然而,禾谷类牧草的低蛋白含量降低了牧草的品质,因此,人们开始考虑将豆科作物和禾本科作物间作,生产混合收获的优质牧草,可以达到高产且优质生产的目的。例如,一年生豆科牧草亚历山大三叶草(*Trifolium alexandrinum*)在地中海国家、中亚国家的种植比较广泛,近年来在美国逐渐普及,过去一直单作种植,通常作为干草储藏。近年来在英国,亚历山大三叶草开始与一年生禾本科牧草黑麦草(*Lolium multiflorum*)和燕麦(*Avena sativa*)混种,不仅高产,而且获得营养价值更高的饲草。

4. 控制杂草

豆科/非豆科间作可以通过化感作用控制杂草。例如,玉米由于具有一次性收获和易于青储的优点,作为饲料在20世纪80年代至90年代期间在丹麦获得飞速发展。种植面积由80年代的几乎没有种植增加到1999年的4万公顷。伴随着青储玉米的快速发展,在北欧南部国家玉米地里的杂草问题变得非常严重。用除草剂除草,不仅造成生产成本上升,同时导致环境问题。通过对各种间作作物的比较发现,蚕豆具有对玉米竞争力小而对杂草竞争力大的特点，因此蚕豆/玉米间作可以有效地控制玉米种植中的杂草问题。随着对作物对杂草化感作用的深入研究，发现作物自身产生的"除草剂"是化感品种影响杂草的关键，化感物质在调控杂草生长从而减少杂草危害等方面的机理被更多的研究者提出来。作物化感品种可以通过根系分泌物与土壤中的生物和非生物因子互作，建立有利于自身生长的土壤微生物群落，达到控制杂草的目的。

5. 控制作物病害

云南农业大学朱有勇教授课题组系统地揭示了水稻遗传多样性（稻瘟病敏感品种和抗病品种间作）可以显著控制敏感品种糯稻的稻瘟病。稻瘟病敏感品种糯稻的病情指数下降94%，产量增加89%。其机制主要是水稻品种多样性支持了病原的多样性，增加了系统的稳定性。同时，对病原菌的稀释作用、阻挡作用，以及作物冠层的通风、透光和湿度等物理条件的改善也是提高作物抗病能力的重要机制。

他们的研究发现，作物物种多样性能控制病害。玉米和烟草间作，可以降低玉米叶枯病17.0%~19.7%；玉米和甘蔗间作，玉米的叶枯病降低49.6%~55.9%。在这些系统中，与玉米间作的烟草和甘蔗的病害相对于单作没有大的变化。同样，玉米和马铃薯间作，玉米叶枯病下降23.1%~30.4%，并且马铃薯晚疫病下降32.9%~39.4%。这些研究结果在云南大面积推广应用，取得了良好的经济效益、生态效益和社会效益。

6. 提高资源利用效率

间作系统能够在时间或空间上增加冠层的覆盖率（高秆和矮秆的搭配；不同生育期作物的搭配），增加系统对光的截获量。除了在空间上的合理搭配外，由于在时间上两种作物的生育期存在差异，间作相比于单作具有更长的生长时间，增加了系统受光时间，进而提升了光截获量。在间作体系中，高秆作物由于植株较高，光能利用不受底层豆科的影响，在间作中常处于优势低位，而处在底层的矮秆豆科作物虽然光合能力不如高秆作物，但在低光强下具有更高的光合速率，这使得体系的光能利用效率显著提升。

在大多数农业生态系统中，氮素是首要限制性养分，氮素的循环和平衡过程在维持农田高产中至关重要。豆科作物/非豆科作物被广泛应用为一种可持续性的田间生态体系，不仅能提高粮食产量，而且能充分发挥豆科作物生物固氮的能力，特别是在一定肥力水平下进行豆科作物与非豆科作物间套作，能够通过增加豆科结瘤固氮在一定程度上解决高施氮量带来的"氮阻遏"问题。间作体系相对于单作也可以更充分地利用土壤中不同的磷组分，具有更高的磷肥表观回收率，组合间作具有明显的种间磷吸收促进作用。此外，间作有助于改善物种对微量元素（铁、锰、锌和铜等）的吸收利用。与禾本科间作的豆科，相比单作豆科，吸收了更多的铁和锌，同时还增加了种子中铁和锌的含量，提高了作物品质。

7. 提高土壤肥力

土壤的物理性质在确保土壤功能和生态系统服务方面具有非常重要的作用。多项研究表明，间作体系的大团聚体（>2mm）的含量高于单作，这种变化可能与作物多样化体系中根系性状、微生物和土壤环境的变化有关。在农业生态系统中，根系输入是有机碳的主要来源，因此与单作相比，间作系统中根系生物量的增加是土壤有机碳含量增加的一种机制。地下碳输入对土壤碳积累的贡献大于地上碳输入，这也是间套作促进土壤有机碳库积累的一种途径。

三、农田间、混、套作技术要点

1. 合理搭配间套模式

不同类型的农作物种植需要根据种植地区的气候条件和环境因素进行选择。选择的农作物之间尽量互利互惠，不能选择相克的农作物一起搭配种植，充分实现农作物栽培的互补效应。在合理搭配间套模式时，尽量以当地的资源为主，协调好农作物之间吸收营养、水分、光能的关系，让不同农作物都能够得到充足的营养支持，减少抑制情况的发生。这样才能确保不同农作物都有较高的生产数量和质量，提高农民的经济收益。

2. 因地制宜

在农作物间作套种模式应用时，最重要的就是因地制宜。在栽培农作物的过程中，需要严格按照种植地区的环境资源来科学搭配农作物的品种。对于热能资源丰富、无霜期比较长的地区，最好采用间套种植模式；对于热能资源不充足、无霜期比较短的地区，尽可能将高矮不一的作物或者是深根、浅根的农作物放在一起种植，提高环境资源的利用率，进而增加农作物产量。

3. 发展多种种植模式

由于每个地区的地质条件、水资源不同，农作物的种植模式也存在着一定的差异。为了有效提高农作物产量，需要充分结合种植地水利条件来选择相应的栽培模式，尽量达到以地养地的目标，有效推动农业市场的发展，促进整体农业生产水平提升。不同的地理位置，水源、土质、气候条件、基础设施以及交通都有着很大的不同，不同根系的农作物在需要的肥料种类、种植分布、生长期以及种植数量上也存在很大的差异。例如，豆类和玉米间作，其中玉米属于须根系作物，而豆类属于直根系作物，将这两种农作物结合起来，能够提高土壤中水分和养分利用率。因为这两种农作物一起栽培吸收的营养成分来自土壤中的不同层次。甘薯可以与玉米间作，因为甘薯需要较多的磷、钾，而种植玉米则需要较多的氮素，因此这两种作物在间作套种时可以提高营养成分的利用率。如果种植地区的水利条件非常好，还可以将蔬菜、棉花和其他粮食作物混合起来种植，提高经济效益。

4. 优化配套技术

为了让农作物更好地发育生长，可以根据种植地的条件优化相配套的技术设备，对农作物进行科学管理，进而提高产量和品质。目前，间作套种模式的应用（陈红玲，2020）让部分地区的生态条件发生了一定的变化，尤其是病虫害的发生规律、旱涝渍冷的特点等。因此，在农作物栽培过程中，需要尽快掌握病虫害的发生规律，利用技术设备来做好预防工作，减少对农作物的危害性。在种植时，还可以通过优化配套技术来提高科学管理效益，尽可能精耕细作，突破传统的种植手段，趋利避害，通过先进的技术来使农作物间作套种稳定发展，提高种植产量。

四、农田间、混、套作典型案例

（一）大豆/玉米间作模式

玉米和大豆是两种优势互补的农作物（图4-1）。玉米喜光、喜温，是典型的C_4高光效农作物，光饱和点较高、补偿点较低。大豆较矮、耐荫，属于C_3农作物。C_4和C_3类农作物进行间作，高秆与矮秆农作物相互搭配，有利于充分利用田间各项资源，实现优势互补，

图 4-1 大豆/玉米间作

减少化肥、农药使用频率和使用量，同时增产、增效。

大豆/玉米带状复合种植多次写入中央一号文件，2022 年全国大豆/玉米带状复合种植面积超 1500 万亩。其农业推广应遵循以下技术要点。

1. 选用良种

玉米选用株型紧凑、适宜密植和机械化收获的高产品种，西南地区可选用仲玉 3 号、正红 6 号、川单 99 等，黄淮海地区可选用农大 372、豫单 9953、纪元 128、登海 939 等，西北地区可选用迪卡 159、丰垦 139 等。大豆选用耐荫抗倒、宜机收高产品种，西南地区可选用南豆 25、贡秋豆 5 号、滇豆 7 号等，黄淮海地区可选用齐黄 34、石豆 936、石豆 885、郑豆 0689 等，西北地区可选用中黄 30 等。

2. 扩间增光

实行 2 行玉米带与 3~4 行大豆带复合种植。西南和西北地区，玉米带宽≤40cm；相邻玉米带间距 1.8m，种 3 行大豆，大豆行距 30cm；玉米带与大豆带间距 60cm。黄淮海地区，玉米带宽≤40cm；相邻玉米带间距 2.2~2.3m，种 4 行大豆，大豆行距 30cm；玉米带与大豆带间距 65~70cm。

3. 缩株保密

根据土壤肥力适当缩小玉米、大豆株距，达到净作的种植密度，一块地当成两块地种植。西南地区玉米株距 13~14cm，播种密度 4500 粒/亩，有效株数力争达到 4000 株/亩以上（按 90% 计）；大豆株距 10cm，播种密度 9100 粒/亩，有效株数力争达到 7800 株/亩（按 85% 计）。黄淮海地区玉米株距 11cm，播种密度 4600 粒/亩，有效株数力争达到 4000 株/亩（按 90% 计）；大豆株距 10cm，播种密度 10200 粒/亩，有效株数力争达到 8700 株/亩（按 85% 计）。西北地区玉米、大豆单粒穴播或双粒穴播，玉米株距 12cm 或 24cm，播种密度 5050 粒/亩，有效株数力争达到 4500 株/亩（按 90% 计）；大豆株距 8cm 或 16cm，密度 11300 粒/亩，有效株数力争达到 8500 株/亩（按 75% 计）。

4. 机播匀苗

西南地区可选用 2BYFSF-2（3）型玉米/大豆带状套作施肥播种机（图 4-2）；黄淮海地

区可选用 2BYFSF-6 型或 2BMFJ-PBJZ6 型玉米/大豆带状间作施肥播种机实施播种施肥，确保苗齐苗匀；西北地区需要覆膜播种时可选择鸭嘴式玉米/大豆带状间作施肥播种机，或选用 2 行鸭嘴式玉米播种机和 3 行鸭嘴式大豆播种机一前一后组合播种。播前严格按照株行距调试播种档位与施肥量（根据当地肥料含氮量折算来调整施肥器刻度），对机手作业进行培训，确保株距和行距达到技术要求。

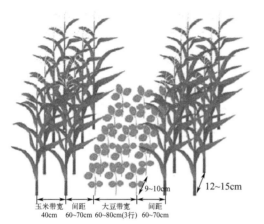

图 4-2 西南地区玉米/大豆带状间作模式

5. 适期播种

播种前如果土壤含水量低于 60%，则需要进行灌溉，有条件的地方可采用浸灌、浇灌等方式造墒播种，也可播后喷灌。西南地区先播玉米，播种时间为 3 月下旬至 4 月上旬；后播大豆，播种时间为 6 月上中旬。黄淮海地区玉米、大豆可同时播种，播种时间为 6 月 15～25 日；播种时注意小麦收获后的水分管理，墒情较好的地块（土壤含水量 60%～65%）可抢墒播种；土壤较干旱或较湿润时，根据天气预报等墒播种（不超过 6 月 25 日）或结合滴灌装置实施播种；土壤极度干旱时，需造墒播种，先漫灌表层土壤，再晾晒至适宜墒情（以 3～5d 为宜）后播种。西北地区玉米、大豆可于 5 月上旬及时播种；有滴灌条件的地块，播种时浅埋滴灌装置；水源不便地块，播种前（4 月中旬）引用黄河水浇灌，待墒情适宜（土壤含水量 60%～65%）时播种。

6. 调肥控旺

按当地净作玉米施肥标准施肥，或施用等氮量的玉米专用复合肥或控释肥（折合纯氮14～18kg/亩），黄淮海与西北地区在播种时全部作底肥一次性施用，对长势较弱的玉米利用简易式追肥器在玉米两侧（15～20cm）追施尿素15～20kg/亩；西南地区播种时每亩施40kg玉米专用复合肥（15-15-15），大喇叭口期亩追施尿素20～25kg。大豆不施氮肥或施低氮量大豆专用复合肥（如13-20-7），折合纯氮2～2.5kg/亩；播种前利用大豆种衣剂进行包衣；并根据长势在分枝期（苗期较旺或预测后期雨水较多时）与初花期用5%的烯效唑可湿性粉剂25～50g/亩，兑水40～50kg喷施茎叶实施控旺。

7. 防病控虫

采取理化诱抗与化学防治技术相结合的方式，示范基地安装智能LED（发光二极管）集成波段太阳能杀虫灯＋性诱剂诱芯装置，诱杀斜纹夜蛾、桃柱螟、金龟科害虫等。玉米大喇叭口期或大豆花荚期病虫害发生较集中时，利用高效低毒农药与增效剂，采用植保无人机统一飞防一次，兼顾防治玉米穗腐病和草地贪夜蛾。视病虫发生情况和防治效果决定是否防治第二次。播后芽前进行杂草防除，如阔叶草较多可选用适当药剂进行封闭除草；苗后用玉米、大豆专用除草剂实施茎叶定向除草（带状间作应用物理隔帘将玉米、大豆隔开施药，或采用GY3WP-600分带高架喷杆喷雾机实施茎叶定向除草）。

8. 机收提效

根据玉米、大豆成熟顺序和收割机械选择收获模式。

（1）先收玉米后收大豆　玉米可用4YZ-2A型自走式联合收获机收获果穗，也可选择当地整机宽度在1.6～1.8m以内的玉米联合收割机收获果穗或籽粒。

（2）先收大豆后收玉米　大豆可用GY4D-2型联合收获机收获脱粒、秸秆还田，也可选择当地整机宽度在1.8～2.2m以内的大豆联合收割机实施收获。

（3）玉米大豆混合青储　在大豆鼓粒末期、玉米乳熟末至蜡熟初，可用4QZ-280自走式青储饲料收获机同时收获玉米与大豆，然后用YK5552青储打捆包膜一体机完成打捆包膜作业并堆放青储，或直接压实、密闭储藏于青储窖中。

（二）豌豆/玉米间套作模式

水资源短缺已经严重影响到我国传统灌溉区农业的可持续发展，提高农田水分利用效率和单位灌水效益是生产实践中急需的技术。豌豆/玉米间套作（王建连 & 白斌，2016）是在集成地膜玉米高产栽培的基础上，在玉米宽行间插入2行针叶豌豆（图4-3），在玉米不减产、不增加任何水肥投入的前提下，亩增收豌豆150～250kg，全生育期灌水与单作玉米相同，约440m^3，单位体积水的效益显著提高，同时还利用豌豆固氮特性培肥土壤肥力。豌豆/玉米间套作技术是一项基于高效生产、资源循环利用、农民增收的新技术。

1. 土壤、气候及适宜种植区域

（1）土壤　选择耕作土层深厚、质地疏松、有机质含量高、土壤肥沃的地块。

（2）气候　豌豆/玉米间套作模式适用于甘肃省大部分半干旱气候区，或有灌溉条件的河西走廊、沿黄自流和井泉灌溉区。要求年均温度≥7.0～8.2℃，无霜期＞140d，一年中≥10℃的有效积温在2200～3000℃以上。

（3）适宜种植区域　该种植模式适用于甘肃省武威市的凉州区、古浪县、民勤县，金昌市的金川区、永昌县，张掖市的甘州区、山丹县、民乐县、临泽县、高台县，酒泉市的肃州区、玉门市、敦煌市、金塔县、瓜州县。

图 4-3 玉米/豌豆间套作

2. 整地及基肥

(1) 整地 前茬作物收获后及时耕地平整，灌足底墒水，次年春 2 月底至 3 月上旬土壤解冻后及时进行整地。

(2) 基肥

① 施肥量。耕翻前按每亩施 5000kg 优质有机肥，耙地前用条播机每亩施氮肥 6~7.5kg、磷肥 8~12kg、钾肥 5~10kg、锌肥 1~2kg。耙地后及时耙平待播。

② 施肥方法。播种前结合春季整地，全层施肥。

3. 品种选择及种植规格

(1) 豌豆 选用抗逆性强、早熟、优质、高产的优良品种，如中豌 4 号，陇豌 1、2 号等。

(2) 玉米 玉米一般选用株型紧凑、适合密植的沈单 16、金穗系列、临单 217、武科 2 号等包衣杂交品种。

(3) 种植规格 生产上以 70cm＋70cm（玉米 2 行＋豌豆 4 行）效益最佳。玉米采用 70cm 地膜覆盖，膜面 50cm，种 2 行玉米，行距 40cm；地膜外 70cm 宽的空行内种 4 行豌豆，行距 20cm。玉米与豌豆行间距离 20cm（图 4-4）。3 月上旬整地施肥后，按带幅划行覆膜，播种豌豆，播种量 15kg/亩左右；玉米播种期为 4 月中上旬，株距 22~25cm，用玉米穴播机点播在膜面上，保苗 5500 株/亩。

4. 播种

① 豌豆于 3 月 20 日前后播种，保苗 2000 株/亩。

② 玉米于 4 月中旬播种，种植前先用幅宽 70cm 的超薄地膜覆盖玉米种植行，用扎眼播种器在地膜上方按行距 40cm、株距 22cm 进行播种，每穴播 2~3 粒种子，保证亩保苗在 5500 株以上。

5. 田间管理

(1) 补苗和间苗 玉米出苗后要将错位苗及时放出，避免烧苗、烫苗，影响玉米产量。在玉米出苗后应及时查苗，连续缺苗应及时催芽补种。玉米 3~4 叶时间苗，5~6 叶时定苗，每穴留 1 株壮苗。

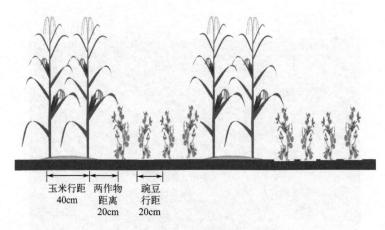

图 4-4　豌豆/玉米间套作种植规格

(2) 除草　玉米在生长期间应及时清除田间杂草。

(3) 病虫害防治

① 豌豆病虫害防治。间作豆科作物豌豆病害较少，无需防治；虫害主要是潜叶蝇危害针叶豌豆的托叶，应及时用40%的绿菜宝乳油1000倍液，或48%乐斯本乳油1000倍液喷雾防治。

② 玉米病虫害防治。玉米红蜘蛛在早期螨源扩散时，选用1.45%阿维吡可湿性粉剂600倍液或每亩用73%克螨特50mL，兑水喷雾防治，在田埂杂草和玉米四周1m内进行交替防治2~3次。7月中旬若发现玉米上有红蜘蛛，用20%双甲脒乳油1000倍液或1.45%捕快可湿性粉剂600倍液进行防治。

(4) 灌溉　掌握在拔节、大喇叭口、抽雄前、吐丝后4个时期灌溉。头水在6月中上旬灌溉，以后可根据玉米生长状况、地墒、天气等情况灌溉，一般每隔10~20d灌一次水，全生育期灌4次水。

(5) 追肥　全生育期按亩施氮肥（N）20~25kg施用，其中70%氮肥作追肥，分别在拔节期（25%）和大喇叭口期（45%）。结合浇水追施，玉米灌浆期，根据玉米长势，可适当追肥，每亩追尿素10kg。

7月底结合灌水立即对玉米进行第一次追肥，每亩施尿素15~20kg、复合肥6~8kg，促进玉米的生长发育。在玉米孕穗期再进行第二次追肥，每亩施尿素10~15kg，以提高玉米产量。

6. 收获

(1) 豌豆　一般在6月上中旬应及时刈割豌豆，收割时可留茬15~20cm，根茬翻压；或在盛花期直接将豌豆全株翻压肥田。

(2) 玉米　玉米10月上旬即可收获，收获后的玉米要进行晾晒，当籽粒含水量达到20%时脱粒，脱粒后的籽粒要进行清选，达到国家玉米收购质量标准。

7. 产量和经济效益计算

(1) 目标产量　豌豆/玉米间套作体系总产量目标为950~1250kg/亩，其中豌豆100~200kg/亩，玉米800~1000kg/亩。

(2) 经济效益　河西走廊地区豌豆平均产量155kg/亩，产值620元/亩；玉米平均产量

920kg/亩，按 1.50 元/kg 价格计算，产值 1380 元/亩。总产值 2000 元/亩。

（三）利用水稻抗病基因多样性混栽控制稻瘟病

1. 田间小区试验

云南农业大学相关研究人员选用了 2 个杂交稻品种（汕优 63 和汕优 22）和 2 个优质地方糯稻品种（黄壳糯和紫谷）进行品种多样性控制稻瘟病田间小区试验。经品种抗性基因指纹分析（GRA），2 个杂交稻品种的抗性基因指纹相似系数为 86%；2 个杂交稻品种与紫谷的相似系数为 65%，与黄壳糯的相似系数仅为 45%。经温室人工接种进行抗性测定，30 个稻瘟病菌株对 2 个优质糯稻地方品种的毒力频率为 86.2%，对 2 个杂交稻品种的毒力频率为 13.8%。根据品种的遗传背景、农艺性状和经济性状，以及对稻瘟病抗性的差异，设置了 15 种不同的处理，以杂交稻（汕优 63 和汕优 22）为主栽品种，以优质地方糯稻（黄壳糯和紫谷）为间栽品种，在杂交稻常规条栽方式的基础上，每隔 4 行间栽 1 行糯稻。

结果表明（表 4-1），杂交稻和地方优质稻混栽时稻瘟病的发病率显著降低，净栽黄壳糯的稻瘟病平均发病率为 32.43%，病情指数为 0.12；而混栽黄壳糯（与杂交稻）的稻瘟病平均发病率仅为 1.80%，病情指数仅为 0.0055，与净栽相比平均防效为 95.35%。另一优质地方品种紫谷净栽的稻瘟病平均发病率为 9.23%，病情指数为 0.0395；该品种混栽的稻瘟病平均发病率仅为 1.43%，病情指数为 0.005，与净栽相比平均防效为 87.3%。2 个杂交稻品种混栽以及 2 个地方优质品种混栽对稻瘟病没有明显控制效果。杂交稻与糯稻混栽具有较明显的增产效果，汕优 63（或汕优 22）与黄壳糯（或紫谷）混栽，每公顷总产量（主栽品种和间栽品种产量之和）在 8576~8795kg 之间，比净栽汕优 63（或汕优 22）增产 522.5~705kg，增产幅度在 6.5%~8.7% 之间，而遗传背景相似品种的混栽没有明显的增产效果。杂交稻与糯稻混栽具有明显增产作用的主要原因是减少了稻瘟病和倒伏引起的产量损失。

表 4-1 混栽和净栽发病情况的比较

栽培模式	稻瘟病平均发病率/%	病情指数
净栽黄壳糯	32.43	0.12
混栽黄壳糯	1.80	0.0055
净栽紫谷	9.23	0.0395
混栽紫谷	1.43	0.005

2. 示范推广应用

由于利用水稻品种多样性混栽控制稻瘟病技术简单易行，具有明显的防治稻瘟病效果和增产效果，很快为广大农民所接受，并得到了政府部门的重视。从 1998 年开始，在云南、四川、湖南、江西、贵州等省 33 个市（州）202 个县累计示范推广 981433hm^2，有效地控制了稻瘟病的流行，产生了显著的经济效益和社会效益。

（1）示范推广的技术规程

① 品种选配原则。根据水稻品种抗性遗传背景、农艺性状、经济性状、当地栽培条件及农户种植习惯，进行品种选配。品种间抗性遗传背景（GRA 分析）的选配技术参数为相似性小于 75%。农艺性状选配原则是矮秆品种和高秆品种搭配，高秆品种比矮秆品种高 30cm 以上，成熟期基本一致，前后不超过 10d。经济性状的选配原则是高产品种和优质品

种的搭配满足农民对高产和优质的需求,充分体现经济效益互补的原则,提高农户的积极性。云南省1998～2003年选用了94个传统品种与20个现代品种,形成173个品种组合进行推广。四川省于2002年和2003年选择了23个传统品种与38个杂交稻品种进行搭配,组成了112个品种组合进行推广。目前选配的品种组合主要有两类:一类是以高产矮秆杂交稻为主栽品种,以优质高秆本地传统品种为间栽品种;另一类是以高产矮秆的粳稻品种为主栽品种,以优质高秆本地传统品种为间栽品种。

② 播期调整。为了使不同品种的成熟期一致,有利于田间收割,按主栽品种和间栽品种的不同生育期调整播种日期,实行分段育秧,早熟的品种迟播,晚熟的品种早播,做到同一田块中不同品种能够同时成熟和同期收获。一般间栽的地方优质高秆传统品种比主栽的现代高产矮秆杂交稻品种提前10d左右播种,若选配的主栽品种和间栽品种的生育期基本一致,则可同时播种。

③ 栽培管理。在传统栽培方式(双行宽窄条栽,即每两行秧苗为一组,行间距为15cm,株距15cm;组与组之间的距离为30cm)的基础上,每隔4～6行秧苗的宽行中间多增加1行传统优质稻。矮秆高产品种(杂交稻)单苗栽插,株距为15cm,高秆优质传统品种丛栽,每丛4～5苗,丛距为30cm。

(2) 示范推广的地区和面积 云南省从1998年至2003年在红河州、文山州、保山市、德宏州、思茅区、西双版纳州、昭通等地区95个县累计完成示范推广418847hm^2;四川省从2000年至2003年在成都、自贡、德阳、绵阳、广元、内江、乐山、宜宾、达州、广安、巴中、眉山、资阳等17个地市102个县示范推广377267hm^2;2001～2003年在湖南、江西、贵州等省示范推广了10651hm^2,至2003年底全国已累计示范推广981433hm^2。

(3) 示范推广田中稻瘟病的控制效果 云南省1998～2003年的试验结果表明,混栽传统品种的发病率比净栽平均降低了71.96%,病情指数平均降低了75.39%;混栽现代品种的发病率比净栽平均降低了32.42%,病情指数平均降低了48.24%。四川省2001～2003年的试验结果表明,间栽糯稻品种的平均发病率比净栽降低了58.1%,平均病情指数比净栽降低了67.4%;杂交稻混栽的平均发病率比净栽降低了26.8%,平均病情指数比净栽降低了35.5%。随着推广区域和品种组合数量的不断扩大,生态环境和品种抗性的差异越来越大,加之各年度间气候差异,使得不同地区、不同年份、不同品种组合控制稻瘟病的效果有所差异,但混栽与净栽相比控制稻瘟病的效果均基本一致,说明该技术具有普遍的适用性。

(4) 示范推广田的增产效果 云南省1998～2003年传统品种混栽比净栽每公顷平均增产4753.52kg,平均增产幅度117.4%;现代品种混栽比净栽平均增产748.29kg,平均增产幅度9.39%。四川省2002～2003年杂交稻混栽比净栽每公顷平均增产534～600kg,增产幅度为6.74%～7.48%;糯稻混栽比净栽每公顷平均增产3270～3309kg,增产幅度为61.1%～64.2%。

(5) 其他国家利用水稻遗传多样性控制病害的应用研究 我国利用水稻品种多样性控制稻瘟病的成功,引起国际植物病理学界的浓厚兴趣,印度尼西亚、菲律宾、越南、泰国等一些国家,根据自己的实际情况,引入我国的品种多样性混栽技术,开展了利用遗传多样性控制水稻病害的应用研究。在印度尼西亚,稻瘟病是旱稻生产的主要限制因素,与云南省传统品种多数感病的情况不同,印度尼西亚的传统旱稻品种对稻瘟病表现高抗性或中等程度抗性,而现代品种却在育成2～3年后就丧失抗性。农民愿意种植现代高产品种来增加收入,而保留传统品种用以自己消费或者防止稻瘟病流行。为了明确不同混栽模式的效果,在印度尼西亚的稻瘟病多发地区 Lampung 进行了传统抗病品种 *Sirendah* 和现代感病品种 *Cirata* 的混栽试验,初步研究发现,混栽田块稻瘟病的严重度要低于净栽田块。菲律宾水稻东格鲁病发生得非常普遍,危害严重,在菲律宾的 Lloilo 地区进行了品种多样性混栽试验,将 2 个具有相同农艺性状,但抗病性不同的品种的种子按 1∶1 的比例混合后播种,经过 2 个生长季的试验,混栽与净栽相比,混栽田块中东格鲁病的发病率降低了 50%。越来越多的农民开始接受这种种植方式,并且将 2 个品种混收,作为第二年的种子。

第三节 农田病虫害生物防治生态工程

一、生物防治概况

生物防治是生态学领域的一个应用学科分支。自然界中,某个特定生物种群的数量在没有剧烈的环境条件变化时,总是在某一定平均水平上下波动。并且每个物种都占有一定的地位,在生态系统中维持相对平衡。作物病虫害的暴发实际上是打破生物间生态平衡的后果,虽然可以使用化学农药直接、迅速地消灭病菌或害虫,但同时也消灭了环境中的天敌和其他有益微生物,形成一个暂时的生物"真空",使得新的、危害性及适应性更强的病虫占领空间,暴发新的、危害性更大的病虫害。而生物防治是基于生态平衡的原理,引进有益生物基因或基因产物,达到稳定、有效地防治靶标病虫的目的。

1. 生物防治的概念

生物防治(biological control)是利用有益的生物及其代谢产物进行病虫害防治的技术,主要是通过对有益生物及其代谢产物和各种基因产品的应用控制病虫害的发生。生物防治通过生物间的相互作用来控制病虫害,其效果不可能像化学农药那么快速、有效,但它们的防效是持久的、稳定的(蔺忠龙等,2011)。

随着害虫防治技术的不断发展,生物防治的范畴也在不断扩大,有人主张将利用生物或生物产物防治害虫的理论和技术也归于害虫生物防治范畴之内。这样,害虫生物防治的概念可概括为利用生物有机体或其天然产物控制害虫的科学。甚至认为凡是建立在生物学基础上的任何非机械防治都叫生物防治。

2. 生物防治的意义

中国是农业大国,植物种类众多,植物保护工作中最为重视的就是病虫害防治,要奉行"预防为主、综合防治"宗旨。传统的化学防治措施虽然在一定程度上可以解决病虫害问题,但会导致生态失衡与环境污染,残留的化学药品与农药产品会渗透到植物、水流以及土壤当中,不利于生态环境的发展。另外,农药防治会使病虫害产生一定的抗药性。而生物防治技术不会损伤有益生物,能够有效且长久地控制病虫害。

病虫害对农业生产的影响较为严重,近年来,由于气候变化异常,农业病虫害发生的概率越来越高,对于农业生产非常不利,要想有效提高农业生产效率,为后续农作物的高质高产提供保障,开展合理有效的病虫害防治工作是非常必要的。传统的病虫害防治的主要方式是在作物田间喷洒大量的农药,虽然防治效果较好,但对农业发展造成不利影响。过于依赖化学农药,除了会对生态环境造成污染外,还会导致一些化学药剂残留在农作物中,危害消费者健康。除此之外,如果长期使用农药,也会提高害虫的抗药能力,降低农药防治效果,不利于农业的可持续发展。将生物防治技术合理有效地应用到农业生产领域中,效果良好,避免了对生态环境的污染，减少了农药施用量，保证了食品安全。基于此，在农业种植过程中需积极应用生物防治技术，保护生态环境，实现农作物高质高产，推动人与自然的和谐发展（刘芳，2022）。

二、生物防治的基本类型

生物防治有两种基本措施：一种是引入大量有益生物防治病虫害；另一种是调节自然环境，增加本身就存在的有益生物，发挥它们的防控作用。生物防控利用的有益生物对存在的植物和其他生物没有不良影响，可以起到长期控制病虫害的作用。现有的生物防治技术有4大类，分别是引进繁育天敌防治、生物农药防治、利用人工性信息素防治、利用现代生物技术防治。生物防治的宗旨是不破坏现有的生态平衡，有方法、有目的地控制病虫害，起到保护植物的效果，合理控制病虫害造成的损失（刘芳，2022；王永生，2021）。

（一）以虫治虫

利用害虫天敌的寄生性和捕食性防治病虫害十分有效，例如利用虫蚁来防治柑橘害虫等。当前，可以将瓢虫及其他具有捕食能力的昆虫应用到农业生产过程中，能够有效降低田间害虫数量，防治效果良好。此外，也可以利用寄生类昆虫，使其寄生在害虫体内，害虫自身的体液便是寄生类昆虫生长所需营养，如果害虫体内存在寄生虫，那么便会在短时期内死亡。较为常见的寄生类昆虫主要为寄生蜂及寄生蝇等（张学英，2022）。

投放适量丽蚜小蜂，可以有效防治蔬菜种植中出现的粉虱类害虫。一般每亩投放2000只丽蚜小蜂，1周左右投放1次，连续投放3次以上，可以有效防治粉虱类害虫。投放适量小花蝽，能有效防治蔬菜种植中出现的蓟马类害虫。大棚蔬菜定植后，实时检测蔬菜生长状况，一旦发现蓟马类害虫要及时投放小花蝽。一般每亩投放350只小花蝽，1周左右投放1次，连续投放3次以上，可以有效地防治蓟马类害虫。通过投放适量瓢虫或者蚜茧蜂，可以有效防治蔬菜种植中出现的蚜虫类害虫。一般每亩投放1000只瓢虫或3000只蚜茧蜂，投放次数都是3次以上。

（二）生物农药防治

1. 微生物农药

与传统的化学农药相比，微生物农药是一种生物源农药。微生物农药与化学农药最大的不同之处就是前者主要基于生物与生物之间的生存关系来开展病虫害防治，稳定性突出，长期应用微生物农药，能够有效避免害虫产生抗药性。微生物农药对环境污染较小，同时也不会产生任何的农药残留。近年来，随着绿色农业理念的普及，微生物农药的需求量进一步提升。随着研究工作的不断深入，微生物农药应用所带来的经济效益和社会效益非常可观。

常见的微生物农药为苏云金芽孢杆菌（Bt），对鳞翅目害虫有很强的胃毒作用，喷洒Bt乳剂、粉剂等生物药剂可用于防治烟青虫、菜青虫、小夜蛾、棉铃虫、玉米螟、食心虫、美洲斑潜蝇等，不仅不伤害害虫的天敌，也不会造成环境污染，而且害虫也不会产生抗药性，是一种高效的微生物杀虫剂，在温室蔬菜害虫的生物防治中占有重要的地位。使用短稳杆菌可有效防治小菜蛾和菜青虫，在卵孵高峰期使用甜菜夜蛾核型多角体病毒可防治甜菜夜蛾，而且防治效果稳定。使用白僵菌可以防治菜青虫、小菜蛾、斜纹夜蛾等多种虫害（程丽媛，2021）。

2. 植物源农药

植物源农药从植物中提取活性成分，不存在化学农药的高污染现象，这类农药的生产成本也相对偏低。在很多农作物病虫害的防治中，采用的都是植物性农药，防治效果十分理想，因为植物性农药破坏了害虫的神经系统，害虫无法正常进食。在当前的植物性农药应用中，烟碱与木烟碱的使用较多，根据实际的应用经验，这类型植物源农药的应用效果也较为理想。植物源在使用时对环境污染小，不会使农作物、果蔬等存在较大的药物残留。如有些植物中的油菜素内酯含量较大，这种物质对环境的威胁较小，可有效杀死害虫（张学英，2022）。

植物源杀虫剂中最常见的康壮素的病虫害防治原理是，把植物的抗病细菌生成的蛋白质分子作为基体，制成可以有效进行病虫害防治的药剂，对黄瓜白粉病以及辣椒病毒病可起到有效的防治作用（王永生，2021）。

（三）昆虫信息素防治

昆虫在成熟期会产生信息素，昆虫繁殖主要是将此种信息素作为基础。在生物防治工作中，对于昆虫信息素的利用主要表现在虫情监测方面（刘芳，2022），通过诱捕害虫数量的变化，可以预测害虫的发生期、发生量、发生范围和危害程度，并以此制定防治的技术方案达到虫情监测的功效。另外，将高浓度的雌性昆虫性信息素置于塑料丝管内，制成迷向丝管，在果园内悬挂迷向丝管，通过性信息素缓慢释放，掩盖果园内雌性成虫的位置，使雄性成虫难以找到雌性成虫，导致交配推迟或不能交配，有效虫卵大幅度减少，最终导致虫口密度下降，达到防治的目的（郭志霞，2021）。

（四）基因控制

20世纪70年代以来，生物工程技术为农业可持续发展提供了新的途径和技术手段。病原物的致病性通常是由基因控制的，通过这些基因的调控，使病原物的形状发生改变，从而使其不产生致病的作用。还可以将一些抗性基因导入作物中，使作物产生抗虫性和抗病性。

三、农田生物防治典型案例

（一）短稳杆菌防治茶尺蠖

1. 背景介绍

茶尺蠖（*Ectropis obliqua* Prout）又称拱拱虫、吊丝虫，是浙江省茶区普遍分布的一种重要茶树害虫，主要以幼虫咬食茶树嫩叶、嫩梢为害，大发生时可将成片茶园咬食光秃，严重影响茶叶产量和质量。短稳杆菌是从斜纹夜蛾罹病死亡的四龄幼虫尸体中分离出的一种新型细菌杀虫剂，对鳞翅目害虫有较好的致死效果，研究表明其对茶尺蠖亦有较好的防效。

2. 试验设计

（1）室内生物测定试验　姚惠明等（2017）采用《农药室内生物测定试验准则 杀虫剂 第14部分：浸叶法》（NY/T 1154.14—2008）方法，将试验药剂100亿孢子/mL短稳杆菌悬浮剂设置成320000倍液、160000倍液、80000倍液、40000倍液和20000倍液5个浓度梯度，以清水处理作为对照，每个处理重复4次。将茶叶嫩梢分别浸入不同处理溶液中30s，取出后插枝水培，于阴凉处晾干。将晾干后的嫩梢剪下放入罐头瓶里，接入3龄茶尺蠖幼虫，每组重复30头左右。各处理置于（25±1）℃、相对湿度80%、光照2000lx的智能光照培养箱（EXZ-380D）中室内培养，药后每天定时检查，记录试虫死亡数量。

（2）田间药效试验　试验设在绍兴市御茶村茶业有限公司平地条栽茶园（29°56′12.63″N、120°41′30.00″E），茶树品种为奥绿，17年生茶树，树高80cm左右，覆盖率95%以上，所有小区的栽培条件一致。防治对象为茶尺蠖3～4龄幼虫，以3龄末为主。试验设5个处理组，试验药剂 100 亿孢子/mL 短稳杆菌 1000 倍液、800 倍液和 600 倍液 3 个处理组，对照药剂 25g/L 联苯菊酯 16.7mg/kg（即 1500 倍液），设清水对照组。每组重复 4 次，每小区 22.5m^2，各小区顺序排列，共 20 个小区。

3. 结果与分析

（1）短稳杆菌对茶尺蠖幼虫的室内生物测定　用药后 48h，100 亿孢子/mL 短稳杆菌悬浮剂对茶尺蠖 3 龄幼虫的毒力曲线为 $y=1.8430x-4.5009$，相关系数 $r=0.9808$，卡方值 $X^2=7.1486$（卡方值小于 $X^2_{0.05,n=3}=7.8147$ 即通过卡方检验）。其中，LC$_{50}$（半致死浓度）为 142900 孢子/mL，95％置信区间在 124850～164580 孢子/mL；LC$_{95}$（95％致死浓度）为 1115600 孢子/mL，95％置信区间在 816640 孢子/mL～1685200 孢子/mL。

室内生物测定试验结果表明，100 亿孢子/mL 短稳杆菌悬浮剂对茶尺蠖幼虫具有优良的生物活性。由于该产品的独特作用机制，在 24h 之内表现出拒食效应，但幼虫死亡率不高，在 48h 后达到死亡高峰，比小菜蛾的 2h 死亡高峰要提早 1d 左右。

（2）短稳杆菌对茶尺蠖幼虫的田间防效　表 4-2 表明，试验药剂 100 亿孢子/mL 短稳杆菌 3 个处理组药后 1～7d 的田间防效在 92.3％～99.1％，处理组间差异不显著，极显著高于对照组药剂 45.7％～55.0％的防效。

表 4-2　短稳杆菌对茶尺蠖的田间防效

处理组	药前虫基数	药后 1d 活虫数	药后 1d 防效/％	药后 3d 活虫数	药后 3d 防效/％	药后 5d 活虫数	药后 5d 防效/％	药后 7d 活虫数	药后 7d 防效/％
100 亿孢子/mL 短稳杆菌 1000 倍液	85.5	4.3	96.0±1.5aA	4.8	95.9±4.5aA	6.0	92.3±2.9aA	1.8	95.5±3.1aA
100 亿孢子/mL 短稳杆菌 800 倍液	84.5	3.3	96.8±2.5aA	1.3	98.8±1.0aA	1.5	97.8±2.6aA	0.8	97.8±1.7aA
100 亿孢子/mL 短稳杆菌 600 倍液	98.5	2.8	97.6±1.0aA	1.0	99.1±0.7aA	1.0	98.9±0.9aA	1.0	97.5±2.0aA
2.5％联苯菊酯 1500 倍液	94.3	52.0	47.5±20.3bB	56.5	45.7±8.8bB	38.3	55.0±7.3bB	19.0	54.0±10.8bB
清水对照	103.0	115.8	—	115.0	—	93.0	—	48.5	—

注：同列数据后标有相同字母者表示差异不显著，标有不同字母者表示差异显著，标有大写字母者表示差异极显著。

田间试验结果（表 4-2）表明，100 亿孢子/mL 短稳杆菌悬浮剂对茶尺蠖具有优良的防治效果，药后 1d 的防效即在 96.0％～97.6％，表现出较强的速效性，这与室内生物测定试验结果不相符，可能与田间试验调查茶叶蓬面活虫数和室内试验调查死虫数有关。药后 7d，田间防治效果仍在 95.5％～97.8％，持效性较好。由于短稳杆菌是以胃毒作用于茶尺蠖幼虫，而茶尺蠖白天一般都在茶叶蓬面以下为害，为提高防治效果，建议防治时晴天宜控制在上午 9:00 以前或者下午 16:00 以后，阴天全天均可；防治虫龄控制在 3 龄前为佳；推荐使用浓度为 100 亿孢子/mL 短稳杆菌 1000 倍液。

田间试验结果（表 4-2）也表明，对照药剂 25g/L 联苯菊酯乳油 16.7mg/kg 的防治效果仅在 45.7％～55.0％，可能与当地茶尺蠖的抗药性有关，有待进一步验证。但使用 100 亿孢子/mL 短稳杆菌悬浮剂来替代化学农药防治茶尺蠖，是有机茶园防治茶尺蠖的有效手段。

（二）天敌昆虫赤眼蜂和施用 Bt 防治玉米螟

1. 背景介绍

玉米是黑龙江省第一大粮食作物，2021 年种植面积 9786 万亩，产量达 4149.2 万吨，玉米种植面积、产量和商品化率均居全国第一，是黑龙江省当好国家粮食"压舱石"的重要保证。亚洲玉米螟（以下简称玉米螟）是黑龙江省玉米生产上发生最重、危害最大的常发性害虫，严重发生年份玉米产量损失率在 20% 以上。近年来，随着气候变暖以及作物布局、栽培模式、栽培品种的变化，二代玉米螟发生区在逐渐扩大，二代玉米螟幼虫主要为害玉米花丝和雌穗等幼嫩部位，诱发或加重玉米穗腐病的发生，严重影响玉米产量，降低玉米品质和商品等级。目前，黑龙江省二代玉米螟存在防治时期难以确定、防效不稳定、传统化学防治成本偏高、农药超标、农业生态环境污染严重、害虫抗药性增强等突出问题。2019~2020 年，赵秀梅等（2022）在黑龙江省二代玉米螟发生区肇东市，基于二代区玉米螟为害特点，优化集成天敌昆虫赤眼蜂寄生一代玉米螟卵、微生物源杀虫剂苏云金杆菌（Bt）防治二代玉米螟低龄幼虫的生物防治技术模式，通过对防治效果、挽回产量损失率、产量、经济效益等的测定，为二代区玉米螟生物防治提供参考。

2. 试验设计

2019~2020 年，分别设置二代区玉米螟生物防治模式及空白对照（CK）区，采用大区对比法。生物防治区采取田间释放赤眼蜂防治一代玉米螟，喷施 Bt 可湿性粉剂防治二代玉米螟模式，面积 200 亩；空白对照区与生物防治区选用相同玉米品种及栽培管理条件，面积 15 亩，距离生物防治区 200m。

生物防治区设置性诱剂诱捕器，监测玉米螟成虫发生动态，防治一代玉米螟在始盛期，选用一级松毛虫赤眼蜂，放蜂总量为每亩 2 万头，放蜂 2 次，每次均为放蜂总量的 50%（1 万头），间隔 7~10d 释放一次，采用无人机释放。防治二代玉米螟，在二代玉米螟低龄幼虫期（3 龄前），每亩喷施毒力效价为 32000IU/mg 的 Bt 可湿性粉剂 100g，选用自走式高秆作物喷杆喷雾机，在喷施前首先对自走式高秆作物喷杆喷雾机进行调试，先将 Bt 可湿性粉剂配成母液，向药箱内加入少量清水，然后将母液加入药箱后再加入清水混匀，均匀喷施。

3. 结果与分析

由表 4-3 可知，2019 年，玉米螟生物防治模式区（赤眼蜂＋Bt）玉米被害株减退率是 85.79%，虫口（百秆活虫）减退率为 86.94%，虫孔减退率为 85.51%，对玉米螟的平均防治效果为 86.08%。2020 年，玉米螟生物防治模式区（赤眼蜂＋Bt）玉米被害株减退率为 87.16%，虫口（百秆活虫）减退率为 89.83%，虫孔减退率为 88.30%，对玉米螟的平均防治效果为 88.43%。

表 4-3 玉米螟节本环保防控技术示范平均防治效果

年份	处理	调查株数/株	被害株率/%	百秆活虫数/头	虫孔率/%	被害株减退率/%	百秆活虫（虫口）减退率/%	虫孔减退率/%	平均防治效果/%
2019	赤眼蜂＋Bt	100	10.33	8.00	13.33	85.79	86.94	85.51	86.08
	对照（CK）	100	72.7	61.33	92.00	—	—	—	—

续表

年份	处理	调查株数/株	被害株率/%	百秆活虫数/头	虫孔率/%	被害株减退率/%	百杆活虫（虫口）减退率/%	虫孔减退率/%	平均防治效果/%
2020	赤眼蜂+Bt	100	9.33	6.67	10.00	87.16	89.83	88.30	88.43
	对照（CK）	100	73.00	65.67	85.33	—	—	—	—

2019年，玉米螟生物防治模式区（赤眼蜂+Bt）玉米产量损失率为1.07%，空白对照区（CK）产量损失率为8.86%，模式示范区挽回玉米产量损失率为7.78%。2020年，玉米螟生物防治模式区（赤眼蜂+Bt）玉米产量损失率为0.82%，空白对照区（CK）产量损失率为8.65%，模式示范区挽回玉米产量损失率为7.83%。

由表4-4可知，2019年，玉米螟生物防治模式区（赤眼蜂+Bt）每亩增产46.06kg，增产率为8.11%，标准水分下的玉米市场价格为1.70元/kg，每亩增加效益78.30元，去除赤眼蜂及Bt每亩成本投入12.30元，亩纯增效益66.00元，投入产出比为1∶6.37。2020年，玉米螟生物防治模式区（赤眼蜂+Bt）亩增产69.53kg，增产率为10.47%，标准水分下的（14%含水率）玉米市场价格为2.35元/kg，亩增效益163.40元，去除赤眼蜂及Bt每亩成本投入13.80元，亩纯增效益149.60元，投入产出比为1∶11.84。

表4-4 玉米螟节本环保防控技术示范效益

年份	处理	14%标准含水率的产量/(kg/亩)	增产/(kg/亩)	增产率/%	玉米单价/(元/kg)	增加总效益/(元/亩)	成本投入/(元/亩)	纯增效益/(元/亩)	投入产出比
2019	赤眼蜂+Bt	614.03	46.06	8.11	1.70	78.30	12.30	66.00	1∶6.37
	对照（CK）	567.97	—	—	—	—	—	—	—
2020	赤眼蜂+Bt	733.60	69.53	10.47	2.35	163.40	13.80	149.60	1∶11.84
	对照（CK）	664.07	—	—	—	—	—	—	—

4. 结论

二代区玉米螟全程生物防治技术模式有效控制了玉米螟为害，减少了化学农药使用量，绿色环保、节本增效，保障农产品质量及农业生态环境安全，经济效益、社会效益、生态效益均显著。因此，在黑龙江省二代玉米螟发生区达到防治指标的玉米田，可选用天敌昆虫赤眼蜂+Bt模式，即田间释放赤眼蜂寄生一代玉米螟卵、喷施Bt防治二代玉米螟低龄幼虫的生物防治技术模式。

第四节 复合农林业生态工程

一、复合农林业概况

复合农林业（agroforestry）又称混农林业、农用林业、林农间作、农林复合系统等，是指在同一土地管理单元上，以生态经济学原理为指导，人为地把多年生木本植物（如乔木、灌木、竹类等）与其他栽培植物（如农作物、药用植物、经济植物等）和动物，在空间上或按一定的时序有机地排列在一起，形成具有多种群、多层次、多产品、多效益特点的人工生态系统。它既是一种古老的土地利用方式，又是一个新兴的研究领域。

经过在空间上的科学配置与时间上的合理设计，复合农林业把农业、林业有机结合起来，因地制宜，建立起生产力高、综合效益大、稳定持续的生产体系。农林复合经营系统在充分利用生态空间、挖掘生物资源潜力等方面表现出强大的生命力，在世界各国，尤其是发展中国家得到了广泛的应用。

（一）农林复合系统的发展历史

农林复合系统历史悠久，最早源于人们对自然的模拟而建立的人工生态系统，经过有目的地改造和管理，以满足经济和社会的要求。

"农林复合系统"的正式定义是国际农林业研究基金会（ICRAF）于1978年在印度尼西亚雅加达召开的第8届林业大会上首次提出的，ICRAF在总结世界各地复合农林业概念的基础上，于1982年将农林复合系统概括为：一种土地利用系统和工程应用技术的复合名称，是有目的地将多年生木本植物与农业或牧业用于同一土地经营单位，并采取时空排列法或短期相间的经营方式，使农业、林业在不同的组合之间存在着生态学与经济学一体化的相互作用。进入20世纪90年代，随着资源和环境等全球性问题的不断恶化，以及可持续发展理论和思想在各生产行业、各学科领域的不断渗透，Lundgren于1990年从可持续发展的角度对复合农林业做了更深刻的解释：农林复合系统是一种新型的土地利用方式，在综合考虑社会、经济和生态因素的前提下，将乔木和灌木有机地结合于农牧生产系统中，具有为社会提供粮食、饲料和其他林副产品的功能优势。同时，借助于提高土地肥力，控制土壤侵蚀，改善农田和牧场小气候的潜在势能，来保障自然资源的可持续生产力，并逐步形成农业和林业研究的新领域与新思维。为更好地适应资源与环境持续管理的复杂性，ICRAF主任Leakey于1996年对复合农林业又做了如下解释：农林复合系统是动态的、以生态学为基础的自然资源管理系统，通过在农地及牧地上种植树林达到生产的多样性和持续发展，从而使不同层次的土地利用者获得更高的社会、经济和环境方面的效益。概括地讲，农林复合系统可以从理论和实践两方面来认识：理论上，它是对生态学、经济学及工程学等学科的创造性运用和充实；实践上，它是一种拓展产业的体系，集农、林、牧、渔于一体，实现了产业间经济互补、物质能量的多层互用和系统潜在生态优势的发挥（袭福庚 & 方嘉兴，1996）。

复合农林业是以生态学、经济学和系统工程为基本理论，并根据生物学特性进行物种的时空合理搭配，形成多物种、多层次、多时序和多产业的人工复合经营系统。对比其他土地利用系统（如单作农田生态系统、森林生态系统），复合农林业系统具有多样性、系统性、复杂性、集约性、稳定性和高效性等特征。世界各地人民群众根据当地自然、社会、经济、文化等具体情况建立和发展农林复合系统，创造出各种各样的配置类型，形成了不同的类型和模式及各种生物种群的时空结构配置，特别是近年来随着科学技术的发展和生产力水平的不断提高，农林复合系统更加得到广泛应用，新的类型及模式不断涌现。

在农林复合系统的推广应用方面，广大的华北平原和中原地区是我国农林系统非常丰富的地区之一。河南省农桐复合经营模式的大力推广应用，降低了林分抚育成本，提高了土地利用率，增加了农林附加值，在农民脱贫致富方面具有积极作用，同时优化了地方的林农结构，对区域经济增长、生态环境改善和生态文明建设起到巨大的推动作用（赵振利 & 翟晓巧，2020）；山东省无棣县、河北省青县等的枣粮间作；山西闻喜县的柿粮间作，平陆县的果粮间作（苹果、核桃、红果等与农作物间作）。农林复合系统在我国南方红黄壤地区也被广泛应用，如江苏江都区、高邮县等地的池杉与作物系统。

（二）复合农林业生态的基本原理

1. 改善农田小气候

农林复合后形成特殊的生态环境，改善了农田小气候。杉木与玉米间作，林地在整个生长期相对湿度提高3.5%；核（桃）农间作，农田的气温、地表温度和风速明显降低，空气相对湿度提高，间作系统能改善农田的小气候环境，在一定程度上有防风降温增湿作用，可有效防止春夏两季干热风的发生（张立宇等，2009）。据研究，栗间茶园与纯茶园相比具有降温增湿的功能，使茶园的光、热、水、气等生态因子得到改善，从而有利于茶树的生长。栗间茶园春季、夏季温度分别比纯茶园低0.4～2.5℃、0.9～3.7℃，而相对湿度却分别比纯茶园高2.3%～15.75%、4.87%～18.67%，说明栗间茶园的气候因子较纯茶园优良（万云等，2009）。研究桉农间作系统小气候特征发现，间作带在炎热天气能降低作物表层土温4.2%～7.9%，在低温时，间作带能减少地表的长波反射，缓和地表温度下降。3年的间作系统平均可以降低常风39%，减轻了夏季干热风及强热风暴对间作物的不利影响，间作带白天的相对湿度高于对照农地，最大差距达到4.44%，全天平均相对湿度比对照高1.5%，相对湿度的提高改善了间作物光合作用所需的环境因子（薛鹏，2009）。

2. 减少土壤流失、提高土壤肥力

实行农林复合经营可以减少地表径流和土壤侵蚀，有效地防止土壤流失。实行农林复合经营可改善土壤的理化性质，提高土壤的肥力。有研究表明，成龄槟榔-平托花生间作模式能够提高土壤养分含量以及土壤酶活性，改善槟榔林下土壤肥力。相对于槟榔单作模式，槟榔-平托花生间作模式下不同土层的土壤有机碳、全氮、全磷、速效氮、速效磷、土壤蔗糖酶、脲酶、过氧化氢酶和蛋白酶含量均较高，其中在10～20cm土层显著增加。在土壤养分方面，间作模式下有机碳、全氮、全磷、速效氮和速效磷较槟榔单作模式分别显著提高了30.43%、14.28%、16.98%、14.13%、180.38%；在土壤酶活性方面，间作模式10～20cm土层土壤蔗糖酶、过氧化氢酶、中性蛋白酶和碱性蛋白酶分别比槟榔单作模式极显著提高了108.39%、16.77%、23.73%、39.17%（颜彩缤等，2020）。栗茶间作茶园0～40cm的有机质、全氮、速效氮、速效磷、速效钾较纯茶园明显高，栗间茶园每年有大量的枯枝落叶回归土壤，参与茶园土壤生物小循环，改善土壤肥力状况，表现出营养成分富集向上，处在茶树营养吸收层。除此之外，农林复合系统对土壤水分还有一定的影响，研究显示在茶园内间植林木，既可阻挡暴雨带来的地表径流，又有利于保持茶园水土和茶园土壤水分的提高。栗间茶园0～60cm处土壤涵养水源量比纯茶园多，土壤自然含水率也比纯茶园要高（万云等，2009）。

3. 提高光能利用率

农林复合模式能提高光能的利用率与物质循环。在黄淮海地区徐淮平原研究表明，6种不同株行距的7年生杨树-小麦间作模式的光能利用率比单作小麦提高18.8%～43.8%（方升佐，2004）。李文华也得出在杨-麦、杨-大豆和杨-玉米间作系统中，光能利用率比对照组分别提高35.32%、48.51%和27.62%；泡桐作物复合系统中，受泡桐遮荫影响的也只是树冠下有限面积的作物，对于行间作物仍有明显的增产作用。不可否认，林木对其林下农作物的遮荫作用是存在的，除某些C_4植物（如玉米）外，无论何种程度的遮荫均会降低农作物产量，许多栽培植物在一定的遮荫条件下，对产量和质量影响不大，或略有提高，如茶树、

高粱、谷子和一些牧草（李文华，2003）。大多数研究说明，10%～25%的遮荫对多数农作物产量的影响不明显。可以通过合理配置间套作的高矮和带宽，以达到整体最大的光截获量，还可以选择不同光合特性的植物进行间套作，提高光能利用效率，以提高农林间作系统中农业和林业单位面积的生产力。

二、复合农林业基本类型

根据不同的地理条件、种植目的以及作物自身的特征，宋兆民和孟平（1993）将农林间作系统类型分为3类：第一种是以林为主，在3～5年幼林期内，林木未郁闭前间作农作物，既可得到短期收益，又可促进林木生长。林木郁闭后，采用疏伐或改种耐荫性经济作物。第二种是以农为主，农林长期共存，这是我国农林业规模最大、历史最悠久的一种主要形式。一般林木株距多为5～6m，带宽在15～20m范围内，如泡桐、枣树与农作物间作，是农林间作系统的一个成功典范。这些树种具有根深、冠幅稀疏、发叶晚、落叶早的特点，在0～40cm内根系仅占总根系的12%，大多数根系均分布在10～100cm以下，避免了林木与农作物争水争肥的矛盾。由于根系较深，能吸收地下水和淋溶流失的肥料，对改善耕作层养分和水分有重要作用。地上部分不仅可降低风速，还可增加空气湿度和减少地表蒸发，从而提高土壤水分有效利用率，起到抗旱保墒的功能。

还有一种间作系统是以改土为主的间作系统，在中低产田，如盐碱土、沙土地常采用灌木紫穗槐、白蜡条和箕柳条进行条农间作。如紫穗槐利用根菌可固定空气中游离N素，盐碱土间作2年，可使20cm厚的地表层含盐量降低10%～40%，4年可降低50%～70%。1hm²紫穗槐可产（2.3～3.7）×10^4kg树叶，间作2～8年的农田，在20cm土层内，可提高N量63.8%、速效P 31.3%、速效K 2.1%，土壤有机质可提高21.4%。从经济效益看，树叶还可作饲料（叶含粗蛋白23%）、燃料和编织原料。

三、典型案例

在我国这方面运用得比较成功的典型案例是南方的胶茶间作。大面积种植橡胶，在我国已有悠久的历史。广东、广西、云南等省（自治区）均种植橡胶，仅海南岛一地，种胶面积就达32.8万公顷。但单一种植橡胶，不能充分利用土地和光热资源，抗御风害和低温等自然灾害能力差，干胶产量和产值低且不稳定。20世纪80年代，中科院等单位经过20多年的研究与实践在我国植胶区广泛推广了胶茶间作人工群落，仅海南岛即达1.3万公顷，取得了显著的经济效益、生态效益和社会效益。

近些年各地区根据地理位置、气候条件的不同而研究的各类林农间作案例广泛浮现，一些新的林农复合体系产生了良好的生态和经济效应，因地制宜地为推动生态和经济发展做出了新的贡献。

（一）枣棉间作

1. 背景介绍

环塔里木盆地气候干燥、风沙危害严重，单作农田中常出现干热风和强对流等灾害性天气，而防止其对农作物造成危害的一项重要措施就是进行农林间作。红枣作为特色林果业发展的重点对象，枣农间作已成为当地农林间作的最佳模式之一。棉花是新疆维吾尔自治区最主要的经济作物之一，棉花产业已成为新疆农业产业化经济发展的"龙头"。因此，枣棉间作是目前环塔里木盆地重要的农林间作模式（夏婵娟 & 史彦江，2012）。

2. 试验设计

2010年，选择依干其乡8大队2小队的枣棉间作地作为试验地。在枣棉共生期间，采取固定观测和同步移动观测相结合的方法测量田间微气候变化。试验地点位于依干其乡农田林网内，枣树品种以灰枣为主，株行距3×4m，南北走向栽植。树龄8年，平均树高2.30m，枝下高52.46cm，地径4.4cm，冠幅1.6m×1.7m，理论亩株数55株，间作棉花品种为中棉43号，两幅宽膜种植，每膜4行，行间距30cm，膜间距40cm。

3. 结果与分析

（1）生态效应

① 枣棉间作对系统空气温湿度的影响。间作系统在白天各个时刻的空气相对湿度比对照棉田都要高，平均高出3.3%。随着季节物候期的变化，间作系统内气温逐渐升高，但是和对照棉田相比，还是相对低一些。在棉花出苗至吐絮期，间作系统的日平均气温分别降低了1.8℃、5.0℃、2.1℃和2.0℃。而间作系统内的空气相对湿度明显高于对照棉田，平均比对照棉田高1.7%～4.4%。表4-5中数据说明，间作系统对气温有良好的调节作用，同时能保持较高的空气湿度，在干旱年份或空气比较干燥的月份，对棉花的生长发育非常有利。

表4-5　不同物候期间作系统空气温湿度效应对比

物候期	系统	观测时间	温度/℃		相对湿度/%	
			日均值	比较效应	日均值	比较效应
出苗期	间作	5月18～22日	27.0	1.8	25.3	4.4
	CK		28.8		20.9	
开花期	间作	6月25～28日	26.9	5.0	30.4	1.7
	CK		31.9		28.7	
结铃期	间作	7月22～25日	29.3	2.1	34.0	2.9
	CK		31.4		31.1	
吐絮期	间作	8月31日～9月2日	25.2	2.0	31.2	2.9
	CK		27.2		28.3	

② 枣棉间作对土壤温湿度的影响。由表4-6可知，间作系统的地表温度和不同深度土层温度均明显低于对照棉田。地表温度与气温成正比例关系，与对照棉田相比，夏季地温最高，间作系统对地温的降低效应也最大。这说明适当的遮荫可以降低地表温度，对棉花的生长起到有利的作用。这种降温效应对降低农田的水分消耗，减少高温对棉花的灼伤及光合能力的下降，具有重要的意义。

在枣树花期前后定期测量不同位点的地下0～40cm土壤含水量，间作系统内地下0～20cm和20～40cm的土壤含水量均大于对照棉田，而且在棉花整个生长期内平均比对照棉田高出3.13%和3.62%。

③ 枣棉间作的防风效应。与单作农田相比，降低风速是农林间作最明显的效应，枣棉间作系统的林木密度比农田林网大得多，降低风速的作用更为明显，但系统内风速变化受林分密度、树种、树冠大小及自然风向等多种因素影响。对3×4m株行距的枣棉间作系统，风速日变化的数据分析表明：风穿过枣树后消耗了气流的动能，从而使风力减弱。

表 4-6 不同物候期间作系统内地表温度和不同深度土层温度平均日变化值

物候期	系统	不同深度土层温度/℃									
		0cm		−5cm		−10cm		−15cm		−20cm	
		日均值	比较效应	日均值	比较效应	日均值	比较效应	日均值	比较效应	日均值	比较效应
出苗期	间作	37.3	2.2	26.8	4.3	29.0	1.6	25.1	3.7	21.4	4.3
	CK	39.5		31.1		30.6		28.8		25.7	
开花期	间作	30.2	9.8	27.4	5.1	26.3	2.7	24.7	5.5	24.1	3
	CK	40.0		32.5		29.0		30.2		27.1	
结铃期	间作	25.4	1.6	23.6	0.6	23.5	1.4	21.5	1.4	20.1	2.1
	CK	27.0		24.2		24.9		22.9		22.2	
吐絮期	间作	20.6	3.7	17.5	4.2	18.2	2.1	16.3	4.3	16.0	3.6
	CK	24.3		21.7		20.3		20.6		19.6	

(2) 枣棉间作系统经济效益的估算 枣粮（棉）间作，通过对农作物的施肥、灌水、中耕除草，枣树也相应地得到抚育，使枣树能得到较高的产量。由于枣树对粮食作物生长因子的改善，农作物也得以丰收，可以充分利用地下空间，实现立体生产。枣棉间作地的产值由棉花收益和枣果收益构成，即试验地的产值＝棉花产值＋枣果产值。试验研究显示，在间作地中棉花面积占 55％ 左右，剩下的为红枣面积，那么 1hm² 地的总产值若以当年的价格估算，可达到 25747 元，而对照棉地则只有棉花单一产值，仅为 22485.5 元。不难看出，单位面积枣棉间作地的总产值比对照棉田高。枣棉间作虽然在一定程度上降低了棉花的产量，但间作后单位面积的总产值达到 25747 元，比对照棉田高 14.5％，在一定程度上提高了农民收入。

（二）胡椒园间作槟榔

胡椒和槟榔均为多年生作物，二者间作时需长期共存，在合理的间作密度（840 株/hm²）下，胡椒园间作槟榔具有明显的间作优势。胡椒-槟榔间作体系较胡椒单作体系的土地利用率提高约 80％，胡椒产量提高约 40％，每公顷可增收 45000 元以上。这可能是由于适宜间作密度下，槟榔可提供适度遮荫，从而提高胡椒叶片光合速率，促进光合产物的生产。但大量研究已证明，间作优势不仅来源于地上部相互作用，还与地下部相互作用有较大关系。王灿等（2015）在海南进行胡椒园间作槟榔的田间试验来分析间作对胡椒产量及养分利用的影响。

1. 试验设计

试验于 2009 年 7 月～2012 年 7 月在海南省东部胡椒优势种植区进行，土壤类型均为砖红壤。选取海南省万宁龙滚农场（19°05′N，110°51′E）、海南琼海东红农场（19°40′N，110°44′E）、海南琼海大路镇（19°38′N，110°48′E）、海南文昌迈号镇（19°53′N，110°73′E）4 个试验点进行跟踪调查。每个试验点分别选取邻近的胡椒-槟榔和单作胡椒地块各 1 块，土壤种类与种植时间基本一致，每个园块面积约 0.6hm²，种植年限 8.15 年。同一试验点单作和间作胡椒种植密度相同，1667～2000 株/hm²；槟榔在胡椒园中以"品"字形间种，种植密度与适宜间作密度（840 株/hm²）基本一致，为 812～1000 株/hm²。除施肥外，各试验点胡椒品种均为热引 1 号，其他农田管理措施基本一致。

2. 胡椒园间作槟榔的生态效益、经济效益

（1）对肥料偏生产力的影响　对不同种植模式下肥料对胡椒产量的贡献率，采用肥料偏生产力进行分析结果如下：单作模式下氮肥偏生产力、磷肥偏生产力和钾肥偏生产力平均值分别为 3.74kg/kg、2.79kg/kg、3.05kg/kg，而间作模式下氮肥偏生产力、磷肥偏生产力和钾肥偏生产力平均值分别为 5.49kg/kg、4.18kg/kg、4.0kg/kg，分别较单作提高了 46.8%、49.8%和 31.1%。结果表明，间作条件下单位养分投入对应的胡椒产量极显著高于单作，间作模式提高了肥料利用效率。

（2）对胡椒产量的影响　同一地点、不同种植模式之间均表现为间作模式胡椒产量高于单作。其中单作胡椒产量水平较低的琼海东红、大路，间作对胡椒产量的增产效果最为明显，增幅在 25.0%～135.5%；单作产量水平较高的万宁龙滚和文昌迈号，间作产量增幅在 18.9%～52.9%。上述结果表明，在同一地点种植管理条件基本一致的情况下，胡椒园间作槟榔有效地提高了胡椒产量，每亩地增产增收效果显著，带来良好的经济效益。

第五节　稻田养鱼生态工程

一、稻田养鱼概况

稻田养鱼（田面种稻，水体养鱼，鱼粪肥田，鱼稻共生，鱼粮共存）是把种植业和水产养殖业有机结合起来的立体生态农业生产方式，它符合资源节约、环境友好、循环高效的农业经济发展要求（梁用本等，2018）。

我国的渔业发展历史悠久，是世界上最早进行淡水养鱼的国家，汉代时，在陕西和四川等地已普遍流行稻田养鱼，迄今已有 2000 多年的历史。浙江永嘉、青田等县的稻田养鱼历史也可追溯到 1200 年前。淡水养鱼既包括池塘养鱼，同时也包括稻田养鱼。近年来，随着人们对生态环境的重视程度不断提高，再加之国家可持续发展战略的要求，有力地推动了我国稻田养鱼的发展，并且相关理论知识和技术水平也有所提升，创造了更多的经济效益与生态效益。随着稻田养鱼的发展，其正在逐渐朝着规模化以及集约化的方向发展，这使得稻田养鱼转变了传统的自然经济模式，并向着商品经济的方向发展。开展稻田养鱼综合开发模式，需要结合地区的气候、降雨、农业生产模式等多方面因素，充分发挥出本地区的地理优势，形成本地区特色的稻田养鱼综合开发模式。

稻田养鱼综合开发模式是种植业与养殖业的结合，属于集约型复合结构生产方式，相较于传统的农业与养殖业分离的模式，该模式具有较大的优势，这种模式极大地提升了资源的利用率，同时有助于实现水稻与渔业的丰收，进而创造出更多的经济效益和生态效益。

稻田养鱼综合开发模式可以为鱼类的生长创造更好的生态环境，促进鱼类的健康生长，同时也能为鱼类提供一定的食物来源，降低了饲料成本的投入。水稻在生长过程中，鱼类的粪便也可以转化为养料，既能促进水稻的生长，也能更好地净化水质，有效保障鱼类的生长环境。首先，鱼类会以稻田中的"废物"为食，因此可以更好地改善稻田环境，促进水稻的健康生长，增加水稻的产量，进而创造出更多的经济效益。其次，鱼类饲料残渣以及鱼类的粪便等为水稻的生长提供了一定的有机肥料，可以减少水稻种植过程中的肥料成本，同时还能促进水稻的健康生长。最后，稻田养鱼综合开发模式的应用，还有助于减少稻田中的杂

草，鱼类会以杂草为食，进而更好地抑制杂草的生长。同时鱼类还会以部分害虫为食，有助于降低水稻的病虫害。根据相关调查显示，在应用稻田养鱼综合开发模式一年之后，稻田中的有机质得到了显著的提升，可以增加26%左右，极大地提升了土壤的肥力。并且鱼类在吃草和吃虫的过程中会对土壤和水体起到搅动作用，既能控制杂草和害虫的生长，也能促使土壤的团粒结构变得更加松散，这对水稻的生长具有十分重要的促进作用，是促使水稻增产的关键性因素。

值得注意的是，虽然应用稻田养鱼综合开发模式能够提升土壤肥力，以及使土壤团粒结构变得松散，但是如果土壤有机质积累过多，并且土壤团粒结构过于细化和熟化，则会给水稻的生长带来负面影响，使水稻的籽粒不够饱满，增加水稻的空壳率。另外，由于土壤过于松散，还容易导致水稻出现大面积的倒伏，这些都不利于水稻产量与品质的提升（汪成，2021）。

二、稻田养鱼的经济效益-社会效益-生态效益

稻田养鱼是以水稻生产为主，同时生产鱼类的一种种植业与养殖业有机结合的新型生产方式；也是以稻为主、稻鱼并重、共生互利的一种新的稻田生态体系，以达到"稻田养鱼鱼养稻；稻谷增产鱼丰收"的目的。稻田养鱼的原理就是水稻和鱼同时生长在同一环境里，互相促进、共同生长的稻鱼共生理论。稻田养鱼的开展有助于高功能稻田生态体系的建立。稻田养鱼不仅是可行的，而且有着重大的经济效益、生态效益和社会效益，有着广阔的发展前景（孟冰等，2008）。其重要意义归纳起来有如下几个方面。

1. 经济效益和社会效益非常明显

稻田养鱼是种植业与养殖业的有机结合，既种粮又养鱼，一田多用，提高了土地的利用率和产出率，对人多地少土地资源非常贫乏的中国尤其意义重大。一块稻田既生产粮食又提供大量的高蛋白水产品，对改善人民的食物结构，增加蛋白质食品的供应，丰富城乡人民的菜篮子有重大作用，社会效益非常明显。结合当地气候、田块等因素，因地制宜地种植抗倒伏性强、适合稻鱼共生模式的优质稻品种，打造自主品牌的"稻花鱼""稻花米"等高端有机食品，进一步提升产品的经济效益和社会效益。

2. 提升水产品产量

该种养模式平均每亩鱼类产量为38.05kg，主要是养殖周期较短，只有约130d，而且仅在前期补充少量豆饼、豆渣、米糠、麦麸和配合饵料等。如果适当增加饲料投喂量及延长养殖周期，做好稻田中老鼠、水蛇、鸟类等敌害防范工作，每亩产量可达50kg以上（高文轩，2022）。

目前大多数的研究发现，与单种水稻比较，稻渔种养田块中水稻产量不明显降低反而有增加的趋向（谢坚，2011）。以稻鱼系统为例，进行了6年的定位观测和田间实验，当稻渔综合种养系统田鱼目标产量不高于$1.50t/hm^2$时，水稻仍能保持稳产；稻渔综合种养系统的水稻产量稳定性（不同年度之间的变化）显著优于水稻单作区块，在病虫害暴发年份或者干旱年份，稻渔综合种养系统的水稻稳产性更好（唐建军等，2020）。

3. 有利于稻田生态良性循环

稻田养鱼后，通过鱼的摄食、除草、吃虫、松土、施肥等作用，稻田可以逐步实现免耕、不耘、生物治虫、省施农药化肥，实现稻田生态系统的良性循环。同时，稻田养鱼加高了田埂，增加了稻田蓄水量，等于建设了一座座微型水库，改善了水稻的供水条件，增强了

稻田抗旱排洪能力，而且有利于农田小气候的调节。同时，稻田养鱼后基本上可以消灭蚊虫幼体，减少蚊虫危害，有利于保护环境，减少疾病。由于稻飞虱具有集中危害水稻基部的特点，实施稻鱼生态综合种养模式，鱼类捕捉稻飞虱为食，有利于防治稻飞虱虫害。同时，福寿螺还是鲤鱼的主要饵料，对防止福寿螺危害水稻起到重要作用。

三、稻田养鱼生态工程类型

按照稻与鱼的共生时间可以分为冬闲田养鱼和稻鱼轮作两种类型（邓秀梅等，2013）。

1. 冬闲田养鱼

冬闲田只种一季水稻，不种小春而冬天闲置，亦称冬水田。一般是在栽插后即进行养鱼，直至第二年栽秧季节前捕鱼，这种稻田养鱼条件更好，围埂修整加高后，水深可达 0.7~10m，一般亩产 30~50kg，高者达 100kg。

2. 稻鱼轮作

当水稻收割后，立即开挖环沟，加固四周田埂，并根据需要开挖鱼沟鱼溜，用生石灰清田后就可放水养鱼，直到次年水稻栽插前进行捕捞。

四、稻田养鱼生态工程技术

稻田养鱼是利用稻田浅水环境辅以人为措施，既种稻又养鱼，以提高稻田生产效益的一种生产形式。其主要技术措施包括以下几种。

1. 田块选择

稻田要求水源充足，水质良好，进、排水方便，光照充足，集中连片，以便于管理。注意田埂、田底保水性能要好，不漏水。除此之外，还需做好稻田内的基础设施管理，田埂要在原有的基础上进行加固增高，并提前挖好鱼坑和鱼沟等，鱼沟深度应控制在 35cm 左右，宽度为 40cm 左右，鱼坑面积通常是稻田总面积的 5% 左右。若是田埂不够牢固则需要提前做好加固和加深处理，确保稻田排水以及进水口处于合适的高度，稻田进、出水口应对角设置，根据单个田块面积大小，以 30~60cm 宽为宜。排水门要安装竹子栅栏或网筛，防止鱼苗逃跑流失。另外，进水口也需要安装栅栏，防止水蛇、蝎等敌害入侵，拦鱼栅设两层为宜，这样能有效避免鱼种的流失。

2. 开挖鱼沟鱼溜

早稻田鱼沟一般是在秧苗移栽后 7d 左右开挖，晚稻田一般在插秧前挖好。鱼沟宽 0.5~0.6m，深 0.4~0.5m，根据稻田的大小和形状，挖在稻田的周边，连通注、排水口，或多条平行纵贯稻田。鱼溜是在整地之后、插秧之前挖成，鱼溜深 0.8~1.5m，占地 5~15m^2，沟溜面积占总面积的 7%~15%（据饲养水平来定），要求沟溜相通。

3. 水稻栽插和鱼种放养

根据稻田的生物量及鱼类的生活习性，稻田中最适宜主养的鱼类是鲤鱼和罗非鱼，但罗非鱼的养殖受水温的限制，常以鲤鱼为主养品种。放养规格为鲤鱼尾重 100g 左右，鲢、鳙鱼尾重 100g 左右，草鱼尾重 200g 左右。放养数量为每亩投放鲤鱼 50 尾，鲢、鳙鱼 10 尾，草鱼 10 尾，每亩放养成本 40~50 元。

4. 饲养管理

科学合理地喂养鲤鱼能在满足鲤鱼生长所需营养的基础上提高鲤鱼的抗病能力，也是饲养优质、高产鲤鱼的关键。稻田养鱼通常被分为不投饵和适当投饵两种饲养方式。不投饵是选择利用稻田中的天然饵，鱼种放养量少，整体产量偏低。适当投饵是在鱼坑和固定的鱼沟中进行投饵，鱼种的放养密度较大，鲤鱼产量也相对提高。通过人工投喂饵料可以增加单位水体的饲养量，进一步挖掘养殖稻田的生产潜能，提高单位养殖稻田的产量和经济效益。投饵料最好使用渔用配合饲料，也可使用米糠、麦麸、豆渣、酒糟、青草及浮萍等，而且应保证其清洁卫生、没受污染。投喂地点最好选择在进水口的鱼坑内，并在投饵时冲适量干净水或氧气以利于鱼类吃食和消化，同时，要根据鲤鱼的生长情况确定投喂数量和次数，并不断进行调整。在投喂过程中还需根据实际的天气情况、鲤鱼的饲料食用情况等进行适当调整，避免因过多的浪费致使饵料污染稻田内的水质。

5. 田间管理

对养鱼稻田的施肥，施肥原则应重施基肥，轻施追肥，并以施用有机肥为主，以化肥为辅。如果养鱼的稻田有病虫害发生，应选用高效、低毒、低残留的农药，喷洒农药应选择晴天，切忌下雨前施药，农药要尽量喷在禾苗上，不要喷在水中。水稻成熟90%时即可放水捕鱼。

在稻田养殖之前，需要采取放逃、防害的措施，需要强化巡查的次数，通常性地检查田埂是否有鼠洞，或者是其他的什么缺口，如果说发现问题，一定要第一时间有针对性地解决处理问题，及时进行修补。鱼类的敌害，一般来说主要是一些动物的天敌，比如鸟类、鼠等，如果发现，需要及时将其驱捕，再在稻田的四周撒上毒饵，将这些害物进行诱导捕杀。稻田在收割之前的3~4d内，是捕捞鱼的最佳时间，在捕捞之前，首先要疏通鱼沟，令水流更加畅通，当鱼进入鱼沟之后捕鱼其实是迟早都要进行的工作。如果说剩余的还没有进入鱼沟，就需要重复注入水流，再对其进行排水。如果说捕捞工作在稻田收割之前进行，一定要缓慢地进行排水，让鱼能够自动进入鱼沟，随着水流的排出，可以更好地对其进行捕捞（殷进武 & 陈德珍，2021；吴正武，2021）。

五、典型案例——稻-鱼共作系统可持续性的生态机制

（一）背景介绍

浙江大学陈欣教授团队（Xie 等，2011）研究了"全球重要农业遗产系统"的稻鱼共作（RF）是如何在中国南方维持1200多年的。经过实地调查和现场试验表明，尽管 RF 和水稻单作（RM）的水稻产量与水稻产量稳定性相似，但 RF 比 RM 少需要68%的农药和24%的化肥，并记录了水稻和鱼类之间在 RF 中形成的互利关系：鱼类通过调节水环境来减少水稻害虫，而水稻有利于鱼类的生长。水稻和鱼类之间的这种积极关系减少了 RF 中对杀虫剂的需求。同时，在 RF 中水稻和鱼类对氮（N）的互补利用，导致低氮肥施用和低氮释放到环境中。

（二）研究目的及试验设计

该研究的主要目的是评估这种水稻-鱼类系统的生态系统稳定性，并确定如何维持这种稳定性。试验方法为通过农民实地调查和田间试验，比较水稻单一栽培（RM）和稻鱼共作（RF）的生态系统稳定性。在对农田的调查中，利用2005~2010年期间每年从31个采样单位（每个单位包含3~5个子样本）收集的数据，确定了水稻产量的时间稳定性。在田间试验中，利用2006~2010年期间每个试验区的数据确定了水稻产量的时间稳定性。

（三）试验结果

1. 产量稳定性

来自农田的调查结果显示，在6年内，RM 和 RF 之间的水稻产量没有差异，但 RF 中

水稻产量的时间稳定性高于 RM。RM 中比 RF 中使用的农药增加了 68%。在不施用农药的田间试验中，RF 的水稻产量和水稻产量的时间稳定性均高于 RM。通过分析 6 年期间农药使用量与时间稳定性之间的关系，发现水稻产量的时间稳定性与 RM 中的农药施用量呈正相关，但与 RF 中的农药用量无关。结果表明，RM 中水稻产量的时间稳定性可能在很大程度上取决于杀虫剂，而 RF 中的稳定性比 RM 中的稳定性更大可能是取决于鱼类的存在。

2. 病虫草害情况

为了测试 RF 为什么能在低农药的情况下保持与 RM 相同的产量稳定性，在不施用农药的情况下做了 5 年田间试验，研究了水稻害虫、疾病和杂草的发生情况。试验发现，在稻飞虱暴发期间（每年 8 月下旬至 9 月初），稻飞虱在 RM 中比在 RF 中更丰富。水稻纹枯病和稻瘟病是该地区重要的水稻病害，RM 的水稻纹枯病发病率高于 RF。在生长早期（6 月至 8 月初），RM 和 RF 之间的稻瘟病发病率没有差异，但在生长后期（8 月下旬至 9 月初），RM 的发病率高于 RF。RF 中的杂草生物量显著低于 RM。

稻飞虱的减少是由于鱼类的活动，当鱼撞到水稻茎时，稻飞虱经常掉进水中。为了量化这种影响，用视频监测了包含 RM（没有鱼撞击水稻植物）和 RF（有鱼撞击水稻作物）的水稻丘。RF 的水稻丘视频记录显示，每天（从早上 5:00 到晚上 6:00），每座水稻丘的命中率为 26.8 ± 2.4，命中率峰值出现在早上 6:00 到上午 11:00。每天（从早上 5:00 到晚上 6:00）降落到水面的稻飞虱数量为每个 RM 象限（79 ± 6）只，每个 RF 象限（174 ± 15）只。

3. 鱼类活性

该研究同时监测并比较了 RF 和鱼类单一养殖（FM）中鱼类的活性。根据视频记录，在中午 12:00 至下午 2:00 之间，FM 中没有观察到游泳和进食活动，但 RF 中观察到大量活动。比较 RF 和 FM（不含水稻）中的田间环境，发现在 2007 年 7 月 29 日至 8 月 18 日间（晴天，是研究区当年最热的日子），从中午 12:00 至 14:00 FM 的田面水温度和光密度显著高于 RF。由此说明稻鱼共作也为鱼类的生长提供了更好的生长环境。

4. 氮含量的变化

在水稻生长季节，RF 中的水中氨氮水平显著低于 FM。在 5 年的实验中，土壤中的 TN 在 FM 中趋于增加，但在 RF 中没有显著变化。土壤中的总氮在 FM 中随时间积累，在实验结束时大于 RF。为了验证这一结果，设置了氮利用效率试验来检测 RM、RF 和 FM 系统中输入氮的去向。结果发现，有鱼饲料输入的 RF 地块的水稻产量显著高于没有饲料输入的 RF 地块。有饲料的 RF 地块也往往高于 RM 地块的水稻生产力，尽管 RM 地块的氮输入比有鱼饲料的 RF 小区高 36.5%。鱼类饲料投入显著增加了 FM 和 RF 地块的鱼类产量。在 RF 和 FM 中，鱼类饲料中分别只有 11.1% 和 14.2% 的氮被鱼体同化。然而，在 RF 中，水稻植物在鱼类饲料中使用未消耗的 N，在环境中（即在土壤和水中）使用减少的鱼类饲料 N。有鱼饲料和没有鱼饲料的 RF 比较表明，稻米和秸秆中 31.8% 的 N 来自鱼饲料。FM 中的鱼 N 减去 RF 中的鱼 N 表明，2.1% 的肥料 N 被 RF 中的鱼类体内同化。水稻和鱼类之间的这种互补氮使用使得 RF 系统比 RM 系统需要更少的化学氮肥。

通过以上研究结果可知：一方面，鱼类可以作为水稻的生物防治剂。鱼类通过减少害虫、疾病和杂草使水稻受益。如稻飞虱减少的部分原因是鱼撞到了水稻的茎，这种撞击导致稻飞虱落入水中，被鱼吃掉。另一方面，水稻有益于鱼类。首先，水稻通过在炎热季节提供阴凉和降低水温来改善鱼类的环境，这种光照和温度的调节与鱼类活动的显著增加有关；其次，水稻充当氮库，有助于降低水中氨的浓度和土壤中的 TN，氮的这种减少可以使水更适合鱼类生存。

思考题

1. 在农田间、混、套作中，作物的间、混、套作分别是怎样定义的？简要描述它们的特点和区别。
2. 农田间、混、套作对农田生态系统有哪些生产和生态服务功能？请举例说明。
3. 简述生物防治的基本类型及原理。
4. 简述复合农林业生态的基本原理以及复合农林业的基本类型。
5. 归纳概括稻田养鱼生态工程的社会效益、经济效益和生态效益。

参考文献

[1] FAO. World food and agriculture—Statistical yearbook 2022 [M]. FAO, 2022.
[2] Ghosh P K, Mohanty M, Bandyopadhyay K K, et al. Growth, competition, yield advantage and economics in soybean/pigeonpea intercropping system in semi-arid tropics of India: I. Effect of subsoiling [J]. Field Crops Research, 2006, 96 (1): 80-89.
[3] Hauggaard-Nielsen H, Ambus P, Jensen E S. Interspecific competition, N use and interference with weeds in pea-barley intercropping [J]. Field crops research, 2001, 70 (2): 101-109.
[4] Jørgensen V, Møller E. Intercropping of different secondary crops in Maize [J]. Acta Agriculturae Scandinavica, Section B-Plant Soil Science, 2000, 50 (2): 82-88.
[5] Sarker R K, Pal P K. Effect of intercropping rice (Oryza sativa) with groundnut (Arachis hypogaea) and pigeonpea (Cajanus cajan) under different row orientations on rainfed uplands [J]. Indian journal of Agronomy, 2004, 49 (3): 147-150.
[6] Xie J, Hu L, Tang J, et al. Ecological mechanisms underlying the sustainability of the agricultural heritage rice-fish coculture system [J]. Proceedings of the National Academy of Sciences, 2011, 108 (50): E1381-E1387.
[7] 蔡承智. 间套作增产原理 [J]. 农村实用技术, 2001 (2): 62-63.
[8] 陈红玲. 农作物间作套种原则及技术要点浅析 [J]. 南方农业, 2020, 14 (9): 24-25.
[9] 程丽媛. 浅析设施蔬菜病虫害的生物防治技术 [J]. 种子科技, 2021, 39 (16): 74-75.
[10] 邓秀梅, 段绍卫, 龚应高, 等. 稻田养鱼模式初探 [J]. 云南农业, 2013 (12): 23-24.
[11] 方升佐. 杨-小麦复合经营模式的立地生产力及生态经济效益评价（英文）[J]. 林业科学, 2004 (3): 88-95.
[12] 高文轩. 山区稻田养鱼生态综合种养技术示范试验 [J]. 水产养殖, 2022, 43 (8): 40-41.
[13] 郭志霞. 昆虫信息素在新疆林业有害昆虫防治中的应用 [J]. 新疆农业科技, 2021 (3): 24-25.
[14] 黄国勤, 孙丹平. 中国多熟种植的发展现状与研究进展 [J]. 中国农学通报, 2017, 33 (3): 35-43.
[15] 黄锦鹏, 魏晋贤, 邢珮玲. 论间混套作 [J]. 农业科技与信息, 2016 (13): 77-78.
[16] 李隆. 间套作强化农田生态系统服务功能的研究进展与应用展望 [J]. 中国生态农业学报, 2016, 24 (4): 403-415.
[17] 李文华. 生态农业：中国可持续农业的理论与实践 [M]. 北京：化学工业出版社, 2003.
[18] 梁以本, 夏黎亮, 张员超, 等. 玉溪市稻田养鱼模式 [J]. 云南农业, 2018 (2): 66-67.
[19] 蔺忠龙, 郭怡卿, 浦勇, 等. 病虫害生物防治技术最新研究进展 [J]. 中国烟草学报, 2011, 17 (2): 90-94.
[20] 刘芳. 生物防治技术在农业病虫害防治中的应用研究 [J]. 世界热带农业信息, 2022 (4): 86.
[21] 孟冰, 李立华, 王红. 浅析稻田养鱼的原理及意义 [J]. 黑龙江科技信息, 2008 (17): 10-43.
[22] 南琴霞, 陈光荣, 樊廷录, 等. 兰州地区玉米/大豆间作模式效益分析 [J]. 甘肃农业科技, 2017 (7): 31-36.
[23] 宋兆民, 孟平. 中国农林业的结构与模式 [J]. 世界林业研究, 1993 (5): 77-82.
[24] 唐建军, 李巍, 吕修涛, 等. 中国稻渔综合种养产业的发展现状与若干思考 [J]. 中国稻米, 2020, 26 (5): 1-10.
[25] 万云, 刘桂华, 周敏. 栗茶间作茶园主要生态因子特性的研究 [J]. 经济林研究, 2009, 27 (3): 57-60.
[26] 汪成. 稻田养鱼综合开发模式与经济价值的探讨 [J]. 农村科学实验, 2021 (16): 152-153.

[27] 王灿,杨建峰,祖超,等.胡椒园间作槟榔对胡椒产量及养分利用的影响[J].热带作物学报,2015,36(7):1191-1196.

[28] 王建连,白斌.平川灌区玉米套作豌豆适宜模式研究[J].甘肃农业科技,2016(9):10-13.

[29] 王永生.生物防治技术的意义与应用[J].农业工程技术,2021,41(14):49-50.

[30] 吴正武.稻田养鱼绿色高效种养技术要点[J].经济技术协作信息,2021(10):93.

[31] 裘福庚,方嘉兴.农林复合经营系统及其实践[J].林业科学研究,1996(3).

[32] 夏婵娟,史彦江.枣棉间作的生态效应对棉花产量的影响[J].西安工程大学学报,2012,26(2):161-167.

[33] 谢坚.农田物种间相互作用的生态系统功能[D].杭州:浙江大学,2011.

[34] 许瑞轩,张英俊.饲草间混套作在农区的应用前景[J].中国乳业,2021(8):3-8.

[35] 薛鹏.桉-农间作系统小气候特征研究[J].广东农业科学,2009(10):39-43.

[36] 颜彩缤,胡福初,王彩霞,等.槟榔-平托花生间作对土壤养分和土壤酶活性的影响[J].热带农业科学,2020,40(11):14-22.

[37] 姚惠明,叶小江,吕闯强,等.短稳杆菌防治茶尺蠖的室内生物测定和田间试验[J].浙江农业科学,2017,58(5):809-810.

[38] 殷进武,陈德珍.稻田养鱼技术要点分析探究[J].农村科学实验,2021(18):171-172.

[39] 张立宇,董玉芝,陈虹,等.核(桃)农间作系统小气候水平分布特征研究[J].新疆农业大学学报,2009,32(3):5-10.

[40] 张学英.农业病虫害防治中生物防治技术的应用[J].现代农机,2022(5):101-103.

[41] 赵秀梅,王立达,李青超,等.黑龙江省二代区玉米螟生物防治技术模式效果[J].农业科技通讯,2022(9):28-31.

[42] 赵振利,翟晓巧.泡桐农林复合经营模式及效益评价[J].河南林业科技,2020,40(4):6-7.

第五章
养殖业生态工程

第一节 规模化畜牧养殖现状及问题

一、规模化畜牧养殖业发展现状及环境污染问题

(一)规模化养殖业发展现状

随着国民经济发展和城乡人民对肉、蛋、奶需求量的逐渐增加,畜禽养殖业已成为我国重要的支柱产业。据《中国农村统计年鉴》,2019 年我国畜牧业生产总值增长至 33064.3 亿元,占农、林、牧、渔业总产值的 26.67%。畜禽养殖业在经历快速发展的同时其经营方式也发生了很大转变。一家一户的分散经营模式无论是在抵御自然灾害、疾病暴发上,还是在市场竞争和降低生产成本上,都无法和集约化、专业化的畜禽养殖模式相比较。

据农业农村部统计,2019 年以生猪年出栏 500 头以上、肉牛年出栏 50 头以上、羊年出栏 100 只以上、肉鸡年出栏 10000 只以上、蛋鸡年出栏 2000 只以上、奶牛年出栏 100 头以上的标准计,我国生猪、肉牛、羊、肉鸡、蛋鸡和奶牛的规模化率分别达到 53.0%、27.4%、40.7%、82.5%、78.1% 和 64.0%,畜牧业综合规模化率(以规模以上蛋白当量/各畜种总蛋白当量为计算标准)由 2003 年的 20.6% 提高到 64.5%。美国的规模化养殖自进入 21 世纪以来波动不大,饲养规模为 1000 头或超过 1000 头的肉牛场,2002 年共有 2209 个,占全美肉牛场 2.3%;2012 年共有 2100 个,占全美肉牛场 2.8%;到 2022 年,大约有 2093 个,但是其数量却占全美肉牛的 8%(USDA)。

(二)规模化养殖业环境污染问题

养殖业的发展必然带来畜禽粪尿的产生。根据测算,饲养 1 头猪、1 头牛、1 只鸡每年所产生的污染负荷(按 BOD_5 计),其人口当量分别为 10~13 人、30~40 人、0.5~0.7 人。如 1 头猪按日排放粪尿 6kg 计,则年排泄量 2.5t;1 只鸡日排粪量为 0.1kg,则年排放量 36kg,以全国养鸡 38.04 亿只计,日排粪 3.8×10^8 kg,年排粪约 1.39×10^8 t,一个百万只鸡的工厂化养鸡场,每天产粪约 100t,年产鸡粪 3.6×10^4 t(邢廷铣,2002)。表 5-1 为原国家环保局推荐的畜禽粪尿年排放系数。

表 5-1 原国家环保局推荐的畜禽粪尿年排放系数　　　　单位:kg/(头·a)

畜禽名称	粪	尿	BOD_5	COD_{Cr}	NH_3-N	TP	TN
牛	7300.00	3650.00	193.70	248.2	25.15	10.07	61.10
猪	398.00	656.70	25.98	26.61	2.07	1.70	4.51

续表

畜禽名称	粪	尿	BOD$_5$	COD$_{Cr}$	NH$_3$-N	TP	TN
羊	950.00	—	2.70	4.40	0.57	0.45	2.28
家禽	26.30	—	1.105	1.165	0.125	0.115	0.275

注：家禽粪为鸡鸭粪的平均值。

2017年，全国畜禽粪便年产生总量增长至 38 亿吨，水污染物排放量：COD$_{Cr}$ 为 1000.53 万吨，NH$_3$-N 11.09 万吨，TN 59.63 万吨，TP 11.97 万吨。其中，畜禽规模养殖场水污染物排放量：COD$_{Cr}$ 604.83 万吨，NH$_3$-N 7.50 万吨，TN 37.00 万吨，TP 8.04 万吨（第二次全国污染源普查公报）（2020）。2021年资料显示：全国畜禽粪尿年产生总量为 203099.80 万吨，已经超过当年工业固体废物的产生量（2022中国畜牧兽医年鉴）（2020）（表5-2、表5-3）。养殖粪尿若不进行处理和利用则很容易进入环境造成一系列污染。目前，我国畜禽粪便进入水体的流失率高达 25%～30%。在部分地区，畜禽养殖业正逐渐成为当地水体最大的污染源。目前国内一些典型水体的研究表明，养殖业已成为南方水体污染的重要贡献者，其份额占到 20%～40%（表5-4）。

表5-2 2021年全国畜禽养殖业污染物排放量　　　　　　　　单位：10^4 t/a

畜禽名称	粪	尿	BOD$_5$	COD$_{Cr}$	NH$_3$-N	TP	TN
牛	71665.6	35832.8	1901.6	2436.6	246.9	98.9	599.8
猪	17879.1	29500.5	1167.1	1195.4	93.0	76.4	202.6
羊	30370.8	—	86.3	140.7	18.2	14.4	72.9
家禽	17851.0	—	750.0	790.7	84.8	78.1	186.7
合计	137766.5	65333.3	3905.0	4563.4	442.9	267.8	1062.0

表5-3 2021年全国畜禽养殖业污染物排放量与工业及城镇生活污染物排放量比较

单位：10^4 t

项目	固体废物	废水 COD$_{Cr}$
畜禽养殖业	27031.0	1000.53
工业	41.1	36.9
城镇生活	—	483.82

表5-4 水体富营养化中养殖业或农业面源污染的贡献情况

研究地点	沱江[1]	登沙河[2]	呼兰河[3]	彰武水库[4]
养殖业	56.5%	84.9%	49.0%	—
农业	—	96%	19.1%	61.6%

[1] 所有污染物（胡芸芸等，2015）。
[2] 氨氮和总磷（翟敏婷等，2019）。
[3] 总氮（柏珊珊等，2017）。
[4] 所有污染物（张培等，2022）。

以沱江为例。沱江是长江上游的重要支流，2009年四川省水体综合营养状态整体处于中营养水平，其中沱江流域水体富营养化状态最严重。沱江流域农业面源污染物中COD_{Cr}、TN和TP绝对排放（流失）总量分别为52.56万吨、4.10万吨和0.55万吨。全流域各污染源中畜禽养殖业源等标排放总量最高（44898.96m^3），占流域等标排放总量的56.50%，流域各流段也以畜禽养殖业源等标排放量最高（胡芸芸等，2015）。翟敏婷等（2019）针对大连市登沙河流域水环境质量问题，分析各污染源在不同时空尺度下对河流中、下游水质考核断面的污染负荷贡献，发现畜禽养殖业源是研究区氨氮和总磷污染的主要来源，分别占中游和下游断面氨氮总负荷的56.5%和43.2%，总磷总负荷的46.1%和35.9%。

同时，规模化养殖业排泄物对环境有严重影响。现代集约化畜禽养殖业产生的粪便集中且数量大，大大超过周围环境的消纳能力，畜禽粪尿含有大量未被消化吸收的有机物、无机物、病原菌等，对大气、水体、土壤易造成多方面的污染。

1. 大气污染

（1）温室效应　甲烷是极为重要的温室效应气体，反刍动物胃肠道厌氧发酵是甲烷产生的最主要来源。我国农业农村部环境保护科研监测所的研究表明：中国家养动物甲烷排放量占世界家畜排放总量的6%～7%，反刍动物甲烷排放量占世界反刍动物排放总量的7%～10%。除了反刍动物产生的甲烷外，畜禽粪便中氨态氮经硝化过程和反硝化过程产生的氧化亚氮（N_2O）也具有较强的温室效应，N_2O单分子增温潜势为CO_2的296倍（Fukumoto等，2003）。

（2）恶臭污染

① 畜禽粪便的恶臭来源于微生物在厌氧或兼性厌氧的条件下分解畜禽粪便中的有机物生成的某些中间产物或终产物。O'Neill和Phillips（1992）对畜禽粪便中恶臭成分进行鉴定，发现臭味化合物超过168种，主要恶臭化合物有挥发性胺、硫化物、二硫化物、有机酸、酚类、醇类、碳酰类、酯类、硫醇类、含氮杂环类。猪粪恶臭化合物中有30种的臭阈值≤0.001mg/m^3，10种具有最低臭阈值化合物中的6种是含硫化合物（田允波，2006）。

② 畜禽生产中产生的恶臭化合物能产生多种危害。长期生活在恶臭环境中，即使浓度很低也会影响畜禽的健康水平和生产水平，使体质变弱，采食量、日增重、生产力下降。此外，畜禽生产中产生的恶臭也会对当地的社会经济产生影响。如由于恶臭的污染，被污染的地区从业人员减少，工作效率降低；其他地区向该地区投资减少，抑制了区域经济的发展；在商业区由于恶臭的影响，顾客减少，贸易额下降；在旅游区则由于旅游环境被恶臭污染，地域价值受到损害，经济效益受到影响等。

2. 水体污染

畜禽粪便对水体的污染来自两个方面，分别为粪便的储存和处理系统、粪便的还田利用。粪便的还田利用对水体的污染主要是粪肥的施用量、施用方法和施用时间不适宜，导致营养物质在雨水的作用下在地表径流、淋失，部分渗漏到地下水中对地下水体造成污染。粪便的储存和处理系统对水体的污染主要是土质的储粪便池、饲养圈、蓄水池、氧化塘的渗漏。畜禽粪便中的氮可通过径流和淋失对水体造成污染。通过径流损失进入地表水体如湖泊中的铵态氮、硝酸盐可导致水体的富营养化和生物多样性的丧失，淋失到地下水中的硝酸盐可直接危害人畜健康。相对氮而言，磷在土壤中则相对稳定，但是粪肥长期大量施用于农田，也可导致磷吸附在土壤的表面，一部分与土壤中的钙、铜、铝等元素结合生成不溶性的复合物，造成土壤板结，影响农作物的生长，另一部分经雨水冲刷后随地表径流排入江河湖泊，与氮共同作用使水中的藻类和浮游生物大量繁殖，从而使水生生态系统遭受严重破坏，鱼、虾等水生生物因窒息而大量死亡。除了氮、磷外，畜禽粪便中的病原微生物、寄生虫和重金属也能随粪便直接进入天然水体，或通过施肥的方式排入土壤中，通过地下水渗漏、雨水冲刷等作用进入水体。

3. 对土壤生态系统的影响

在畜禽的饲料中添加铜和锌有助于预防疾病及促进生长，但随着饲料中铜、锌添加量的增加，这些重金属的排泄量也相应增加。饲料中高含量的重金属通过粪便排出体外，在造成资源浪费的同时也污染了环境。这些重金属不仅不能被土壤微生物所降解，而且可以通过食物链不断地在生物体内富集，甚至可以将其转化为毒性更大的甲基复合物，对食物链中的某些生物达到有害水平，最终在人体内蓄积，从而危害人体健康。当土壤中重金属达到一定含量后，可通过降低土壤微生物活性，减少土壤生产力，对人、畜禽、生态系统的健康造成很大危害。

4. 对生物多样性的影响

集约化畜牧生产致使局部地区粪便大量堆积，造成水体的富营养化和生境的破坏，导致水体的生物多样性发生重大变化。与此同时，规模化畜禽生产往往造成畜禽品种单一化，为提高生产效率和便于管理，集约化养殖要求高产的单一品种，这也导致生物多样性的减少，许多宝贵的基因资源消失。

5. 生物性污染

畜禽粪便中含有大量的病原微生物和寄生虫卵，特别是非冬季节，畜禽粪便滋生大量的蚊蝇，从而造成人、畜传染病和寄生虫蔓延。据资料报道，每毫升畜禽场排放的污水中平均含有 83 万个大肠杆菌、69 万个肠球菌，还含有寄生虫卵和活性较强的沙门氏菌等。未经处理的粪便带有致病微生物，在环境中能存活很长时间，甚至在田间施用后仍然存在，这不仅会直接威胁畜禽自身的生存，还会严重危害人体健康。未经处理的粪便在储存或施到田间后，其中的致病微生物可能随径流水进入灌溉或饮用水水源，甚至进入更远的水体。

6. 兽药残留污染

在畜禽养殖的过程中，为了防止畜禽的多发性疾病，多在饲料中添加抗生素。抗生素随饲料进入动物消化道后，短时间内进入动物的血液循环中，最终大多数的抗生素随尿液排出体外，极少量没排出的抗生素就残留在动物体内。大多数饲料用的抗生素都有残留，只是残留量大小不同。

二、规模化养殖业问题产生的原因

中国几千年的农业社会采取种养结合的模式，通过家畜—粪便积肥—土壤—作物—饲料完成了养分的完整循环，畜禽粪便基本能够被环境消纳。养殖业的污染是在人口快速增长，对畜产品数量和质量需求都增加的社会经济条件下出现的问题，其主要原因是畜牧生产规模大、区域集中、距离农田远、运输成本高、产生的粪便不能资源化并投入农业生态系统中，生态系统正常的物质循环和能量流动遭到了严重破坏，从而使畜禽粪便成为环境污染源。

（一）农牧业脱节

过去 20 年来随着农村产业结构的调整，畜牧业得到了迅速发展，其经营方式、饲养规模和区域布局均发生了重大变化，逐渐形成了区域化、专业化、城郊化、规模化的发展格局，在客观上造成了农牧业脱节，使得畜禽粪便得不到充分利用，由农业生态系统的"肥料"转变成生态环境的"废物"。

1. 畜禽养殖业朝着集约化的方向转变

传统的畜牧业为农户散养，作为副业进行生产，畜禽废弃物作为肥料被就地消纳，对环境的压力很小。现代畜禽养殖业则表现为社会化、规模化的程度越来越高，单位土地面积的载畜量也越来越大。目前的局面是：养殖的人不种地，畜禽粪便不能当作肥料消纳；种地的人不再从事养殖，农田养分靠化肥。畜禽粪肥用作农田肥料的比重大幅度下降，致使城郊畜牧场的粪便积压，变为废物，污染环境。

2. 粪肥逐渐被化学肥料所取代

传统的粪肥由于运输、储存、使用等的不便，逐渐被化肥所取代。另外，农业上使用肥料的季节性与集约化畜禽生产排泄物的集中性存在着矛盾，导致非耕作季节畜禽粪便被积压，产生了严重的环境污染。

（二）缺乏有效的环境管理

许多地方环保部门的污染源管理针对的是工业污染源，对畜禽废弃物污染类的面源污染研究、考虑得不够。据统计，2019年末中国畜禽粪污综合利用率提高到75%，畜禽规模养殖场粪污处理设施装备配套率达到93%。但由于小农户种植与规模化养殖脱节，畜禽养殖场粪污处理和利用不合理、不规范，畜禽粪污仍然是农业面源污染的主要来源（董红敏等，2019）。

（三）畜禽生产饲料的利用率不高

氮、磷是畜禽排泄物中最主要的污染源。饲料中50%~70%的氮未经消化吸收以粪氮和尿氮的形式排出体外，同时畜禽会将摄入体内的70%的磷排出体外。此外，微量元素的污染也不可忽视，常规饲养方式使过多未被吸收利用的微量元素通过粪便排出体外，长期下去将导致微量元素的富集。

当前我国畜牧生产的科技含量与发达国家相比仍有不小的差距。我国的畜禽地方品种和自主培育品种大多数具有优异的产品品质特征，但是生产效率相对较低，突出表现为"吃得多、长得慢、产得少"。世界先进水平的肉猪的料肉比为（2.0~2.1）:1，我国目前大多数达到2.8:1（王秀莲，2022）；白羽肉鸡的料重比，世界先进水平为（1.3~1.4）:1，我国少部分在理想状态下达1.5:1，大部分为2:1（金卫东，2023）；蛋鸡的料蛋比，世界先进水平为2.0:1；我国为（2.3~2.7）:1（刘宏伟，2021）。由此可知，我国畜禽饲养过程中大量的饲料未经消化吸收而排出体外，既浪费了资源又污染了环境。

（四）饲料中微量物质对环境的影响

随着集约化畜禽养殖业的发展，高剂量的微量元素（如铜、锌、砷）由于具有提高生长速度和饲料利用率的作用，在畜禽饲养过程中得到了广泛的应用。但是高剂量的微量元素的使用会带来各种潜在的生物学负效应，影响畜禽产品品质，并间接通过食物链危害人类健康，必然影响到畜牧业的可持续性发展。

例如，猪饲料中铜的添加量不断加大后，所摄入的铜经猪体内代谢后有90%以上随粪便排出，农田长期大量使用畜禽粪肥会使铜在土壤表面聚集，从而造成污染，破坏土壤的质地和微生物活性，影响作物的产量和对养分的吸收，最终通过食物链给人类的健康造成潜在的危害（高凤仙 & 杨仁斌，2005）。

有的饲料中添加大量的阿散酸、洛克沙肿等有机胂制剂。据估计，若使用阿散酸，一个万头猪场每年至少要向环境排放 120kg 的砷，使土壤和水源中砷含量显著提高，造成环境污染，从而影响农作物中的砷含量（屈健，2005）。而且砷特别容易在动物肝、肾、骨骼等组织中富集，当人饮用了被砷污染的水或摄入高残留砷的畜产品时，将导致机体巯基酶失活，细胞代谢紊乱，影响身体健康。

（五）缺乏实用有效的畜禽粪便处理设施和技术

2001 年国家环保局的调查显示，全国 80% 的规模化养殖场缺乏必要的污染治理措施，60% 的养殖场缺少干湿分离这一最为必要的粪污处理设施，绝大多数的养殖场的粪便处理设施为简易晾粪、堆肥场。2020 年，全国畜禽粪污综合利用率达到了 76%，但仍然存在粪便露天堆放，自然发酵，没有防渗、防淋失措施的情况，而且专业设计的养殖场废水综合处理设施较少。生态环境部、农业农村部、住房和城乡建设部、水利部、国家乡村振兴局在《农业农村污染治理攻坚战行动方案（2021—2025 年）》中提出，到 2025 年，畜禽粪污综合利用率要达到 80% 以上，畜禽规模养殖场粪污处理设施装备配套率稳定在 97% 以上。

三、规模化养殖业污染治理政策及原则

随着规模化养殖业的不断发展壮大，国内外都陆续出台了一些规模化养殖业污染治理政策及原则。

（一）各国畜禽环境治理的相关政策

1. 日本

日本是对畜禽环境问题认识最早、重视程度最高的国家之一。自 1970 年以来日本先后颁布了 7 个有关的法律，如《废弃物处理及清扫法》《恶臭防止法》《防止水质污染法》等，特别是 1971 年颁布的《恶臭防止法》，于 1972 年 6 月正式实施，经过 30 年的不断修订和完善，现行的《恶臭防止法》于 2000 年最终修订完成。日本《恶臭防止法》指标体系包括厂界浓度限值、排气筒和排水口恶臭污染物排放限值，控制项目包括 22 种恶臭污染物浓度和臭气指数（10 倍的臭气浓度对数值）。恶臭污染物种类比我国 GB 14554—93 多 15 种，分别为乙醛、丙醛、丁醛、异丁醛、戊醛、异戊醛、异丁醇、乙酸乙酯、甲基异丁基酮、甲苯、二甲苯、丙酸、丁酸、戊酸、异戊酸，但没有二硫化碳。每年 7 月份还要在全国范围内对畜产经营中引起的环境污染情况开展调查，并采取相应的措施加以控制。在日本，畜禽污染治理不仅仅是企业或农户的自身义务，从中央到地方各级政府都对畜禽环境污染治理给予积极的财政支持。

2. 荷兰

荷兰畜牧业高度密集，居世界之冠。1971 年荷兰针对现有和新建的养猪场颁布了一项切实可行的法规，根据养猪场的生产能力（即猪的数量），决定养殖场与居民区之间的最小防护距离（Van Harreveld 等，1995）。这项法规最初只是根据公共卫生工作人员的经验而定的，迫切需要对定量计算恶臭排放的方法进行研究。1984 年，荷兰颁布了针对工业源恶臭的定量化空气质量大纲。1995 年，荷兰出台了更具有操作性的方法，现已经被写入 2000 年荷兰排放标准大纲。此外，为了解决过剩粪肥，政府制订了粪肥运输补贴计划和将粪肥脱水加工成粪丸出口计划，并由国家补贴建立粪肥加工厂。

3. 美国

美国的《联邦水污染法》中的规定侧重于畜牧场建场管理，规定：a. 1000 头或超过

1000标准头的工厂化畜牧场,如1000头肉牛、700头乳牛、2500头体重25kg以上的猪、12000只绵羊或山羊、55000只火鸡、18000只蛋鸡或29000只肉鸡,必须得到许可才能建场;b.1000标准头以下、300标准头以上的畜牧场,其污染水无论是排入自身储粪池,还是排入流经本场的水体,均需得到认可。美国对畜牧场造成污染后的惩罚相当严格,每天的罚金在100元以上,直至污染排除为止。

4. 英国

英国畜禽粪尿几乎全部作为肥料,基本上无畜禽粪便污染。英国规定畜禽生产不能向大城市集中,必须与农业生产密切结合。所有的畜禽粪便废水不管是排入地下水还是河道都要求得到国家河流管理署(NRA)的批准,直接排放的废水质量指标必须参照皇家认可委员会标准,其中BOD<20mg/L,总悬浮固体<30mg/mL。

5. 瑞典

法律禁止向冰雪覆盖或冰冻后的耕地上撒布粪便,而且已采取措施限制新的集约化养殖场的扩建,只有当足够大的农田可供喷洒畜禽粪便废水时才允许建造和扩建大型养殖场。在加强畜禽粪便污染控制立法的同时,将提高化肥价格作为征收环境税的一种手段,以刺激农场主利用畜禽粪便作为有机肥的积极性,结果使得养殖场不得不增加投资以采用新的粪便处理技术。

6. 中国

我国《大气污染防治法》《环境保护法》《水污染防治法》等对畜禽养殖环境保护均做了相关规定,但由于以上法规是以工业污染防治为出发点,所以应用于畜禽养殖污染防治时,存在可操作性不强的情况。

1996年农业部《关于"九五"期间加快能源-环境工程建设的通知》提出:新建畜禽场等要根据《国务院关于进一步加强环境保护工作的决定》精神,对粪便、污水的治理要做到同步规划、同步设计、同步建设,治理费用不低于总投资的10%。为了更有效地治理畜禽养殖业的污染,2001年3月国家环境保护总局下发了《畜禽养殖污染防治管理办法》,同年11月又出台了《畜禽养殖业污染物的排放标准》和《畜禽养殖业污染防治技术规范》等配套标准。这些法规对新建的畜禽养殖场的环境污染提出了具体要求,对现有畜禽养殖场的环境污染治理提出了限期达标排放、搬迁等治理方案。2004年国家质检总局下发了《畜禽场环境质量评价准则》。2006年农业部下发了《畜禽场环境质量及卫生控制规范》和《畜禽粪便无害化处理技术规范》两个标准。在2009年和2010两年,环境保护部又先后发布了《畜禽养殖业污染治理工程技术规范》、《畜禽养殖业污染防治技术政策》和《畜禽养殖场(小区)环境监察工作指南(试行)》。2014年1月1日起施行的《畜禽规模养殖污染防治条例》(以下简称《条例》)是国家第一部专门针对畜禽养殖污染防治的法规性文件,明确畜牧业发展规划应当统筹考虑环境承载能力以及畜禽养殖污染防治要求,合理布局,科学确定畜禽养殖的品种、规模、总量。《条例》明确了禁养区划分标准、适用对象(畜禽养殖场、养殖小区)、激励和处罚办法。目前,我国畜禽养殖环境保护方面的法律法规的建设已形成了基本框架,但是畜牧业专门立法工作与发达国家相比还存在执法不严,立法不系统、不完整,不适合目前我国畜牧业发展的需要的情况。在2018年和2022年,农业农村部又先后下发了《畜禽粪便无害化处理技术规范》和《规模化畜禽场良好生产环境》,这些标准规定了畜禽粪便无害化处理的基本要求,粪便处理场和规模化畜禽场良好生产环境的选址及布局,粪便收集、储存和运输,粪便处理及粪便处理后利用等内容。

（二）畜禽养殖业污染治理遵循的原则

1. 无害化原则

对畜禽养殖业的废弃物进行无害化处理，减少和消除其对环境、人畜健康的威胁与隐患。它是畜禽废弃物污染治理的前提。

2. 减量化原则

减量化原则是畜禽废弃物污染治理的基础，即在畜禽养殖过程中通过综合各种方法减少废弃物的发生。减量化技术必须从畜禽养殖的全过程通盘考虑以减少排污量。

从养殖源头角度考虑，主要有两点：一是合理规划养殖场的结构，采取农牧结合的方式以地定畜，减少畜禽废弃物的土壤负荷量；二是利用先进科学技术，加强畜禽品种改良，科学饲养，科学配料。

从养殖过程来考虑也有两点：一是采用氨基酸平衡的日粮，使日粮的配制符合畜禽实际的营养需要，使用环保型饲料和饲料添加剂，提高饲料的消化和吸收率，减少畜禽废弃物的排泄量；二是采用人工干扫猪粪的方式，同时做到雨污分离、饮污分离，减少污染物的产生量，实现清洁化生产。

从养殖末端来考虑：a. 采取高效的固液分离技术达到污染物减量化的目的；b. 对干粪进行发酵处理生产优质有机肥，并将生产出的有机肥用于绿色、有机农业生产中。

3. 资源化利用原则

该原则是畜禽粪便污染治理的核心。畜禽粪便不同于一般的工业污染物，含有未消化的营养物质和作物所需的多种养分，经适当处理后可用作肥料、饲料和燃料等。

4. 生态化发展原则

将生态工程学原理用于畜禽废弃物的处理和利用是实现畜禽养殖业可持续发展的有效措施。它是遵循生态学原理，通过食物链建立生态工程处理系统，以农牧结合、渔牧结合、农牧渔果结合等多种方式建立鱼、果、蔬、粮并举的生态畜牧农场，积极发展无公害农产品生产，使畜禽养殖业和农业种植、退耕还林还草等生产模式有机结合。走生态农业的道路是解决畜禽养殖业污染问题的经济有效的途径。

第二节 畜牧养殖生态工程

近些年来，应用畜牧生态工程——在畜牧养殖中加入（或建立）新的食物链环节，使单一饲养结构转变为复合养殖结构，实现农业动物群落的综合化，建立以持续高效生产动物产品为目的的综合农业生态系统，已在世界各国广泛展开。发达国家的工厂化畜禽饲养场，都纷纷通过添加将畜禽粪转换为生物气和补充饲料的发酵工程，向大型畜牧业生物能联合企业发展。一些发展中国家新建畜牧场一开始就走畜牧生态工程的道路，大大加快了畜牧业的发展。

一、畜牧群落生态工程

畜禽混合饲养，是我国传统农业的精华，至今在民间还流传着许多混合饲养的宝贵经验，如"鸡猪混养"、"鸡猪鱼混养"、"鸭鹅混养"和"鸡兔混养"等。这些经验现在已受到国内外的重视。在总结和提炼这些经验的基础上，这类动物混养系统正在生态工程学的指导下，与农业生态系统的其他食物链环节组接起来，形成容纳动物种数越来越多的综合体，进而形成以生产畜产品为主的综合的农业生态系统。

畜牧群落生态工程的模式很多，现介绍以下几种传统模式。

① 粮食喂鸡—鸡粪喂猪—猪粪入鱼塘—塘泥肥田。

② 秸秆养牛—牛粪作蘑菇培养基—菇渣养蚯蚓—蚯蚓喂鸡—鸡粪喂猪—猪粪肥田。

③ 粮食喂鸡—鸡粪喂猪—猪粪养蛆—蛆喂鱼。

④ 粮食喂鸡—鸡粪喂猪—猪粪养殖蚯蚓—蚯蚓养鱼。

⑤ 粮食养鸡—鸡粪喂猪—猪粪制沼气—沼气肥养鱼。

家蝇幼虫营养成分全面且含有丰富的活性蛋白。据分析，家蝇幼虫干物质中蛋白质含量高达78%，含有20种基本氨基酸，其中8种是必需氨基酸。家蝇幼虫既可作为经济价值高的动物如对虾等的饵料，经提纯也可作为人类动物性蛋白。

蚯蚓中有很高的蛋白质含量，其干物质中蛋白质可高达70%左右；蚯蚓蛋白质中氨基酸比例适宜，尤其是畜、禽和鱼类生长发育必需的氨基酸含量很高，其中最高的为亮氨酸，其次是精氨酸和赖氨酸。蚯蚓蛋白质中精氨酸的含量为花生蛋白质的2倍、鱼蛋白质的3倍，色氨酸的含量则为动物血粉蛋白的4倍、牛肝的7倍。同时，蚯蚓粪中也含有大约22.5%的蛋白质。因此，蚯蚓和蚯蚓粪均可供畜、禽及鱼类食用，在饲料中，一般可加入5%，多时可达40%~50%。用含有蚯蚓的混合饲料喂畜、禽，生长快、发育健壮、病少、死亡率低，而且味道鲜美。

蚯蚓养殖对条件要求不严，有大地养殖和池养两种，饵料以新鲜的秸秆、枯枝落叶、杂草、农家肥等为主，适当加入牛（猪）粪。将蝇蛆和蚯蚓等高蛋白饲料资源引入养殖业生态工程系统加以开发与利用，耗能低、投资少、无污染、效益高。

二、综合防治生态工程

农业动物群落综合化除上述综合饲养系统方式外，还有综合防治系统方式。组成综合防治系统的动物群落类型很多，这里仅以澳大利亚草原引进蜣螂（又称粪金龟、屎壳郎）为例。澳洲大陆早在1.4亿年前就与其他陆地分离，生物区系独特。原来澳大利亚的食草动物只有袋鼠和袋狼，1935年从印度、马来西亚引进了牛、羊以发展畜牧业，无意中引进了牛蝇等有害蝇类。牛、羊的粪便中因为没有相应的蜣螂作用，大量的粪便因草原气候干旱而硬结覆盖了草原，致使牧草枯死，牛蝇大量滋生，草原生态系统遭到破坏。1967年引入多种蜣螂，它们把大量的牛粪滚成球并埋入地下，牛粪清除后，牧草生长良好，牛蝇减少。蜣螂引入前后的生态系统变化图解如下：

蜣螂引入前：

$$\text{牛多，牛粪多} \begin{cases} \text{牛蝇多，对人、畜卫生产生影响} \\ \text{牧草被覆盖，牧草枯死，牛缺食料} \end{cases}$$

蜣螂引入后：

$$\text{牛多，牛粪粪量减少} \begin{cases} \text{牛蝇减少，对人、畜卫生危害小} \\ \text{牧草生长良好，牛的食料增加} \end{cases}$$

三、农牧复合生态工程

传统农业生态系统多是农牧结合型的，其中家畜在系统中有如下功能：

① 消耗部分农产品及农业副产品，并将它们转化成畜产品供人类消费；

② 将消耗农副产品后的部分排泄物还给农田土壤，经动物和微生物分解、还原后再供绿色植物利用；

③ 由放牧或收割从草地和森林生态系统中获取的部分饲料牧草，通过排泄物输入农田系统，或返回草地或森林生态系统；

④ 通过人类科学投加补充料，向农田生态系统输入能量和物质；

⑤ 在某些以家畜为动力的地区，通过土壤耕作，为绿色植物生长创造良好的土壤条件，加强生产者的同化作用，促进物质、能量的有效运行。

显然，家畜的初级消费者的地位决定了其必然受生产者量和质的影响，正是由于家畜对物质、能量的转化功能，它们成为农业生态系统中有机物质循环的重要通道之一。同时，家畜在利用植物副产品时，通常只能将其中所含能量和其他营养物质的25％消化、吸收及利用，其余75％又以二氧化碳、粪、尿等形式为植物提供养料，使能量的转化与物质的循环流动返回种植业子系统，由此形成了种植业与畜牧业间密不可分的依存关系。

（一）留民营复合农牧生态工程

饲料、家畜、沼气的复合畜牧生产模式，在我国农村和城镇郊区应用较广泛。猪、鸡、牛、马等家畜的粪便，以及家畜不愿采食的植物粗老秕壳、秸秆等均可作为制作沼气的原料。沼气除可用于家庭烹调和照明外，还可作为沼气孵化器、烘干饲料等的能源，直接为畜牧业服务。沼渣、沼液是极好的有机肥料，可返回农田，以提高粮食、饲料作物的产量，它们也可用于培养食用菌或直接用于养鱼，均可获得良好的效益。一般畜牧场沼气发酵的原料均为家畜粪便。

北京郊区大兴区留民营村，用混合畜粪发酵制沼气，然后综合利用沼气渣肥，形成了复合农牧生产系统，见图5-1。

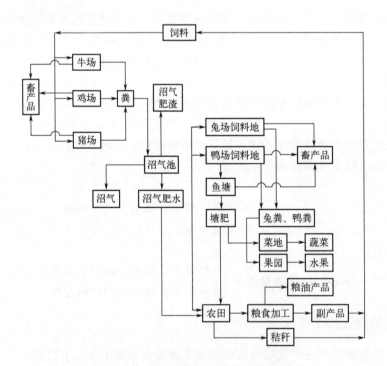

图5-1 留民营村复合农牧生产系统模式

由图 5-1 可见，粮食加工后的麸皮、米糠及农作物秸秆经粉碎加工作为饲料送至饲养场，牲畜粪便和部分作物秸秆进入沼气池，产生的沼气供居民及工副业使用，沼渣和沼液一部分送至鱼塘、蔬菜大棚或藕塘，另一部分送至菇房及饲料加工厂。鱼塘的污泥部分送至农田，部分送至果园和菜地。蘑菇渣和菜叶、菜茎又是动物饲料。豆制品厂除生产豆制品外，部分豆浆送至奶牛场，豆渣则喂猪、牛和鸡。藕塘荷叶可作为饲料和绿肥，塘泥又是大田的肥料。饲料加工厂生产的饲料，除满足本系统饲养业精料需要以外还大量出售，大大增加了系统的经济效益。有机废料综合循环利用的结果产生了如下好处：

① 提高了生物能的利用率，减少了系统对外部能源的需要；
② 促进了系统内粮食、畜牧生产的发展，增长了经济效益；
③ 降低了污染，净化了环境，使生态向良性发展。

（二）河北蓟县农牧生态工程模式

随着畜禽养殖业的迅速扩大，饲料不足尤其是蛋白质饲料不足，畜禽粪便对环境造成污染，以及苍蝇大量滋生为害等问题日益突出。因此，寻求廉价的蛋白质饲料和使粪便无害化成为畜禽养殖业发达地区面临的急待解决的问题。

自 20 世纪 70 年代以来，关于畜禽粪便再生利用的研究日益增多。在我国，利用鸡粪喂猪、猪粪养殖蝇蛆（或蚯蚓）的研究，近年来有了较快的发展，已在一些养殖场和专业户中应用，并收到了一定的效果。河北省蓟县利用鸡粪喂猪—猪粪养殖蝇蛆—蝇蛆喂鸡—剩余猪粪入农田作肥料的利用途径就是其中的一例。

据研究分析，干鸡粪中粗蛋白含量为 27.25%、真蛋白为 13.10%、粗纤维为 13.06%、无氮浸出物为 30.76%，还含有多种维生素，尤其是 B 族维生素含量较为丰富。鸡粪与常用的饲料玉米、高粱、米糠等相比，除代谢能较低外，粗蛋白、钙、磷的含量均较高；氨基酸的含量与麦麸、米糠相似，而比玉米、高粱、小麦等略高。

但是，鸡粪具有恶臭气味，并含有许多病原微生物（细菌、病毒、寄生虫）、化学物质（如真菌毒素）、杀虫药、有毒金属、药物和激素，直接喂饲其他动物不仅不卫生，而且适口性差，因此，需经过处理才可用作其他动物的饲料。蓟县农民的处理办法是：首先，将每天收集的新鲜鸡粪放在日光下晒到七八成干，粉碎过筛，除去杂质和大块，掺入 10% 的麦麸，混匀。然后，根据气温高低，采用适宜的发酵方法。当气温高于 20℃ 时，将晒干、粉碎的鸡粪装入塑料袋内，扎紧袋口，使之逐步形成厌气条件。袋内发酵 1~2d 后，如鸡粪产生了较淡的酒糟味即应解开袋口倒出饲喂。发酵时间不应过长，过长会产生霉味从而影响适口性，尤其是在高温季节更应特别注意。当大气温度降至 15℃ 左右时，整个发酵过程最好在室内进行，装鸡粪的容器也应改用缸或木桶等保温性能较好的大容器。装料后用塑料布等将容器口盖严扎紧，创造厌气条件和保温。当气温更低时，应设法保持室温，使之不低于 15℃。无论在何种气温条件下料温都应控制在 45~55℃ 之间。发酵后的鸡粪若短期内用不完，需晒干储存。

鸡粪通过发酵，杀灭其中大部分中温菌，消除了恶臭，可消化蛋白质的含量提高 1 倍左右，适口性好，是较好的猪饲料。

国内有部分养殖户采用微生态工程技术，使用由日本引进的有效微生物（EM）菌剂，制作发酵饲料，供鸡饲喂后，排出的鸡粪基本无臭味，将不超过 3d 的鸡粪收集起来晾干、去除鸡毛，以 15%~35% 的比例和猪饲料混合，再接种 EM 菌剂，在厌氧条件下发酵 3~5d（料温在 35℃ 左右，最高不超过 45℃），打开后有浓郁的香味，摊放 1~2h 即可喂猪；既可全部喂发酵饲料，也可以适当比例（10%～30%）和未发酵料混合饲喂。此法喂猪既可以很好地利用蛋白质资源，又可以提高猪的抗病能力和生长速度，而且可去除猪粪的恶臭，有很好的生产效益、经济效益、生态效益和社会效益。

（三）辽宁西安生态养殖场工程模式

辽宁西安生态养殖场位于辽宁省大洼县，其规划时的目标是建立一个以畜牧业、水产养殖业为基础，以猪粪尿为资源，以太阳能为动力，以水生饲料生产增加食物链为核心，综合发展种植业、养殖业的生产体系（图5-2）。其生态系统的构成如下。

① 一级净化、一步利用。猪舍排放的污水排入水葫芦池，水葫芦能有效利用污水中的养料供自身生长，而水葫芦经过饲喂生猪其能量又被生猪所吸收。

② 二级净化、二步利用。水葫芦净化后的污水流入细绿萍池再次得到净化。

③ 三级净化、三步利用。经过上述两步净化的废水已基本清澈，浮游生物量大，排入鱼塘、蚌塘、蟹塘，可为鱼、蚌、蟹提供丰富的天然饲料。

④ 四级净化、四步利用。将鱼、蚌、蟹塘中的水经过沉淀、曝气排入稻田，由于池塘中的水含有水稻所需的氮、磷、钾等营养元素，能有效促进水稻的生长发育。

⑤ 五步利用。经过上述四个步骤净化的废水变得清澈，再作为冲生猪饲养舍用水，进入下一轮循环中。

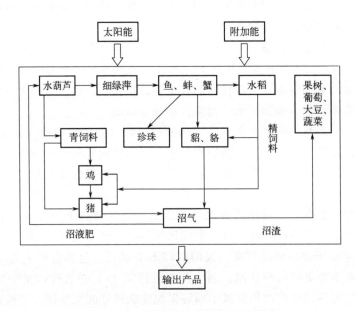

图5-2 辽宁西安生态养殖场工程模式

（四）简阳生猪种养结合循环利用模式

四川省简阳市种养循环现代农业园区位于简阳市河东片区的青龙镇，包括水井村、明星村、联合村等，园区规划面积15220.5亩，核心连片面积7415亩，主要从事生猪-特色水果（桃）种养循环生态农业模式的研发、转化和绿色农产品生产。园区结合特有的丘陵生态资源，打造出种养循环、产加一体的丘区现代农业园区。园区已建成以桃树为主的特色水果基地约7385亩，林下采用"自然生草+绿肥种植"模式，另有蔬菜、水稻、玉米种植上千亩，智能化设施大棚50亩；园区建有秸秆加工中心、青储饲料生产中心、农产品分拣中心。园区有生猪养殖"数字牧场"239亩，一期工程已建成，全部完工后可达到5000头母猪存栏量和120000头育肥猪存栏量；"数字牧场"旁有4.88亩设施农用地，已规划建设生猪粪污处理及有机肥生产基地。园区种养循环模式为"生猪养殖-粪污处理及有机肥生产-果蔬种植-林下种草-秸秆资源化利用"（图5-3）。

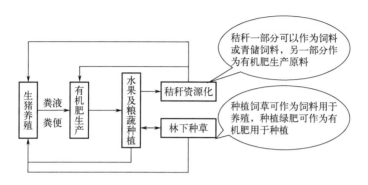

图5-3 简阳生猪种养结合循环利用模式（龚鹏博等，2022）

第三节 水产养殖生态工程

一、淡水综合养殖

我国是水产品产量最大的水产养殖国家，2018年，我国水产品产量为6469万吨，占世界水产品总产量1.79亿吨的36.2%（联合国粮食及农业组织，2020）。研究表明，水产养殖经济效益较高，鱼类的饵料系数平均仅为1.5，远低于肉牛（6:1）、猪（3:1）、鸡（2:1）的料肉比。通常海水养殖亩均效益是粮田的10倍。并且大部分水产品的蛋白质含量在15%~19.5%，个别品种超过20%，高于畜禽类产品中猪肉、鸡蛋等的蛋白质含量，与牛肉、羊肉的蛋白质含量比较接近（王静香等，2022）。因此，与畜牧业相比，水生生态系统在消耗相同数量饲料的条件下，可提供更多的蛋白质，一般养鱼饲料的转换率为20%左右，而肉鸡为12%~16%，蛋鸡为10%~12%，因为鱼类是变温动物，不需要消耗热量来维持体温，因而基础代谢较低，饲料的转换率较高。

淡水生态系统中一般有以下生态类群：水生维管束植物（如挺水植物芦苇、菰、席草等，浮叶植物菱、眼子菜、睡莲等，沉水植物苦草、马来眼子菜、金鱼藻等，漂浮植物凤眼莲、满江红等）、浮游生物（浮游植物、动物、细菌）、自游生物（淡水鱼、水禽、两栖类等）、底栖动物（螺、蚌、水生昆虫等）、细菌和附生藻类等。人工水生生态系统是通过鱼类，直接或间接依靠水体初级生产者光合作用产生的有机物质，再加上人工能量物质（饵料、肥料等），输出鱼产品的系统。对水生生态系统中的所有这些生物资源实行综合开发和综合利用，就是水体农业生态系统的综合化。

我国淡水养鱼历史悠久，其综合养鱼更是独具特色，模式多样，不但能把陆生生态系统与水生生态系统有机地结合起来，把农、林、牧、副、渔有机地结合起来，相互促进，实行物质的多次利用、综合利用，使有机废物转化为高价蛋白质——鱼，而且还能实现整个农业生态系统对物质的循环利用，实现农业生产过程的无废物化。利用有机粪肥混养多品种鱼的池塘是一个完整的水生生态系统。它的初级生产者是浮游藻类；它的分解者是其中的细菌，其分解有机粪肥、各种动植物尸体和它们的排泄物。它的消费者是混养的各种鱼，其底层为鲤鱼，食螺蛳、河蚌；中下层为草鱼，吃水草；上层为鲢鱼、鳙鱼；鲢鱼食浮游植物，鳙鱼吃浮游动物。这些鱼种食性及栖息水层各异，因而同池混养能充分利用水体和饵料。在给鱼塘施肥补充饵料的情况下，多个品种的鱼混养、密养，能充分利用池塘的各种生态因素，因而能获得高产。

目前，我国主要养殖的鱼类有草鱼、青鱼、鲢鱼、鳙鱼、鲮鱼、鲤鱼、鳊鱼、团头鲂、罗非鱼等，主要养殖的名特水产有甲鱼、鳗鱼、黄鳝、中华石斑鱼、乌鱼、泥鳅、罗氏沼虾和胡子鲶等。根据鱼类的生活习性和摄食特点，以及水体的自然生态条件、营养状况等，将水体空间分为上、中、下三层，实行多品种鱼混养，充分利用鱼池空间，提高单位面积的产量。

二、常规鱼混养模式

常规鱼混养、放养模式多种多样，现介绍以下几种典型传统模式。

1. 以草鱼为主体鱼的混养、放养模式

我国南方，人们的消费习惯以草鱼为主，多取这种模式。华南地区亩产750kg的混养模式为：每亩养0.25～0.9kg/尾草鱼300尾，10～17cm/尾草鱼200尾，0.5kg/尾鳙鱼30～40尾，20～24cm/尾鳙鱼30～40尾，17cm/尾鲢鱼20尾，10～20尾/kg鲮鱼500～600尾，30～40尾/kg鲮鱼500～600尾，60～80尾/kg鲮鱼500～600尾，40～50g/尾福寿鱼600～800尾，40～100g/尾鲤鱼30～50尾，50g/尾鲫鱼100尾，25g/尾野鲮100～150尾，40g/尾鳊鱼50尾，50g/尾团头鲂50尾，0.1～0.5kg/尾青鱼5～10尾。

2. 以滤食性鱼为主体鱼的混养模式

以鳙鱼为主体鱼，亩产450kg的模式为：每亩放养0.15kg/尾鳙鱼200尾，120g/尾鲢鱼100尾，0.15～0.2kg/尾草鱼200尾，50g/尾鲮鱼3000尾，鲤鱼100尾，鲫150尾，鳊120尾，野鲮200尾。

3. 以青鱼、草鱼为主体鱼的混养模式

我国华东地区，亩净产500kg的放养模式为：每亩放养青鱼，1kg/尾的40尾，鱼种50尾（共重12kg），25g/尾的100尾；草鱼，0.5kg/尾，斤两鱼种60尾（约重15kg），25g/尾的200尾；团头鲂，斤两鱼种150尾（约重7kg）；鲤鱼，斤两鱼种80尾，20g/尾的鱼种150尾（约重6kg）；15g/尾鲫鱼苗500尾；斤两鳙鱼种60尾（约15kg）；斤两鲢鱼种200尾（约重44kg）。

4. 以鲤鱼为主体鱼的混养模式

我国北方以鲤鱼为主体鱼的混养模式较多。东北地区亩净产300kg的苗种放养量为：每尾平均重70g的鲤鱼种650尾，每尾平均重75g的鲢鱼种150尾，每尾180g的鳙鱼20尾，鲫鱼50尾。

5. 以鲮鱼为主体鱼的混养模式

以鲮鱼为主体鱼的养殖有两个特点：一是只能在我国南方气温较高的地区养殖；二是以鲮鱼为主，需要少搭配鲢鱼。广东以鲮鱼为主亩净产300kg的模式为：放养40～60尾/kg的鲮鱼900尾；0.4～0.5kg/尾的鳙鱼120尾，分4次投放；0.2～0.25kg/尾的草鱼80尾；10～17cm的鲢鱼20尾；7～10cm的鲤鱼30尾；13～15cm的青鱼5尾；10cm的鳊鱼50尾。

三、鱼鳖混养模式

鳖又称甲鱼、团鱼、圆鱼、水鱼等,是主要生活于水中的两栖爬行动物,喜欢栖息在底土为泥质的江河、湖泊、水库及池塘中。

鳖为冷血变温动物,对外界温度变化十分敏感。适于鳖摄食生长的温度为 20~33℃,最适温度为 25~30℃,在此温度范围内,鳖摄食旺盛,生长迅速。20℃以下食欲减退,15℃停止摄食。水温低于 12℃,便潜入水底泥沙中冬眠。

鳖是喜食动物性饵料的杂食性动物。在生产实践中,可将其生长过程划分为 3 个阶段,即卵经过一段时间孵化破壳而出称为"稚鳖";稚鳖饲养到当年越冬或第 2 年开春饲养到越冬等,约 1 年时间,为"幼鳖";幼鳖越冬后其体重达 100g 以上,再经 2 年左右的饲养,体重达 0.5~1kg 的鳖称"成鳖",即商品鳖。繁殖产卵的鳖称"亲鳖"。

鳖生长缓慢,在自然温度条件下饲养周期长(3~5 年)。单一养鳖既不能充分利用水体空间,又不能充分利用水体中的饵料生物。由于鳖与鱼具有相近的生长期和生物环境,这为混养奠定了基础。实践证明,实行鱼鳖混养,是确保养鱼、养鳖生产发展,提高经济效益的有效措施。鱼鳖混养方法简单,投资少,易管理,产量高;既充分利用了水体的生物学循环,又能保持生态系统的动态平衡。湖南省汉寿县进行鱼鳖混养试验,亩产鳖 145kg,鱼 405kg。

把单养鱼或单养鳖的池塘改为鱼鳖共存的混养生产方式,应改变相应的生产措施和条件,以创造适合鱼鳖共存的池塘生态环境。因此,鱼鳖混养应掌握以下技术要点:

① 建好防逃墙。鱼鳖混养池的池塘建设应以养鳖需要为准。因此,除稚鳖池因水体少,又需经常换水而不宜混养鱼类外,其他鳖池,如幼鳖池、成鳖池及亲鳖池,水位在 1~1.5m 以上者均可混养鱼类。一般鱼池均可改造与鳖混养。但因鳖有爬墙、凿洞逃逸的习性,因此应在池塘四周筑起防逃墙方可与鳖混养。同时,还要根据需要修建饵料台、休息场及孵化场等。

② 选择适宜的混养鱼品种。一般温水性鱼类中食浮游生物性鱼类、杂性鱼类及草食性鱼类适宜与鳖混养。如鲢鱼、鳙鱼、日本鲫鱼等可充分利用水中的浮游生物;鲤鱼、鲫鱼、尼罗罗非鱼可利用残饵鳖粪及有机物碎屑;草鱼、鳊鱼等可食水中杂草。混养时应根据池塘的具体情况,选择主养鱼类、配养鱼类,并确定鱼种放养量。如以鲢鱼为主,可使鲢鱼占 50%~60%,草鱼、鲂鱼占 20%,鳙鱼占 10%,鲤鱼、鲫鱼占 10%~20%。

③ 选择混养鱼类的适宜规格。鱼鳖混养池以养成鱼或套养培育大规格鱼种为宜。如幼鳖池可放养长 5cm 左右的小规格鱼种,以培育大规格鱼种。成鳖池及亲鳖池可放养长 15cm 左右的大规格鱼种,以养成商品鱼。

④ 增加饵料及肥料的投放量。鱼鳖混养的池塘应在满足鳖所需饵料的同时,根据混养鱼的品种、数量及水质肥瘦等情况,适当增加投饵及施肥量以保证鱼类生长所需。混养池的施肥原则是,充分利用池塘本身的浮游生物资源优势,并防止浮游生物大量繁殖造成水质过肥或污染,保证鲢鱼、鳙鱼等食浮游生物性鱼类的食物充足。

四、鱼虾混养模式

淡水养殖的虾类,主要是日本沼虾,又名河虾、青虾,喜栖息于水深 0.7~7m 的水草缓流处,冬季在水底泥中越冬,幼体食浮游生物,成虾食水生植物的茎叶及鱼、贝类的尸体，寿命 14～15 个月。

单养青虾不能充分利用水体生产潜力，因此，一般采用混养方式。混养方式有两种，一种是以鱼为主的混养，即在一般的精养鱼池中适量放养后期仔虾，但不能在高产鱼池中混养，因为亩产 500kg 以上的高产鱼池的池水在夏秋季经常出现缺氧现象，易引起青虾死亡，因此只能在亩产 300kg 左右的鱼池中混养青虾。另一种是以虾为主的混养，混养鱼的种类应以鲢鱼、鳙鱼、草鱼、团头鲂和白鲫为宜，不放其他鲫鱼、鲤鱼，以防它们吞食虾苗。

要达到鱼虾共生增产、增值的目的，应做好以下几方面工作：

① 鱼虾混养的池塘可利用一般鱼类养殖池塘，不宜过大，通常 1～4 亩，深 1～1.5m，池水要肥，排灌方便，无毒性污染。池塘要严格进行去害消毒。水体中要有一定的水草和枯枝，以便青虾攀爬栖息，也可起隐蔽作用。

② 以鱼为主的混养池，虾的放养只能服从鱼，只能在已经养鱼的池塘中养一定数量的虾。这种情况下，虾的存活率较低，只有 30% 左右。以虾为主的混养池，一般先放养仔虾，待虾长到 2cm 左右时再放养鱼，这样可提高虾的成活率和生长速度。

③ 青虾与滤食性鱼类混养较好，最好与白鲢鱼混养，不可与鳊、鲂、鲤、鲫鱼类混养，更不能与肉食性鱼类混养。

④ 放养比例及密度。每亩池塘放养白鲢夏花 7000～8000 尾，6 月下旬放抱卵雌虾 500～800 只，或放 2cm 左右的虾苗 5000～8000 只。放养时，应放虾入池，待青虾适应池塘生活环境或幼体变态结束后再放养鱼种。

五、鱼蟹混养模式

河蟹，又名毛蟹、螃蟹，学名为中华绒毛蟹。肉质鲜美，营养价值很高，是一种珍贵的水产品。河蟹适应性强，喜居江河、湖泊的泥岸或滩涂的洞穴里，或隐匿在石砾、水草丛中。河蟹是杂食动物，但偏爱动物性食物如鱼、虾、螺、蠕虫、河蚌类等。

河蟹的人工养殖，应掌握以下技术要点。

1. 建池

根据河蟹发育阶段的不同要求应建造不同的池类。

① 新蟹饲养池一般以土池为宜，面积 1 亩左右，水深 1.2m 左右。池周边和进、排水口均必须加防逃设备。

② 幼体孵化池一般以水泥池为宜，面积 10～25m²，水深 60～80cm。可兼作饲料培育池。

③ 幼体培育池以石壁土池为宜，池形为椭圆形，面积 0.5～1 亩，水深 1～1.2m，进、排水口用细筛过滤。

④ 成蟹饲养池一般多为土池，形状多样，通常根据河蟹的习性，宜狭长，长宽比为 5：1，面积为 0.5～2 亩。池塘太小，水质易变坏，而且管理不便。为限制河蟹活动范围，减少互相格斗残杀，必须将养蟹池用竹或网加以分割。池内水深各处不一，最深处 1.5m，最浅处 10cm，平均水深 0.8～1m。还要求池中具有露出水面的土墩，作为河蟹活动场所。池内可种草，以利河蟹隐蔽栖息。

2. 亲蟹饲养

亲蟹应选择体质肥壮、经过最后一次蜕皮的"绿蟹"，个体重量以 100g 以上为佳。亲蟹的雌雄比按 3：1 或 2：1 搭配，放养密度每亩为 250～500kg。亲蟹饲养使用淡水，通常 4～

7d换水一次。亲蟹的饲料必须充分满足，一般以投喂鱼、虾、蚕蛹、蚌肉为主，也兼喂植物性饲料。

3. 亲蟹交配

亲蟹的交配季节为12月上旬至翌年3月中旬，其交配需在盐度为1.0%～2.7%的海水中。

4. 抱卵蟹饲养

亲蟹交配后要随时检查产卵情况，产卵后宜将雌雄分开，而对抱卵蟹则需精心饲养，加强管理，以免流产和死亡。

5. 幼体培育

刚出的幼体称为溞状幼体。幼体培育池必须经过清整消毒，并保证水质清净、饲料丰实、敌害生物少。放养密度以5万～6万只/m^{3}为宜。幼体对环境因子的要求为：盐度0.8%～3.3%，水温19～25℃，pH值为8～9。溞状幼体在培育中要经过5次蜕皮，需1个月左右的时间方可变成大眼幼体（常称为蟹）。

6. 蟹苗放养

蟹苗的适应性很强，淡水的湖泊、沼泽、水库等水域都可放养。为提高其成活率，通常实行二级放养。即先把蟹苗暂养在清塘后的池塘内或网箱中，每天投喂磨碎的蚕蛹、鱼肉和麦粉，大约饲养10d后蟹苗蜕皮变成幼蟹，能掘洞穴居，这时再捕捞起来进行散养，可大大提高成活率。

7. 成蟹饲养

河蟹饲养多以大水面放养为主。蟹苗放养规格宜大不宜小，平均个体重应在5g以上，放养密度为6000～10000只/亩。放养后以投喂人工颗粒饲料为主，并经常投喂一些猪内脏、蚕蛹等饲料，在蜕壳时最好适当搭配一些蟹壳粉、鱼骨粉等含钙质多的饲料。投喂量一般为全池蟹总重的4%～8%，每天投喂1～2次，定时定点。成蟹饲养管理中最关键的问题是防逃，因此要定时巡塘，经常检查，做好防逃设施的维修工作。此外，还要保证水质清新（水中含氧量需在5mg/L以上），水温适宜（幼蟹生长的最适温度为19～26℃）。

掌握了以上河蟹养殖技术的要领后再考虑鱼蟹的混养问题。鱼蟹混养即在同一水体中以养河蟹为主，适当养一些鱼类。这样可充分发挥水体的生产潜力，提高养蟹的经济效益，达到鱼蟹双丰收。鱼蟹混养宜在成蟹池中进行。鱼蟹混养技术除上述饲养技术外，还应注意放养的密度及规格。据江苏省洪县水产局的经验，每亩放养规格为每千克40～60只的蟹种10～12.5kg，混养规格为每千克300～400尾的草鱼、鲢鱼、鳙鱼和白鲢夏花120～150尾，能保证商品蟹中体重150g以上的占65%，商品率达65%。

第四节　鱼菜共生生态工程

传统农业生产系统面临人口增长、水资源短缺、耕地减少和土壤退化等严峻问题，集约化生产方式具有节水、节电、节地等优势，但其农业废水直接排放到周围水体中，易造成水体污染，因此资源利用率高、绿色且可持续发展的鱼菜共生系统引起了人们的广泛关注。鱼菜共生是一种新型的复合耕作体系，它把水产养殖与水耕栽培这两种原本完全不同的农耕技术，通过巧妙的生态设计，达到科学的协同共生，从而实现养鱼不换水而无水质忧患，种菜不施肥而正常成长的生态共生效应。

一、鱼菜共生概况

在传统的水产养殖中，随着鱼的排泄物积累，水体中氨氮增加，毒性逐步增大。而在鱼菜共生系统中，水产养殖的水被输送到水培栽培系统，细菌将水中的氨氮分解成亚硝酸盐，然后硝化细菌将其进一步分解成硝酸盐，硝酸盐可以直接被植物作为营养吸收利用。鱼菜共生让动物、植物、微生物三者之间达到一种和谐的生态平衡关系，是可持续循环型零排放的低碳生产模式，也是有效解决农业生态危机的有效方法。

鱼菜共生对消费者最有吸引力的地方有3点：

① 种植方式可自证清白。因为鱼菜共生系统中有鱼存在，任何农药都不能使用，稍有不慎就会造成鱼和有益微生物种群的死亡，以及系统的崩溃。

② 鱼菜共生脱离土壤栽培，避免了土壤的重金属污染，因此鱼菜共生系统中蔬菜和水产品的重金属残留都远低于传统土壤栽培。

③ 鱼菜共生系统中蔬菜有特有的水生根系，如果鱼菜共生农场带着根配送的话，消费者很容易识别蔬菜的来源，避免消费者产生这个菜是不是来自批发市场的疑虑。

尽管人们对鱼菜共生最早在哪里出现有一定争议，但在久远的年代确实能找到其存在和痕迹。在古代，中国南方和泰国、印度尼西亚等东南亚国家就有稻田养鱼的历史，养殖的种类包括鲤鱼、鲫鱼、泥鳅、黄鳝、田螺等。例如浙江丽水的稻田养鱼，距今有1200多年的历史。由于受困于干旱缺水的气候条件，20世纪70年代以来澳大利亚的园艺爱好者们成为鱼菜共生早期的先行者，借助互联网的开放性，在世界各地播下了火种。在知识和经验分享的过程中，鱼菜共生园艺得到快速发展，逐渐成为一场全球性的活动爱好。从1997年开始，维尔京群岛大学的詹姆斯 Rakocy 博士和他的同事们研发出了一种基于深水栽培的大型鱼菜共生系统。之后，世界各国多个大学逐步开展相关技术研究，探索大规模鱼菜共生农业生产的技术方法。联合国粮农组织也把小型鱼菜共生系统作为可持续农业模式向全球推荐。近几年，规模化的鱼菜共生系统逐步在世界各地建设投产，室内的鱼菜共生工厂也开始出现。当前，整个鱼菜共生家庭园艺和农业产业正在快速发展。国内专注鱼菜共生领域的农业公司还不多。很多农场只是把鱼菜共生作为三产概念引入农场，并没有实际采用鱼菜共生技术进行大规模栽培，以及向市场供应蔬菜和水产。

二、鱼菜共生基本原理

在传统的水产养殖中，随着鱼的排泄物的积累，水中的氨氮含量增加，毒性越来越大，需要定期换水，以维持水质干净、延续产能；水耕栽培是一种无土栽培的耕作方式，能够稳定一年四季的产量，需调配营养液供植物吸收，但必须排放的废弃营养液中的化学肥料会造成环境污染。鱼菜共生技术刚好能够结合两者优点并改善缺点，不需换水，而是不断循环再利用。

鱼类共生其实也可以视为鱼、菜、菌共生（图5-4）。

(1) 鱼类　呼吸及排泄物中含有氨，氨累积过多会对生物造成伤害，甚至使生物死亡，而水中的微生物亚硝化单胞菌能将氨分解成亚硝酸盐 NO_2^-，硝化杆菌再将其转化为硝酸盐 NO_3^- 被植物所利用。

(2) 植物　其根部是以离子的方式来吸收养分，因此不论是哪种营养来源，都必须转换成硝酸盐的形态才能被吸收利用，植物吸收被微生物分解的养分的同时也净化了水质。此

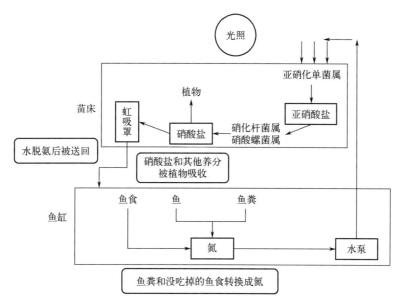

图 5-4 鱼菜共生原理示意图

外,植物的根部会释放天然的抗生素,而这些抗生素可溶于水,也会帮助鱼类维持健康。

(3) 菌 水中的微生物会居住在介质、植物根系或水管内壁等氧气充足的区域中,15~20h 便会以细胞分裂的方式进行繁殖,其中转换氨为氮肥的菌均称为硝化菌。硝化菌是净化鱼塘水质的关键角色。

(4) 水 被植物根部净化后的水再循环回鱼池,便形成一个重复利用水资源的循环。鱼菜共生农法使用的循环水,也可称为"生态水"或"系统水"。

三、鱼菜共生生态工程类型及技术

(一)鱼菜共生的耕作体系模式

1. 闭路循环模式

养殖池排放的水经由硝化床微生物处理后,以循环的方式进入蔬菜栽培系统,经由蔬菜根系的生物吸收过滤后又把处理后的废水返回至养殖池,水在养殖池、硝化床、种植槽三者之间形成一个闭路循环。

2. 开环模式

养殖池与种植槽(或床)之间不形成闭路循环,由养殖池排放的废水作为一次性灌溉用水直接供应蔬菜种植系统而不形成返还回流,每次只对养殖池补充新水。在水源充足的地方可以采用该模式。

(二)鱼菜共生方式

1. 直接漂浮法

用泡沫板等浮体,直接把蔬菜苗固定在漂浮的定植板上进行水培。这种方式虽然简单,但利用率不高,存在一些杂食性的鱼吃食根系的问题,需对根系进行围筛网保护,较为烦琐,而且可栽培的面积小,效率不高,鱼的密度也不宜过大。

2. 养殖水体与种植系统分离

两者之间通过砾石硝化滤床设计连接,养殖排放的废水先经由硝化滤床或槽的过滤,硝化床上通常可以栽培一些生物量较大的瓜果植物,以加快有机滤物的分解硝化。经由硝化床过滤而相对清洁的水再循环入水培蔬菜或雾培蔬菜生产系统作为营养液,用水循环或喷雾的方式供给蔬菜根系吸收,经由蔬菜吸收后又再次返回养殖池,形成闭路循环。这种模式可用于大规模生产,效率高,系统稳定。

3. 养殖水体直接与基质的灌溉系统连接

养殖区排放的废液直接以滴灌的方式循环至基质槽或者栽培容器,经由栽培基质过滤后,又把废水收集返回养殖水体,这种模式设计更为简单,用灌溉管直接连接种植槽或容器形成循环即可。大多用于瓜果等较为高大植物的基质栽培,需注意的地方是,栽培基质必须选择豌豆状大小的石砾或者陶粒,这些基质滤化效果好,不会出现过滤超载问题而影响水循环,不宜用普通无土栽培的珍珠岩、蛭石或废菌糠基质,这些基质因排水不好而容易导致系统的生态平衡被破坏。

4. 水生蔬菜系统

这种方式就如中国的稻鱼共作系统,不同之处在于养殖与种植分离式共生,即于栽培田块铺上防水布,返填回淤泥或土壤,然后灌水,构建水生蔬菜种植床,把养殖池的水直接排放到农田,再从另一端返还收集回流至养殖池,这样废水在防水布铺设下无渗漏,而水生蔬菜又能充分滤化废液,同样达到良好的生物过滤作用,有点类似自然的沼泽湿地系统。例如,茭白与鱼共生、水芋与慈菇等共生都可以采用该系统设计。

为了实现鱼菜的合理搭配和大规模种养,国际上的主流做法是将鱼池和种植区域分离,鱼池和种植区域通过水泵实现水循环与过滤。

(三)栽培部分的主要技术模式

1. 基质栽培

蔬菜种植在如砾石或者陶粒等基质中。基质起到生化过滤和固态肥料过滤的作用。硝化细菌生长在基质表面,具体负责生化过滤和固态肥料过滤。这种方式适合种植各类蔬菜。

2. 深水浮筏栽培

蔬菜种植于水槽上,通过泡沫板等漂浮材料将其托起。蔬菜的根向下通过浮筏的孔延伸到水中吸收养分。这种方式比较适用于叶类及部分果类蔬菜。

3. 营养膜管道栽培

通常采用 PVC 管作为种植载体,营养丰富的水被抽到 PVC 管道中。植物通过定植篮的固定,种植于 PVC 管道上方的开口内,让自己的根吸收水分和营养。这种方式主要用于叶类蔬菜。

4. 气雾栽培

直接将养鱼的水雾化后喷洒到植物的根系,以达到营养吸收的目的。这种方式也主要用于叶类蔬菜,在喷雾之前需要对水进行充分过滤净化,以免堵塞喷雾装置。

鱼菜共生技术原理简单,实际操作性强,适用于规模化的农业生产,也可用于小规模的家庭农场或者城市嗜好农业,具有广泛的运用前景。在具体的实践操作中,需注意的是鱼及菜之间比例的动态调节,普通蔬菜与常规养殖密度情况下,一般 $1m^3$ 水体可年产 25kg 鱼,同时供应 $10m^2$ 的瓜果蔬菜的肥水需求。家庭式的鱼菜共生体系,一般只需 2~3 m^3 水体配套 20~30 m^2 的蔬菜栽培面积,就可基本满足 3~5 人家庭蔬菜及鱼产的消费需要,是一种极适合城市或农村庭院生产的农耕模式,也是未来都市农业发展的主体技术与趋势。

四、鱼菜共生生态工程案例

1. 烟台艾维农场

艾维农场位于烟台市牟平区昆嵛山，成立于 2011 年，占地面积 20 亩，是山东艾维科技有限公司为重点项目科研论证及试验而设立的中试基地，是全国著名的高科技无土栽培创意生态农业示范场地。农场以"养鱼不换水、种菜不施肥"的鱼菜共生和"蔬菜种在空气中"的气雾栽培种植模式而著称，是国内最早开始从事鱼菜共生设计和运营的地方，是目前为止国内比较成功的、商业化的鱼菜共生＋气雾栽培生态农场。

艾维农场采用 1 个鱼菜共生大棚＋2 个气雾栽培大棚的模式。养鱼的水池与种植蔬菜的砾培槽通过水泵联系，陶砾定植作物，陶砾内有很多微孔可以起到附着微生物的作用，虹吸作为排水系统，无动力排水，通过系统控制可以实现潮涨潮落，砾培、植物和微生物可实现过滤与生物硝化处理，根系营养充足、发育好。同时，在陶砾种植槽中加入蚯蚓。蚯蚓吃掉鱼粪便，将其分解成更容易为植物吸收的养分，避免了种植槽养分吸收不完全、水体发臭的情况。

2. 陕西鱼菜共生清洁植物

陕西鱼菜共生养殖有限公司的清洁植物工厂位于西安市高陵区通远镇任村，占地面积 20 亩。植物工厂采用的是种植系统和养殖水体分离的模式，养鱼产生的粪便随着水流进入硝化塔，经过物理分解后再进入存放有蚯蚓、微生物、火山石等的硝化池进行生物分解，最终过滤后的水便成为蔬菜生长的"营养液"，经过蔬菜吸收后又循环给鱼用，形成密闭循环系统，做到零污染、零排放。植物工厂选取可湿根较多、生长周期短、经济效益高的蔬菜，能够实现不倒茬连续种植，栽种效率可达到传统土壤栽培的 10 倍，而用水量减少 90%。

清洁植物工厂主要销售有机农产品，销售方式采用线上线下和会员配送相结合的方式，每千克蔬菜的价格是普通蔬菜的 10 倍。

3. 湖北蔡甸群力村"鱼菜共生"生态养殖实现"一水双收"

"养鱼不换水、种菜不施肥"在武汉市蔡甸区侏儒山街道群力村成为现实。该村通过"鱼菜共生"模式，种植、养殖实现生态循环，打造生态养殖现代高效农业。"菜帮鱼、鱼帮菜"，通过鱼和蔬菜循环种养的农业新模式，动物、植物、微生物三者之间达到生态平衡，实现"养鱼不换水、种菜不施肥"，所产蔬菜和水产品不仅有机而且营养丰富，还实现了水循环利用，正所谓"一水双收"。

目前，"鱼菜共生"大棚内已投放泥鳅、罗氏沼虾、鲈鱼等多种鱼类幼苗，并已开始种植生菜、辣椒、茄子等蔬菜。群力村"鱼菜共生"大棚共有 6 个，每个棚里有 26 个菜池、11 个鱼池，一年可产鱼 11 万公斤、蔬菜近 25 万公斤。

思考题

1. 国内外对有关养殖业的传播性病害密切关注，如疯牛病、非洲猪瘟、禽流感等，从健康养殖以及防治这些病害的角度，你认为应对养殖规模进行限制吗？若应该的话，应如何限制？依据是什么？若不应该请说明你的理由。

2. 养殖生态工程设计中，除对物质和能量进行多层利用以及减少损失以外，还需对一些有害物质在系统中的流动、迁移和转化给予重视。你能列出主要的一些有害物质以及其危害特征吗？

3. 常规的鱼类混养模式有很多，不同的混养模式会产生不同的效益，为达到鱼类混养的最大效益，你认为在确定主养鱼类和配养鱼类时应考虑哪些因素呢？为什么？

4. 鱼菜共生作为一种新型的复合耕作体系，是有效解决农业生态危机的可行办法，但在实际应用中还存在规模小、技术难度大等诸多限制因素，请从实际应用角度出发分析鱼菜共生行业可能遇到的问题，并进行进一步分析。

参考文献

[1] Fukumoto Y, Osada T, Hanajima D, et al. Patterns and quantities of NH_3, N_2O and CH_4 emissions during swine manure composting without forced aeration—Effect of compost pile scale [J]. Bioresource Technology, 2003, 89（2）：109-114.

[2] O'Neill D H, Phillips, V R. A Review of the control of odour nuisance from livestock buildings：Part 3：Properties of the odorous substances which have been identified in livestock wastes or in the air around them [J]. Journal of Agricultural Engineering Research, 1992, 53（1）：23-50.

[3] 柏珊珊，韩超，韩帮军，等. 呼兰河一排干水环境污染现状及治理对策研究 [J]. 哈尔滨商业大学学报，2017，33（4）：671-674.

[4] 翟敏婷，辛卓航，韩建旭，等. 河流水质模拟及污染源归因分析 [J]. 中国环境科学，2019，39（8）：3457-3464.

[5] 董红敏，左玲玲，姚杰，等. 建立畜禽废弃物养分管理制度 促进种养结合绿色发展 [J]. 中国科学院院刊，2019，34（2）：180-189.

[6] 高凤仙，杨仁斌. 饲料中高剂量铜对资源及生态环境的影响 [J]. 饲料工业，2005（12）：49-53.

[7] 龚鹏博，胡碧霞，应寿英，等. 丘区种养循环模式的实践应用——以简阳生猪种养循环园区为例 [J]. 现代化农业，2022（8）：85-87.

[8] 胡芸芸，永东，李廷轩，等. 沱江流域农业面源污染排放特征解析 [J]. 中国农业科学，2015，48（18）：3654-3665.

[9] 金卫东. 肉鸡产业战略发展思考 [J]. 中国禽业导刊，2023，40（7）：15-18.

[10] 联合国粮食及农业组织. 2020年世界渔业和水产养殖状况 [J]. 2020.

[11] 粮农组织. 2020年世界渔业和水产养殖状况：可持续发展在行动 [J]. 罗马，2022.

[12] 刘宏伟. 浅谈我国蛋鸡业发展状况 [J]. 畜牧兽医科技信息，2021（10）：173.

[13] 屈健. 畜牧生产对环境的污染及对策 [J]. 饲料广角，2005（13）：33-34, 37.

[14] 田允波. 规模化养猪生产的环境污染及防治 [J]. 中国畜牧兽医，2006（5）：75-78.

[15] 王静香，赵跃龙，张忠明，等. 水产养殖在保障粮食安全中的重要作用及前景 [J]. 农业展望，2022，18（2）：31-37.

[16] 王秀莲. 生长育肥猪饲料转化率现状及降低措施 [J]. 当代畜牧，2022（12）：1-5.

[17] 邢廷铣. 畜禽生产与生态环境污染及畜牧业可持续发展 [J]. 饲料工业，2002，23（7）：1-5.

[18] 张培，张宽，靖中秋. 彰武水库流域农村生活面源污染负荷评估研究 [J]. 环境保护科学，2022，46（3）：67-70, 137.

[19] 中国畜牧兽医年鉴 [J]. 世界农业，2020（3）：2.

第六章
水体污染修复生态工程

水是人类消耗最多的自然资源，水资源的可持续利用是所有自然资源可持续开发利用中最重要的一个问题。由于人类活动的影响，进一步加剧了水资源的减少和污染，危及人类对水资源的基本需求，进而引发一系列的经济和社会问题。1972年，联合国就发出警告，"水，将导致严重的社会危机"，水的问题将成为21世纪影响全球的重大国际问题。目前，中国的水环境面临的最严重问题是水体污染。水体的退化严重制约了人类的用水需求，因此，水体的污染修复是人类迫切需要解决的问题。所谓受损水体的污染修复生态工程，就是利用培育的植物或培育、接种的微生物的生命活动，对水中的污染物进行转移、转化及降解，从而使水体得到净化的工程及技术体系。该工程具有处理效果好、投资少、运行费用低、无二次污染等优点。所以，这种廉价的工程技术十分适用于我国大范围受损水体的修复。

本章的水体主要是指景观、湖泊、池塘等相对静止的淡水生态系统。针对它们富营养化的现状，本章指出了生态修复的必要性，根据水体生态修复的内在原因、影响因素，提出了生态修复应遵循的原则、指导思想以及恢复生态功能的方法，并引用案例加以说明。

第一节 水体富营养化

水生生态系统在人类的生活环境中起着十分重要的作用。一方面，它在维持全球物质循环和水循环中具有重要的作用；另一方面，它还承担着水源地、动力源、交通运输场所、污染净化场所等功能。

一、水生生态系统的特点

水体为水生生物的繁衍生息提供了基本的场所，各种生物通过物质流和能量流相互联系并维持生命，形成了水生生态系统（aquatic ecosystem）。其构成要素有生产者、消费者、分解者和非生物类物质四类。非生物类物质是指水、氧气、二氧化碳、氮和磷营养物质等作为生物生长原料的无机物质，以及生物排泄物和死体等有机物质。生产者是指利用光能或无机物，合成有机细胞物质的生物，称为一级生产者。水环境中有代表性的生产者是光合自养型的藻类及部分水生植物。另外，利用氧化能的化学合成自养型硝化细菌也属于生产者范畴。消费者是以生产者产生的有机物为食料的异养型生物，称为捕食者。浮游生物、鱼类是典型的消费者，其中直接捕食生产者的称为一级消费者，捕食一级消费者的称为二级消费者，以此类推。分解者是异养型生物，它们分解生物死体和排泄物，使之变为简单的无机物质，供生产者再利用。分解者的典型代表是异养细菌和原生、后生动物等。

上述内容表明，维持生命所必需的物质是在生态系统中循环往复利用的。一般来讲，水体中的生物大致划分为脊椎动物、底栖生物、浮游生物和水生高等植物四大生态类群。它们各自组成水生生态系统十分重要的生命单元，形成错综复杂的相互依存而且相互制约的食物链（food chain）。食物链中各种生物与它们生存的环境之间通过能量流动和物质循环保持着相互依存的关系，这种关系在一定的空间范围和一定的时间内呈现稳定状态，即保持生态平衡（ecological balance）。

天然水体对排入其中的某些物质具有一定限度的自然净化能力，使污染的水质得到改善。但是如果污染物过量排放，超过水体自身的环境容量，这种功能就会丧失，从而导致水质恶化。水体受到严重污染后，不但直接危害人体健康，首当其冲受害的是水生生物。因为在正常的水生生态系统中，各种生物的、化学的、物理的因素组成高度复杂、相互依赖的统一整体，物种之间的相互关系都维持着一定的动态平衡，也就是生态平衡。如果这种关系受到人为活动的干扰，如水体受到污染，那么这种平衡就会受到破坏，使生物种类发生变化，许多敏感的种类可能消失，而一些忍耐型种类的个体大量繁殖。如果污染程度继续发展和加剧，不仅导致水生生物多样性的持续衰减，最终还会使水生生态系统的结构和功能遭到破坏，其影响十分深远。

二、水质净化的生物学原理

水体污染是指排入水体的污染物在数量上超过了该物质在水体中的本底含量和水体的环境容量，从而导致水体中的水发生了物理和化学上的变化，破坏了水体中固有的生态系统，破坏了水体的功能及其在经济发展和人类生活中的作用。

对于水环境来讲，水体自净（self-purification）的定义有广义和狭义之分。广义的定义是指受污染的水体经物理、化学与生物作用，使污染物的浓度降低，并恢复到污染前的水平；狭义的定义是指水体中的微生物氧化分解有机污染物从而使水体得以净化的过程。

水体自净过程十分复杂，按其机理可分为以下 3 个过程：

① 物理过程——其中包括稀释、混合、扩散、挥发、沉淀等过程，污染物质在这一系列的作用下其浓度得以降低。

② 化学和物理化学过程——污染物质通过氧化、还原、吸附、凝聚、中和等反应使其浓度降低。

③ 生物生化过程——污染物质中的有机物质，由于水中微生物的代谢活动而被分解、氧化，并转化为无害、稳定的无机物，从而使浓度降低。

任何水体的自净作用都是上述 3 个过程同时、同地产生，相互影响、相互交织在一起，共同作用的结果。但其中常以生物自净过程为主，生物体在水体自净作用中是最活跃、最积极的因素。目前在水体自净作用的研究上大多以生物自净过程为中心。

三、水体富营养化的概念与成因

富营养化（eutrophication）一词原用于描述植物营养物浓度增加对水生生态系统的生物学效应。最初，Weber 使用 eutrope、mestrophe、okigotrophe 描述决定泥炭沼泽发展初期植物群落的营养状态。到 20 世纪中后期，当富营养化及其影响成为人们关注的问题时，其内涵大为拓展，即由社会的城市化、植物营养物的工农业利用及其废弃物的排放等所引起的生态变化。富营养化更多的是生物学或生态学上的概念。从这个意义上讲，评价一个湖泊或水库的富营养化程度，用氮、磷或其他环境因子都不是最贴切的，而水生植物（包括高等水生植物和浮游植物）的初级生产力是最合理的，但这样的指标较难获取。现在普遍采用的用氮、磷、透明度、叶绿素等指标评价富营养化的方法是一种替代方法。至于富营养化的指标，经济合作与发展组织（OECD）在1982年提出，平均总磷浓度大于0.035mg/L，平均叶绿素浓度大于0.008mg/L，平均透明度小于3m，即为富营养化的标准（OECD，1982）。尽管富营养化可分为天然富营养化和人为富营养化，但天然富营养化要经过几千年甚至几万年才能完成，而人为富营养化才是当代水体富营养化的主要因素，因为人类的经济活动可导致湖泊在短短几年内就出现富营养化。

水体富营养化的表观现象就是蓝细菌和真核藻类引起的"水华"。越来越多的研究表明，富营养化的实质是水体初级生产力的异常增大，支配这种初级生产力的营养性物质很显然是富营养化极为重要的指标。在适宜的光照、温度、pH值和充足营养物的条件下，天然水体中的藻类通过光合作用合成自身的原生质，以下反应式可以概括水体富营养化的本质：

$$106CO_2 + 16NO_3^- + HPO_4^{2-} + 122H_2O + 18H^+ + 能量 + 微量元素 \longrightarrow C_{106}H_{263}O_{110}N_{16}P + 138O_2$$

可以看出，水体中藻类原生质的生成有赖于碳、氮、磷的存在，碳、氮、磷是生成藻类的决定性因素，因而也是构成水体富营养化的决定性因素。根据Liebig最少定律（law of minimum）（Odum，1971）和上述藻类生长的基本反应式可知，磷通常是水体富营养化的限制因子（Schindler，1997，2012，2016）。其主要原因：一是因为自然水体中含磷量很低，限制了水生生物的生长繁殖；二是大部分水生生物需磷量很少，其生物体的C：N：P一般为106：16：1；三是由于许多蓝细菌能固氮，可从空气中固定氮气来满足它们对氮的需要，而磷不能转化为气体，只能在水体中循环。

藻类所需要的无机营养与植物相同，需求量大的元素包括碳、氮、磷、氢、氧。CO_2是最主要的碳源，氮源是氨氮和硝酸盐，磷源是溶解性磷酸盐类，氢和氧由水提供。藻类需要的微量元素有锰、硫、氯、铁、铜和其他许多金属元素，这类元素一般在水中都是大量存在的。藻类生长的限制因素是氮和磷，其含量通常决定着藻类的收获量，所以水体中氮、磷营养盐类的增加，也就成为藻类过度生长的主要原因。

藻类在氮、磷利用上存在一定的相关性（孔繁翔 & 高光，2005）。从藻类对氮、磷需要的关系看，磷的需要往往更为重要，生产力受磷的限制更为明显（蔡龙炎等，2010）。这是因为水中氮的缺乏，可以由许多固氮的微生物（如某些固氮细菌和蓝藻）来补充，尤其是浅水型封闭水体，光照充足，生物固氮作用活跃。另外，人们发现藻类的过度繁殖程度与磷酸盐含量之间存在着某种平行关系，出现过度繁殖的那些藻类往往能积累大量磷酸盐。藻类对有机氮的摄取比无机氮缓慢，但有机物可以作为代谢物或维生素的来源促进藻类的生长；有机氮也可以通过促进细菌的生长，增加水体中的溶解性CO_2量，为藻类光合作用揭供充足的碳源。总体来讲，富营养化是水体受到氮、磷污染，营养物质进入水体并造成藻类和其他微生物异常增殖的结果（Wurtsbaugh等，2019；严杨蔚等，2013）。

四、水体富营养化产生的危害

富营养化的危害很大，影响深远，它不仅在经济上造成损失，而且危害人类健康。富营养化水体在很多用途方面都被认为是劣质水体。下面分别从几个方面介绍由氮、磷引起的富营养化状态对水体功能和水质的影响及危害。

1. 使水味变得腥臭难闻

富营养化的水体会出现藻类（尤其是蓝藻）的过度繁殖，使饮用水产生霉味和臭味。在春末、夏、秋温度较高的季节，水藻大量增殖，成团的藻类死亡后腐烂分解时，经过放线菌等微生物的分解作用，这些水藻就会散发出浓烈的使人恶心的腥臭。藻类散发出的这种腥臭，向水体四周的空气中扩散，给人以不舒服的感觉，直接影响、干扰人们的正常生活，同时这种腥臭味也使水味难闻，大大降低了水的质量。

2. 降低水的透明度

富营养化水体中，生长着以蓝藻、绿藻为优势种类的大量微藻。这些微藻浮在水体表面，形成一层"绿色浮渣"。经过风吹，水面这层绿色浮渣被密集、浓缩，由于表层水体悬浮着密集的水藻，水质变得浑浊，透明度明显降低，富营养化严重的水质透明度仅有0.2m，水体感官性状大大下降。

3. 消耗水体中的溶解氧

富营养化水体的表层，藻类可获得充足的阳光，并从空气中获得足够的二氧化碳进行光合作用从而放出氧气，因此表层水体中有充足的溶解氧。但在富营养化水体的深层，情况就不同了。首先，由于表层有密集的藻类，阳光难以透射进入水体深层，而且阳光在穿射水层的过程中被藻类吸收而衰减，所以深层水体的光合作用明显地受到限制从而减弱，因而溶解氧的来源也就随之减少。其次，藻类死亡后不断地腐烂分解，也会大量消耗深层水体中的溶解氧，严重时可能使深层水体中的溶解氧消耗殆尽，从而导致厌氧状态，使得需氧生物难以生存。这种厌氧状态可以触发或者加速底泥积累的营养物质的释放，造成水体营养物质的高负荷，形成富营养化水体的恶性循环。

4. 向水体释放有毒物质

藻类大量繁殖的同时能够分泌、释放有毒有害物质，危害动植物的同时对人类健康产生严重影响。其中蓝藻毒素分布广泛，占比较多，可引起动物和人类肾衰竭等，已成为全球性的环境问题（Harke等，2016；Li等，2017）。

5. 影响供水水质并增加制水成本

湖泊和水库是重要的城市供水水源，约占我国城市供水量的1/4。随着生产发展和人民生活水平的提高，城市和工矿区对饮用与工业供水的水质、水量需求与日俱增。然而，由于水体富营养化问题日趋严重，故富营养化的水体作为水源时会给净水厂带来一系列问题，不少水厂制水困难，水质不佳，令人厌恶，我国的太湖、巢湖和滇池等地尤为严重。在夏日高温季节，藻类增殖旺盛，过量的藻类会给净水厂的过滤过程带来障碍，水藻经常堵塞滤池。为了消除堵塞现象，需要改善或者增加过滤措施。另外，富营养化水体在一定条件下由于厌氧作用而产生硫化氢、甲烷和氨气等有毒有害气体，而且在制水过程中水藻本身及其产生的某些有毒物质增加了水处理的技术难度，既影响净水厂的产水率，又加大了制水费用，有的甚至导致水厂关闭。

6. 对水生生态的影响

在正常情况下，湖泊水体中各种生物都处于相对平衡的状态。但是，一旦水体受到污染而呈现富营养化状态时，水体的这种正常的生态平衡就会被扰乱，生物种群数量就会显示出剧烈的波动，某些生物种类明显减少，而另外一些生物种类则显著增加。这种生物种类的演替会导致水生生物的稳定性和多样性降低，破坏水体的生态平衡。

7. 对渔业的影响

不少种类的蓝藻含有胶质膜或有毒，不适合作鱼的饵料。藻类的大量过度繁殖使水体中溶解氧急剧变化，一般到 8 月中旬后，因大量藻类衰败，沉入水底，而在水底被异养微生物分解，使氧气耗尽，这就使鱼卵的孵化和鱼类的生存受到严重影响，从而严重影响鱼的生存和渔业生产。

第二节　景观水体的污染修复

一、景观水体的重要性及其现状

景观水体，通常指的是休闲娱乐用水，主要包括公园中的小湖泊、住宅区的池塘、喷泉、瀑布等。在园林中，水景常常构成一种独特的、耐人寻味的意境，对于城市的生态、景观、文化及娱乐等方面均起着积极作用。

近年来，人们生活水平不断提高，越来越向往"小桥流水、如诗如画"的生活环境，因此，随着城市绿地、公园和居住小区的建设，人工湖泊、人工河流、水族馆、喷泉、瀑布、景观池塘以及景观水池也与日俱增。这些景观水体多为静止或流动性差的封闭性缓流水体，一般具有水域面积小、易污染、水环境容量小、水体自净能力低等特点，再加上当初设计的局限性、后期的污染以及水质管理措施等方面的问题，极易造成水中悬浮物增多、浊度增大、水味腥臭难闻、藻类过量繁殖、蚊蝇滋生、观赏性鱼类大批死亡等问题，丧失了景观水体的功能，并严重影响周围的自然环境和居民的人居环境。因此，如何让一方绿水常清，让碧波荡漾的美丽水景永驻，重新体现并提升其在都市文化中的价值和品位，是城市生态环境建设中一个亟待解决的问题。

二、污染来源及防治方法

由于城市人口密集，工业、商业、交通业发达，当前工业污染在城市已经得到治理，但生活污染经污水处理厂处理后的自然排泄、交通带来的光化学污染的干湿沉降、城郊家禽养殖场废物的排泄、城郊农业面源污染的自然排入、上游河流带来的污染进入城市景观水体后，都会引起城市景观水体的污染，污染物一般多为 N、P 等营养物质，日积月累，造成水体富营养化。

景观水体的污染原因有很多，可以分为外源性污染和内源性污染。空气灰尘沉降、河流雨水混合以及其他污水净化后的流入等情况属于外源性污染；内源性污染主要来自动物的排泄物、植物的枯枝败叶以及浮游生物的沉积等（邱海燕等，2013）。景观水体的污染来源主要有以下几个。

① 大气沉降。主要是尘土、氮、磷、硫化物等。
② 雨水。大气中的污染物主要是地表积聚物、土壤颗粒、化肥农药残留物、营养盐等随降雨冲刷径流进入景观水体。
③ 枯枝落叶。水景岸边的植物以及水体中水生植物的枯枝落叶和残体等进入水体后，腐烂分解为水体中的污染物。
④ 鱼类饵料和排泄物。
⑤ 不文明的游客随意丢弃的垃圾和杂物。

在修复景观水体污染时，主要目的是去除水体中的氮、磷营养盐，降低水体有机污染物以及抑制藻类富营养化等，从而使水体的生态得到恢复（黄勇等，2016）。需要通过生态护岸、引水暗沟、水面保洁、鱼类控制等措施，杜绝上述污染物进入水体，控制其外源污染。对于已经受污染的景观水体，则要在有效控制外源性营养物质输入的同时，采取有效的方法，通过控制水体中的化学需氧量（COD）、生化需氧量（BOD_5）、TN 和 TP 的含量，进而控制藻类的生长，保持水体的清澈、洁净。

目前，景观水体内源性污染控制主要有物理法、化学法和生态法。物理法常用的有直接调水、疏浚底泥、机械过滤、曝气等。当水体的透明度降低时，通过调水的方法稀释水中杂质的浓度，以此降低污染，此方法只适合于小面积的水体，但是在水资源高度短缺的今天，这种方法的局限性很大。有些地方采用循环过滤的方式，设置景观水循环净化装置，此方法虽然比引水、换水、投加药剂的方法行之有效，但是费用太高。如上海市太平桥公共绿地人工湖（安玲等，2003）和上海盛大花园人工湖（邹平等，2003）都采用了循环系统，其前期投入较大，后期还需维护费用。

直接投加化学药剂，如硫酸铜和漂白粉等的化学方法，此方法虽然可以立竿见影，沉淀污染物，使水质变清，但是容易引起二次污染。该方法不能从根本上改善水质，相反长期投加还会使水质越来越差，最终使人工湖成为一潭死水。

生态修复的原理就是通过在水体中养殖有抗污染能力和强化能力的水生动物、植物及微生物，或提高水体中已有生物群落的净化能力，修复水体，并利用生物间的相互作用维持生态平衡。该技术中前者是构造一个人工的自然环境，后者是对自然界恢复能力和自净能力的一种强化。生态修复技术相比物理、化学的技术手段，治理效果更安全、更持久。

三、生态修复技术

目前，水体生态修复技术主要包括人工湿地、生态浮岛、水生动物、微生物、生物膜以及稳定塘等。景观水体生态修复治理技术在基本概念、作用机理、结构组成、应用形式等方面都存在差异性，每一项水体生态修复技术都有各自特征，如表 6-1 所列。

表 6-1 景观水体生态修复技术的基本特征

技术名称	基本概念	作用机理	结构组成	应用形式
人工湿地技术	通过模拟自然湿地，人为设计与营造的由基质、水生湿地植物、水生动物和水体组成的复合体	人工湿地通过湿地生态系统中土壤、水体、生物作用，通过过滤、沉淀、生物降解等方式来净化污水	填料、基质、水生植物等	表面流式、水平潜流式、垂直流式
生态浮岛技术	一种利用高分子材料作为漂浮载体和种植基质的水面种植技术	植物根系能吸收氮、磷等营养物质，向水中释放氧气，分泌特殊的化学物质，以及促进根际微生物发生硝化、反硝化反应等	框架、载体、基质、水生植物等	干式浮岛、湿式浮岛
水生动物技术	根据水生系统食物链的竞争关系，调节水中各种生物的数量和密度，利用水生动物吸收水中有机物、无机物、藻类等	利用水生动物吸收水中有机物、无机物、藻类等	浮游动物、底栖动物等	—

续表

技术名称	基本概念	作用机理	结构组成	应用形式
微生物技术	将特定微生物菌剂投放入水体，进行水体净化的生物技术	特种微生物分解水中有机污染物，除去含硫、氮等带恶臭的污染物质，并抑制有害微生物、藻类等滋生	特种微生物	CBS技术、EM技术
生物膜技术	水中微生物群附着在载体表面，逐渐形成膜状结构，利用内外层微生物净化水体的技术	利用外层好氧菌吸附水中有机物并将其分解，并在厌氧层进行氧气分解，以达到去除水中有机污染物的目标	附着载体、悬挂结构、水体微生物等	天然材料载体、高分子合成材料载体
稳定塘技术	一种利用天然净化能力对污水进行处理的构筑物的总称	净化水体过程与自然水体的过程相似，利用人为技术手段加快水体的净化过程，提高净化效果	池塘、防渗层、微生物、水生植物等	好氧性、厌氧性、兼性

1. 微生物修复

景观水体一般以自来水作为原水，水体中污染物高效降解菌很少，补充有益微生物和促进其生长的营养剂可加速水体中污染物的降解，也有助于加速底泥中污染物的分解转化。采用投菌法进行水体的生物修复近年来已成为国内外研究的热点。该方法是直接向富营养化景观水体中投入单一微生物、复合微生物或者是商品化的环境生物制剂，利用投加的微生物激活水体中原本存在的可以自净但被抑制而不能发挥其功效的微生物，通过它们的迅速增殖，大量吸收转化水体中的氮、磷等盐类，抑制藻类的生长，治理水体的富营养化。

对于投菌技术，已有许多关于光合细菌、硝化细菌、芽孢杆菌等以及它们组成的复合微生物改善富营养化水体的研究报道。曹式芳等（2002）采用1∶1∶1的比例，对光合细菌、硝化细菌和复合细菌进行混合，处理富营养化景观水体，结果表明：有机物与叶绿素的去除率分别达到60%和90%，含氮化合物的去除率达到50%以上，而且投入微生物可使水体溶解氧（DO）值由1mg/L增加到7mg/L。庞金钊等（2003）投加光合细菌、硝化细菌、复合菌的混合液对水体浊度的去除率达到88%，并且COD_{Mn}、氨氮、叶绿素a等的含量均显著降低。唐玉斌等（2003）采用纯天然物质制成的生物激活剂Bio Oxidator™（BO）和Nutra Complex™（NC）对上海植物园兰室与牡丹园的湖水进行修复，结果表明，施用生物激活剂BO和NC对水体中COD、BOD、TP、浊度等均有显著的去除效果，并可显著提升水体溶解氧。方一丰等（2005）用由酵母膏、氨基酸和维生素等组成的生物激活剂对实际景观水体进行修复，结果表明：投加生物激活剂的水样，与空白相比，COD_{Cr}去除率增加了27.3%，溶解氧提升了21.2%，浊度的去除率增加了23.6%，氨氮的去除率增加了11.5%。

2. 水生植物修复

在城市景观水体处理中，水生植物占据着十分重要的地位，一方面起着代替曝气机输氧的作用，另一方面为微生物群落创造了有利的活动场所。用于处理富营养化水体的植物一般具有以下特点：耐污能力强，抗寒性强，生长快，能积累大量的氮、磷等营养物质，易收割，易控制，具有一定的观赏价值和经济价值。目前，国内外已利用的多种水生植物主要有芦苇（*Phragmites australis*）、香蒲（*Typha orientalis*）、藨草（*Scirpus triqueter*）、鸢尾（*Iris louisiana*）、狐尾藻（*Myriophyllum verticillatum*）、茭白（*Zizania latifolia*）和水芹（*Oenanthe clecumbens*）（张熙灵等，2014；张贵龙等，2013）等，它们吸收水体中多余的营养物质，进而消除水体的富营养化。水生植物主要通过3个重要作用净化富营养化水体：a. 直接吸收利用氮、磷等营养物质，并吸附一些有毒有害物质；b. 为微生物提供好氧、厌氧条件；c. 增强和维持介质的水力传输能力。另外，植物还通过光合作用为净化水体提供能量，节省能源，并且通过定期收割回收资源；还与浮游藻类竞争营养物和光能，进而抑制藻类的生长；具有观赏性，能改善景观生态环境；增加了系统的生物多样性，提高了系统抵抗外界的干扰能力，使水生生态系统的结构更加稳定。

3. 水生动物修复

水生动物作为水生态系统的一个重要的组成成分，其作用也将较大地影响水生态系统净化的效果。水生动物以水体中的细菌、藻类、有机碎屑等为食，可有效减少水体中的悬浮物，提高其透明度。投放数量合适、物种配比合理的水生动物，可延长生态系统的食物链，提高生物净化效果。通过定期对浮游动物和底栖动物进行打捞，可以防止其过量繁殖造成的污染，同时也可以将已转化成生物有机体的有机质和氮、磷等营养物质从水体中彻底去除。

利用水生动物进行水体净化，必须考虑到生物种群的关系，主要是因为水体中生物种类和数量的改变会影响到其他生物种群和数量的变化，对整个水体生物的稳定发展和运行产生不利影响。目前，由于国内针对水生动物修复水体技术的研究相对较弱，未能广泛应用到水体净化实际应用中，因此，需要从生态位及食物链的角度，选择适合生态系统发展、不会造成重大破坏的动物种群及种类。良性的水体生态循环是保证和提高水体净化功能的重要前提。

四、案例——以北京市动物园水禽湖富营养化综合整治为例

水禽湖位于北京市动物园水系的中部，是珍稀水禽生存和繁衍的场所，湖中生活有1000多只水禽，主要是丹顶鹤、白鹤、赤颈鹤、大天鹅、灰鹤等珍稀品种。高密度的水禽养殖带来了水环境的污染问题，尤其在夏天，水质恶化，浮游藻类增多，透明度下降。恶化的水质不仅威胁着水禽的生存，同时还会污染与其相连的河道，影响城市景观和危及供水水质。2000年4月，在综合整治措施实施之前，水质监测结果为 TN 0.85mg/L、TP 0.17mg/L、COD 19.7mg/L、叶绿素 a 93.3μg/L，水体呈富营养化状态。

综合整治方案从2000年4月开始实施，至2000年10月结束。主要的实施措施如下：

1. 生物措施

主要是放养鱼类、种植水生植物、采取微生物技术三种措施。

放养的鱼类选择了中上层鱼类——鲢鱼、鳙鱼、底层鱼类——鲤鱼，主要是通过它们的摄食能力抑制浮游植物的生长。在5月下旬向水禽湖中二次投放鱼类，共计白鲢500条（259kg）、花鲢200条（113.5kg）、鲤鱼400条（170kg）。

水生植物选择了凤眼莲，于6月底投放了150kg的凤眼莲，由于在一日内被水禽全部吃光，又于7月底在水禽湖下游的天鹅湖中投放2000kg凤眼莲，并于8月下旬每天向水禽湖中转移100kg左右，以代替水禽饲料供其食用。

微生物技术是利用光合细菌，以红色非硫细菌科中的红假单胞菌属为主，优势种为沼泽

红假单胞菌。在 4 月 26 日开始每月一次，全池泼洒，为了更好地改善池底环境，在第一次泼洒前进行拌砂沉池底施工。

2. 工程措施

为了改善水禽湖的溶解氧状况，将机械增氧设施建成喷泉的形式，参数为：电机 5000W，喷嘴 60 个，进水管直径 30cm，流量 1000m^3/h，射程 10m，试验期间喷泉昼夜工作。

3. 管理措施

制定了必要的动物园管理规则，加强了对园内工作的监督、管理。如加强了对湖内及湖边栖息动物的饲养管理，尽量减少残饵和动物粪便进入水禽湖中，对湖面漂浮的腐叶枯枝及垃圾杂物及时进行了清除等。同时，加强了动物园环境保护宣传工作，减少水禽湖的旅游污染负荷。

试验前，水禽湖水质在 4 类水的标准范围内，5 月份水质好于 4 月份，7 月份水质最差，随后水质逐渐好转，到 9 月底水质已接近三类水标准，10 月份水质又开始下降，与 1999 年同期相比，2000 年水禽湖的水质好于 1999 年，在一定程度上控制了水体富营养化的发展。另外，水禽湖中动物的健康状况也得到了好转，表现为繁殖率和成活率提高，发病率、死亡率下降。

第三节　湖泊水体的污染修复

一、湖泊水体的重要性及其污染现状

我国是一个多湖泊的国家，面积在 1km^2 以上的湖泊约有 2300 个，湖泊总面积约为 717871km^2，约占全国国土总面积的 0.8%，湖泊储水量约为 7.088×$10^{11}m^3$，其中淡水储量为 2.261×$10^{11}m^3$，占湖泊贮水量的 31.9%。这些湖泊在防洪、灌溉、养殖、航运、饮用水源和观光旅游等方面，均占有十分重要的地位。近年来，随着我国经济的迅速发展，排污量日益增加，加上长期以来人们对湖泊资源的不合理开发，给众多湖泊环境造成了不良影响。目前，湖泊面临最严重的问题是富营养化，主要表现是水体中藻类大量繁殖，水质恶化，已危及国民经济和社会的可持续发展。具体表现包括：使净化水质工作开展困难，导致以湖泊作为供水水源的城市的自来水有腥臭味；游憩观赏功能下降，影响旅游业发展；引起鱼类和水生生物的物种多样性减少，某些藻类还有毒，危及人、畜饮水安全。

二、污染来源及防治方法

进入水体的氮、磷、有机物等营养来源是多方面的，其中人类活动造成的来源主要有以下 4 个方面。

① 一些工业和生活污水未经处理直接进入河道与水体。这类污水的氮、磷、有机碳的含量高，如果进入湖库，造成藻类过度生长，危害最大（王鹏等，2015）。

② 污水处理厂出水排入水体。采用常规处理工艺的污水处理厂，其排放水中含有相当数量的氮、磷和硫。主要是因为有机物被微生物氧化分解产生氨氮、硝酸盐、硫酸盐和磷酸盐，除构成微生物细胞的组分外，其余部分都随出水排入水体，成为藻类合适的养分。这是城市污水经过常规二级处理但城市湖水仍然出现水质富营养化和黑臭的主要原因之一。

③ 面源性的农业污染物如农田肥料和农药，经雨水冲淋、农业排水和地表径流带入水

体。人工合成的化肥、农药是水体中氮、磷的主要来源（吴磊，2012）。为了实现农作物高产，农田的施肥量越来越高，加上科学施肥及其推广问题尚未得到有效解决，进入水体的流失肥料越来越多。有机肥料也可能经微生物分解，成为可溶性无机盐，然后进入地下水或湖库。另外，畜牧养殖业废弃物和水生动物的排泄物，氮、磷含量相当高，也大量进入水体。

④ 大量使用的高磷洗涤剂是进入水体磷素的重要来源。我国太湖最主要的磷污染源之一就是洗涤剂。

鉴于湖泊水体中氮、磷的来源非常广泛，富营养化的防治应与引起富营养化的成因和机制相结合。由于污染来源主要有来自底部淤泥的内源污染和人为活动引起的外源污染，所以应同时控制外源性营养物质的输入和减少内源性营养物质的负荷。

外源污染是营养物质的重要来源，因此治理水体富营养化的一项必要措施是堵源，即把大量的氮、磷堵截在进入天然水体之前。具体技术包括：实施洗涤剂禁磷；制定营养物质排放标准；根据湖泊、水库等水环境中氮、磷容量，实施总量控制；实施截污工程；通过改进施肥方式、灌溉制度，合理种植农作物，以及推广新型肥料等措施控制化肥的使用量，减少农业外源污染及节水灌溉、控制施肥，减少农业径流引起的肥料损失等。然而国外许多地方对湖泊、水库等水体采取措施，降低外源营养物进入水体，并没有达到理想效果。芬兰在1975～1978年期间对Vesijiarvi湖控制外源污染，磷负荷减少了93%，湖水中磷由0.15mg/L降到0.05mg/L之后，蓝藻水华依然肆虐了十多年（Kairesalo等，1999）；南京市玄武湖是一个严重的富营养化小型浅水湖泊，从1990年开始截污，但截污后湖区水质未能得到改善，死鱼事故依旧频繁发生，富营养化藻类生物量和种类组成也未见明显改善（王国祥 & 濮培民，1999）。可见，通过控制外源氮、磷的输入来防治湖泊水体的富营养化并未在短期内取得理想的效果。但这并不意味着防治水体的富营养化并不需要控制外源营养盐，而是水体一旦形成富营养化就很难彻底恢复。

湖泊水体的底部淤泥中储存着大量的营养物质，成为内源污染，沉积物中释放出来的磷成为支持藻类增长的主要营养，进而加剧水体的富营养化。目前根据不同的污染情况可采用不同的方法，如物理法、化学法以及生物调控和生物修复等措施。

湖泊富营养化控制技术分类：

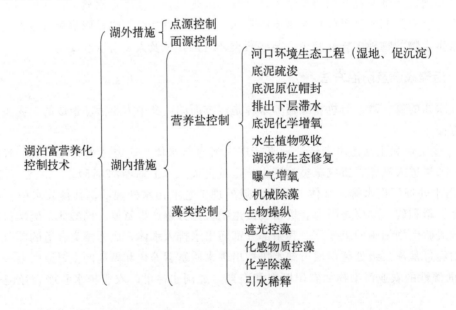

（一）物理方法

1. 机械清淤

机械清淤是一种采用机械方式进行除藻处理的技术，主要应用于藻华堆积区域，在短时间内能够有效去除大量蓝藻生物量，并有助于减少湖泊中的营养盐负荷。该方法不会对湖泊生态系统造成负面影响。一般情况下，脱水后的蓝绿藻营养盐含量为：19.8kg N/t；1.51kg P/t。然而，机械清淤的成本和能耗较高，而且随着藻类生长需要持续清理，而清理量受天气等因素影响，有时难以达到预期效果。在藻华不严重的区域使用时清淤效率也会显著下降。另外，还需要解决处理和利用高含水量的大量藻类的问题。通常的利用方法包括将脱水后的藻类用作肥料（如藻泥肥）、沼气发酵和焚烧等。

2. 底泥疏浚

底泥疏浚工程可根据不同的工程目标分为两类：一类是以水利为目标的疏浚工程，通常称为工程疏浚，包括航道清淤，水库、湖泊的增容工程等；另一类是环保疏浚，作为湖泊内污染源控制措施之一，旨在提高水生态环境和修复水体质量。相较于一般工程疏浚，环保疏浚需考虑环境效应和生态风险，并创造条件，重建疏浚区水生态系统。该技术结合工程与环境生态手段，尽可能将底泥中的污染物和营养物质移出湖体，改善水生态循环，遏制湖泊稳定性退化。需注重生物多样性保护，以不破坏水生生物自我修复和繁衍为前提，同时为生物技术介入创造有利条件。

3. 底泥物理帽封

底泥物理帽封是一种用于原位处理污染底泥的方法，通过覆盖物隔离污染底泥与水体，防止底泥污染物向水体迁移。覆盖物可采用未污染底泥、砂、砾石或其他人造地基材料。然而，底泥物理帽封工程量大，需要清洁泥沙等，同时可能增加底泥量，使水体容量减小。

4. 去除下层滞水

在深水湖库中，夏季会形成垂直温度分层，导致底部下层滞水，产生厌氧条件，底泥中的磷将释放到水中，加剧水体富营养化。去除下层滞水可减少湖库磷负荷，控制水体富营养化。该技术不一定需打破垂直分层，通过去除下层滞水改善底部氧化还原状况，抑制底泥中磷的溶出。然而，去除下层滞水可能导致水质较差的下层滞水向下游排放，使下游水质恶化。

5. 曝气充氧

曝气充氧是通过向水体补充氧气以满足水生生物和微生物需氧量的技术。能有效维持水生生物生态平衡，防止藻类繁殖导致鱼类死亡，对维持水体生态平衡起到一定的作用。曝气可与化学或生物方法结合应用，可分为深水曝气和破坏分层曝气两类。前者不破坏水体垂直分层，后者可破坏水体分层。

（二）化学方法

1. 应用除藻剂

目前常用的除藻剂有硫酸铜或含有铜的有机螯合物、氯、二氧化氯、2,2-二溴-3-氮川丙酰胺等。尹澄清和毛战坡（2002）经研究发现，在围隔中用铁盐、铝盐作增效剂后，$0.2\sim0.3$mg/L 的铜离子就可控制微囊藻水华的生长。硫酸铜可使藻细胞破坏，细胞内的毒素释放到水中，造成二次污染（陈思莉等，2019）。而且这会导致水体铜盐浓度上升，铜离子易在生物体内蓄积，危害水生生物及人体的健康。还有研究表明，使用 1.5mg/L 的 ClO_2 和

1.0mg/L 的高锰酸钾均对沉淀水藻类的去除率达到 80% 以上（李金国等，2016）。但其成本较高，并且在使用过程中也会产生一些对人体有害的亚氯酸盐和氯酸盐。总之，使用药剂杀藻需要科学评估其风险。

2. 混凝沉淀除磷

底泥封闭，通过投加化学试剂，固定水体和底泥中的营养盐（主要是磷），并在底泥表面形成覆盖层，阻止底泥向水体释放营养物。工程中采用得较多的试剂包括铝盐、铁盐和石灰石等，应用较多的是铝盐，如 $Al_2(SO_4)_3$ 和 $NaAlO_2$。其优点是除磷效率较高，一般可达 75%～85%，而且稳定可靠。Rydin（1999）表明铝盐的添加使得底泥中磷的形态发生变化，氧化铁结合态和松结合态（NH_4Cl-P）减少，而氧化铝结合态增加。在添加大量混凝剂的同时，所产生的大量难脱水的化学污泥不但很难处理，而且铝的某些形式对微生物、水生动植物，甚至人类都有直接的生物毒害，可导致间接生理功能性障碍，所以长期使用大量化学药品。其缺点是引入了新的化合物，而且该法的试剂消耗量大，运行费用高，产生大量且易造成二次污染的污泥，危害生态系统。

（三）生物方法

1. 生物操纵技术

通过改变食物链的结构控制富营养化，保持生物多样性和水质良好是水藻净化的重要内容之一。Shapiro 等（1975）最早提出了生物操作理论，采用鱼类种群的行为来控制水体中的藻类，在后来的研究实践中，生物调控发展为通过重建生物群落（包括植物群落、动物群落）以减少藻类生物量，保持水质清澈并提高生物多样性。通过浮游动物和一些鱼类如滤食性的鲢鱼、鳙鱼等直接以藻类为食在一定程度上控制藻类水华的发生。韩士群等（2006）研究发现，在每升水体中放养长肢秀体溞（*Diaphanosoma leuchtenbergianum Fischer*）600 个以上，即可对水体中浮游动物、藻类的数量、生物量、群落结构产生显著影响，同时降低水体中 TN、TP 和 COD_{Mn} 的浓度，增加水体的透明度。Songsangjinda 等（2000）研究了牡蛎对水体中氮的去除。Gifford 等（2005）研究了牡蛎对水体中的营养物质和重金属的去除。在 Hosper（1998）浅水湖泊的治理中，利用工程措施削减 50% 以上的磷负荷仍难以实现生态恢复，通过对湖内鱼类群体数量和种类组成进行控制，使水质成功地实现了由浊水状态向清水状态的转变。结果表明：这些水生动物对 TN、氨氮、TP 等几项指标都有很明显的降低作用。

根据交替稳定状态的概念，沉水植物在生物操纵中的重要性得到越来越多的认可，挺水植物、浮水植物也可以通过多种机制影响水生生态系统，如养分竞争、提供浮游动物的栖息地等。除了水生动物和水生植物外，一些大型的藻类、微生物等对富营养化水体均具有净化作用。盛彦清等（2005）应用投加的生物制剂、底质改良剂和人工复氧技术对严重富营养化的湖泊水与黑臭河涌水进行了生物修复试验，模拟试验结果表明，COD_{Cr}、TN、TP 等污染物的含量均降低 80% 以上；采用同样的方法进行室外现场试验，上述污染物含量的降幅也能达到 70% 左右。

目前，人工湿地在富营养化湖泊水体中的应用是生态工程中最典型的实例。用于处理污水的人工湿地具有独特且复杂的净化机理，也就是利用基质-微生物-植物复合生态系统的物理、化学和生物的综合效应，通过沉淀、过滤、吸附、离子交换、植物吸收和微生物分解实现对污水的高效净化。人工湿地对 BOD、COD、悬浮物（SS）及污染细菌的去除率可达 90% 以上，对 N、P 的去除率较低，一般 50% 左右（Verhoeven & Meuleman，1999）。

2. 生物操纵技术的应用

(1) 控制肉食性鱼类或浮游生物食性鱼类　根据经典生物操纵方法，应用化学方法毒杀、选择性网捕、垂钓等方法来减少50%～100%的浮游生物食性鱼类或者高密度放养肉食性鱼类来减少浮游生物食性鱼类，促进大型浮游动物和底栖食性鱼类（可摄食底栖附生生物和浮游植物）的发展。Bergman（1999）的研究表明，通过去除浮游生物食性鱼类（鲤科鱼类）的50%～80%，使肉食性鱼类与浮游生物食性鱼类比率为12%～40%时，对瑞典灵湖（Ringsjon）进行的治理效果最好。

(2) 放养滤食性鱼类　非经典生物操纵理论认为直接投加滤食性鱼类也能起到很好的效果。然而滤食性鱼类不仅滤食浮游植物，有的也能滤食浮游动物。Beaver等（2002）认为，在热带和亚热带地区枝角类种类较少，而且体型较小，浮游植物食性鱼是更为合适的生物操纵工具。也有研究发现，随着滤食性鱼类的滤食活动及其生理代谢的增加，促进氮、磷的释放，结果又有利于浮游植物的大量繁殖；另外，大型浮游植物被大量滤食后，导致浮游植物趋于小型化，使浮游植物的总生物量也因此而增加。

(3) 引种大型沉水植物　在浅水湖泊中，大型沉水植物的应用越来越广泛。有经验表明，很多浅湖处于清水阶段是由于其中沉水植物为主要初级生产者。研究表明，通过合理的生物操纵，重建大型沉水植物，利用植物与环境之间的相互关系，通过物理吸附、吸收和分解等作用，能够有效控制浮游植物的过量生长。

(4) 投放浮游动物　浮游动物直接以藻类为食，通过投放浮游动物，能够抑制藻类的"疯长"。浮游动物通常在专用的水池中，通过人工培养液，大量快速繁殖，然后直接投放到目标水域中。目前，投放浮游动物主要限于实验室规模的研究。

(5) 投加细菌微生物　投加预先培养的细菌微生物，能够迅速吸收和转化水体中高浓度的氮、磷污染物质，抑制藻类的"疯长"。而且，这些细菌一般都是专一性的或者说有选择性地发挥作用，不影响其他动物群落和植物群落，不破坏水质和设备。但是目前的研究主要局限于实验室，现场应用很少。

(6) 投放植物病原体和昆虫　投放植物病原体和昆虫是一种有效地控制水生植物的方法。利用植物病原体和昆虫具有如下优点：植物病原体多种多样，包括病毒、病菌、真菌、支原体和线虫等，多达10万余种，而且大多数是有针对性的，容易散播，自我繁殖维持。例如，在美国，一种真菌（称为 *Cercospora rodmanii*）和两种水葫芦象甲（称为 *Neochetina bruchi* 和 *Neochetina eichhorniae*）被引入路易斯安那州的水体，水生植物的过度生长得到了控制。

3. 植物浮床技术

植物浮床又称植物浮岛、生态浮岛、生态浮床、生物浮床等，是一种栽有水生植物的人工浮体。在这个人工浮体上，栽植千屈菜、菖蒲、芦苇等水生植物，漂浮在水面上，通过植物根部的吸收、吸附作用，削减、富集水体中的氮、磷及有害物质，从而达到净化水体的效果，同时可以创造生物（鸟类、鱼类等）的生息空间，消减波浪，绿化水域景观。

自20世纪70年代末德国Bestman公司开发出第一个人工浮床之后，以日本为代表的国家和地区成功地将人工浮床应用于地表水体的污染治理及生态修复中。近年来，我国的人工浮床技术开发及应用正处于快速发展时期。

三、生态修复的原则

用于防治湖泊富营养化的生态工程技术主要包括湖滨带、人工与自然湿地等（姚程等，2021；孙园等，2021）。湖滨带对悬浮颗粒物及氮磷有良好的截留作用，而且在控制非点源污染的同时还可以改善区域环境，增加生物多样性。人工湿地与自然湿地也是不仅具有很好的截留作用，而且在水质净化方面具有很大的潜力。

利用生态工程改变和切断引起生态退化、系统退化的主导因子，恢复并维持水生生态系统的结构和功能，可加速营造健康的湖泊水生生态系统。受损湖泊的恢复与重建主要包括湖滨带生态修复及湖区水生生态系统修复工程。

（一）湖滨带人工半自然湿地系统的生态修复

湖滨带是水陆生态的交错带，在涵养水源、维持生物多样性及生态系统功能等方面都具有重要作用。湖滨带人工及半人工湿地系统可很好地截留入湖的颗粒物，净化水质。湖滨带生态系统的恢复与重建主要包括物理基底设计、生物种群选择、生物群落结构设计、节律匹配设计和景观结构设计。水生植被生态恢复和景观设计主要包括以下几方面。

1. 水生植被恢复的基本条件创建

由于湖泊周围浅滩的围垦和水利设施如出水口的水闸、环湖人工堤岸等的修建，适合水生植物生长的原有环境条件已经遭到不同程度的破坏，在拟恢复水生植被的地方创造适合植物生长的基本环境条件是恢复水生植被的首要任务。

2. 先锋植物的选择

根据植物的生长特性、耐污性、对氮磷的去除能力等，筛选耐受性强的、适应湖泊水质现状的物种。

3. 群落配置

按照环境条件和景观要求，进行时空上的配置，满足生态功能与视觉效果要求。在水平空间上，选择耐污性好、氮磷去除能力强、生长快、繁殖能力强的植物；在垂直空间上，考虑到其水文条件，配置挺水植物群落、浮水植物群落和沉水植物群落；在景观角度上，主要是不同植被的层次搭配和时间搭配。

4. 植被种植和养护

主要是考虑植物的栽培技术以及对死亡腐烂植物的收集，防止二次污染和破坏水体景观。

（二）湖区水生生态系统的修复

利用群落间的相互作用及人工干预，调整植被结构，改进利用方式，优化生态功能，为沉水植物的生长及种群演替提供保障。水生植被的修复是一个从无到有、从有到优、从优到稳的逐步发展的过程。人工修复水生植被是利用不同生态型、不同种类的水生植物在适应和改造环境能力上的显著差异，设计出种类更替系列，并尽可能在短时间内完成演替过程（金相灿，2001）。

1. 挺水植物的修复

在湖水比较深的地方，可以移栽芦苇、茭草、香蒲等宿根性多年生的挺水植物，能通过地下根状茎繁殖，移栽的原则是栽植后1/3以上挺出水面。

2. 浮叶（水）植物的修复

浮叶植物一般对水质有较强的适应能力，由于它们的叶片大多漂浮在水面上，可直接获得阳光,对湖水的透明度要求不高,可直接进行目标种的种植或栽植,如菱、芡、莼菜、睡莲等。种植浮叶植物一般可采取营养体移栽、撒播种子或繁殖芽、扦插根状茎等多种方式。在制定种植方案时,要认真查阅资料,请教专家或进行观察研究和试验,弄清其繁殖特性、最佳种植方式和季节。

3. 沉水植物的修复

沉水植物与挺水植物、浮水植物不同,其生长期的大部分时间都在水下,所以对水深和水下光照条件的要求都比较高。应根据其特性,选择不同生物学和生态学特征的先锋种进行种植。湖区污染严重时,可先移植漂浮植物如凤眼莲、大藻等,或浮叶植物菱,对湖水进行净化,以避免沉水植物难存活的现象发生,待透明度提高后再种植沉水植物,建立先锋群落。

四、案例——山东省南四湖人工湿地工程

1. 生态工程设计的原则

在进行生态工程设计时,重点是对湖泊周围湿地生态系统的人工重建,特别是在与陆地生态系统物质、能量交换频繁的河流入湖泊处开展人工生态系统的重建,利用不同植物种类对水生生活的适应性状不同,吸收水体中的特定污染物质;不同植物种类构成的生物群落共同作用,提高系统的稳定能力和自净化能力,为湖泊水质达到标准提供可靠的保障。

2. 设计工艺

确定实验区为生态工程建设的主要区域,采用湿地三级处理污水工艺。整个工艺流程系统采用浮游植物作为污水的初级处理设施,污水的二级处理采用湿地植物芦苇、菖蒲,在工程尾段采用沉水植物做最后的处理工作。

(1) 第一级——浮游植物区　可采用在许多池塘中均能发现的浮水植物小叶浮萍,它具有很强的生长适宜性,而且有一定的经济价值,可用于养殖业。浮水植物对污水起到粗滤作用。浮水植物的光合作用很强烈,产生大量的氧气,提高湖水中氧气的含量,为下一步芦苇区的去污净化作用提供丰富的氧气。此外,小叶浮萍还有阻滞水中漂浮物,吸附水中悬浮颗粒的作用。

(2) 第二级——芦苇挺水植物区　芦苇区是该系统净化污水最主要的区域,系统利用湿地的自净能力将大部分污染物去除。湿地中主要去污功能表现在:a. 悬浮颗粒的沉降;b. 溶解营养物质,扩散并进行沉积;c. 有机物矿质化;d. 营养物质被微生物和植物吸收。

芦苇区的湿地设计采用人工湿地和自然湿地相结合的方针。人工湿地有更强的去污能力,而建造人工湿地需要资金投入。在保证出水水质的前提下,将人工湿地与自然湿地有效结合起来既充分利用了湿地资源,又节省了资金。

芦苇区剖面采用垄沟结构,垄上种植芦苇、菖蒲,按照表面流型湿地的标准建设;垄沟内铺设细沙和碎石,建成渗透型湿地。垄沟两个区的面积比为1:2(图6-1)。垄沟结构的设计有以下优点。

① 垄沟结构有利于增加水流在湿地内的滞留时间,降低水流在湿地内的流速,从而达到沉淀悬浮颗粒、污水中杂质的目的。

② 垄埂上是表面流型湿地,垄沟内是渗透型湿地。渗透型湿地主要用来降低水中的氨氮含量指数。渗透型湿地为厌氧微生物提供一个厌氧环境,硝化细菌、反硝化细菌利用硝化作用、反硝化作用将N、P转化为铵离子、硝酸根离子、磷酸根离子,以无机盐形式被植物

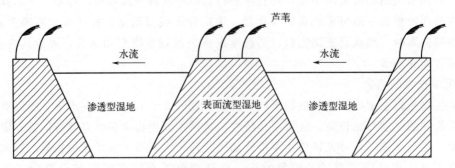

图 6-1　芦苇人工湿地剖面结构模式图

吸收或生成沉淀。垄埂上的表面流型湿地，由于芦苇根部的吸收和呼吸作用以及微生物的分解作用，水中的大部分有机质被除去，BOD、COD 浓度大幅降低，而且硫化物等形成矿物质，沉淀于湿地中。

③ 南四湖地处北方，夏、秋季节河水流量变化剧烈，垄沟结构的人工湿地有可观的蓄水能力，对削弱洪峰对生态保护区的危害有重大意义。

(3) 第三级——沉水植物区　沉水植物将对湖水做最后的净化处理，也对系统起到缓冲调节作用。采用扎根沉水植物菹草，以增强湿地容积，增加系统滞留时间，提高湿地承载负荷，滤去悬浮性大颗粒，增加水中氧气量。此外，沉水植物也为鱼类提供了丰富的饵料资源，在该区内大力发展网箱养鱼，发挥生态系统的经济效益。

3. 人工湿地模型除污效果分析

运用以上三级处理污水设计工艺和两种湿地动态结合的设计原则，根据南四湖的实际情况，在湖区上级湖河流的河口处建立一个人工湿地模型，并根据模型得到的预测结果对整个南四湖生态系统进行预测，如表 6-2 所列。

表 6-2　人工湿地系统模型处理污水净化效果（采样时间 2002 年 10 月 20 日）

项目	pH 值	DO /(mg/L)	COD /(mg/L)	BOD /(mg/L)	TN /(mg/L)	TP /(mg/L)
进水水质	8.15	1.11	34.60	28.72	1.19	0.15
出水水质	7.79	7.66	6.37	5.32	0.27	0.04
去除率/%			81.59	81.48	77.31	73.33

人工湿地生态系统对污染物具有较好的净化作用，在正常运转的情况下对污水中的悬浮物、有机物和营养盐类都有较大的净化能力。按照设计标准，湿地对污水的净化能力可达到如下指标：BOD_5 处理率为 90.8%，COD 为 80.9%，悬浮物为 91.1%，N 和 P 的处理率为 80% 和 75%。根据以上数据，系统各项指标均比普通湿地有很大提高，除污能力和对环境的适应性都显著增强，出水水质也更加稳定，与周围环境以更加协调的方式发展。

人工湿地的污水处理效果与许多条件有很大关系，例如气温、土壤情况、水流、芦苇的生长情况、土壤中的微生物种类、各地生物群落的特异性以及周围环境对此生态系统的影响等。人工湿地处理污水的效果各个季节变化会很大，而且在不同地点系统处理的效果也有变化，因此，不同的湿地得出的污水处理结果可能会相差很大。随着生物群落的演替，系统会发展为使系统可自我更新的定向产出系统。随着生物群落的不断发展，结构简单、季节性存在的生物群落逐渐被层次复杂、结构完善、覆盖时间长的稳定生物群落取代，使系统本身的结构和功能更加完善，最后随着经济价值高、生长能力强的植物群落结构布局的形成，系统自身发育成一个产投比高、去污能力强的生态系统。

第四节　养殖水体的污染修复

目前，池塘养殖的状况如下：

① 水中有机物多，水质肥。大量能量退出池塘物质循环，沉积在塘泥中，造成池底黑臭、氧债高。

② 投饵、施肥量大，饵料、肥料质量不稳定，没有标准化。

③ 病害多。往往用药物来抑制疾病，而且往往采用人用的药物（抗生素）。不仅影响水产品的品质，而且容易产生药物性病变。

④ 用水量大。每立方米水体养 1kg 左右的鱼，换水量大，消耗水多，但不能从根本上改善水质，造成水资源的浪费。

⑤ 养殖废水不处理，直接排放，造成二次污染。

⑥ 环境变化大。水温、溶解氧的变化大，影响鱼体正常生长发育。

⑦ 劳动强度大，劳动条件差。

⑧ 产品不同程度地受到污染（带菌）。

随着时代的发展和社会的进步，人们对水产养殖防止二次污染的呼声越来越高，对绿色食品的呼唤越来越高，对水产品品质的要求也越来越高，迫使水产养殖业必须走健康养殖的道路，走生态渔业之路。

一、养殖池塘中污染物的种类及产生的危害

近 20 年来，集约化水产养殖业迅速发展，它在带来经济优势的同时也带来了严重的水质污染问题。引起水质污染的物质及其产生的危害如下。

(1) 有机物　主要是残饵、浮游生物的代谢产物及养殖动物的排泄物。养殖水体中如果有机物含量过高，会造成鱼类生长慢，甚至死亡或者泛池。如马建新等认为水体中 COD 浓度太高是引起对虾病毒病暴发及流行的主要原因之一，当 COD 长时间超过 13mg/L 时对虾容易感染病毒。

(2) 氨氮　养殖水体中，以饲料或营养的形式投入的氮、磷分别只有 25%、17.4% 左右被鱼同化，这说明养殖水体中氮负荷是由鱼吸收氮以后的排泄物和没有被消耗的饲料造成的。水体中的氨以 NH_4^+、NH_3 两种形式存在，pH 值越高则 NH_3 越多。分子氨对水生生物的毒性很大，其毒性产生的原因在于：一方面，氨会消耗水体中的溶解氧；另一方面，氨氮含量过高还会通过体表渗透和吸收进入水生生物的体内，使其体内的血氨升高，产生毒血症，直接危害水生生物的生存。当水体中氨氮含量超过 0.2mg/L 时，氨氮对鱼、虾等水生生物造成危害 (Romano & Zeng, 2013)。氨氮毒性与水体的 pH 值及水温有密切关系，一般情况下，温度和 pH 值越高，毒性越强。由于养殖水体的 pH 值为 7.2~7.6，而且水温也较高，所以分子氨能通过水体表面挥发，总氨氮以铵离子为主。总氨是集约化养殖系统中最

关键的参数，当总氨的含量超过 0.5mg/L 时，对鱼、虾类有毒害作用，而且水产生物不能长时间生活在总氨含量超过 0.5mg/L 的水体中（Frances 等，1998）。

（3）NO_2^--N 及其他　水产动物排泄的有机废物经氨化作用产生氨，在水体中硝化细菌的作用下，逐步由亚硝酸盐转化成硝酸盐，这一过程称为硝化作用。硝化作用一旦受阻，结果就会引起硝化的中间产物亚硝酸盐在水体内的累积。水体中含有大量的亚硝酸盐时会消耗水体中大量的溶解氧，而且亚硝酸盐含量过高也会直接危害水生禽类的生存。当水中的亚硝酸盐的浓度积累到 0.1mg/L 后，将会对水体中的鱼、虾等水生生物产生危害。其主要机理是通过呼吸作用进入血液，红细胞数量和血红蛋白数量逐渐减少，血液载氧能力逐渐降低，出现组织缺氧，此时摄食量降低，呼吸困难，躁动不安或反应迟钝，同时水体中的溶解氧也会不足，从而导致水生生物缺氧甚至窒息死亡（Kroupová 等，2018）。相对来说，鱼虾对 NO_3^- 的耐受能力较强，但是当 NO_3^- 的含量高于其他营养元素时，富营养化以及与此相关的藻类水华将会造成严重的环境问题。

关于磷是否对水产动物直接产生毒性，至今还没有明确的报道，但是含量高时会导致水体的富营养化。

二、养殖水体的处理和修复技术

我国传统的池塘养鱼技术是采用静水，大量投喂天然饵料，大量施用有机粪肥，依靠换水来改善水质的养殖工艺。传统的水产养殖业存在的主要弊病是：将养殖池孤立地看作一个"苗种培育池"，其生态系统的结构十分简单。大量投饵来强化苗种、大量施药来防治病害、大量换水来改善水质等，使得养殖池水质、饵料、病害三者矛盾相互联系、相互影响，片面强调任一方面都只能是治标不治本。大量换水，只能缓解矛盾的爆发，并不能从根本上解决问题。养殖水体中残剩的饵料、水产动物的排泄物以及在养殖过程中使用的各类化学药品和抗生素的残留物等造成水体的严重污染，同时养殖水体的污染又反过来制约水产养殖的发展，因此水产养殖水体的处理和修复逐渐受到关注。

（一）物理方法

1. 机械过滤

过滤装置是从传统的砂滤池不断发展而来的，在处理水产养殖水体中，能够很好地去除 SS，但是去除氮、磷的效果不佳（李华龙，2013），而且成本高。

2. 紫外线消毒

紫外线辐射消毒作用的机理是通过将微生物的 DNA（脱氧核糖核酸）链断裂，使其无法再进行新陈代谢，从而达到灭菌的目的。该法技术虽然简单，但是由于紫外线在水中的穿透力低，受水的透明度和色度的影响较大，而且设备需要经常更换，目前仅适用于小水体消毒。

3. 臭氧处理法

臭氧是呈游离态的强氧化剂，可快速有效地杀死养殖水体中的病毒、细菌及原生动物，是其他消毒剂无法比拟的，大大节省了抗菌药物的使用，降低了成本，同时对抗菌药物不起作用的病毒、孢子虫也很有效。目前，国外臭氧消毒法已用于淡水鱼育苗用水和淡水循环养殖系统，但是，臭氧是有毒气体，直接通入养殖水体且浓度较高时对养殖生物有一定的毒害作用，所以水体经臭氧处理后要用曝气处理去除剩余的臭氧气体。另外，大量难闻的未溶解到水中的臭氧挥发到空气中，有害于附近人员的身心健康。

（二）化学方法

1. 含氯制剂

水产上应用的含氯消毒剂主要有漂白粉、漂粉精、次氯酸钠等无机氯消毒剂，二氯异氰尿酸钠、三氯异氰尿素等有机氯消毒剂，以及二氧化氯、溴氯海因等改良型含氯制剂（王博等，2020）。作用机理主要是消毒剂溶于水后释放出活性卤素离子，形成次卤酸，后者与水中微生物体内的原生质结合，进一步与蛋白质中的氮形成稳定的氮-卤键，干扰代谢过程，使微生物中毒死亡，从而达到水质消毒净化的目的。此类消毒剂具有杀菌效率高、杀菌谱广、价格低廉等特点，在水产养殖中被广泛应用，但是它们在杀死病毒的同时对鱼、虾及贝类水产动物产生毒害，进而对人产生危害。

2. 抗生素

利用抗生素可以有效地抑制引起水产动物烂鳃病、肠炎病、水霉病等的致病微生物，它的应用使得水产养殖上许多暴发性疾病得到了很好的控制，但是也带来了很多副作用。如长期使用抗生素会产生耐药菌株和药物残留，不仅增加了防治难度，也对人们的公共卫生构成了威胁；在使用抗生素抑制或杀死病原微生物的同时也会抑制水中的有益微生物，使水生动物体内外微生态平衡被破坏，导致微生态环境恶化或引起新的疾病；另外，还对免疫系统有抑制作用，主要表现为对吞噬细胞的抑制。

（三）生物方法

1. 人工湿地生态系统

近年来，用人工湿地处理水产养殖废水取得了一定的进展。非集约化水产养殖的池塘本身就是一个典型的湿地系统，具有良好的自净能力，只要合理利用和加强其自净能力，就会产生良好的环境效益和经济效益。Lin 等（2002）采用人工湿地处理水产养殖水体，在水力负荷为 $1.8\sim13.5\mathrm{cm/d}$ 时，NH_4^+-N、总无机氮、磷的去除率分别为 86%～98%、95%～98%、32%～71%，出水的 NH_4^+-N 浓度小于 0.3mg/L，NO_2^--N 小于 0.01mg/L。人工湿地污水处理系统按结构分为人工表面流（SFW）、水平潜流（SSFW）、垂直流（VFW）三种类型，在实际应用中可将系统的不同类型组合与其他水处理技术结合起来。Lin 等（2005）使用由 SFW 和 SSFW 组成的循环处理系统处理对虾养殖废水，该系统对处理集约化水产养殖废水表现出良好的技术性和经济可行性，对 SS、BOD、NH_3-N 和 NO_3^--N 的去除率分别为 55%～66%、37%～54%、64%～66% 和 83.9%，处理后的水体适合养虾且达到国家排放标准。Comeau 等（2001）采用由格栅和两个表面流湿地床组成的三阶段系统处理鳜鱼养殖废水，其中第一个湿地床种植芦苇，主要通过植物吸收除磷；第二个湿地床被设计成以吸附和沥滤作用为主要的除磷途径。中试结果表明，该系统对有机物和磷的去除率分别为 95%、80% 以上，对减少养鱼废水中有机物和磷的排放表现出很大的潜力。

人工湿地系统易受自然及人为活动的干扰，易堵塞，生态平衡易受到破坏，因而在设计时要因地制宜，需要与其他水处理技术相结合，并加以适当管理，这样才能长期高效运行。

2. 投加微生物菌剂

许多研究表明，直接向水体中投加以目标降解物质为主要碳源和能源的高效微生物来增加生物量，强化生物处理系统对目标污染物质的去除能力是可行的。高效微生物菌剂在水产养殖中的应用研究方兴未艾，国内外很多学者已成功分离到可抑制病原菌、除污，同时可促进养殖生物生长的菌株，有些已实现商品化并在水产养殖中得到越来越广泛的应用。莫照兰等（2000）和邹玉霞等（2004）筛选了对虾池环境有生物修复作用的菌株。由于藻毒素产生的危害，溶藻微生物的研究也得到了一定的进展。对于抑菌技术，已有许多关于光合细菌、硝化细菌、芽孢杆菌等以及它们组成的复合微生物改善养殖水体的研究报道。

虽然自然生长的微生物能够分解环境中的污染物，但是由于与降解能力有关的基因大多是易遗失的质粒，而且其降解效率不高，所以构建高效的基因工程菌日益成为研究的热点。目前，基因工程菌应用的关键是安全性问题。为了克服硝化、反硝化细菌生长缓慢、易流失的缺点和基因工程菌安全性问题，常采用固定化技术。

吴伟和余晓丽（2001）用聚乙烯醇固定复合菌处理养殖水体，NH_4^+-N 和 NO_2^--N 的转化效率均在 85% 以上。Shan 和 Ohbard（2001）利用固定化的硝化细菌去除对虾养殖池中高浓度的氨氮（高达 20mg/L），固定化细胞能有效去除氨氮，即使投入的固定化颗粒密度较小也能获得较高的氨氮去除率。

3. 生物过滤器

生物过滤器也称生物膜净化法，指将微生物附着在固体表面，与污水接触反应，达到净化水质的目的，其中藻类和细菌是降解水中污染物的主要角色。水产行业常用的有生物转盘、生物滤池和生物转筒，生物膜载体与工作环境的不同会影响其净水效果，目前在实际生产中使用的载体种类较多，包括活性炭、沸石等无机材料和聚乙烯、PBS（聚丁二酸丁二醇酯）等人工合成材料，多种材料都在实验或实际应用中被证明使用效果优良。邓来富（2014）在凡纳滨对虾多种类型养殖水体中开展了生物膜实验，均取得了明显的净水效果。邵留等（2009）和石芳永等（2009）通过实验证实稻草和竹制空心生化球也是较好的填料选择。此外，温度也会影响生物膜的吸附效率，在 25～30℃ 时达到最佳工作状态（申禹 & 李玲，2013）。

生物膜技术除了有良好的净水效果外，还有促进养殖动物生长、减少废水排放等优点。邓来富（2014）通过在日本畿细和凡纳滨对虾养殖池塘中设置生物膜净水栅进行对比试验，发现养殖成活率、起捕规格、产量都显著高于对照组。随着工厂化、集约化养殖的发展，净水高效且维护成本低的生物膜法具有很好的应用前景，但针对其作用机制方面的研究还不够成熟，有待进一步探索。

三、案例——宜兴市河蟹养殖池塘的水体污染修复

宜兴市是一个拥有悠久河蟹养殖历史的地区。河蟹因其高商业价值而受到重视，导致养殖密度越来越高。然而，由于河蟹质量下降，经济价值也在不断降低。其中，养殖水体的退化是影响河蟹质量和产量的主要原因之一，特别是常年养殖池塘水体污染严重。河蟹养殖池塘的生态环境退化主要表现在养殖水源环境污染和养殖水域自身污染方面，这是目前限制养殖业发展的关键问题之一。长期以来，蟹池水域运作超负荷，主要原因是投饵过量，残饵和排泄物沉积，导致有毒物质大量产生，理化性质和致病因素发生变化，动植物的内外环境失调，疾病频发。大量使用和滥用药物进一步破坏了水体生态平衡，导致河蟹养殖业效益下降（刘勃，2006）。

针对宜兴市河蟹养殖池塘水体修复的生态工程技术采用了综合治理的方法，包括生物修复、物理修复和化学修复技术。其中生物修复包括近年来研究热门的微生物修复技术、植物修复技术和动物生态修复技术。物理修复着重于改善池塘整体环境，如清淤、增氧和消毒等措施。

1. 微生物修复技术

目前常用的微生物制剂是 EM，其中包括光合细菌、芽孢杆菌、假单胞菌、乳酸菌、酵母、放线菌和硝化细菌等菌种。微生物制剂的应用可以改善池塘水体的透明度，显著降低浊度；改变水体中浮游生物的结构，有助于培养原生动物、轮虫、枝角类等动物性饵料，同时促进浮游植物多样性的转变；降低氨氮和亚硝酸盐含量；增加水体中的溶解氧浓度；减少细菌性疾病的发生，并通过代谢过程产生抗生素来抑制或杀死其他微生物，同时通过生物群落之间的竞争来预防水产疾病的发生，提高越冬存活率（王晓奕，2004）。

2. 植物修复技术

水体中的氮、磷等营养物质对水生植物生长起着重要作用。通过种植伊乐藻、青萍等水生植物，可以吸收水体中的氮、磷等养分。在修复过程中，伊乐藻需要先进行清淤、消毒和晒塘，然后每亩池塘种植量为 150~225kg，每束 3~5 株插入泥土中，插入深度为 3~5cm，泥土上方留 15~20cm。春季时，水位以伊乐藻头部刚好淹没为宜，到了 5~6 月生长达到优势后，将其头部割去 30cm，保持在 7~8 月高温季节时至少淹没在水面下 30cm 的位置，避免高温导致根部腐烂；6 月移植青萍，控制其对水面的覆盖率约为 5%。

植物修复主要通过植物本身的吸收、生物凝聚、吸附沉积、代谢吸收、富集浓缩等物理化学作用以及微生物的新陈代谢和对藻类的抑制等机制来进行修复。

3. 动物生态修复技术

建立以河蟹为中心的多物种生态平衡，主要是适量放养青虾、鲢鱼、鳙鱼、鳜鱼、翘嘴红鲌等动物。在食物链中，鲢鱼、鳙鱼是第一级，它们是滤食性动物，主要捕食池塘中的浮游生物，起到调节水质肥度的作用；青虾则是第二级，它们会清除河蟹残饵，防止底层水体（包括底泥表层）的污染；鳜鱼、翘嘴红鲌则是第三级，它们利用池塘中引进的小型野生鱼类（包括自然增殖的鱼类）作为食物，同时控制青虾的大量繁殖，减轻水体的负荷，降低污染程度。

在这种放养模式下，水中的有机物、植物、微生物、昆虫和鱼类等通过食物链的关系，使大量污染物转化为活跃的微生物细胞体，进而转化为水生生物细胞体。这种模式既有生物食物链也有腐食食物链。通过各种生物之间的捕食和转化，污泥的积累量较少，使有机胶体或悬浮物分解为无机物。这种方式形成了典型的零污染生态系统模式。

4. 环境改良技术

① 清塘。进行塘池清理时需清除过多淤泥，淤泥的积存应保持在 5~10cm 之间；在对池塘进行干法消毒（使用生石灰进行播撒和翻耙）后，暴露暴晒 20d，以减少隐含性污染源，清理淤泥中残留的有机物。使用生石灰进行干法清塘后，保留约 10cm 的水位，每亩使用生石灰量为 200~250g，需先将其化成浆液后均匀洒于整个池塘中。

在蟹塘中，淤泥的存在对水体环境具有缓冲作用。然而，若淤泥过多，将积累大量有机物，增加池塘水体的有机耗氧量。在缺氧环境下，淤泥中的有机物质将发酵分解，释放出氨、硫化氢、甲烷等中间产物，这些物质对水生动物有直接危害，同时也可能导致水质酸化和 pH 值下降，间接影响水生动物的新陈代谢和生长。这些物质可能导致水生动物生长受阻，增加饲料成本，甚至导致中毒和大量死亡，对养殖业造成严重损失。

② 保持合理水深对于蟹塘管理来说至关重要。通常情况下，水体水深应保持在透明度的 2~2.5 倍以下，否则溶氧量将很低。蟹池应结合深浅水区，其中浅滩区（水深 0.5~1m）应占到 50% 以上，既满足河蟹对水深的生物需求，又保证浅水区域底层具有较高溶氧量以

满足河蟹的栖息活动需求。

③ 增加水体溶氧量十分重要。当水体中的溶解氧含量偏低时，将直接影响到河蟹的生长和存活，同时也会导致有机物质在厌氧环境下的生成，进一步影响水质。

物理法可以通过水泵注水实现，特别是在 6～9 月每天注水 3h（晴天 13:00～16:00，阴雨天则在半夜或凌晨），保持水质清洁。对于池塘中大量生长的沉水植物，可以设置一定数量的无水草通道以促进水体流动。

化学法包括在进水口处使用二氧化氯，通过水泵加入水流中，增加整个水体的溶氧量，以及在梅雨季节和高温季节使用颗粒状增氧剂（如过碳酸钠），在底部释放活性氧增加底层溶氧量，促进有机物的分解。

④ 添加水质改良剂对于蟹塘管理来说至关重要。生石灰的应用时机包括在 4～5 月、出梅时以及 7～9 月，用来调节 pH 值和补充钙质，每公顷使用量为 75～150kg，每次施用间隔为 15～20d（微生物制剂通常每隔 15～20d 使用一次），应均匀撒（洒）于整个池塘中。

使用生石灰能明显降低围塘锯缘青蟹和脊尾白虾的发病率，显著提高成活率和生长速度。水体中钙离子得到补充，能使蜕壳时间相对集中，饲料转化率显著降低，产量和效益显著提高。生石灰对围塘蟹、虾的健康生长起着重要作用。

5. 修复结果

经过上面的修复措施后，在河蟹养殖后期，对池塘水质与外界水源（池塘去水口）的水质测定结果表明，同水源相比，蟹池氨氮、总磷是水源的 1/10，总氮分别低 42.3% 和 21.6%，如表 6-3 所列。

表 6-3　蟹池水质与外界水源水质测定结果　　单位：mg/L（pH 值除外）

采样地点	pH 值	DO	COD	BOD_5	NH_3-N	TP	TN
金氏蟹池	6.86	6.20	13.1	2.6	0.05	0.01	1.09
金氏水源	7.05	8.51	16.3	4.7	0.56	0.10	1.89
徐氏蟹池	7.13	7.81	14.7	2.8	0.04	0.01	0.76
徐氏水源	7.12	7.28	14.3	2.1	0.39	0.10	0.97

6. 生态环境及经济效益

河蟹养殖池塘生态修复技术旨在改善养殖水源和水域环境污染问题，提高河蟹的生长环境质量，同时也有效促进养殖效果。该技术的投入产出比高达（1:2.32）～（1:3.93），养殖中河蟹平均养殖规格可达 161.1～186.4g/只，比常规养殖水平提高了 20%～30%。回捕率达到 69.1%～73.0%，比传统养殖模式提高了 15.2%～21.7%。此外，通过该技术改良后，池塘排放水质已经符合《渔业水质标准》（GB 11607—89）和《地表水环境质量标准》（GB 3838—2002），对保护周边水域的环境起到了重要作用，实现了养殖经济效益、生态效益和社会效益的统一。

通过建立以河蟹为核心的多物种生态平衡，养殖池塘产量可达到 909.0～1003.5kg/hm^2，饲料利用系数下降至 3.68～6.42。通过充分利用食物链关系，不仅可为河蟹提供优质活饵（如青虾、小杂鱼、螺、水生植物），还能额外产出其他鱼类和虾类产品，每公顷达 454.65～601.65kg。此外，减少了外源性营养物质的投入，促进了物质循环利用，使得池塘水体具有较好的自净和修复能力，有效控制了水体的污染源。在养殖过程中，蟹池水质富营养化的各项指标（TN、TP、NH_3/NO_2^--N、叶绿素 a、高锰酸盐指数等）明显优于同期其他养殖水源。

思考题

1. 微生物对水体富营养化有何作用？你认为对此类污染该如何进行防治？
2. 针对不同类型景观水体污染，应该采取哪些相应的防治手段？请举例说明。
3. 针对湖泊水体富营养化污染，在点源控制的基础上怎样进一步研究生物段与生态段协同脱氮除磷的优化组合模式？
4. 对比几种不同的养殖水体的处理和修复技术，简要分析不同修复技术的适用场景分别是什么。
5. 试用一些典型例子说明生态工程在水体污染修复中的作用。
6. 结合本章内容以及我国水体污染现状，请举例说明在进行水体生态修复时我们应该考虑哪些因素，遵循哪些原则，使用哪些方法。

参考文献

[1] Beaver J R, Crisman T L, Hall G B, et al. Grazing effects of pump-filter feeding (*Dorosoma cepedianum*) and facultative omnivorous (*Oreochromis aurea*) fish on microbial food web organization in a hypereutrophic Florida lake [C]. International Association of Theoretical and Applied Limnology Proceedings, 2002, 27: 3459-3464.

[2] Bergman E, Hamrin S F, Romare P. The effects of cyprinid reduction on the fish community [J]. Hydrobiologia, 1999, 404: 65-75.

[3] Comeau Y, Brisson I, Reville J P, et al. Phosphorus removal from trout farm effluents by constructed wetlands [J]. Water Science and Technology, 2001, 44 (11-12): 55-60.

[4] Frances J, Nowak B F, Allan G L. The effects of nitrite on the short-term growth of silver perch (*Bidyanus bidyanus*) [J]. Aquaculture, 1998, 163: 63-72.

[5] Gifford S, Dunstan H, O'Connor W, et al. Quantification of in situ nutrient and heavy metal remediation by a small pearl oyster (*Pinctada imbricata*) farm at Port Stephens, Australia [J]. Marine Pollution Bulletin, 2005, 50 (4): 417-422.

[6] Harke M J, Steffen M M, Gobler C J, et al. A review of the global ecology, genomics, and biogeography of the toxic cyanobacterium, *Microcystis* spp. [J]. Harmful Algae, 2016, 54: 4-20.

[7] Hosper S H. Stable states, buffers and switches: An ecosystem approach to the restoration and management of shallow lakes in The Netherlands [J]. Water Science and Technology, 1998, 37 (3): 151-164.

[8] Kairesalo T, Laine S, Luokkanen E, et al. Direct and indirect mechanisms behind successful biomanipulation [J]. Hydrebiologia, 1999, 395: 99-106.

[9] Kroupová H K, Valentová O, Svobodová Z, et al. Toxic effects of nitrite on freshwater organisms: A review [J]. Reviews in Aquaculture, 2018, 10 (3): 525-542.

[10] Li J M, Li R H, Li J. Current research scenario for microcystins biodegradation—A review on fundamental knowledge, application prospects and challenges [J]. Science of The Total Environment, 2017, 595: 615-632.

[11] Lin Y F, Jing S R, Lee D Y, et al. Nutrient removal from aquaculture wastewater using a constructed wetlands system [J]. Aquaculture, 2002, 209 (1-4): 169-184.

[12] Lin Y F, Jing S R, Lee D Y, et al. Performance of a constructed wetland treating intensive shrimp aquaculture wastewater under high hydraulic loading rate [J]. Environmental Pollution, 2005, 134 (3): 411-421.

[13] Odum E P. Fundamentals of Ecology [M]. Philadelphia: WB Saunders Company, 1971.

[14] Organization for Economic Cooperation and Development (OECD). Eutrophication of water: Monitoring, assessment and control [R]. Paris: Organization for Economic Cooperative Development, 1982.

[15] Romano N, Zeng C S. Toxic effects of ammonia, nitrite, and nitrate to decapod crustaceans: A review on factors influencing their toxicity, physiological consequences, and coping mechanisms [J]. Reviews in Fisheries Science, 2013, 21 (1): 1-21.

[16] Rydin E. Mobile phosphorus in lake sediments, sludge and soil: A catchment perspective [D]. Uppsala Universitet, 1999.

[17] Schindler D W, Carpenter S R, Chapra S C, et al. Reducing phosphorus to curb lake eutrophication is a success [J]. Environmental Science & Technology, 2016, 50 (17): 8923-8929.

[18] Schindler D W. The dilemma of controlling cultural eutrophication of lakes [J]. Proceedings of the Royal Society B-Biological Sciences, 2012, 279 (1746): 4322-4333.

[19] Schindler D W. The evolution of phosphorus limitation in lakes [J]. Science, 1977, 195 (4275): 260-262.

[20] Shan H, Ohbard J P. Ammonia removal from prawn aquaculture water using immobilized nitrifying bacteria [J]. Applied Microbiology and Biotechnology, 2001, 57 (5-6): 791-798.

[21] Shapiro J, Lamarra V, Lynch M. Biomanipulation: An ecosystem approach to lake restoration. In: Brezonik D L, Fox J L eds. Water Quality Management through Biological Ways [M]. Gainesville: University Press of Florida, 1975: 85-96.

[22] Songsangjinda P, Matsuda O, Yamamoto T, et al. The role of suspended oyster culture on nitrogen cycle in Hiroshima Bay [J]. Journal of Oceanography, 2000, 56: 223-231.

[23] Verhoeven, J T, Meuleman A M. Wetlands for wastewater treatment: Opportunities and limitations [J]. Ecological Engineering, 1999, 12 (1-2): 5-12.

[24] Wurtsbaugh W A, Paerl H W, Dodds W K. Nutrients, eutrophication and harmful algal blooms along the freshwater to marine continuum [J]. Wiley Interdisciplinary Reviews-Water, 2019, 6 (5): e1373.

[25] 安玲, 李明章, 徐伟忠. 上海市太平桥公共绿地人工湖建设中新技术的应用 [J]. 上海交通大学学报（农业科学版）, 2003, 21 (2): 156-163.

[26] 蔡龙炎, 李颖, 郑子航. 我国湖泊系统氮磷时空变化及对富营养化影响研究 [J]. 地球与环境, 2010, 38 (2): 235-241.

[27] 曹式芳, 庞金钊, 杨宗政, 等. 生物技术治理富营养化景观水体的研究 [J]. 天津轻工业学院学报, 2002, 12 (4): 1-3, 7.

[28] 陈思莉, 邝永鑫, 常莎, 等. 除藻剂应急治理湖水蓝藻水华案例分析 [J]. 中国农村水利水电, 2019 (3): 20-23.

[29] 邓来富. 池塘鱼虾生物膜低碳养殖技术应用研究 [D]. 厦门: 集美大学, 2014.

[30] 方一丰, 黄戈团, 林逢凯, 等. 景观水原位修复的生物激活剂研究 [J]. 净水技术, 2005, 24 (2): 5-8.

[31] 韩士群, 严少华, 范成新, 等. 长肢秀体溞对富营养化水体藻类的生物操纵 [J]. 江苏农业学报, 2006, 22 (1): 81-85.

[32] 黄勇, 董运常, 罗伟聪, 等. 景观水体生态修复治理技术的研究与分析 [J]. 环境工程, 2016, 34 (7): 52-55, 164.

[33] 金相灿. 湖泊富营养化控制和管理技术 [M]. 北京: 化学工业出版社, 2001: 112-153.

[34] 孔繁翔, 高光. 大型浅水富营养化湖泊中蓝藻水华形成机理的思考 [J]. 生态学报, 2005, 25 (3): 589-595.

[35] 李华龙. 循环水养殖系统主要氨氮降解微生物的初步研究 [D]. 青岛: 中国海洋大学, 2013.

[36] 李金国, 马铃, 周智勇, 等. 高锰酸钾和二氧化氯除藻试验研究 [J]. 城镇供水, 2016 (3): 38-41.

[37] 刘勃. 养蟹池生态修复技术初步应用与效果 [J]. 水产养殖, 2006, 27 (5): 23-24.

[38] 刘晓燕. 北京动物园水禽湖富营养化综合整治的实例研究 [D]. 北京: 北京师范大学, 2001.

[39] 莫照兰, 王祥红, 于勇, 等. 虾池有机污染物降解细菌的筛选 [J]. 水产学报, 2000, 24 (4): 334-338.

[40] 庞金钊, 杨宗政, 孙永军, 等. 投加优势菌净化城市湖泊水 [J]. 中国给水排水, 2003, 19 (6): 51-52.

[41] 邱海燕, 刘雪峰, 彭远志, 等. 景观水体污染修复技术对比分析 [J]. 环保科技, 2013, 19 (3): 11-15, 26.

[42] 邵留, 徐祖信, 金伟, 等. 以稻草为碳源和生物膜载体去除水中的硝酸盐 [J]. 环境科学, 2009, 30 (5): 1414-1419.

[43] 申禹, 李玲. 天然水体中生物膜对磷的吸附动力学特征 [J]. 环境科学学报, 2013, 33 (4): 1023-1027.

第六章　水体污染修复生态工程

[44] 盛彦清，陈繁忠，秦向春，等．城市污染水体生物修复研究［J］．地球化学，2005，34（6）：105-111.

[45] 石芳永，宋奔奔，傅松哲，等．竹子填料海水曝气生物滤器除氮性能和硝化细菌群落变化研究［J］．渔业科学进展，2009，30（1）：92-96.

[46] 孙园，魏心雨，丁怡．人工湿地在修复富营养化水体中的应用及研究进展［J］．工业水处理，2021，41（2）：8-14.

[47] 唐玉斌，郝永胜，陆柱，等．景观水体的生物激活剂修复［J］．城市环境与城市生态，2003，16（4）：37-39.

[48] 王博，秦海鹏，廖栩峥，等．4 种氯制剂对养殖废水中高硝酸盐和亚硝酸盐的影响［J］．中国农学通报，2020，36（9）：24-29.

[49] 王国祥，濮培民．若干人工调控措施对富营养化湖泊藻类种群的影响［J］．环境科学，1999，20（2）：71-74.

[50] 王鹏，陈多多，陈波．赣江水体氮磷营养盐分布特征与污染来源［J］．江西师范大学学报（自然科学版），2015，39（4）：435-440.

[51] 王晓奕．浅谈微生物制剂在水产养殖中的应用［J］．中国水产，2004，4：81.

[52] 吴磊．三峡库区典型区域氮、磷和农药非点源污染物随水文过程的迁移转化及其归趋研究［D］．重庆：重庆大学，2012.

[53] 吴伟，余晓丽．固定化微生物对养殖水体中 NH_4^+-N 和 NO_2^--N 的转化作用［J］．应用与环境生物学报，2001，7（2）：158-162.

[54] 严杨蔚，代瑞华，刘燕，等．氮和磷对有害藻类生长及产毒影响的研究进展［J］．环境与健康杂志，2013，30（4）：358-362.

[55] 尹澄清，毛战坡．用生态工程技术控制农村非点源水污染［J］．应用生态学报，2002，13（2）：229-232.

[56] 姚程，胡小贞，姜霞，等．太湖贡湖湾人工湖滨带水生植物恢复及其富营养化控制［J］．湖泊科学，2021，33（6）：1626-1638.

[57] 张贵龙，赵建宁，刘红梅，等．不同水生植物对富营养化水体无机氮吸收动力学特征［J］．湖泊科学，2013，25（2）：221-226.

[58] 张熙灵，王立新，刘华民，等．芦苇、香蒲和蕙草 3 种挺水植物的养分吸收动力学［J］．生态学报，2014，34（9）：2238-2245.

[59] 朱棣，聂晶，王成，等．一种新型的人工湿地生态工程设计——以山东省南四湖为例［J］．生态学杂志，2004，23（3）：144-148.

[60] 邹平，江霜英，高廷耀．城市景观水的处理方法［J］．中国给水排水，2003，19（2）：24-25.

[61] 邹玉霞，幸福言，李秋芬，等．对虾养殖池环境修复作用菌固定化的研究［J］．海洋科学，2004，28（8）：5-8.

第七章
湿地生态工程

第一节 湿地生态系统概况

　　湿地是地球上独特的生态系统，是自然界最富生物多样性的生态景观和人类最重要的生态资本之一，与森林、海洋并称为全球三大生态系统，有"地球之肾"的美誉。我国是世界上湿地类型齐全、分布广泛、生物多样性丰富的国家之一，但是目前我国湿地消失和退化现象极度严重，湿地生态系统已经遭受了严重破坏，盲目围垦和过度开发导致天然湿地面积削减、功能下降，而湿地的缩减和破坏又导致生态灾害日益频繁。湿地面临的各种威胁已经成为我国生态建设中最关键的问题之一。

　　在美国，过去100年里的湿地损失以及由此造成的种种环境问题使人们认识到了湿地保护的必要性。据估计，从美国殖民时期以来有50%的湿地已经消失，即使是现在，湿地仍然以每年80000～160000hm^2的速度消失。1977年，美国颁布了第一部专门的湿地保护法规，该法规规定联邦政府的首要目的是保护湿地，而且应为实现该目的提供基金。自此开始了对湿地的广泛研究，生态学、水文学、地貌学、地理学甚至环境工程等学科的学者都从各自的角度出发对湿地展开了研究，出现了大量有关湿地研究的文献。1995年，美国开始实施一项总投资6.85亿美元的湿地项目，项目的目的是重建佛罗里达州大沼泽地（everglades）的湿地生境，计划到2010年完成。世界上其他发达国家也将湿地研究作为资源与生态环境保护的重要课题，并取得了大量研究成果。近年来，湿地研究快速取得进展，日益发展为一门新的交叉学科。

　　国内湿地研究工作开展的时间不长。在湿地概念被我国科研工作者采用之前，湿地研究主要集中在我国沼泽和海岸带滩涂资源的调查与开发利用保护上。近年来，我国生态科学研究在"生态边缘效应""生态系统的自我净化效应""生态交错带"等方面也取得了重要成果，对湿地的生态学研究有了长足的进步。我国自20世纪50年代以来，相继开展了湿地资源调查、分类，初步掌握了全国资源状况；对沼泽、湖泊、红树林、珊瑚礁等生态系统进行了深入的研究，积累了大量资料；在一些珍稀水鸟的地理分布、种群数量、生态习性、饲养繁殖、保护策略等方面做了大量研究；在湿地水生动植物生态环境研究方面，主要开展了长江流域、淮河流域、黄渤海区、大亚湾等海域与流域的污染及生态系统的部分研究；在世界淡水白鳍豚的研究方面处于领先地位；在扬子鳄、海龟等物种的人工繁殖与驯养领域也取得了较好进展。如何做到可持续地利用湿地资源应是今后研究的重要课题，对湿地在多种动力共同作用下动态变化的模拟预测以及与周边环境相互作用的研究已成为未来湿地研究中必不可少的重要组成部分。湿地作为人类共同的财富，在维持区域和全球生态平衡以及提供野生动植物生境方面具有重要的意义，从而也成为全球共同关注的课题。

一、人工湿地的概念及分类

（一）人工湿地的概念

人工湿地是指人工筑成水池或沟槽，底面铺设防渗漏隔水层，填充一定深度的基质层，种植水生植物，将污水有控制地投配在人工建造的湿地上，污水沿一定方向流动的过程中利用基质、植物、微生物的物理、化学、生物三重协同作用使污水得到净化处理的一种技术。

人工湿地主要由基质、植物和微生物3个部分组成。在人工湿地中广泛应用的基质有土壤、砾石、砂粒等，基质在人工湿地中主要起3个方面的作用：a. 微生物生长的依附表面；b. 水生植物生长的载体和营养来源；c. 通过物理作用和化学作用（如吸附、过滤、离子交换等）净化污水。湿地植物能通过吸收、吸附和富集等作用去除污水中的污染物，包括对氮、磷的吸收作用及对重金属的吸附和富集。

人工湿地系统是一项投资低，能耗低，运行费用低，氮、磷去除率高的污染修复技术，在污水修复方面表现出了极大的发展潜力。湿地系统在发达国家已被用来处理各类不洁的水体，包括家畜与家禽的粪水、尾矿排出液、工业污水、农业废水、垃圾场渗滤液、城市暴雨径流及生活污水、富营养化湖水等。发展中国家开展湿地技术的潜能也非常巨大，多数发展中国家有温暖的热带与亚热带气候，这有利于生物活动，保持高度的生物多样性，并形成高生产力，能更好地开展湿地处理技术。

与传统水处理方法相比，人工湿地污水处理系统具有结构简单、投资成本低、运行维护费用低、能源消耗较少、管理操作较为简单的特点（郑蕾等，2009）。此外，人工湿地还具有以下优点：

① 高效低耗（去氮除磷效率高，能耗与维护费用低）；
② 废物资源化（污水成为湿地生态系统水源）；
③ 高经济产出（可作为景观、能源以及药用植物和林木生产基地）；
④ 低 CO_2 排放（合理设计可实现处理区 CO_2 零排放）（陈永华 & 吴晓芙，2012）。

（二）人工湿地的分类

人工湿地的分类呈现出多样化，根据工程设计中系统布水方式的不同或水在系统中流动方式的不同，人工湿地一般可分为：表面流人工湿地（surface constructed wetland，SFW），又称地表流湿地系统或水面湿地系统；水平潜流人工湿地（subsurface flow constructed wetland，SSFW）；垂直潜流人工湿地（vertical flow wetlands，VFW）。目前这种分类方法是人工湿地分类中最常见的（Ghermandi 等，2007）。

1. 表面流人工湿地

表面流人工湿地又称为自由表面流人工湿地（free water surface constructed wetland，FSFW），通常是利用天然沼泽、废弃河道等洼地改造而成的。表面流湿地全年或一年中的大多数时间都有表面水存在，植物体占据的孔隙率较少，停留时间较长。对废水的处理过程就是湿地的植物、基质和内部微生物之间的物理过程、化学过程、生物过程相互作用的过程。基本结构如图 7-1 所示。

这种人工湿地在美国较常用，比较接近自然湿地。此种湿地的优点是设计简单，投资较低，去除效率相对较低，因为土壤基质和植物根系与水体的接触有限（Kadlec & Knight，

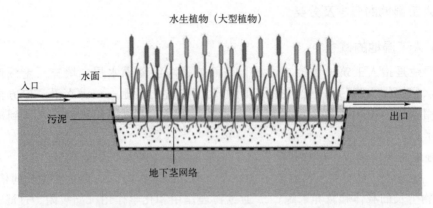

图 7-1　表面流人工湿地基本结构（Swiss Federal Institute of Aquatic Science and Technology，2011）

1996）。自由表面流人工湿地系统的卫生条件较差，夏季很容易滋生蚊蝇、产生恶臭，从而影响湿地周围的环境，而且在冬季或北方地区还容易发生表面结冰现象，从而导致系统的处理效果受温差变化影响较大，因而自由表面流人工湿地在实际工程中较少单独应用（徐明德 & 周文瑞，2005）。

2. 水平潜流人工湿地

水平潜流人工湿地处理系统被认为是目前国际上研究和应用较多的一种湿地处理系统，该湿地系统因污水从一端水平流过滤料而得名，它充分利用整个系统的协同作用，具有卫生条件好、占地面积较少、处理效果较好等特点（丁疆华 & 舒强，2000）。

污水在湿地床表面下流动，既可以充分利用填料介质表面生长的生物膜、植物根系以及表层土和填料等的截留作用来提高处理效果，同时又由于水流在地表下流动，所以保温性好，与表面流人工湿地处理系统相比处理效果受气温影响较小。与表面流人工湿地相比，水平潜流人工湿地的水力负荷和污染负荷都较大，对 BOD_5、COD、SS 和重金属等污染指标的去除效果较好，而且很少会有恶臭和蚊蝇等现象。其基本结构如图 7-2 所示。

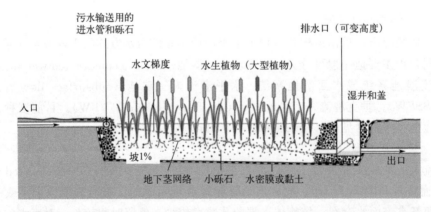

图 7-2　水平潜流人工湿地基本结构（Swiss Federal Institute of Aquatic Science and Technology，2011）

3. 垂直潜流人工湿地

垂直潜流人工湿地系统被认为是废水净化的可靠天然处理系统（崔理华 & 卢少勇，2009）。垂直潜流人工湿地表面被间歇地供给大量的废水，然后废水慢慢通过基质床纵向流至床底。垂直潜流人工湿地系统内部充氧充分,从而使其更有利于好氧微生物的生长和硝化反应的进行。垂直潜流人工湿地可分为上行垂直潜流人工湿地和下行垂直潜流人工湿地两类,以下行垂直潜流人工湿地为例,其基本结构如图7-3所示。

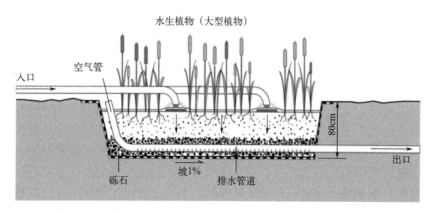

图7-3　下行垂直潜流人工湿地基本结构(Swiss Federal Institute of Aquatic Science and Technology, 2011)

目前,在实际的应用中,水平潜流人工湿地依然占据主导地位,但是垂直潜流人工湿地对有机物和总氮的去除表现出更好的效果。

二、人工湿地的组成及净化机理

基质、植物和微生物是人工湿地的主要组成部分,三者之间相互联系、相互影响,形成一个统一的整体。

1. 基质

基质是指在人工湿地系统中人为设计的,由不同粒径的土壤、细砂、粗砂、石粒等按照一定比例混合而成的填料。基质为微生物的生长提供稳定的附着面,同时又为水生植物的生长提供了载体和营养物质。当污水流经人工湿地系统时,基质通过过滤、吸收、吸附、络合反应和离子交换等作用去除污水中的有机物、氮、磷等营养物质。基质可分为天然材料(页岩、石灰石、贝壳砂等)、工业副产品(煤渣、高炉矿渣、粉煤灰等)、人造产品(轻质膨胀性集料黏土、活性炭、轻质聚合体等)三大类。

2. 植物

人工湿地中的植物对污水的净化有非常重要的作用,植物不仅可以直接利用污水中的营养物质,吸收污水中的重金属等有毒有害物质,而且可以输送氧气到根区以满足根区微生物的生长繁殖等,同时可以维持和加强人工湿地系统内水力学运输,具有美观性和经济价值。目前常用的湿地植物可分为挺水植物、浮水植物和沉水植物三类,常用的有芦苇、美人蕉、香蒲、水葱、灯芯草和菖蒲等。

3. 微生物

微生物在湿地养分的生物地球化学循环过程中起核心作用,是各类污水中最先对污染物起吸收降解作用的生物群体。微生物能够有效地利用废水中的有机物作为自身生长代谢的营养物质,促进污水的净化。有研究表明,人工湿地在处理污水前,各种微生物的数量与自然湿地的基本相同,但随着污水的不断流入,某些种类的微生物数量会逐渐增加,并且在一定时间内达到峰值且保持稳定。人工湿地系统中的微生物主要去除污水中的有机质和氮,某些难降解的有机物质和有毒物质需要运用微生物的诱发变异特性，培育驯化适宜吸收和消化这些有机物质和有毒物质的优势细菌，再进行降解。

人工湿地污水处理系统所处理的污染物包括悬浮物、有机物、氮、磷、重金属等。简单来说，污水中的悬浮物主要是通过基质的过滤、沉淀和植物根系的吸附作用去除的。人工湿地中的有机物分为不溶性有机物和可溶性有机物。不溶性有机物的去除机理与悬浮物类似，即通过沉淀、基质和植物根系的过滤而被截留；可溶性有机物通过生物膜的吸附、吸收、生物代谢过程而被分解去除。污水中的氮主要以有机氮（如蛋白质、尿素等）的形式存在，此外污水中也含少量的铵态氮。污水中的氮素可通过氨化、微生物的硝化和反硝化、氮的挥发、填料的吸附过滤等途径去除。其中，氨化作用是指氨化微生物将污水中的有机氮分解转化为氨的过程；硝化作用是指硝化细菌在好氧条件下将铵根离子氧化为硝酸根或亚硝酸根离子的过程；反硝化作用是指反硝化细菌在缺氧的条件下将硝酸根和亚硝酸根离子还原为氮气的过程。微生物的硝化和反硝化起主要的脱氮作用。污水中的磷主要以有机磷和无机磷的形式存在，通过微生物的同化、聚磷菌的过量摄磷、基质的物理化学作用（包括基质对磷的吸附和基质中某些成分与磷酸根离子的化学反应）等途径去除。其中，基质对磷的吸附起主要的除磷作用（包涵，2012）。人工湿地对重金属的去除主要以湿地植物的吸收、富集为主，此外还包括微生物甲基化、填料的固着和吸附作用等（李强等，2011）。

总的来说，人工湿地对污染物的净化过程是物理作用、化学作用和生物作用三者协同净化的结果。物理作用主要是指基质和植物根系的过滤与吸附；化学作用主要是指氧化分解；生物作用主要是指植物和微生物的吸收降解（李强等，2011）。

三、人工湿地参数对人工湿地净化效果的影响

1. 水力负荷对人工湿地净化效果的影响

人工湿地单位面积合理的水力负荷可以有效地降低人工湿地面积，保持湿地对污染物的处理效果。例如：在官厅水库人工湿地春季运行的基础上，对其进行保温改造，在水力负荷为 $0.25\sim0.45\mathrm{m}^3/(\mathrm{m}^2\cdot\mathrm{d})$ 时，冬季 COD_{Mn} 和氨氮的去除率不是很稳定，有时甚至会达到负值，其平均去除率分别为 15% 和 50%，BOD_5、TN、TP 的去除率相对稳定，分别为 65%、25% 和 35%。去除率随水力负荷的提高而降低，当水力负荷超过 $0.4\mathrm{m}^3/(\mathrm{m}^2\cdot\mathrm{d})$ 时去除率明显降低（刘学燕等，2004）。而在兰州交通大学校园内建造的垂直潜流人工湿地，水力负荷对人工湿地的运行效果影响较大，当水力负荷在 $0.039\sim0.25\mathrm{m}^3/(\mathrm{m}^2\cdot\mathrm{d})$ 范围变化时，COD、BOD_5、N 和 P 的去除率随水力负荷的增大而减小（王茂玉等，2012）。因此，可以先确定污染物的去除率，通过计算水力负荷进一步确定人工湿地的面积，从而达到污染物的高效去除，使出水达到标准。

2. 不同进水浓度对人工湿地净化效果的影响

任何人工湿地中，滤料基质都有一定的吸附容量，微生物的降解能力也有一定的限度，因而人工湿地进水中污染物浓度的高低也直接影响人工湿地系统对污染物的去除效果。例如：以高浓度生活污水为进水的人工湿地的整体去污效果不如以低浓度生活污水为进水的人工湿地（周耀华等，2009）。人工湿地对污染物进水浓度有一定的要求，在进水浓度较低（COD 浓度≤200mg/L，TN 浓度≤30mg/L）的情况下，人工湿地净化效果较好，COD 的去除率达到 90% 以上，TN 的去除率也达到 80% 以上；而进水浓度较高的情况下人工湿地的净化效果下降（袁东海等，2004）。

在云南省，通过建造野外试验小区来模拟高原湖泊人工湿地，随着进水污染物浓度的增加，污染物去除率均有所降低，水平潜流人工湿地比自由表明流人工湿地的 TN 平均去除率高 4.03%。增加进水浓度时，水平潜流人工湿地的平均总氮最大日处理负荷为 557.60g/(d·m^2)（凌祯，2012）。西南大学研究人工湿地系统进水污染负荷对系统出水质量浓度、净化负荷以及去除率的影响，结果表明：净化负荷与进水污染负荷呈良好的线性相关性，出水质量浓度与进水污染负荷呈弱线性相关性，系统的净化负荷随着进水污染物浓度的增大而增大，系统出水有机物质量浓度随进水有机负荷的增大而增大，N、P 的出水质量浓度随进水污染负荷的增大呈现先增大后趋于稳定的趋势（魏泽军等，2012）。

3. 不同停留时间对人工湿地净化效果的影响

人工湿地的运行效果与水力停留时间关系密切。缩短水力停留时间，提高了水力负荷，相应增加了有机物负荷，势必会使处理效率受到影响，同时也会增加滤层间的过流速度和水力剪切力，使生物膜更容易被洗脱，从而导致出水化学需氧量增加，因此选择合适的水力停留时间十分重要。

在北京市杨镇一中建立的处理污水的人工湿地，湿地由地埋式一体化预处理、多级复合式人工湿地系统、景观湿地系统三部分组成。结果表明：比较而言，1d 和 3d 的水力停留时间不利于有机物的去除，2d 的水力停留时间有利于有机物的去除（李静等，2012）。

在河南师范大学基地建立的人工湿地系统，研究结果表明：对于垂直流人工湿地，在春、秋季节最佳的水力停留时间为 8～10h，夏季为 6h，冬季为 12h；对于水平潜流人工湿地，在春、秋季节最佳的水力停留时间为 10～12h，夏季为 6～8h，冬季为 24～36h（靳同霞等，2012）。

综上所述，人工湿地的水力负荷、进水浓度以及水力停留时间与人工湿地净化效果密切相关，但由于实验设计、实验环境以及人工湿地类型的选择不同，各研究结果也不尽相同，大部分研究表明随着水力负荷的增加，人工湿地对污染物的去除率呈现下降的趋势（RAN 等，2004；聂志丹等，2006；张荣社等，2006）；但也有研究认为氨氮和总磷的去除率随着水力负荷的增加而增大，在达到最大去除率后又逐渐下降（王世和等，2003）；还有研究认为水力负荷的差异对人工湿地床体的硝化速度、溶解氧含量的影响很小（Rosgers 等，1991）。关于进水浓度对人工湿地净化效果的研究，大部分研究者认为进水浓度较低时，人工湿地的净化效果比较好，Platzer 等建议人工湿地的有机负荷应低于 25g/(d·m^2)（Platzer 等，1997），但 Zhao 等研究认为在高进水有机负荷［大于 1000g/(d·m^2)］时，人工湿地出水结果稳定（Zhao 等，2004）。对于水力停留时间的研究，各研究者所推荐的最适宜的水力停留时间也不相同。

第二节　湿地植被与水生植物

一、湿地植被

（一）定植回归技术

对以种子植物为优势植被和以苔藓植物为优势植被的湿地恢复，各有不同的定植回归技术。

1. 种子植物

(1) 播种法　此法成本较低，易于大面积作业，但失败的风险较大。

(2) 营养体移植法　对可无性繁殖的植物而言，营养体移植不失为成功率较高的好方法。但此法费工费时，成本较高。定植密度是最重要的参数，研究者的任务是以最小的定植密度（意味着节约生物资源、人力和资金等）取得最大的恢复成果。

(3) 草皮移植法（Block 法/Turf 法）　此法将未受干扰（或干扰较小）的自然植被切块后移植于受损裸地，以达到湿地恢复的目的，既可手工实施又可机械实施。对富营养沼泽而言，移植斑块的厚度需大于优势植物的地下茎层（一般在数厘米至 40cm 之间），而且应达到地下水位的高度。此法是在群落水平上（包括繁殖体库及土壤生物区系）最自然的恢复方法，可使受损湿地迅速恢复至群落发展的高级阶段。其缺点是工程量较大，对邻近的自然植被造成二次破坏。

关于移植季节，不同的研究者有不同的做法。对种子植物来说，春季移植比秋季成活率高；植株对早期水位变动的敏感性比晚期高；移植斑块则需在秋冻前进行，以使斑块泥炭有充分的时间与恢复地基质衔接，保证地下水上至斑块内。

2. 苔藓植物

(1) 个体及片段散布法　尽管成熟的泥炭藓可以产生大量孢子，但到目前为止尚无人专门用孢子恢复泥炭藓湿地，而以泥炭藓个体乃至片段恢复植被的实例则不少。泥炭藓的片段具有较强的再生能力，在极端情况下，2mm 长的茎段即可再生成新植株。不同片段的再生率不同，以"顶部分枝+茎"的最高，但与种类、水位有关。泥炭藓片段的再生率远高于个体。

在自然泥炭地，可于春季地表刚解冻时，收获 10cm 厚的泥炭藓并打成碎片，以面积 1:15 的倍率尽快散布至待恢复的泥炭地（1～2cm 厚），后敷草。

(2) 草皮移植法　在尾濑发育良好的 *Carex michauxiana* 群落内，移植直径为 6cm 的 4 种泥炭藓斑块，3 年后其面积增加 5.2～17.8 倍。移植时间或在春季刚解冻时或在 8 月份。

种子植物与泥炭藓植物恢复的最根本区别在于对养分和水分的需求差异上。受损湿地由于水源和营养条件的改变，泥炭藓不易恢复，需借助先锋植物，因为先锋种子植物的存在缓和了裸地的水热变化，为泥炭藓的定植提供了适宜的小生境。但无论如何，种子植物提供的生境改变对泥炭藓恢复的作用是第二位的，而水分的获得才是根本。

（二）抚育和管理

抚育和管理是湿地恢复初期必不可少的措施。但随着植被的恢复，管理将逐步弱化直至停止，否则恢复的植被将一直是人为植被或半自然植被。

1. 水管理

水管理的作用在于：确保水分过剩，使之能浸透所在的泥炭层；在沼泽表面储存大量水分；产生一个稳定的、水饱和的表层腐殖质层；使营养贫瘠的水从沼泽表面下渗。水管理的操作与湿地类型及恢复的目的密切相关，对受损湿地的地形、泥炭性质和水文稳定性的认识是湿地恢复的必要前提。

水管理包括浸灌淹水或提高地下水位使表土潮湿等。水深（或地下水位高度）以及持续时间等对植被的影响甚大，以至于可以决定恢复植被的类型。在芦苇沼泽的恢复实验中，10～30cm 的长期淹水可抑制其他竞争植物，从而使以 1 枝/m^2 密度定植的芦苇形成纯斑块。

2. 杂草管理

在以珍稀植物为恢复目标时,恢复初期的杂草管理十分重要。杂草可抑制移植的营养体的无性繁殖,降低实生苗的成活率。在受损湿地的恢复过程中还必须注意控制外来种或非湿地种的入侵。

3. 敷草

敷草对种子植物的成株不利,对实生苗早期(定植第二年)有明显的保护作用,但对 *Carex michauxiana* 实生苗的作用不明显。已证明敷草仅对种子发芽有利,但并不提高幼苗的成活率。敷草对苔藓植物 *Polytrichum strictum* 和泥炭藓的定植极为有利,其对泥炭藓的保护作用甚至大于恢复的 *Eriophorum spissum* 和 *Polytrichum stritum* 种群的作用。泥炭藓片段撒播后必须尽快敷草(3000kg/hm^2),否则将失水死亡。

4. 施肥和pH值调节

施肥对种子植物的定植有促进作用。另外,施石灰(使 pH 值升至 3.8)并施肥(500kg/hm^2)可使 *Eriophorum angustifolium* 种群生长最佳(Richards 等,1995)。

5. 放牧

野生稻在回归原产湿地后,轻度放牧有利于其营养体的扩散,重牧则对其种子生产极为不利。

二、水生植物

湿地中的水生植物的作用包括:a. 直接利用污水中的营养物质;b. 过滤、吸附和富集重金属与一些有毒有害物质;c. 为根区好氧微生物输送氧气,为各种生化反应的发生提供适宜的氧化还原环境;d. 增强和维持基质的水利传输。

(一)水生植物的主要类型

1. 浮叶类水生植物

浮叶类水生植物有较多群落,通常生长在沉水植物和挺水植物的水域之间,其根茎生长于泥土中,叶片则基本显露在水面之上。浮叶类水生植物主要包括睡莲、菱以及芡实等。菱属一年生浮水水生草本植物,主要生长于我国东部、南部的乡村河流与池塘中,菱的生长习性为喜温暖湿润、不耐霜冻。芡实属睡莲科植物,通常生长于池塘或者湖沼中,主要生长于我国苏州地区。

2. 挺水类水生植物

挺水类水生植物同样有较多的群落,主要生长于各种靠近岸边的浅水区域中,在沼泽地或者浅滩亦有挺水类水生植物繁衍生长。挺水类水生植物的根茎较为发达,根系扎于水下泥土中,而茎叶则显露生长于水体表面。挺水类水生植物主要包括香蒲、芦苇、灯芯草、荷花以及菖蒲等。荷花、芦苇具有单株繁殖能力强的特点,将它们种植在湿地中能够形成美丽茂密的荷花荡、芦苇荡等造型景观。香蒲主要生长于湖边、河边以及池塘沼泽浅水处,通常被用于点缀园林水池、湖畔。

3. 沉水类水生植物

沉水类水生植物最为显著的特征是根茎全部生长于水中,叶子多呈现丝状或者狭长状,通气组织较为发达。沉水类水生植物的生长对水体环境质量的要求较高,水质的好坏直接影响沉水类水生植物对光的需求。沉水类水生植物主要包括黑藻、水车前及金鱼藻等。沉水类水生植物不仅能起到净化水体环境的作用,还具备了良好的观赏价值,能为水下各种动物提供良好的生活栖息场所。

4. 漂浮类水生植物

该类水生植物主要生长繁殖在静水区域。漂浮类水生植物的根生于泥土中，叶片则漂浮在水面上，体内通气组织较为发达，将该类水生植物种植在湿地中能起到抑制水藻生长的作用。漂浮类水生植物主要包括凤眼莲、大薸及马尿花等。凤眼莲通常被种植在浅水区域，具有繁殖快、种植管理简单等特点，能有效净化水体环境（王永志，2019）。

（二）水生植物对污染物的去除效果

1. 对氮的去除

植物可以直接吸收湿地中的无机氮，经过植物转化为有机氮，最后经过植物的收割实现该系统氮含量的下降（向珞宁，2020）。

在环境适宜的条件下，每公顷凤眼莲能吸收 3.4kg N（李典友，2000）。湿地中水生植物吸收的氮量占总去除氮量的 8%～16%（张荣社等，2002）。北京奥林匹克森林公园人工湿地系统在一年内的水质改善情况，证明了人工湿地与其他生态工程一起改善了公园内水系的水质（吴振斌等，2009）。美人蕉（*Canna indica*）、香根草、喜旱莲子草（*Alternanthera philoxeroides*）、细叶萼距花（*Cuphea hyssopifolia*）在湿地系统中具有很好的除氮效果（刘士哲等，2005）。在对太湖富营养化水体进行治理时就采用了复合人工生态工程，富营养化的太湖水在经过该系统后总氮下降了 60%（祁闯等，2017）。

2. 对磷的去除

磷素溶解在水中，有机磷可以被植物组织吸收，无机磷可以被植物根系吸收。水生植物从水体中吸收的磷会被合成 ATP（三磷酸腺苷）存在于植株内部，至其死亡才会释放，从而降低水体中磷元素的含量。空心菜（*Ipomoea aquatica*）、美人蕉和吊兰（*Chlorophytum comosum*）对磷的去除率达到 55.7%、66.4% 和 30.6%（周真明等，2010）。12 个不同品种的黑麦草对富营养化水体的净化研究表明，最高的磷素去除率可达 84.76%。在 12 种黑麦草中，邦德、安格斯的净化效果最好（胡绵好，2008）。

3. 吸附、富集一些有毒有害物质

水生植物可以吸附、富集一些有毒有害物质，如重金属铅、镉、汞、砷、钙、铬、镍、铜、铁、锰、锌等，植物对有毒有害物质的吸收以被动吸收为主，增加植物和废水的接触时间，可增大植物对其的去除率（吴建强等，2005）。垂直流人工湿地处理低浓度重金属污水，能吸收、富集率水体中 30% 的铜和锰，对锌、镉、铅的富集率也在 5%～15%（王世和等，2003）。湿地中宽叶香蒲（*Typha latifolia*）和黑三棱（*Spargnium sp*）是摄取同化、吸附富集高速公路径流中油类、有机物、铅和锌的较适宜的植物种类（Rosgers K H 等，1991）。

（三）水生植物在湿地中的配置原则

以下简述水生植物在湿地中的配置原则（彭焕芳，2020）。

1. 因地制宜

在充分保证植物品种多样化的基础上，重点选择本地植物种类。在搭配植物时，不但要种类丰富，而且所选植物应适宜生长于湿地环境中。

2. 遵循植物的生长习性

水生植物具有不一样的色彩以及生态习性，借助于植物的各种色彩能够进一步打造出多样化的植物景象，进而传达各种各样的情感动态。在配置水生植物时，应重视水生植物的生长习性，考虑到各种水生植物不一样的形态、大小以及色彩，使之与附近环境相互统一、协调。

3. 空间层次布局

植物不同，其生长所需的水深也有所区别，例如芦苇、睡莲以及荷花等生长所需的水位是 30～100mm，菖蒲需要的生长水位是 10～30mm。

4. 四季有景

湿地公园应该充分确保四季景色皆适宜，在水生植物配置的过程中，能够根据植物的生长季节以及花期，科学搭配，例如：春季有效配置菖蒲以及香蒲；夏季有效配置再力花、荷花以及睡莲；秋季有效配置美人蕉以及芦苇；冬季有效配置旱伞草以及芦苇。实现生态协调，以及兼顾四季景观。

（四）水生植物的管理和维护

人工湿地需要人们维护，应对其进行一定的处理，使其变成一个比较稳定的生态环境，通过人工湿地培养一些水生植物，形成土壤、植物和微生物三者互相协调的环境（李江，2018）。

1. 水生植物生长的管理措施

水生植物本身的生长过程中，只要环境条件比较适宜，它就会自然生长。在实际的人工湿地设计过程中，如果不注重水深的设计或者周围污染物对水生植物的生长有影响，阻碍了植物生长，覆盖率减小，就必须要维护。对于以上问题，可适当调整水位的深浅，将周围污染物的影响控制在一定的范围内。

对于一些类似于除草剂、杀虫剂等化学药品的使用应当十分注意，因为一旦使用这些化学物质，将会破坏人工湿地的生态平衡，从而导致水质的改变，对水生植物的生长带来不必要的影响。

不同季节，对人工湿地水生植物的管理和维护的方法也不同。温暖潮湿地区的环境会促进水生植物的生长，而北方气温比较低，尤其是冬季，河道以及湖面都会结冰，不利于水生植物的生长。有些水生植物在类似于北方气温较低的环境中生存，已经比较习惯，所以并不会死亡，而是降低了其在冬季寒冷时节的活性。所以只有加强冬季人工湿地的管理，才能保证人工湿地的各项管道以及水面不会结冰，从而减小对植物的影响。

2. 人工湿地水生植物收割管理与维护

收割管理水生植物是人工湿地水质净化过程中必不可少的一个环节。因为水生植物可以有效地去除水中的污染物。收割前一定要根据植物的生长规律以及实际情况来进行综合性的探究，要根据不同植物的各种规律来进行收割。通常情况下，人工湿地中的水生植物每年收割 2 次。同时，收割时期的选择也很重要，要选择在植物生长的高峰到减弱的过程中进行收割。大部分植物的收割都是统一进行。只有将人工湿地水生植物的管理与维护做到位才能保障人工湿地中水生植物的净水作用，从而保证人工湿地的水质达标。

第三节 水平流人工湿地的设计建设与案例

为了保证人工湿地工程质量和处理效果，国家及地方政府的有关职能部门分别开展了人工湿地工程技术标准的制定，我国颁布的相关人工湿地技术标准有国家标准和一些地方标准，见表 7-1（张翔等，2020）。

表 7-1 我国目前已发布施行的人工湿地标准

发布年份	发布机构	适用水体	标准名
2009	住建部	生活污水、二级出水及其他类似性质出水	《人工湿地污水处理技术导则》（RISN-TG 006—2009）
2010	环保部		《人工湿地污水处理工程技术规范》（HJ 2005—2010）
2012	上海市建设交通委		《人工湿地污水处理技术规程》（DG/TJ 08-2100—2012）
2014	江苏省住建厅		《有机填料型人工湿地生活污水处理技术规程》（DGJ 32/TJ 168—2014）
2016	北京市质监局		《农村生活污水人工湿地处理工程技术规范》（DB 11/T 1376—2016）
2012	浙江省质监局		《农村生活污水处理技术规范》（DB 33/T 868—2012）
2011	宁夏回族自治区质监局		《农村生活污水处理技术规范》（DB 64/T 699—2011）
2017	广东省质监局		《水解酸化-人工湿地无动力污水处理工程技术规范》（DB 44/T 1995—2017）
2015	青海省环保厅、质监局		《河湟谷地人工湿地污水处理技术规范》（DB 63/T 1350—2015）
2019	天津市住建委		《天津市人工湿地污水处理技术规程》（DB/T 29-259—2019）
2018	山东省质监局	微污染水体	《人工湿地水质净化工程技术指南》（DB 37/T 3394—2018）
2010	云南省质监局	低浓度污水	《高原湖泊区域人工湿地技术规范》（DB 53/T 306—2010）

从表 7-1 可见，我国最早的人工湿地技术标准是 2009 年由住建部标准定额研究所组织编制并发布的，近年来发布的标准包括天津规程、山东指南和广东规范。广东规范只含有水平流湿地的设计，不包括垂直流湿地的设计。山东指南、浙江规范不对潜流湿地类型进行区分，统一推荐设计参数。青海规范的内容主要是针对复合潜流湿地设计推荐的参数。

在湿地设计中要选择适合当地情况的标准以及类型进行设计。

一、水平流人工湿地的设计与建设

参考《人工湿地污水处理工程技术规范》（HJ 2005—2010）介绍水平流人工湿地的设计与建设。

（一）设计水量和设计水质

1. 设计水量

设计水量的确定应符合 GB 50014—2021 中的有关规定。

2. 设计水质

当工程接纳城镇生活污水时，其设计水质可参照 GB 50014—2021 中的有关规定；接纳与生活污水性质相近的其他污水时，其设计水质可通过调查确定。

当工程接纳城镇污水处理厂出水时，其设计水质应按 GB 18918—2002 中的规定取值。

人工湿地系统进水水质应满足表 7-2 的规定。

表 7-2　人工湿地系统进水水质要求　　　　　　　　　　单位：mg/L

人工湿地类型	BOD_5	COD_{Cr}	SS	NH_3-N	TP
表面流人工湿地	≤50	≤125	≤100	≤10	≤3
水平潜流人工湿地	≤80	≤200	≤60	≤25	≤5
垂直潜流人工湿地	≤80	≤200	≤80	≤25	≤5

3. 人工湿地系统污染物去除效率

人工湿地系统污染物去除效率可参照表 7-3 中数据取值。

表 7-3　人工湿地系统污染物去除效率要求　　　　　　　　单位：%

人工湿地类型	BOD_5	COD_{Cr}	SS	NH_3-N	TP
表面流人工湿地	40～70	50～60	50～60	20～50	35～70
水平潜流人工湿地	45～85	55～75	50～80	40～70	70～80
垂直潜流人工湿地	50～90	60～80	50～80	50～75	60～80

（二）总体要求

1. 建设规模

应综合考虑服务区域范围内的污水产生量、分布情况、发展规划以及变化趋势等因素，并以中期为主、远期可扩建规模为辅的原则确定。建设规模分类如下：

① 小型人工湿地污水处理工程的日处理能力<3000m^3/d；

② 中型人工湿地污水处理工程的日处理能力为 3000～10000m^3/d；

③ 大型人工湿地污水处理工程的日处理能力≥10000m^3/d。

注：下限值含该值，上限值不含该值。

2. 工程项目构成

工程项目主要包括污水处理构（建）筑物与设备、辅助工程和配套设施等。

污水处理构（建）筑物与设备包括预处理构（建）筑物与设备、人工湿地、后处理构（建）筑物与设备、污泥处理构（建）筑物与设备、恶臭处理构（建）筑物与设备等。

辅助工程包括厂区道路、围墙、绿化、电气系统、给排水、消防、暖通与空调、建筑与结构等工程。

配套设施包括办公室、休息室、浴室、食堂、卫生间等生活设施。

人工湿地系统可由一个或多个人工湿地单元组成，人工湿地单元包括配水装置、集水装置、基质、防渗层、水生植物及通气装置等。

3. 场址选择

① 应符合当地总体发展规划和环保规划的要求，以及综合考虑交通、土地权属、土地利用现状、发展扩建、再生水回用等因素。

② 应考虑自然背景条件，包括土地面积、地形、气象、水文以及动植物生态因素等，并进行工程地质、水文地质等方面的勘察。

③ 应不受洪水、潮水或内涝的威胁，而且不影响行洪安全。

④ 宜选择自然坡度为 0%～3% 的洼地或塘，以及未利用土地。

4. 总平面布置

应充分利用自然环境的有利条件，按构（建）筑物使用功能和流程要求，结合地形、气候、地质条件，考虑便于施工、维护和管理等因素，合理安排，紧凑布置。

厂区的高程布置应充分利用原有地形，符合排水通畅、降低能耗、平衡土方的要求；多单元湿地系统高程设计应尽量结合自然坡度，采用重力流形式，需提升时宜一次提升。

应综合考虑人工湿地系统的轮廓、不同类型人工湿地单元的搭配、水生植物的配置、景观小品设施营建等因素，使工程达到相应的景观效果。

（三）工艺设计

1. 一般规定

工艺设计应综合考虑处理水量、原水水质、占地面积、建设投资、运行成本、排放标准、稳定性，以及不同地区的气候条件、植被类型和地理条件等因素，并应通过技术经济比较确定适宜的方案。

预处理、后处理、污泥处理、恶臭处理等系统设计应符合 GB 50014 及相关行业规范中的有关规定。

人工湿地系统由多个同类型或不同类型的人工湿地单元构成时，可分为并联式、串联式、混合式等组合方式。

2. 工艺流程

当工程接纳城镇生活污水或与生活污水性质相近的其他污水时基本工艺流程见图 7-4。

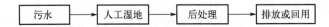

图 7-4　工程接纳城镇生活污水或与生活污水性质相近的其他污水时的基本工艺流程

当工程接纳城镇污水处理厂出水时基本工艺流程见图 7-5。

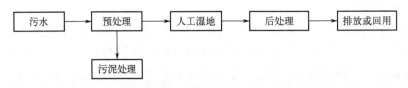

图 7-5　工程接纳城镇污水处理厂出水时的基本工艺流程

（四）预处理

① 预处理的程度和方式应综合考虑污水水质、人工湿地类型及出水水质要求等因素，可选择格栅、沉砂、初沉、均质等一级处理工艺，物化强化法、AB（吸附-生物降解）法前段、水解酸化、浮动生物床等一级强化处理工艺，以及 SBR（序批式活性污泥法）、氧化沟、A/O（厌氧/好氧法）、生物接触氧化等二级处理工艺。

② 污水的 BOD_5/COD_{Cr} 值<0.3 时，宜采用水解酸化处理工艺。

③ 污水的 SS 含量>100mg/L 时，宜设沉淀池。

④ 污水中含油量>50mg/L 时，宜设除油设备。

⑤ 污水的 DO<1.0mg/L 时，宜设曝气装置。

(五) 人工湿地

1. 设计参数

人工湿地面积应按五日生化需氧量表面有机负荷确定，同时应满足水力负荷的要求。人工湿地的主要设计参数宜根据试验资料确定；无试验资料时，可采用经验数据或按表 7-4 的数据取值。

表 7-4　人工湿地的主要设计参数

人工湿地类型	BOD_5 负荷/[kg/(hm²·d)]	水力负荷/[m³/(m²·d)]	水力停留时间/d
表面流人工湿地	15～50	<0.1	4～8
水平潜流人工湿地	80～120	<0.5	1～3
垂直潜流人工湿地	80～120	<1.0（建议值：北方 0.2～0.5；南方 0.4～0.8）	1～3

2. 几何尺寸

潜流人工湿地的几何尺寸设计应符合下列要求：水平潜流人工湿地单元的面积宜小于 800m²，垂直潜流人工湿地单元的面积宜小于 1500m²；潜流人工湿地单元的长宽比宜控制在 3:1 以下；规则的潜流人工湿地单元的长度宜为 20～50m；对于不规则潜流人工湿地单元，应考虑均匀布水和集水的问题；潜流人工湿地的水深宜为 0.4～1.6m；潜流人工湿地的水力坡度宜为 0.5%～1%。

表面流人工湿地的几何尺寸设计应符合下列要求：表面流人工湿地单元的长宽比宜控制在 (3:1)～(5:1)，当区域受限，长宽比>10:1 时，需要计算死水曲线；表面流人工湿地的水深宜为 0.3～0.5m；表面流人工湿地的水力坡度宜<0.5%。

3. 集、配水及出水

人工湿地单元宜采用穿孔管、配（集）水管、配（集）水堰等装置来实现集配水的均匀；穿孔管的长度应与人工湿地单元的宽度大致相等。管孔密度应均匀，管孔的尺寸和间距取决于污水流量及进出水的水力条件，管孔间距不宜大于人工湿地单元宽度的 10%；穿孔管周围宜选用粒径较大的基质，其粒径应大于管穿孔孔径；在寒冷地区，集、配水及进、出水管的设置应考虑防冻措施；人工湿地出水可采用沟排、管排、井排等方式，并设溢流堰、可调管道及闸门等具有水位调节功能的设施；人工湿地出水量较大且跌落较高时，应设置消能设施；人工湿地出水口应设置排空设施。

4. 清淤及通气

潜流人工湿地底部应设置清淤装置。垂直潜流人工湿地内可设置通气管，同人工湿地底部的排水管相连接，并且与排水管道管径相同。

5. 基质

基质的选择应根据基质的机械强度、比表面积、稳定性、孔隙率及表面粗糙度等因素确定。基质选择应本着就近取材的原则，并且所选基质应达到设计要求的粒径范围。对出水的氮、磷浓度有较高要求时，提倡使用功能性基质，提高氮、磷处理效率。潜流人工湿地基质层的初始孔隙率宜控制在 35%～40%。潜流人工湿地基质层的厚度应大于植物根系所能达到的最深距离。

6. 湿地植物选择与种植

人工湿地宜选用耐污能力强、根系发达、去污效果好、具有抗冻及抗病虫害能力、有一定经济价值、容易管理的本土植物。

人工湿地出水直接排入河流、湖泊时，应谨慎选择"凤眼莲"等外来入侵物种。

人工湿地可选择一种或多种植物作为优势种搭配栽种，增加植物的多样性并具有景观效果。潜流人工湿地可选择芦苇、蒲草、荸荠、莲、水芹、水葱、茭白、香蒲、千屈菜、菖蒲、水麦冬、风车草、灯芯草等挺水植物。表面流人工湿地可选择菖蒲、灯芯草等挺水植物；凤眼莲、浮萍、睡莲等浮水植物；伊乐藻、茨藻、金鱼藻、黑藻等沉水植物。

人工湿地植物的栽种移植包括根或幼苗移植、种子繁殖、收割植物的移植以及盆栽移植等。人工湿地植物种植的时间宜为春季。植物种植密度可根据植物种类与工程的要求调整，挺水植物的种植密度宜为 $9\sim25$ 株$/m^2$，浮水植物和沉水植物的种植密度均宜为 $3\sim9$ 株$/m^2$。

垂直潜流人工湿地的植物宜种植在渗透系数较高的基质上。水平潜流人工湿地的植物应种植在土壤上。应优先采用当地的表层种植土，如当地原土不适宜人工湿地植物生长时，则需进行置换。种植土壤的质地宜为松软黏土-壤土，土壤厚度宜为 $20\sim40cm$，渗透系数宜为 $0.025\sim0.35cm/h$。

7. 防渗层

人工湿地应在底部和侧面进行防渗处理，防渗层的渗透系数应不大于 $10^{-8}m/s$。防渗层可采用黏土层、聚乙烯薄膜及其他建筑工程防水材料，可参照 CJJ 17 执行。

8. 管材及闸阀

管材选用 PVC（聚氯乙烯）或 PE（聚乙烯）管时，应按 GB/T 13663 规定执行。阀门应满足耐腐蚀性强、密封性好、操作灵活等要求。水位控制闸板、可调堰等装置采用非标设计时，应考虑材质、控制方式、防腐及耐用等因素。

（六）二次污染控制措施

1. 污泥处理与处置

预处理系统产生的污泥的处理与处置应符合 GB 50014 中的有关规定。人工湿地系统应定期清淤排泥。

2. 恶臭处理

应设置除臭装置处理预处理设施产生的恶臭气体。恶臭气体排放浓度应符合 GB 14554 中的有关规定。

3. 噪声和振动防治

应采取隔声、消声、绿化等降低噪声的措施，厂界噪声应达到 GB 12348 中的有关规定。设备间、鼓风机房等机械设备的噪声和振动控制的设计应符合 GB 50040 和 GB/T 50087 中的有关规定。

（七）检测与过程控制

对工程各系统的进出水进行检测，主要包括流量、水位、水温、DO、pH 值、SS、BOD_5、COD_{Cr}、NH_3-N、硝酸盐、TP 等，其应按国家相关标准和规定执行。人工湿地系统的检测还应包括降雨量、湿地水位、植株密度等，检测频率宜为降雨量、湿地水位每天 1 次，植株密度每年 1 次。

大、中型人工湿地污水处理工程的主要处理工艺单元，应采用自动控制系统。小型人工湿地污水处理工程的主要处理工艺单元，可根据实际需要，采用自动控制系统。采用成套设备时，设备本身控制宜与系统控制相结合。

自动控制系统可采用可编程逻辑控制器（PLC）控制，实时监控系统运转情况，具备连锁、保护、报警等功能，可设集中和现场两种操作方式。

关键工艺控制参数，如预处理系统的流量、DO、SS、COD_{Cr}等检测数据宜参与后续工艺控制。

（八）施工

潜流人工湿地周边护坡宜采用夯实的土壤构建，坡度宜为（4∶1）～（2∶1）。在夯实过程中，应考虑土壤的湿度，不得在阴天施工。围堰建成后，应进行表面防护，如种植护坝植被。基质铺设过程中应从选料、洗料、堆放、撒料四个方面加以控制。基质应进行级配、清洁，保证填筑材料的含泥（砂）量和填料粉末含量小于设计要求值。人工湿地植物宜从专门的水生植物基地采购，种植时应有专业人员指导。人工湿地防渗材料采用聚乙烯膜时，应由专业人员用专业设备进行焊接，焊接结束后，需进行渗透试验。

（九）环境保护验收

工程的环境保护验收应按《建设项目竣工环境保护验收管理办法》的规定进行。

工程的性能试验包括：功能试验、技术性能试验、设备和材料试验。其中，技术性能试验至少应包括以下项目：a. 处理污水量；b. 污水污染物的去除率；c. 污泥的处理情况；d. 电能消耗。

污水处理工程环境保护验收的主要技术依据包括：a. 项目环境影响报告书（表）审批文件；b. 各类污染物环境监测报告；c. 批准的设计文件和设计变更文件；d. 主要材料和设备的合格证或试验记录；e. 试运行期间污染物连续监测报告；f. 完整的启动试运行、生产试运行记录。

经竣工环境保护验收合格后工程方可正式投入使用。

（十）运行与维护

1. 一般规定

工程的运行应符合 CJJ 60 中的有关规定，同时还应符合国家有关标准的规定。运行人员、技术人员及管理人员应进行相关法律法规、专业技术、安全防护、应急处理等理论知识和操作技能的培训，运行人员应具备国家有关环境污染治理设施运营岗位合格证书。

工程在运行前应制定设备台账、运行记录、定期巡视、交接班、安全检查、应急预案等管理制度。工艺设施和主要设备应编入台账，定期对各类设备、电气、自控仪表及建（构）筑物进行检修维护，确保设施稳定可靠地运行。

工艺流程图、操作和维护规程等应示于明显部位，运行人员应按规程进行系统操作，并定期检查构筑物、设备、电器和仪表的运行情况。

各岗位人员在运行、巡视、交接班、检修等生产活动中，应做好相关记录。应定期检测进、出水水质，并定期对检测仪器、仪表进行校验。应制定相应的事故应急预案，并报请环境行政管理部门批准备案。

2. 人工湿地的管理与维护

（1）人工湿地运行中应适时进行水位调节　根据暴雨、洪水、干旱、结冰期等各种极限情况，进行水位调节，不得出现进水端壅水现象和出水端淹没现象；当人工湿地出现短流现象时需进行水位调节。

（2）人工湿地植物的管理与维护可采取措施　人工湿地栽种植物后即须充水，为促进植物根系发育，初期应进行水位调节；植物系统建立后，应保证连续提供污水，保证水生植物的密度及良性生长；应根据植物的生长情况，进行缺苗补种、杂草清除、适时收割以及控制病虫害等管理，不宜使用除草剂、杀虫剂等；对大型人工湿地污水处理工程应考虑配置植物进行生物能利用的装置。

（3）人工湿地在低温环境运行时采用措施　做好人工湿地的保温措施，保证水温不低于4℃；定期做人工湿地的冻土深度测试，掌握人工湿地系统的运行状况；强化预处理，减轻人工湿地系统的污染负荷。

（4）潜流人工湿地运行防堵塞采用措施　控制污水进入人工湿地系统的悬浮物浓度；定期启动清淤；适当地采用间歇运行方式；局部更换人工湿地系统的基质。

二、水平流人工湿地案例

1. 美国滨海湿地修复

在美国东北部，位于特拉华和新泽西地区的特拉华海湾，有 5000hm^2 的海岸带盐沼湿地。美国东部海岸带湿地恢复项目的任务之一就是对该湿地进行恢复和保护。

具体恢复措施是对大约 1800hm^2 的盐滩清除堤坝，将潮汐洪流重新引入湿地中。人们通过在盐滩上开挖支流，主要是把这些新的支流和现存的溪流连接起来，形成新的渠道系统，完成了对水文的恢复，增加了湿地面积。这些潮汐洪流初步建成之后，湿地系统的自组织功能增强，而且湿地的面积也得到了增加。溪流的数量和渠道的支流数量都得到了增加。在 3 个盐滩上，支流数量均从十几个增加到上百个，洪流被重新引入湿地中。

恢复盐沼湿地的一个目标就是大面积的水面被理想植物所覆盖，像互花米草（*Spartina alterniflora*），在芦苇（*Phragmites australis*）的入侵下，成活率很低。在恢复初期，几乎所有的地区都把植被恢复作为首要目标。通过潮汐可以把米草属（*Spartina*）植物的种子传送到湿地中。因此，在这些盐沼湿地上潮汐量的设计显得尤其重要（必须使潮汐与海拔相适应）。

佛罗里达湿地是美国最大的湿地，实际上包括该地区南部 Kissimmee-Okeechobee-Everglades（KOE）3 个州，共 460 万公顷。其恢复概况见图 7-6。

佛罗里达湿地恢复的内容之一，是对 Kissimmee 河进行恢复，投资巨大，目标是使其恢复为 30 年前的河道。总的来讲，美国工程师军事有限公司用将近 80 亿美元对佛罗里达湿地进行恢复，费时 20 多年。佛罗里达湿地存在的问题主要由以下原因造成：a. 过多的营养物质负荷通过农田径流进入 Okeechobee 河流和湿地；b. 工农业的发展使大量的生境损失、支离破碎；c. 香蒲（*Typha*）等外来生物入侵，对当地生物造成威胁；d. 美国工程师军事有限公司进行的广挖渠道、河道拉直以及防洪、水资源管理等导致湿地水文特征发生重大改变。

对于河道恢复最根本的措施是河流地貌以及水文特征的改善。具体措施：a. 恢复河道的自然走势；b. 去除河道上的堤坝，恢复河流漫滩；c. 增加支流数，改变水文特征。通过上述措施使河水为湿地提供了营养物质、植物种子，漫滩为生物提供了栖息地，又净化了水质，从而改善了河流生态系统的结构与功能。

 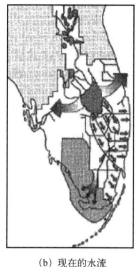 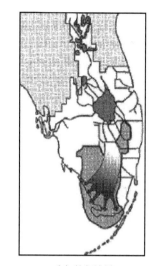

(a) 历史条件　　　　　　　(b) 现在的水流　　　　　　(c) 恢复计划

图7-6　佛罗里达湿地的恢复概况（Mitsch 和 Jørgensen，2004）

2. 水平流人工湿地处理农村生活污水案例

下面浅析水平流人工湿地处理农村生活污水的应用（卢贯能 & 冯聪，2018）。

水平流人工湿地由一个或几个基质填充床组成，床底有防渗层，防止污水污染地下水。污水通过基质间空隙慢慢渗漏到整个基质层内，基质周围的微生物群落、植物根系对污染物产生生物作用，基质发挥截留吸附作用，在一定的温度和处理容量下经过一段时间后被净化。

案例是对某村的生活污水采用水平流人工湿地进行为期一年的跟踪监测，研究湿地对污染物的去除效率。人工湿地基质采用砾石，底部为鹅卵石，上层为河砂、土壤，选择美人蕉、芦苇和香蒲作为湿地植物，混合搭配。

进水 COD 浓度全年最高为 256mg/L，最低为 155mg/L，进水浓度相对比较稳定；出水 COD 浓度最低为 27mg/L，最高为 62mg/L，出水平均 COD 浓度为 42.6mg/L。9 月 COD 去除率最高，为 89.9%；12 月去除率最低，为 72%；3～9 月的平均 COD 去除率为 86.1%；1 月、2 月、10～12 月的平均 COD 去除率为 75.9%，造成这种现象的原因可能是该段时间内温度较低，微生物活性相对较低。

进水 NH_3-N 浓度全年最高为 28.6mg/L，最低为 16.5mg/L，进水浓度相对比较稳定；出水 NH_3-N 浓度最低为 2.3mg/L，最高为 7.0mg/L，出水平均 NH_3-N 浓度为 4.82mg/L。3 月 NH_3-N 去除率最高，为 89.1%；10 月 NH_3-N 去除率最低，为 70%；1～3 月 NH_3-N 去除率逐渐升高，可能是由于前期微生物经过一个阶段的运行后，逐渐增多，配合基质的吸附作用，在 3 月处理效率达到顶峰，而持续运行一段时间后，基质吸附作用降低，最终维持在一个相对稳定的水平。

进水 TP 浓度全年最高为 2.76mg/L，最低浓度为 1.07mg/L，波动相对较大，平均进水浓度为 1.93mg/L；出水 TP 浓度最低为 0.1mg/L，最高为 0.51mg/L，而且超过 0.5mg/L 仅在 8 月发生过一次，其他时间均低于 0.5mg/L，出水的年均 TP 浓度为 0.34mg/L。2 月 TP 去除率最高，为 94.1%；11 月去除率最低，为 75.9%。分析其原因，可能是由于前期基质的吸附未饱和，出现微生物、植物、基质吸附的协同作用，而后期则去除率趋于平稳，基本维持在 80% 左右。

进水 SS 浓度全年最高为 147mg/L，最低浓度为 125mg/L，进水浓度波动相对较小；出水 SS 浓度最低为 9.8mg/L，最高为 23.8mg/L，出水的年均 SS 浓度为 18.1mg/L。5 月 SS 去除率最高，为 92.1%；1 月去除率最低，为 82.8%。1 月去除率最低可能是因为前期系统刚运行，微生物等较少，系统的孔隙相对较大，而且植物处于生长初期，植物根系不发达，故而截留作用小。

第四节 潜流人工湿地的设计建设与案例

一、复合潜流人工湿地的设计与建设

参考《复合潜流人工湿地处理农村生活污水技术规范》安徽省地方标准（DB 34/T）介绍复合潜流人工湿地的设计与建设。

复合潜流人工湿地系统工程项目主要包括预处理设施、复合潜流人工湿地设施和配套设施等。预处理设施包括格栅、调节池、沉淀池等。污水处理设施主体是复合潜流人工湿地，主要包括基质床体、基质、集（配）水系统、湿地植物、导流设施、防渗层等。配套设施包括溢流设施、道路、绿化、护栏、潜污泵等。

（一）场址选择

应符合乡镇、村、农户居住区总体规划和其他专项规划的要求。应少拆迁，少占地。不受洪涝灾害影响。宜靠近排放的水体、排污水总管道的排放点，或便于处理后回用的地点。应尽可能利用荒地、自然坡度为 0.0%～2.0% 的低洼地、塘等利用价值低的土地。宜设在居住区夏季主导风向的下风侧。集中居住区的复合潜流人工湿地系统与建筑物应保持适当距离，并用绿化带隔开；分散居住区的复合潜流人工湿地系统应便于收集污水，可建于化粪池后。应便于施工、运输、维护和管理。

（二）设计与施工

1. 设计水量

复合潜流人工湿地的设计水量应根据农户实际产生排水量确定；缺乏实测数据的，可参考同地域、同类型农村生活污水处理工程经验值；也可参考表 7-5 进行取值和确定。

表 7-5 农村居民生活用水量参考值和排放系数

村庄类型	用水量/[L/(人·d)]
经济条件好，户内给排水设施齐全且有淋浴设备	100～140
经济条件较好，户内给排水设施较齐全	80～100
经济条件一般，户内给排水设施简单	50～80

注：1. 各地可根据本地水资源条件与经济发展水平在相应范围内确定用水定额。水资源丰富、发展水平高的地区可取高值，反之取低值。

2. 农村地区居民生活污水排放系数取生活用水量的 40%～90%。污水收集系统完善的地区可取高值，反之取低值。

农村生活污水处理设施的设计服务人口应按服务范围常住人口并结合服务期内人口变化等因素确定。

2. 设计进水水质

农村生活污水水质宜根据实际调查情况确定；缺乏实测数据的，可参考同地域、同类型村庄生活污水水质资料；也可参考表 7-6 进行适当取值。污水收集系统完善的地区可取高值，反之取低值。

表 7-6　农村生活污水水质参考值　　　　　　　　　　单位：mg/L

主要指标	COD	BOD$_5$	NH_4^+-N			TN	TP	SS
建议取值范围	100~300	60~200	20~60	20~70	2.0~6.0		100~200	

3. 设计出水水质

复合潜流人工湿地出水水质应符合当地或者国家的要求，并符合流域或县域农村生活污水治理专项规划的相关要求。

4. 工艺流程

农村生活污水复合潜流人工湿地处理系统典型工艺流程如图 7-7 所示。

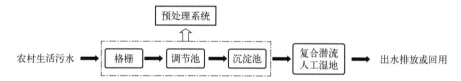

图 7-7　农村生活污水复合潜流人工湿地处理系统典型工艺流程（DB 34/T）

5. 污水预处理

为保证复合潜流人工湿地的处理效果，降低其基质层堵塞风险，农村生活污水应经预处理后方可进入复合潜流人工湿地进行处理。预处理系统的设计需达到下列要求：a. 去除大部分悬浮物、漂浮物，去除部分有机物；b. 具备一定的水量调节能力；c. 污水中含油量大于 50mg/L 时应考虑采用隔油措施。预处理系统应地埋或加盖，避免臭味散发和蚊蝇滋生。污水进入预处理系统时应设格栅拦截杂物；可选用人工格栅，栅条间隙宜设为 5~20mm。应设置调节池，调节池水力停留时间宜控制在 8~24h。沉淀池有效容积应为污水驻留和污泥沉积两部分容积之和。预处理系统应设置溢流设施。

6. 复合潜流人工湿地

应在满足污染负荷和表面水力负荷的技术要求的条件下，提高土地使用率。应考虑由暴雨、洪水冲击造成的破坏或淤堵风险，备有相应解决方案。结合场地、工艺及进水水质等特点，复合潜流人工湿地设计可采用单级或多级串联形式。

(1) 工艺形式　复合潜流人工湿地的长宽比宜为 (2:1)~(5:1)；当其占地面积不超过 50m^2 时，宜设为单级结构，反之，宜设为多级串联结构；单级池体水力坡度宜为 0.5%~1.0%。对于单级形式的复合潜流人工湿地，其结构应符合下列要求：由布水系统、排水系统、布水区、集水区和处理区等组成；布、集水区宽度宜为 0.5~1.0m，分布于整个湿地床宽，有效深度宜为 1.1~1.5m，内部填充粒径为 5~10cm 的基质；处理区有效深度宜为 1.1~1.5m，其中的基质应分层填充，按照自下而上的顺序依次划分为承托层、功能填料层、缓冲层和植物栽植层；布水区、集水区和处理区之间应使用导流设施隔开，处理区内也应设置导流设施，而且数量不宜超过 5 个，相邻导流设施之间的间距宜为 1~3m；导流设施应使处理区中的污水在垂直方向上形成多重"S"形复合流态。单级复合潜流人工湿地结构及流态示意详见图 7-8。

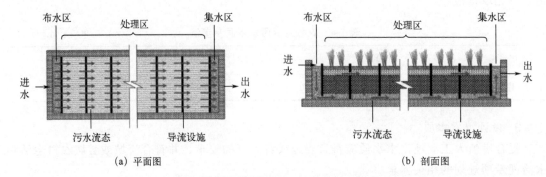

图 7-8 单级复合潜流人工湿地结构及流态示意图（DB 34/T）

多级形式的复合潜流人工湿地由 2~4 个单级复合潜流人工湿地串联而成。复合潜流人工湿地池体围堤（或挡墙）顶高与基质层表面高差应不小于 0.2m。

(2) 设计参数与公式　农村生活污水经过预处理后可直接采用复合潜流人工湿地进行处理，其主要设计参数如表 7-7 所列。

表 7-7　复合潜流人工湿地主要设计参数

项目	参数	项目	参数
BOD_5 表面负荷	4~8g/(m²·d)	水力停留时间（T）	1~3d
NH_4^+-N 表面负荷	2.5~8g/(m²·d)	基质层厚度（h）	0.85~1.30m
TP 表面负荷	0.2~0.6g/(m²·d)	基质层中有效水深（H）	$h-(0.2~0.3)$m
表面水力负荷	0.20~0.50m³/(m²·d)		

复合潜流人工湿地对污水中污染物的去除率可参考表 7-8。

表 7-8　复合潜流人工湿地系统污染物去除率　　　　　　　　　　　　　单位：%

项目	BOD_5	COD_{Cr}	SS	NH_4^+-N	TN	TP
去除率	80~97	60~95	85~95	85~95	55~90	70~95

设计时应根据污染物表面负荷、表面水力负荷、水力停留时间等进行计算。污染物表面负荷包括 BOD_5 表面负荷、NH_4^+-N 表面负荷、TP 表面负荷，可按公式（7-1）计算复合潜流人工湿地占地面积：

$$A = Q(C_i - C_e)/q_{CS} \tag{7-1}$$

式中　A——复合潜流人工湿地占地面积，m²；
　　　Q——设计进水流量，m³/d；
　　　C_i——进水污染物浓度，mg/L 或 g/m³；

C_e——出水污染物浓度，mg/L 或 g/m³；

q_{CS}——污染物表面负荷，g/(m²·d)。

表面水力负荷计算法可按公式（7-2）计算复合潜流人工湿地占地面积：

$$A = Q/q_{HS} \tag{7-2}$$

式中　A——人工湿地占地面积，m²；

　　　Q——污水流量，m³/d；

　　　q_{HS}——表面水力负荷，m³/(m²·d)。

注：复合潜流人工湿地的占地面积应取式（7-1）和式（7-2）计算出的数值的较大值。

可按公式（7-3）计算水力停留时间：

$$T = AHn/Q \tag{7-3}$$

式中　T——水力停留时间，d；

　　　Q——污水流量，m³/d；

　　　A——复合潜流人工湿地占地面积，m²；

　　　H——基质层中有效水深，m；

　　　n——基质层孔隙率，%。

（3）布水与排水　宜采用穿孔的布（集）水管、布（集）水堰或穿孔花墙等装置来实现配（集）水的均匀。穿孔管长度应与复合潜流人工湿地的宽度大致相等，管孔密度应均匀，管孔的尺寸和间距取决于污水流量及进出水的水力条件，管孔间距不宜大于人工湿地单元宽度的 10%。穿孔管应布设在布水区中，周围填充基质的粒径应大于穿孔管孔径。

可采用沟排、管排、井排等方式，可设置溢流堰、可调管道及闸阀等具有水位调节功能的设施。应设置放空阀或易于放空的设施。集、配水及进、出水管应考虑防冻设计。总排水管进入地表水体时应采取防止地表水体高水位倒灌的措施。

（4）防渗设计　人工湿地建设时，应在底部和侧面进行防渗处理。防渗层应符合下列要求：渗透系数不得大于 1×10^{-8} m/s；具有抗化学腐蚀能力；具有抗老化能力。

当原有土层渗透系数大于 10^{-8} m/s 时，应构建防渗层，一般采取下列措施：

① 水泥砂浆或混凝土防渗。砖砌或毛石砌后底面和侧壁用防水水泥砂浆做防渗处理，或采用混凝土底面和侧壁，按相应的建筑工程施工要求进行建造。

② 塑料薄膜防渗。薄膜厚度宜大于 1.0mm，两边衬垫土工布，以降低植物根系和紫外线对薄膜的影响。宜优选 PE 膜，敷设要求应满足 SLT 231 等专业规范要求。

③ 黏土防渗。采用黏土防渗时，黏土厚度应不小于 60cm，并进行分层压实，也可将黏土与膨润土相混合制成混合材料，敷设不小于 60cm 的防渗层，以改善原有土层的防渗能力。

当渗透系数小于 10^{-8} m/s，而且有厚度大于 60cm 的土壤或致密岩层时，不需采取其他防渗措施；工程建设中，应对湿地底部和侧壁 60cm 厚度范围进行渗透性测定。

（5）基质层设计　基质层应具有构建复合潜流人工湿地骨架、支撑湿地生物生命过程并提供其良好生长环境的功能。基质层应具有污染物截留作用和固定微生物生物活性的性能，并具有良好的水力传导性。基质应具有一定的机械强度、孔隙率、表面粗糙度、尽可能大的比表面积等物理特性，并应具有良好的生物、化学及热力学稳定性。

基质的选择应遵循功能良好、成本低廉、就近取材和可再利用的原则。

基质的选配宜为多级搭配。

基质填充前应清洗干净，不得含泥砂、土壤和粉末。

基质层厚度应满足植物根系自然生长所能达到的最大深度要求，宜为0.85～1.30m。进、集水区内部填充粒径为5～10cm的砾石或鹅卵石，填充厚度宜为0.85～1.30m，孔隙率不宜超过50%。

处理区中的基质应分层填充，按照自下而上的顺序依次划分为承托层、功能填料层、缓冲层和植物栽植层，基质级配与布设参照表7-9。

表7-9 复合潜流人工湿地处理区基质层的级配与布设

层级	基质级配粒径范围/cm	铺设厚度范围/cm
承托层	5～10	20～30
功能填料层	2～5	50～70
缓冲层	1～2	10～20
植物栽植层	0.3～0.8	5～10
基质层总厚度	—	85～130

注：层级列中按照自下而上的铺设顺序依次为承托层、功能填料层、缓冲层和植物栽植层。

湿地所选用的各级配基质应达到设计要求的粒径范围，有效粒径比例不宜小于80%。处理区中基质层的初始孔隙率宜控制在30%～45%。处理区的功能填料层中宜填充富含钙、镁、铁等具专性功能的基质，宜以导流设施为界分区域填充，以强化氮、磷去除效果。

（6）湿地植物选配与种植

① 符合生态安全原则。选择的湿地植物不应对当地的生态环境构成隐患或威胁，宜优先选择本地物种，慎重引入外来物种，确保区域生态安全。

② 符合适地适生的原则，选择的湿地植物应适应当地气候、海拔、生境等自然条件和人文景观条件，应适合具体复合潜流人工湿地设计的要求，做到因地制宜、适地适种。

③ 选择的湿地植物应具有良好的生长特性，应选择根系发达、茎叶茂密和输氧能力较强的湿地植物，具有较强的抗逆性，应选择耐污与去污、耐盐、抗寒及抗病虫害能力较强的湿地植物；具有一定的经济价值和生态价值，应着重考虑其环境价值、经济价值、文化价值、景观美学价值；注重物种间的合理搭配，按一定的时空比例以一种或多种植物为优势种进行优化搭配，实现系统的生物多样性、稳定性、高效性和生态景观效果。植物可选择芦苇、茭白、香蒲、菖蒲、美人蕉、水葱、灯芯草、旱伞草、再力花、千屈菜等常年生植物，也可选用西伯利亚鸢尾、石菖蒲、麦冬等四季常绿植物，还可以根据当地实际情况筛选合适的湿地植物。复合潜流人工湿地中植物的栽种时间应根据植物生长特性确定，宜选在4月初至8月底，期间湿地植物成活率高。若要在种植的第一年启动湿地，可在生长季节结束前或霜冻期来临前3～4个月进行种植。经济条件和人力许可时，可栽种换季水生植物，充分发挥植物净化作用。植物栽种后，尚未正常运行时，宜将基质层内水位蓄至基质层表面下10cm，保养至植物复苏，而后逐步增大水力负荷使其驯化适应处理水质。复合潜流人工湿地中植物的种植密度宜为9～25株/m²。植物株距宜取0.2～0.5m，可根据植物种苗类型和单束种苗支数进行适当调整。

（7）工程与施工 预处理构筑物结构设计应符合GB 50069、GB 50332的规定，宜采取钢筋混凝土或者钢筋混凝土与砌体结合的结构，而且达到P6级抗渗强度。预处理构筑物采用钢板等结构时，应做好防腐处理，具体措施应参照GB/T 50046。预处理构筑物宜采取全地埋式，可以保持农村生活污水的温度，有利于提高复合潜流人工湿地的处理效果。

湿地池体围护宜采用土堤、钢筋混凝土挡墙或砖砌挡墙结构。条件许可时，优先选用土堤。池体采用钢筋混凝土挡墙结构时，结构设计应符合GB/T 50010的规定。池体采用砖砌挡墙结构时，结构设计应符合GB 50003的规定。

人工湿地基础应符合结构稳定要求。如构筑物基础土壤为有机土、膨胀土、湿陷性黄土或淤泥质等不利土质，应进行清除置换。湿地回填土基底和边坡应进行夯实，满足整体及局部稳定性的要求。在夯实过程中，应考虑土壤的湿度，不应在阴雨天施工。管道安装后应进行重点保护，避免挤压破坏；施工过程中做好管口临时封堵，不应有异物落入管内。基质铺设过程中应从选料、洗料、堆放、填料四个方面加以控制，避免泥土混入填料中，保证填充材料的含（砂）量和填料粉末含量符合设计要求值。

湿地植物种植时间应选择在春季；在植物种植前，建设单位应组织通水试运行，对全系统进行试水；试水合格并满足设计调控要求、湿地填料表面平整后才可进行植物种植。

管道安装坡度、高程应符合设计要求，严防出现倒坡；接口应严实，无渗漏。管网（包括检查井等）、构筑物（各类水池、复合潜流人工湿地护栏等）内部以及各部分接口，防渗处理应符合相关技术要求；防渗施工结束后应进行闭水试验，确保防渗效果。

（三）运行与维护

污水处理工程应建立生产设施运行状况、设施维护等的登记制度。运行人员应至少每周检查一次各类设备和湿地的运行情况，并做好运行记录。工艺流程图、操作规程等应挂于明显位置。

系统进水后，应检查配水效果，配水应均匀，不应有侵蚀和短流现象。湿地内水位控制应适宜。对于连续流运行的复合潜流人工湿地，应至少每月降低一次湿地水位，实施间歇流运行3~5d，每年应在春、夏、秋三季各实施一次。

湿地植物栽种初期，应加强管理，及时清除杂草，并及时清除攀缘藤蔓，保证植物成活；对于枯死、空缺部位应及时补种。

系统运行期间应每周至少巡视一次，清除进、出水口及配水管道淤堵物，并观测、记录人工湿地内水位变化，若出现湿地基质层表面积水现象，应立即进行疏松。越冬运行期间，应保留植物及枯叶，并控制适宜水位，维持流量稳定，待开春后再收割植物。

人工湿地过水能力下降，基质层表面布有大量有机物质时应进行清除。如果表面出现积水，应将基质层上部积水处的基质刨松。人工湿地运行中系统老化、发生堵塞后，采用表层刨松、间歇运行等措施无法恢复设计过流能力时，应更换或清洗湿地系统的局部填料。

二、潜流人工湿地案例

东阳江为钱塘江的一级支流，是东阳市的主要河流，受沿岸生活、畜禽、工业等污染，东阳市第一污水处理厂位于东阳江江畔，尾水直接排入东阳江，并且排入口下游600m处即为东阳市与义乌市的水质交界考核断面，为此实施江滨景观带湿地公园工程，通过建设景观型尾水人工湿地，进一步处理东阳第一污水处理厂尾水。工程于2015年投入运行。韩万玉等进行了东阳市江滨景观带湿地公园设计案例分析（2019）。

工程进水为东阳市第一污水厂出水，处理规模为 $6×10^4 m^3/d$。设计进水为《城镇污水处理厂污染物排放标准》（GB 18918—2002）一级 B 标准，设计出水为《地表水环境质量标准》（GB 3838—2002）Ⅴ类水标准。在项目实施过程中，由于污水厂进行了提标改造，设计进水提高为 GB 18918—2002 一级 A 标准，设计出水也相应提高为 GB 3838—2002 地表水Ⅳ类标准。具体如表 7-10 所列。

表 7-10　设计进、出水水质指标　　　　　　　　　　　单位：mg/L

项目		COD	BOD_5	NH_3-N	TP
进水	一级 A 标准	50	10	5	0.5
	一级 B 标准	60	20	8	1.0
出水	地表水Ⅳ类标准	30	6	1.5	0.3
	地表水Ⅴ类标准	40	10	2.0	0.4

（一）工艺流程

基于进水水质、水量波动等因素，综合考虑后选择强化预处理组合工艺，采用的工艺流程为"进水流量计井—生态氧化池—生态砾石床—复合人工湿地景观塘出水"，其中，复合人工湿地的设计理念为"模拟自然的河流"，通过模拟降雨——"先垂直入渗河岸，再水平流动，最后汇集到河道"的自然净化过程，耦合串联了垂直潜流、水平潜流、表面流三级湿地。

（二）工艺设计

1. 预处理区

（1）生态氧化池　面积为 $4500m^2$，水深为 3.5m，有效停留时间为 6h，池内布置纤维浮床 $2500m^2$，底部采用管膜式曝气机，数量 1344 套。

（2）生态砾石床　面积为 $1600m^2$，有效容积 $5000m^3$，采用水平流方式，设置四级卵石填料，粒径依次为 120mm、80mm、60mm、40mm。

（3）鼓风机房　面积为 $120m^2$，设空气离心悬浮式风机 3 台（单台风机功率为 75kW），2 用 1 备。

（4）提升泵井　面积为 $290m^2$，设潜污泵 4 台（单泵扬程为 100kPa、功率为 75kW），2 用 2 备。

2. 潜流湿地

（1）垂直潜流湿地　面积为 $4.48hm^2$，划分为 16 个单元，床体深度为 1.2m，布置 4 级滤料，采用穿孔管配水，各单元的布水方式为 DN400 干管、DN350 支干管、DN150 支管、DN75 毛管，底部采用 DN200 穿孔管进行集水。

（2）水平潜流湿地　湿地面积为 $4.28hm^2$，划分为 9 个单元，床体深度为 1m，采用两级滤料，进水端采用两级配水方式，第一级采用堰配水，第二级采用穿孔墙配水，出水端采用 DN200～300 穿孔管进行集水。

（3）表面流湿地　表面流湿地占地为 $1.2hm^2$，全长为 870m，在场地中部形成景观水轴，表面流湿地两岸种植挺水植物，中心水深控制在 1.5m 以下，种植沉水植物。

3. 景观设计

在工程景观设计过程中,以水处理工艺及水力流程为设计基底,对湿地单元进行了艺术化设计,并融入东阳市传统民俗文化元素,设置了望江台、悦湖亭、溪滨小道、听水台、立交盒、林荫广场、缤纷花海、入口广场、科普广场等多个景点节点,对功能性建筑进行了景观立面设计等。

4. 防渗设计

根据场地特点对各功能性构筑物采用不同的防渗方式。

(1) 生态氧化池　底部采用防渗混凝土底板,沥青勾缝处理,边坡采用浆砌块石砌筑,用水泥砂浆抹平,并铺设土工布保护层和 1mm 厚的 HDPE(高密度聚乙烯)土工膜。

(2) 潜流湿地　采用软性防渗结构,自下而上依次采用素土夯实、100mm 细砂找平、$600g/m^2$ 土工布保护层、1.0mm 的 HDPE 膜、$200g/m^2$ 的膜上土工布隔离层。

(3) 表面流湿地　自下而上采用 30cm 黏土、GCL 膨润土毯、40cm 耕植土。

5. 防堵塞设计

堵塞是潜流湿地长效处理功能需要解决的最为关键的问题,工程中采用以下措施:a.设置了生态氧化池、生态砾石床等强化预处理单元,进一步去除进水中的悬浮物,并提前充氧,减小后端湿地的堵塞风险;b.优化填料级配,减小堵塞风险;c.湿地单元采用并联间歇运行的方式,保证各单元可以定期停床休作;d.创新景观型湿地单元的集配水系统设计,保证均匀配水;e.施工中重视填料质量,保证填料的清洁度。

6. 填料设计

填料作为微生物生长载体,是砾石床、潜流湿地等单元的重要组成部分,工程根据需要设计了 8 种规格、总量约为 $10.3 \times 10^4 m^3$ 的填料,见表 7-11。

表 7-11　选用的填料类型

粒径/mm	用量/$10^4 m^3$	材料	功能	放置区域
8～16	0.9	砾石	排水层	垂直潜流湿地
5～10	3.6	砾石+沸石	滤料层	
8～16	0.9	砾石	覆盖层	
3～5	0.9	瓜子石	覆盖层	水平潜流湿地
40～80	0.006	砾石	进水区、出水区	
20～30	3.6	砾石	中间区域	
120	0.094	砾石	防浮泥、过滤	砾石床
80	0.094	砾石		
60	0.094	砾石		
40	0.094	砾石		

7. 植物设计

水生植物是人工湿地构成的三要素之一,对确保污染物去除效果、景观效果、湿地的生态功能等均具有重要意义。工程中尽可能选择便于运输、易于存活的本地植物,主要配置了芦苇、香蒲、菖蒲、水葱、芦竹、西伯利亚鸢尾、水生美人蕉、香根草、纸莎草、再力花、雨久花、梭鱼草、水芹、旱伞草、姜花、千屈菜以及苦草、菹草等。

第五节 垂直流人工湿地的设计建设与案例

一、垂直流人工湿地的设计与建设

湿地设计应在分析污水特性、区域环境、出水水质要求的基础上进行。垂直流人工湿地设计包括面积计算、集配水系统设计、填料的选择设置、植物的选择、防渗设计、通气设计等。还包括人工湿地污水处理系统的电气设备和检测设备相应的配套设施。

（一）选址与设计

人工湿地污水处理设施位置的选择，应符合居住区、村镇或厂区总体规划及环境影响评价的要求。人工湿地地点的选择，应考虑当地地质、气象、水文特征等因素，并进行工程地质、水文地质等方面的勘察，避免人工湿地池裂损、淹没、河水倒灌、排水不畅等情况发生。

人工湿地处理构筑物的间距应紧凑、合理，满足各构筑物的工程施工、设备安装、填料装填、湿地池疏通及日常管理的要求。人工湿地处理设施应设置通向各构筑物和附属建筑物的必要通道，通道的设计应符合相关规定。对并行运行的处理构筑物间应设均匀配水装置，各处理构筑物系统间宜设置可切换的连通管渠、超越管渠。

生产管理建筑物和生活设施建筑物宜集中布置，其位置和朝向应力求合理，并应与处理构筑物保持一定距离。农村地区宜结合当地农业生产，加强生活污水削减和尾水的回收利用。

1. 结构设计

垂直流人工湿地池体可采用混凝土、砖、毛石或黏土结构，采用混凝土和砖砌结构时池底需要设置不低于100mm厚的混凝土垫层。湿地系统设计中采用多个人工湿地单元，长宽比不宜超过3:1，各单元面积应平均分布，并保证配水均匀。湿地系统应保持一定深度，以保证人工湿地单元中植物的生长及必要的好氧条件。在设计人工湿地时，应考虑雨季暴雨径流带来的超高水位，此时淹没的最大深度应保证大部分植物能够生存并发挥功能，淹没深度宜控制在200mm以下。

在冬季易发生冻害的地区，人工湿地设计时应采取相应的保温防冻措施。人工湿地防堵塞设计时，应综合考虑污水的悬浮物浓度、有机负荷、投配方式、基质粒径、植物、微生物、运行周期等因素以降低堵塞的概率。人工湿地出水排放应按照当地有关部门要求设置排放口，排放口应采取防冲刷、消能、加固等措施。

2. 垂直流人工湿地参数设计

垂直流人工湿地面积设计须考虑到最大污染负荷和水力负荷，可按人口当量表面积、BOD_5、水力负荷进行计算。面积计算可参考式（7-4）：

$$A = mP^b \tag{7-4}$$

式中 A——湿地面积，m^2；

b——指数；

P——等效人口（也被称为PE）；

m——比例因子。

根据 Kadlec（Kadlec 等，1996）和 Wallance（S. Wallance 等，2003），垂直流人工湿地

的面积，通过采用以下公式来进行计算、确定：

$$\text{IORT} = (Q/A) \times (\text{BOD}_{in} - \text{BOD}_{out}) + 4.3(\text{NH}_4^+\text{-N}_{in} - \text{NH}_4^+\text{-N}_{out}) \tag{7-5}$$

式中　　A——面积，m^2；

　　BOD_{in}——进水 BOD，mg/L；

　　BOD_{out}——出水 BOD，mg/L；

　　IORT——氧气传输速率，g O/($m^2 \cdot d$)；

　$\text{NH}_4^+\text{-N}_{in}$——进水 $\text{NH}_4^+\text{-N}$，mg/L；

$\text{NH}_4^+\text{-N}_{out}$——出水 $\text{NH}_4^+\text{-N}$，mg/L；

　　Q——流量，m^3/d。

为确保湿地床能够完全通畅排水，湿地床底面应具有适宜坡度。湿地床底坡坡度与温度、湿地负荷无关，只受填料水力学特性的影响。在借鉴有关经验的基础上人们建议，通过填料横截面的平均流速 Q/A 以不超过 8.6m/d 为宜，以避免对填料根茎结构的破坏。

人工湿地总面积和构造形式确定后，应尽量减少土方搬运量和人工湿地单元之间的运输量。同时，确定人工湿地单元数目时应考虑到人工湿地运行的稳定性、易维护性和地形的特征。

3. 集配水系统设计要求

垂直流人工湿地宜采用穿孔管配水、集水，配水管上方可覆盖石砾。布管密度应均匀，出水口应设在湿地的底部。进、出水构筑物的设计应便于建造和维护，出水设计应保证池中水位可调。配水管线可设在表面，也可设在内部。设在内部有助于防止藻类滋生和堵塞现象，还起到保温作用，适用于气候寒冷地区。

4. 填料设计

人工湿地填料的选择应满足：人工湿地填料应能为植物和微生物提供良好的生长环境，并具有良好的渗透性。为避免湿地的堵塞，按照设计确定的级配要求充填。为提高人工湿地对磷的去除率，可在人工湿地除磷单位内等适当位置布置具有吸磷功能的填料，强化除磷。垂直流人工湿地的排水层应保证充分排水并且不出现积水现象。为防止霜冻，可设置覆盖层，同时必须保证各层之间的稳定性。对于垂直流人工湿地，还应合理设计各层的填充厚度。

5. 人工湿地植物选择

人工湿地植物的选择应符合下列要求：a. 根系发达，输氧能力强；b. 适合当地气候环境，优先选择本土植物；c. 耐污能力强、去污效果好；d. 具有抗冻、抗病害能力；e. 具有一定经济价值；f. 容易管理；有一定的景观效应。

人工湿地常用的植物有芦苇、香蒲、菖蒲、美人蕉、水葱、灯芯草、风车草等；植物宜在每年春季种植，植物种植初期的适宜密度可根据植物种类调整。当种植芦苇时，种植密度宜为 4～6 株/m^2；植物种植时，应搭建操作架或铺设踏板，严禁直接踩踏人工湿地；植物种植时，应保持介质湿润，介质表面不得有流动水体；植物生长，应保持池内一定水深，植物种植完成后，逐步增大水力负荷，驯化使其适应处理水质；同一批种植的植物植株大小应均匀，不宜选用苗龄过小的植物。

（二）建设与施工

施工前，工程设计单位应首先确定适合当地的技术方案，编制施工方案，明确施工质量负责人和施工安全负责人，经批准后方可实施。施工中，应做好地埋工程的防水、防渗及防腐工程的质量验收。湿地系统的施工与验收应符合现行国家标准《给排水构筑物施工及验收规范》的有关规定。湿地系统竣工验收后，建设单位应将有关设计、施工和验收文件归档。工程竣工验收后，工程设计单位应向运行管理单位提供运行维护详细说明书。

1. 施工

人工湿地污水处理工程的施工应符合国家及地方相关标准和规范的要求。施工单位应具备相应资质，建立质量管理体系，并应对施工全过程进行质量控制。人工湿地地下构筑物施工时应满足以下规定：

① 人工湿地地基应具有一定的稳定性。如基础所在的部位原土为有机土壤或高黏土含量的土壤时，应将土清除，回填坚实的基础材料。

② 人工湿地围护结构采用混凝土结构、砖砌结构或土工布结构时，其施工均应满足《给排水构筑物施工及验收规范》等相关技术规范要求。

③ 人工湿地填料需保持良好级配，过滤性和透水性良好。填料可以由挖掘斗卸入场地，然后必须完全采用人工施工，不能压实。如铺设的填料不满足质量要求，必须返工。

④ 植物的选择原则是净化吸附能力强、生长周期长、耐水、美观等。植物种植不可太密，种植时间宜选择在春季。植物种植初期，必须定期对其浇水，以确保植物成活率。植物根系必须小心植入填料表层，以防扰动。施工时，人工湿地床体表面铺设行走木板。保证植物成活。

⑤ 人工湿地应做好地下防渗工作，确保底板、侧壁及其连接处不渗漏。

⑥ 埋地管道沟槽底部应平整，管道周围宜填充砂或石粉等，不得使用建筑渣土和块石回填。

⑦ 排水管道坡度应符合设计要求，严防出现倒坡。接口严实，无渗漏。承插口管安装时应将插口顺水流方向、承口逆水流方向由下游向上游依次安装。

⑧ 污水接户管、处理设施进出水口管底标高和排放水体的正常水位标高应相互衔接，避免出现倒坡、排水不畅、管内积水等情况。

⑨ 污水管网（包括检查井等）、构筑物（各类池体、人工湿地等）内部及其接口部分，应采取防渗措施。防渗施工结束后，需进行渗透试验，确保防渗效果。

⑩ 人工湿地污水处理工程在交工验收时，办理交工验收手续后，建设单位应组织通水试运行。试运行期为一年，施工单位应在试运行期内对工程质量承担保修责任。试运行一年后建设单位应组织竣工验收。

2. 调试运行

在调试运行阶段，应进行前期调试，并且应符合下列要求：应进行池内水深测试，检查配水管道，配水应均匀。应检查水泵、水位控制器，设备应能正常工作。在调试运行期间，应逐步提高污水处理负荷。为了促进植物根系发育，人工湿地运行初期应进行水位调节。观察植物生长状态，发现缺苗、死苗应及时补苗，保证正常的植物密度。

3. 工程验收

土建工程完成后，应进行土建验收。调试运行完成后，应进行系统验收。调试运行期一般为1～3个月。系统验收的主要工作是考察设备运行的稳定性、监测出水水质是否满足设计要求等。运行稳定后应进行竣工验收。运行稳定时间约为1年。

（三）运行管理及故障处理措施

1. 公示管理

在每个建成的湿地明显位置，建设公示标牌，注明湿地介绍、日常维护的要求以及运行管理方责任人电话，便于湿地运行期间的公众参与及监督管理。

2. 日常运行管理

湿地单元进水后，应检查配水效果，配水应均匀，不得有侵蚀和断流现象。应进行日常检查，控制人工湿地水位。水位的适当控制能够引导植物根系的生长和发育，促进植物周围微生物的生长。应根据植物的不同生长期进行田间管理，补种缺苗、勤除杂草，及时控制病虫害以及植物收割。应对湿地工程污水输送管道、集排水设施、湿地进出水装置进行定期的清淤维护及相应维修。

定期检查污水井、管道，清理淤积物，保持管道畅通。定期对格栅进行清渣，以保持格栅的正常功能。定期对沉砂井、前处理池等湿地的前处理池进行检查，及时清除大颗粒污染物；定期清渣，以发挥湿地前处理池的正常功能。定期对前处理池清淤，防止泥沙淤积影响池子的容水率、水泵等设施的正常运行。定期清理湿地表面的杂草、杂物、落叶等。

按照设备操作规程的要求定期检查维护水泵等机电设备。检查相关井盖以及各种盖板的完整性、安全性。做好站点场地及周边的卫生保洁、绿化养护工作。

3. 系统监测

对系统各环节的进出水进行监测，监测项目主要包括水位、pH 值、BOD_5、COD、TSS（总悬浮固体）、氨氮、硝酸盐氮、TP、TN、电导率、大肠杆菌等。监测频率宜为：水位和 pH 值每周一次，电导率每 3 个月 1 次，其他指标每月一次。各监测项目应按照国家相关标准和规定进行。

4. 故障处理

对人工湿地系统管件进行定时巡查，当出现故障时应及时清理或更换。当池内发生断流时，可通过调节水位解决，如仍出现水质不稳定现象，应检查填料是否发生堵塞，必要时更换部分填料。

5. 冬季管理

冬季管理应满足以下条件：设备管道设计时应采取防冻措施；池内水温应保证不低于 4℃。冬季管理宜采用植被覆盖、增加滤层厚度、提高属地池体超高等主要方法。

二、多级垂直流人工湿地案例

引进加拿大适用于寒冷地区的人工湿地的设计理念，采用多级垂直流人工湿地处理农村生活污水，人工湿地进水氨氮浓度较高（最高时为 93.5mg/L），湿地处理系统整体设置为具有 4 级不同功能的单元，设计强化了人工湿地好氧-厌氧-好氧的环境，以便整体提高人工湿地在冬季没有植物作用下系统对氮和磷的处理效率（王勇等，2016）。

为了减轻后续人工湿地系统的处理负荷，使之正常运行，设置了格栅、沉淀池；为了调节水量，稳定系统的水力负荷，调节水质，设置了调节池。人工湿地设计流程见图 7-9。

图 7-9 人工湿地设计流程

4 级不同功能的垂直流单元描述：

① 第 1 级为好氧粗砂池单元，目的为实现硝化作用、无机磷的固定、养分摄取、吸附作用、碳的矿化或 BOD 降解、病原体去除、颗粒物渗滤、根区曝气。

② 第2级为好氧单元,主要作用是降低BOD和提供额外的硝化作用。

③ 第3级为厌氧单元,主要功能是实现反硝化作用,在反硝化细菌的厌氧环境中运行。

④ 第4级为好氧单元,目的为去除第3级中未被反硝化作用完全利用的剩余BOD,同时利用具有吸附作用的基质进一步除磷。

设计方案见图7-10。

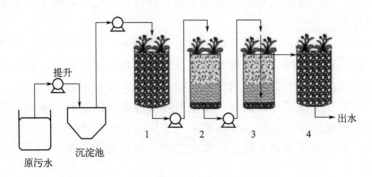

图7-10 人工湿地系统设计示意图(王勇等,2016)

系统设计进水水质见表7-12。

表7-12 系统设计进水水质　　　　　　　　　　　　　单位:mg/L

污染物指标	COD	BOD_5	TSS	$NH_3\text{-}N$	TP	TN
浓度	400	100	88	42	14	78

考虑当地水体功能特征和用途,结合加拿大人工湿地实际运行效果,考虑《北京市地方标准-水污染物排放标准》(DB 11/307—2013),设计出水水质达到B级,并逐渐达到A级标准,其水质指标见表7-13。

表7-13 设计出水水质　　　　　　　　　　　　　单位:mg/L

	污染物指标	COD_{Cr}	BOD_5	SS	TP	$NH_3\text{-}N$	TN
DB 11/307—2005	一级B	50	15	30	0.5	5.0	20
	一级A	15	5	10	0.1	2.0	15
DB 11/307—2013	B	30	6	10	0.4	1.5 (2.5)	15
	A	20	4	5	0.3	1.0 (1.5)	10

注:12月1日至次年3月1日氨氮执行括号内的排放限值(DB 11/307—2013,2014年1月1日实施)(何星海,2013)。

(一)多级人工湿地污水处理系统对COD的去除效果

多级人工湿地系统的COD进水浓度、出水浓度及去除率见图7-11。

由图7-11可以看出,系统开始运行的前两个月气温相对较高,虽然进水COD浓度都高于设计进水浓度400mg/L,但出水COD基本能达到《北京市地方标准-水污染物排放标准》(DB 11/307—2013)B排放限值(30mg/L),对COD的去除率达到90%以上。

冬季1~2月期间,由于污水水质波动较大,污水中污染物含量都高于设计的浓度,最

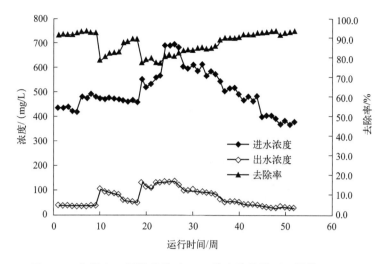

图 7-11　多级人工湿地系统对 COD 的去除效果（王勇等，2016）

高时 COD 浓度达到 692mg/L，因此出水 COD 浓度有超标的现象，此期间 COD 的去除率为全年最低（77.0%±6.9%）。但是，随着系统中微生物的驯化稳定，进水的 COD 浓度能控制在设计水平时，处理后的出水 COD 可以达到 A 排放限值（20mg/L）。

运行的结果表明，全年运行过程中湿地系统对 COD 的去除率为 77.0%～93.7%，平均去除率为 87.3%，表明湿地系统在冬季低温条件下，对有机物的去除率虽然有所下降，但是能够全年稳定运行。

（二）多级人工湿地污水处理系统对 BOD_5 的去除效果

多级人工湿地系统对污水中 BOD_5 的去除效果见图 7-12。

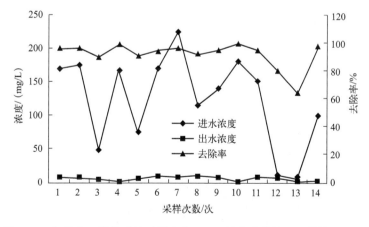

图 7-12　多级人工湿地系统对污水中 BOD_5 的去除效果（王勇等，2016）

从图 7-12 的结果可以看出，湿地系统刚刚运行了 4 个月，微生物在逐渐驯化中，但是系统对污染物的去除效果依然较好，对 BOD_5 的去除率已经达到了 95.4%；之后 1 年对 BOD_5 的去除率保持在 95.7%；第 2 年 BOD_5 出水水质可以达到 A 排放限值（4mg/L）。综合进水、出水的规律，只要进水水质不超过设计水质，出水都可以达到《北京市地方标准-水污染物排放标准》（DB 11/307—2013）A 排放限值。

（三）多级人工湿地污水处理系统对 P 的去除效果

人工湿地对 P 的去除主要是由植物吸收、微生物去除及基质的物理化学作用共同完成的。为了保证湿地系统对 P 的去除，湿地的最后一个单元的基质填料应用除磷的基质，以增加系统对 P 的吸附。

多级人工湿地系统对污水中 TP 的去除效果见图 7-13。

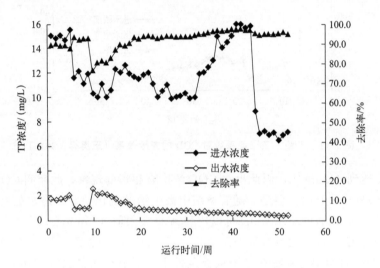

图 7-13　多级人工湿地系统对污水中 TP 的去除效果（王勇等，2016）

由图 7-13 的结果可以看出，湿地系统对污水中 TP 的去除率为 75.8%～97.0%，平均去除率为 91.9%，表明湿地系统对生活污水中 TP 的去除效果非常好。系统运行至半后，出水 TP 浓度达到了 B 排放限值（0.4mg/L），并且保持稳定的去除效率。

（四）多级人工湿地污水处理系统对 N 的去除效果

1. 湿地系统对污水中 TN 的去除效果

多级人工湿地系统对污水中 TN 的去除效果见图 7-14。

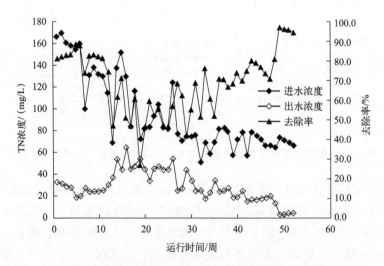

图 7-14　多级人工湿地系统对污水中 TN 的去除效果（王勇等，2016）

全年运行过程中，湿地系统进水 TN 浓度为 64.1～169.5mg/L，由于进水浓度不稳定，而且常超过设计标准，以及温度的变化，全年 TN 的去除率在 26.4%～97.2%之间，年平均去除率为 68.9%，运行前期一直未达到 TN 的 B 排放限值（15mg/L）。直到半年以后，在气温升高、外加碳源和微生物逐渐被驯化的共同作用下，TN 浓度逐渐达到 B 排放限值。

影响系统除氮效率的另一个因素是污水中 C/N 值，硝化和反硝化脱氮是人工湿地系统去除氮的一个重要部分，反硝化过程中需要有碳的参与，污水中较高的碳含量有利于反硝化脱氮的进行。但如果过多添加碳源，没有被利用的碳源会使水体的 COD 浓度升高，增加后续处理的问题，因此，适合和适量的碳源在人工湿地的设计中是一个重要参数。系统单元通过加入外加碳源使 COD/TN 值增加到 1.48，对 TN 的去除率达到 73.8%。

2. 外加碳源的反硝化效果和对 N 的去除效果

对用作外加碳源的材料在实验室内进行了碳溶出的监测实验，实验结果见图 7-15。

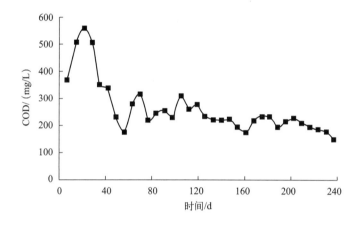

图 7-15　碳溶出监测实验结果（王勇等，2017）

在多级垂直流人工湿地的设计中，添加固体碳源到人工湿地系统中，既可有效改善内部微生物环境又可提高碳氮比，能有效提高系统的反硝化能力。为此，在湿地系统中试验了不同添加量，分析不同碳源（木块）添加量对脱氮效果的影响。无添加湿地系统 O 作空白，A 湿地系统添加 62kg，B 湿地系统添加 31kg，对氮素的去除特性进行分析，试验效果见图 7-16。

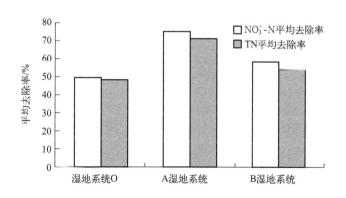

图 7-16　不同添加量下脱氮效率比较

随着木块添加量的增加，人工湿地的脱氮率呈上升趋势，添加 62kg 木块的 A 系统对 TN 的去除效果明显优于添加 31kg 木块的 B 系统，说明木块作为人工湿地厌氧阶段的外加碳源，有效促进了系统对氮的去除。

经过数据统计分析，3 种不同木块添加量（0、31kg、62kg）下系统的 NO_3^--N 平均去除率依次为 50.1%、58.3%、75.2%，TN 平均去除率分别为 48.7%、54.0%、71.4%。从结果中也可以看出，这一级单元出水的 COD 浓度有所增高是由于添加木块溶出的未被反硝化利用的多余的 COD。因此，虽然 COD/TN 值越大，反硝化效果越好，但从整个系统来看，为保证出水的水质（尤其是 COD）可以达到排放标准，外加碳源需要适量地添加。

从结果中可以看出，整个系统对各种污染物的去除率比较高，综合系统的出水水质为：COD 在 20~40mg/L，BOD_5 在 3~6mg/L，TN 在 10~20mg/L，NH_3-N 在 0.3~10mg/L，TP 在 0.1~0.5mg/L。比较《北京市地方标准-水污染物排放标准》（DB 11/307—2013），水质可以达到 B 标准，出水超标往往是由于进水水质超出设计浓度。

因此，通过优化设计，优化基质的粒径和外加碳源量，可以使垂直流人工湿地的出水水质达到《北京市地方标准-水污染物排放标准》（DB 11/307—2013）中 A 标准，为其在我国北方处理农村污水的应用提供参考。

思考题

1. 根据影响人工湿地处理效果的因子，了解人工湿地的设计中每个设计因子与处理效果之间的关系，明确人工湿地设计的关键点。
2. 充分了解人工湿地中碳、氮和磷的去除机理，及其在设计中如何应用。

参考文献

[1] Ghermandi A, Bixio D, Thoeye C. The role of free water surface constructed wetlands as polishing step in municipal wastewater reclamation and reuse [J]. Science of the Total Environment, 2007, 380 (1): 247-258.

[2] Kadlec R H, Knight R L. Treatment wetland [J]. Boca Raton. FL: CRC Press, 1996.

[3] Platzer C, Mauch K. Soil clogging in vertical flow reed beds: Mechanisms, Parameters, Consequences and Solutions [J]. Water Science & Technology, 1997, 35 (5): 175-181.

[4] Ran N, Agami M, Oron G. A pilot study of constructed wetlands using duckweed (Lemna gibba L.) for treatment of domestic primary effluent in Israel [J]. Water Research, 2004, 38 (9): 2241-2248.

[5] Rosgers K H, Breen P F, Chick A J. Nitrogen removal in experimental wetland treatment systems: Evidence for the role of aquatic plants [J]. Research Journal Water Pollution Control Federation, 1991, 63 (7): 934-941.

[6] Swiss federal institute of aquatic science and technology [J]. Water and sanitation in developing countries, 2011. http://www.sandec.ch/.

[7] Zhao Q Y, Sun G, Lafferty C, et al. Optimizing the performance of a Lab-Scale Tidal Flow Reed Bed System Treating Agricultural Wastewater [J]. Water Science & Technology, 2004, 50 (8): 65-72.

[8] 包涵, 吴树彪, 吕涛, 等. 回流对水平潜流人工湿地净化效果的影响研究 [J]. 中国农业大学学报, 2012, 17 (5): 160-167.

[9] 北京市环境保护局, 北京市质量技术监督局. 北京市地方标准-水污染物排放标准 DB 11/307—2013.

[10] 陈永华, 吴晓芙. 人工湿地植物配置与管理 [M]. 北京: 中国林业出版社, 2012: 1-9.

[11] 崔理华, 卢少勇. 污水处理的人工湿地构建技术 [M]. 北京: 化学工业出版社, 2009.

[12] 丁疆华, 舒强. 人工湿地在处理污水中的应用 [J]. 农业环境保护, 2000, 19 (5): 320-321.

[13] 复合潜流人工湿地处理农村生活污水技术规范 安徽省地方标准（征求意见稿）DB 34/T.

[14] 国家环境保护总局, 国家质量监督检验检疫总局. 城镇污水处理厂污染物排放标准 GB 18918—2002.

[15] 国家环境保护总局，国家质量监督检验检疫总局．地表水环境质量标准 GB 3838—2002.
[16] 韩万玉，魏俊，赵梦飞，等．东阳市江滨景观带湿地公园设计案例分析［J］．中国给水排水，2019，35（4）：20-23.
[17] 何星海．北京市地方标准-水污染物综合排放标准 DB 11/307—2013［S］．北京：北京市环境保护科学研究院．
[18] 胡绵好．水生经济植物浮床技术改善富营养化水体水质的研究［D］．上海：上海交通大学，2008.
[19] 靳同霞，张永静，王程丽，等．2种人工湿地的水力停留时间及净化效果［J］．环境工程学报，2012，6（3）：883-889.
[20] 李典友．水体富营养化污染的生物防治对策及效益分析［J］．生物学杂志，2000（6）：35-36.
[21] 李江．人工湿地水生植物的管理和维护［J］．现代园艺，2018，3：168-169.
[22] 李静，姜冰冰，王飞宇，等．北京市杨镇一中人工湿地设计及污水处理效果［J］．湿地科学，2012，10（1）：102-108.
[23] 李强，胡卓，詹鹏．人工湿地污水处理技术［J］．湖南水利水电，2011（4）：28-30.
[24] 凌祯．浓度和水力负荷对人工湿地脱氮除磷效果的影响研究［D］．昆明：昆明理工大学，2012.
[25] 刘士哲，林东教，何嘉文，等．猪场污水漂浮栽培植物修复系统的组成及净化效果研究［J］．华南农业大学学报，2005（1）：46-49.
[26] 刘学燕，代明利，刘培斌．人工湿地在我国北方地区冬季应用的研究［J］．环境科学学报，2004，23（6）：1077-1081.
[27] 卢贯能，冯聪．浅析水平流人工湿地处理农村生活污水的应用［J］．资源节约与环保，2018，4：50.
[28] 聂志丹，年跃刚，李林锋，等．水力负荷及季节变化对人工湿地处理效率的影响［J］．给水排水，2006（11）：28-30.
[29] 彭焕芳．浅析水生植物在湿地公园建设中的应用［J］．现代园艺，2020，24：103-104.
[30] 祁闯，王国祥，吴馨婷，等．太湖湖滨带春季悬浮物沉降特征与水体营养盐响应［J］．环境科学，2017，38（1）：95-103.
[31] 人工湿地污水处理工程技术规范 HJ 2005—2010.
[32] 王茂玉，胡树超，曾立云，等．西北地区人工湿地处理效果影响因素试验研究［J］．水处理技术，2012，38（7）：79-81.
[33] 王世和，王薇，俞燕．水力条件对人工湿地处理效果的影响［J］．东南大学学报（自然科学版），2003，33（3）：359-362.
[34] 王永志．水生植物在湿地公园建设中的应用［J］．农业科学，2019，2（下）：48-49.
[35] 王勇，张宝莉，刘灏，等．人工湿地外加碳源碳溶出及反硝化效果研究［J］．中国农业大学学报，2017，22（5）：137-143.
[36] 王勇，张宝莉，汤灿，等．寒冷地区多级垂直流人工湿地系统设计及氮磷去除效率［J］．农业工程学报，2016，32（23）：218-225.
[37] 魏泽军，张欢欢，赵孝梨，等．进水污染负荷对砾石人工湿地运行效果影响研究［J］．西南大学学报（自然科学版），2012，34（9）：102-106.
[38] 吴建强，阮晓红，王雪．人工湿地中水生植物的作用和选择［J］．水资源保护，2005，21（1）：1-6.
[39] 吴振斌，谢小龙，徐栋，等．复合垂直流人工湿地在奥林匹克森林公园龙型水系的应用［J］．中国给水排水，2009，25（24）：28-31.
[40] 向珞宁．人工湿地公园中水生植物群落净水效运-以天河湿地公园为例［D］．广州：仲恺农业工程学院，2020.
[41] 徐明德，周文瑞．水环境生态修复中人工湿地技术比较［J］．科技情报开发与经济，2005，15（18）：191-193.
[42] 袁东海，任全进，高士祥，等．几种湿地植物净化生活污水 COD、总氮效果比较［J］．应用生态学报，2004，15（12）：2337-2341.
[43] 张荣社，李广贺，周琪，等．潜流人工湿地负荷变化对脱氮效果的影响研究［J］．环境科学，2006，27（2）：253-256.
[44] 张荣社，周琪，李旭东，等．自由表面人工湿地脱氮效果中试研究［J］．环境污染治理技术与设备，2002，(12)：9-11.
[45] 张翔，李子富，周晓琴，等．我国人工湿地标准中潜流湿地设计分析［J］．中国给水排水，2020，36（18）：24-31.
[46] 郑蕾，丁爱中，左丽丽，等．人工湿地设计分析［J］．北京师范大学学报（自然科学版），2009，45（5/6）：572-574.
[47] 周耀华，李莎莎，杨红梅，等．湿地植物群落对不同浓度生活污水的净化效果研究［J］．林业建设，2009（6）：22-24.
[48] 周真明，陈灿瑜，叶青，等．浮床植物系统对富营养化水体的净化效果［J］．华侨大学学报（自然科学版），2010，31（5）：576-579.

第八章
土壤污染修复生态工程

土壤污染是指土壤中的某些物质成分超过了土壤的本底含量,并超过了国家对土壤质量控制的标准值。土壤污染物通常分为有机污染物和无机污染物。有机污染物包括杀虫剂、杀菌剂、除草剂等农药化合物及其衍生的有害中间产物的残留;随污水灌溉进入土壤中的各种工业有机成分如化工、制药、印染等行业废水中有机污染物。无机污染物主要是一些残留性的重金属(如 Pb、Cd、Cr、Cu、Zn、Ni 等)和类金属(Hg、As 等)等。它们有些会直接或间接地影响植物的生长、发育或作物的品质,降低作物的产量,或通过累积效应影响初级作物产品的质量,进而通过食物链危及动物或人类的健康和生命安全。因此,从人类和环境健康的角度来看被污染的土壤都是不健康的,因此需要对其进行修复。本章主要介绍针对污染土壤修复而进行的生态工程内容。

土壤污染修复生态工程则包含了土壤污染过程的生态控制和已污染土壤的修复工程。主要是针对已污染的土壤,在已控制污染源的情况下,通过改变污染物在土壤中的物理化学形态和生物有效性从而控制其污染风险的过程,包括对土壤自净功能的恢复与强化等过程。通常有两种形式的修复:一种是将污染物从土壤中去除,从而彻底消除或降低污染风险;另一种是采取一定的措施降低污染物的活性和生物有效性,从而抑制污染物向作物的输入和向果实部分的转运,以及对土壤微生物的危害,实现污染物的钝化稳定化和污染风险管控下的土地安全利用。所以对污染物的来源和性质的了解是修复的基础。

第一节 土壤污染物的来源与危害以及土壤污染的特点

《中华人民共和国土壤污染防治法》(2018)中给出的土壤污染的定义是"因人为因素导致某种物质进入陆地表层土壤,引起土壤化学、物理、生物等方面特性的改变,影响土壤功能和有效利用,危害公众健康或者破坏生态环境的现象"。而土壤本身因自然的母质等自然因素导致其中某些物质(如重金属、pH 值等)超过土壤环境标准的现象不在其列。所以本节主要介绍人为影响下的土壤污染物的来源与危害,以及土壤污染的特点。

一、土壤污染物的主要来源

土壤中污染物的来源复杂,既有来自自然过程的,如成土母质含量高、火山喷发等;又有来自人为活动的,如污水灌溉、施肥、施药等农事活动等;也有受人类活动影响的自然过程带来的,如人类活动导致的大气污染物经过干湿沉降过程而进入土壤等。下面介绍一些与人类活动相关的土壤污染物来源。

1. 污水灌溉

污水灌溉是指在水源缺乏的地区人们会利用污水进行农田灌溉的行为。污水中常含有重金属、有机污染物、农药和无机盐类物质等，长期的污水灌溉会导致一些污染物超标，使作物生产力下降或土壤中生产的农产品达不到食品卫生标准，造成土壤和农作物的污染。据农业部 21 世纪初进行的全国污灌区调查，在约 140 万平方公里的污灌区中，遭受重金属污染的土地面积占污灌区面积的 64.8%，其中轻度污染占 46.7%，中度污染占 9.7%，严重污染占 8.4%（高определ云等，2006）。每年因污染减产粮食 1000 多万吨，被重金属污染的粮食每年多达 1200 万吨，合计经济损失达到 200 亿元。例如，20 世纪 80 年代的"沈阳张士灌区镉污染事件"，该灌区为传统水稻种植区，自 1954 年开始使用沈阳市内的工业污水浇灌。1989 年的一份调查认为，"张士灌区的上、中游，30 岁以上的受检妇女约有 20% 可诊断为慢性镉中毒或初期骨痛病患者"。尽管采取了挽救措施进行治理，但直到 2005 年，张士灌区的镉污染超标率仍高居辽宁所有污灌区的榜首（吴燕玉等，1989）。

2. 施肥

除了随灌溉水带入的污染物之外，施肥、施药也会给土壤输入很多的污染物质，包括化肥、农药、畜禽粪便和污泥等的施用。

化肥中 KCl 的使用，在提高土壤 K 含量的同时也增加了土壤中 Cl^- 含量，大量 Cl^- 聚集于土壤中就会产生氯化物污染，发生氯害；硝态氮肥施用于土壤，也增加了硝酸盐和亚硝酸盐的污染，它们虽然是植物的营养元素，但过多施用后的残余量也会随地表径流、淋溶污染地表水和地下水，扩大了污染面。化肥生产中，随矿源带来有害的痕量化学元素，如工业磷肥中的 Sn、As、F 等往往存在于产品中，长期大量施用这些元素就易残留到土壤中并造成累积污染。

我国农村传统上就有利用河泥作为有机肥培肥土壤的习惯，污水排放必然导致河流底泥的污染，所以利用淤泥施肥的行为同样会把污染物带入土壤中。我国污水处理厂的污泥量很大，而污泥中含有丰富的营养物质，所以不少地方将城市污水处理厂的污泥拿来作为有机肥，特别是在一些县城、乡镇，这样的做法比较普遍，然而我国的很多城市或城镇污水处理厂同时进行工业废水的处理，所以不可避免地会把一些有风险的污染物带入土壤中，造成土壤的污染。此外，利用畜禽粪便等制作的有机肥，因畜禽养殖过程中饲料添加剂的使用，其粪便中某些重金属如铜、砷等和抗生素等新型污染物的污染风险增加（李晓光，2009）。也存在一些简易沤制的有机肥带有较多的寄生虫卵、细菌、病原体等进入土壤的情况，引起土壤生物污染问题。所以施肥是土壤污染物的主要来源之一。

3. 农药的施用

施用化学农药是农业生产中控制病虫草害的重要手段。为了消除病虫害及杂草，提高作物产量，人们大量使用农药、除草剂及生长剂之类的化学品，在获取高额经济效益的同时，也造成了一系列的生态环境问题。

到目前为止，世界上化学农药年产量近 200 万吨，有 1000 多种人工合成化合物被用作杀虫剂、杀菌剂、杀藻剂、除虫剂、落叶剂等类农药。农药尤其是有机农药大量施用，造成严重的农药污染问题，对人体健康造成严重威胁。一些化学农药因其难以降解而长期滞留在土壤中，导致农药的残留超标，如艾氏剂、狄氏剂等。有些农药的残留期非常长，如有机氯的杀虫剂农药六六六和 DDT 等已被禁用多年，但仍有不少地方可以检测到其残留。而残留性农药或其衍生物可能通过作物的吸收等途径进入食物链，危害人畜的健康。残留性农药在植物、土壤和水体中的残存形式有两种：一种是保持原来的化学结构；另一种是以其化学转化产物或生物降解产物的形式残存。因此，农药的施用也是土壤污染的来源之一。

4. 工业污染

工业污染主要指工矿企业排放的废水、废气和废渣通过各种途径进入土壤造成的污染。废水中常含有多种污染物，长期用其灌溉农田便会使污染物在土壤中累积，从而导致土壤污染。利用工业废渣和城市污泥作为肥料施用于农田时，常使土壤受到重金属、无机盐、有机污染物和病原体的污染；工业废物和垃圾的堆放场，往往也是土壤的污染源，在发生降雨径流时它们可能随水进入土壤，导致土壤污染。

此外，工矿企业的各种有毒有害物质在堆放和处置过程中可能对企业厂区的土壤造成污染，而在工矿企业搬迁退役后留下严重污染的土壤。这类土壤称为场地土壤，也叫棕地。一般退役场地的土壤是否遭到污染跟很多因素有关，如企业经营的项目内容、管理水平、环境意识以及环境保护设施的健全程度等。所以，一般企业退役后的场地都要求进行环境风险调查、评价甚至修复等过程后才能交易。

5. 干湿沉降

工农业生产都会产生一些大气污染物，而这些污染物都有可能通过干湿沉降的方式进入土壤，日积月累，导致土壤中某些污染物超标。如大气中的 SO_2、NO_x 和颗粒物等可通过干沉降或降水进入农田，如北欧的南部、北美的东北部以及我国的西南等地区，由大气污染引起的酸雨就是一个典型的例子，酸雨引起土壤酸化、土壤盐基饱和度下降；又如浙江某拆解业发达的地区的土壤 PCBs（氯化联苯）污染和某铜矿冶炼区的重金属铜、锌、镉等的污染，都是工业污染通过干湿沉降的方式导致土壤污染。此外大气层核试验的散落物同样也可造成土壤的放射性污染。

6. 农用地膜

农田地膜覆盖等也是土壤污染的重要方面，废旧地膜的清除和回收工作未引起人们的高度重视以及其难降解性，致使废塑料或微塑料对土壤产生污染，破碎的废塑料薄膜残体被埋于土中，可阻碍水分的输送和植物根系的生长，不利于农作物生长发育。

另外，固体废物可能成为土壤污染物的重要来源。据统计，全国累计堆放固体废物总量达 60 亿吨，占地 5.4 亿平方米。它们在遇到暴雨径流时会被带入农田，导致土壤污染。城市垃圾中含有大量的细菌、病毒和寄生虫卵，若不合理利用或处理也会成为各种疾病的重要传播途径。

二、土壤污染物的危害

土壤一旦被污染，其影响很难被消除。有机农药分解得很慢，重金属根本不分解，污染的土地即使在不再继续污染的情况下，三五年内仍含较高的有害物质，并可通过食物链富集从而危害人类健康。所以，受到严重污染的土地上生长的植物不但人不能食用，也不能作饲料或肥料。严重的土壤污染可以导致农作物生长发育减退甚至枯萎死亡，这些污染的后果通常可以被及时发现，但更多的土壤污染并无明显表现，却降低了农产品的质量，特别是农作物对有害物有富集作用，有害物通过食物链危害牲畜和人体健康，必须引起高度警惕。不同污染物的特点不同，其危害也不同。下面介绍几种典型污染物的主要危害。

（一）重金属污染物的危害

重金属的主要特点有不可降解性、形态多变和致毒效应浓度较低等。多数重金属都具有一定毒性，稳定性强且不易分解，一旦进入土壤很容易被土壤颗粒吸附，因此很难排除。通常主要集中在土壤表层 30cm 以上，正好是植物根系集中分布的耕层，所以容易被植物吸收从而影响农产品品质。大多数重金属（包括类重金属）为过渡族元素，价态可变，而不同价态的毒性相差很大。如 As 有 H_3AsO_4、H_3AsO_3、As、$(CH_4)_3As$ 等多种形态，常见的有+5 价和+3 价，+3 价毒性最强，+5 价次之，0 价毒性很弱。有些重金属在土壤中会被微生物甲基化，使其毒性增加，如，甲基氯化汞的毒性大于氯化汞，二甲基镉的毒性大于氯化镉。对生物而言，一般重金属元素浓度在 1~10mg/L 即可产生生物毒性，对毒性较强的镉和汞来说，浓度在 0.001~0.01mg/L 时即可产生毒性效应，所以毒性效应浓度低。土壤中重金属含量高时，由作物根部吸收向茎、叶、果实输送，并产生毒害作用。有的表现为叶片失绿枯黄，生长发育受阻；有的虽不影响产量，但会以残毒形式影响农作物品质（王婷，2016）。

土壤重金属污染对土壤微生物、植物和人体健康都会造成危害。当重金属浓度超过一定限值后就会影响微生物活性、生物量和微生物群落结构。有研究发现，土壤中 As、Cd、Cr、Cu、Ni、Pb 等重金属元素超标时，土壤微生物的生物量仅为对照的 32%，细菌和真菌的生物量分别下降 29%和 45%。而微生物生态的改变影响了土壤酶活性，进而影响到营养元素的释放与可利用性，以及土壤的呼吸作用等，从而影响植物的养分吸收、光合作用和蒸腾作用等生理过程，进而影响植物的生长发育。例如：Cd 浓度超过 15μg/L（欧洲赤松的耐受限度）后，导致植物产量下降 35%。重金属的累积性特征使其可以在食物链中富集，被人摄入后对人体各脏器机能产生毒害作用。例如：震惊世界的"痛痛病"事件就是日本富山县神通川流域的居民因食用 Cd 污染的大米和水源而中毒；摄入的 Hg 会沉淀在肝脏中，对大脑、神经和视力等产生极大的破坏作用，天然水中的 Hg 浓度超过 0.01mg/L 即会导致人体中毒，八大公害的"水俣病"事件正是甲基汞中毒的结果（王玉军等，2014）。

（二）有机污染物的危害

土壤的有机污染物来源有很多，例如：杀虫剂、杀菌剂、除草剂等农药的残留；也有来自工业企业的污染物随废水的排放通过灌溉等途径进入土壤；也有诸如拆解等产业的大气污染物通过干湿沉降进入土壤等。有机污染的种类多样，危害也很复杂，以下以农药污染为例说明。

1. 农药对作物的影响

残留于土壤中的农药对作物有不利的影响，尤其是除草剂。一方面，由使用不合理或用除草剂含量过高的废水进行灌溉造成的土壤污染往往会对作物造成严重的直接伤害；另一方面，对某种或某一类农药具有较强抗性的作物，生长过程中虽不表现出受害症状，但在农产品中却积累了大量的农药，一旦食用后将严重威胁人体的健康。一些化工污染的土地甚至很难生长植物。

2. 农药对土壤生物的影响

土壤动物的丰度是土壤肥力的重要标志。残留于土壤中的农药对土壤中的微生物、原生动物以及其他节肢动物（如步甲、虎甲、蚂蚁、蜘蛛）、环节动物（蚯蚓）、软体动物、线形动物等均可产生不同程度的危害。研究表明，乐果施用后 10d 能显著降低土壤微生物的呼吸作用。有机磷农药污染的土壤中，土壤动物的种类及数量都显著减少。

3. 农药对土壤微生物群落的影响

不同的有机污染物对土壤微生物群落的影响不完全相同，同一农药对不同微生物类群的影响也不相同。如 3mg/kg 的二嗪处理土壤 180d 后，土壤中的细菌和真菌数并没有改变，而放线菌增加了 300 倍；5mg/kg 浓度的甲拌磷处理可使土壤细菌数量增加。

4. 农药对土壤硝化作用的影响

某些杀虫剂会对土壤硝化作用产生长期显著的抑制，如异丙基氯丙胺灵在 80mg/kg 时完全抑制硝化作用。此外，五氯酚钠、克芜踪、氟乐灵、丁草胺和禾大壮 5 种除草剂分别施入土壤后对硝化作用的抑制影响也较为明显。

5. 其他有机污染物对土壤生物的影响

利用未经过处理的含油、酚等有机污染物的废水灌溉农田时，会使土壤污染、作物生长发育受阻。一些多环芳烃和多氯联苯类污染物具有很强的"三致"效应（致毒、致畸、致突变），已被列为优先控制污染物。

（三）其他污染物的危害

1. 投入品不当造成的土壤污染危害

过量施用化肥或滥用化肥等投入品（如氮、磷肥等；污泥、矿渣、粉煤灰等）会对土壤生态系统造成不利的影响，主要有：a. 致使土壤变酸或变碱；b. 恶化土壤的农业化学性质和物理性质，造成土壤板结；c. 阻止生命元素的化学吸收；d. 削弱土壤或肥料中其他营养元素的效应；e. 引起营养元素的拮抗或协同作用，从而明显地影响植物的吸收及代谢。

采矿活动破坏了大量的耕地和建设用地，矿山废弃物中的酸性、碱性、毒性或重金属成分，通过径流和大气飘尘会破坏周围的土地、水域和大气。

2. 放射性物质及寄生虫、病原微生物和病毒等

放射性元素主要来源于大气层核试验的沉降物，以及原子能和平利用过程中所排放的各种废气、废水和废渣。含有放射性元素的物质随自然沉降、雨水冲刷和废弃物的堆放而污染土壤，土壤一旦被放射性物质污染后很难自行消除。放射性元素可通过生物链和食物链进入人体，在人体内产生内辐射，损伤人体组织细胞，引发肿瘤、白血病和遗传障碍等疾病。

土壤中的寄生虫、病原微生物和病毒主要来源于人畜的粪便及用于灌溉的污水，人类若食用被它们污染的蔬菜和水果，机体会受到伤害。

三、土壤污染的特点

1. 隐蔽性和滞后性

大气污染、水污染和废弃物污染等问题一般都比较直观，通过感官就能发现。而土壤污染则不同，它往往要通过对土壤样品进行分析化验和对农作物进行残留检测，甚至通过粮食、蔬菜和水果等农作物以及摄食的人或动物的健康状况才能反映出来。因此，土壤污染从产生污染到出现问题通常有较长的滞后时间，如日本由土壤镉污染导致的"痛痛病"经过了 10～20 年之后才被人们所认识。

2. 累积性和地域性

污染物质在大气和水体中，一般都比在土壤中更容易迁移，一般是随着气流和水流进行长距离迁移。污染物质在土壤中则不容易被扩散和稀释，而易在土壤中不断积累达到很高的浓度，同时也使土壤污染具有很强的地域性特点。

3. 不可逆转性

如果大气和水体受到污染，切断污染源之后通过稀释作用和自净作用也有可能使污染问题得到逆转，但是积累在污染土壤环境中的难降解物则很难靠稀释作用和自净作用来消除。

重金属对土壤的污染基本上是一个不可逆转的过程，主要表现在：a. 进入土壤环境后，很难通过自然过程得以从土壤环境中去除或稀释；b. 对生物体的危害和对土壤生态系统结

构与功能的影响不容易恢复。例如：被某些重金属污染的土壤可能要经过 100~200 年的时间才能恢复。

4. 治理难且周期长

土壤污染一旦发生，仅仅依靠切断污染源的方法往往很难恢复，有时要靠各种有效的治理技术才能解决污染问题，如换土、淋洗土壤等方法。因此，治理污染土壤通常成本较高、治理周期较长。

鉴于土壤污染难以治理，而土壤污染问题的产生又具有明显的隐蔽性和滞后性等特点，因此土壤污染问题一般都容易被忽视。所以，国家建立农用地分类管理制度，定期对土壤进行质量的调查和监测。按照土壤污染程度和相关标准，将农用地划分为优先保护类、安全利用类和严格管控类。

本章的主题是土壤污染修复生态工程，那么作为工程就有别于具体的修复技术，它是由相关工艺、技术组成的工程体系，是若干技术组合的优化与集成，是将具体的工艺参数组装集成以实现修复目标的具体工程。土壤污染修复生态工程更加强调生态系统功能的恢复和修复过程中某些生态价值的实现。生态修复强调对生态条件的再造、生态结构的修复和生态功能的恢复，强调通过调节诸如土壤水分、养分、pH 值、土壤氧化还原状况以及气温、湿度等生态因子，实现对污染土壤的调控，达到土壤净化的目的。以下将介绍典型土壤污染类型的修复技术及案例。

第二节　重金属污染土壤修复技术

目前，重金属污染土壤的修复途径主要分两种：一是固化稳定化，指通过改变重金属在土壤中的存在形态，将其由活化态转变为稳定态，降低其在环境中的迁移性和生物可利用性，从而控制其通过植物吸收途径造成的人体健康风险；二是活化去除，即从土壤中去除重金属，以使其残留浓度接近或达到背景值，消除其对人类的健康风险。目前土壤重金属污染的修复技术主要有物理修复技术、化学修复技术、生物修复技术和农业修复技术等。

一、物理修复技术

物理修复技术，主要指通过物理的手段使目标地块的土壤污染减轻或健康风险得到控制的技术，包括工程技术、电动技术、淋洗技术和物理固化技术等。

1. 工程技术

工程技术主要包括客土、换土和深耕翻土等措施。通过客土、换土和深耕翻土使污染土壤与未污染土壤混合，可以降低土壤中重金属的含量，减轻重金属对土壤-植物系统产生的毒害，从而使农产品达到食品卫生标准。

深耕翻土用于轻度污染的土壤，而客土和换土则常用于重污染区的治理。在这方面，日本在富士县神通川流域的"痛痛病"发源地，就通过去除表土 15cm，并压实心土后再客土 20cm，使在连续淹水的条件下，稻米中镉的含量已<0.4mg/kg；间歇灌溉稻米中镉的含量不超标，客土超过 30cm 效果更佳，取得了成功的经验。

工程技术是比较经典的土壤重金属污染治理技术。它具有彻底、稳定的优点，但实施工程量大、投资费用高，还会破坏土体结构，引起土壤肥力下降，并且需对换出的污染土壤进行堆放或处理。

客土法包括填埋客土法和上覆客土法。前者是先剥离被污染的表土，就地挖沟将其掩埋，其上利用砂土造成"耕盘层"，最上层客入清洁的山地土；而后者是直接在污染的表土上客入砾质土造成"耕盘层"，再在其上客入清洁的山地土壤。一般客入的土壤应尽量选择比较黏重或有机质含量高的土壤。该技术成本较高，一般费用达 30 万美元/hm^2。

实例：日本于 20 世纪 60 年代在神通川地区的 Cd 污染土壤地，将 1500.6hm^2 土地列为修复的对策地，截至 1997 年共有 646hm^2 采用客土法修复。

2. 电动技术

电动修复技术是指利用电场的作用使重金属污染物离子定向移动到设计好的收集区域，从而去除的技术。在污染土壤中插入电极对，并通以低直流电，在电场的作用下，土壤中的重金属离子（如 Pb、Cd、Cr、Zn 等）和无机阴离子（如 $Cr_2O_7^{2-}$、AsO_4^{3-} 等）以电渗透和电迁移的方式向电极运移，然后集中收集于阴极或阳极区进行处理。土壤 pH 值、土壤缓冲性能、土壤组分构成及污染金属种类等均会影响到电动修复的效果。电动技术特别适用于低渗透性的黏土和淤泥土。在沙土上进行的实验结果表明，土壤中 Pb^{2+}、Cr^{3+} 等重金属离子的去除率可达 90％以上。电动修复是一种原位修复技术，它不搅动土层，并可以缩短修复时间，它通过土壤两侧施加的直流电压形成电场梯度，使带电的重金属离子在电场作用下通过电迁移、电渗流或电泳的方式被带到电极两端。通常带正电的重金属阳离子移动到阴极池得以去除，而阴极池外的阳离子交换膜会阻止 OH^- 等阴离子的进入，因此需要进行阴极区 pH 值的控制，通常用有机酸（如醋酸）进行控制。阳离子交换膜主要用于土柱与阴极池之间。阳离子膜仅允许重金属阳离子通过，而禁止 OH^- 向土柱中移动，导致土柱内 pH 值降低，影响电渗作用。

影响电动修复效率的主要因素包括电场控制和土壤传质效率两方面，所以对电动修复的强化研究也主要集中在污染物助溶剂和电场控制条件方面。该技术国外已有工程化应用，国内也已有中试工程。

3. 淋洗技术

土壤淋洗是利用淋洗液把土壤固相中的重金属转移到土壤液相中去，再对富含重金属的废水进一步回收处理的土壤修复方法。该方法的技术关键是寻找一种既能提取各种形态的重金属，又不破坏土壤结构的淋洗液。淋洗法一般应用在渗透性能好的土壤上。

目前，用于淋洗土壤的淋洗液较多，包括有机或无机酸、碱、盐和螯合剂，如柠檬酸、苹果酸、乙酸、EDTA（乙二胺四乙酸）、DTPA（二乙烯三胺五乙酸）等。研究发现，EDTA 可明显降低土壤对铜的吸收率，铜的吸收率和解吸率与加入的 EDTA 量的对数呈显著负相关。

如美国新泽西州温斯洛镇的污染土壤异位修复，是美国国家超级基金项目中一个非常有名的修复实例，也是美国环保署首次全方位采用土壤化学清洗技术成功治理污染土壤的实例。这块 4hm^2 的土地是 KOP 公司的工业废物丢弃点，周围的土壤和污泥被砷、铍、镉、铬、铜、铅、镍和锌所污染，其中铬、铜和镍在污泥中的浓度最高值均超过了 10000mg/kg。进行土壤化学清洗修复工作后，清洁土壤中的镍平均浓度下降至 25mg/kg，铬下降至 73mg/kg，铜下降至 110mg/kg。

4. 物理固化技术

物理固化技术主要是通过物理的方法将土壤中的重金属污染物固定从而使其失活的一类技术。常用的物理固化技术有水泥固化、石灰固化和玻璃化技术等。

① 水泥固化是一种以水泥为基材的固化方法，就是将污染土壤与硅酸盐水泥混合生成硅铝酸盐，使土壤中的重金属被固定在固化体中，达到控制污染风险的目的。

② 石灰固化是指以石灰、垃圾焚烧灰分、粉煤灰、水泥窑灰、炼炉渣等具有火山灰性质的物质为固化基材进行的污染土壤固化技术。原理与水泥固化相似，都是将污染物吸附在水化反应产生的胶体结晶中，降低重金属污染物的溶解性和迁移性。因石灰固化体的强度不如水泥，所以这种方法很少单独使用。

③ 玻璃化技术是通过高强度能量输入，使污染土壤在高温条件下熔化，形成玻璃态结构，将重金属固定于其中，通常需要将土壤加热到1600～2000℃。该技术将含有挥发性污染物的蒸气回收处理，同时污染土壤冷却后变成玻璃状团块，可以从根本上消除土壤中重金属的污染且去除速度快，但其工程最大、费用高，常用于重金属污染区的抢救性修复。其缺点是破坏了土壤的结构，使土壤的肥力属性丧失。

玻璃化技术源于20世纪50～60年代核废料的玻璃化处理技术；1991年美国爱达荷州工程实验室把各种重金属废物及挥发性有机组分填埋于0.66m地下后，使用原位玻璃化技术处理。

二、化学修复技术

化学修复技术，主要指通过化学的手段使目标地块的土壤污染减轻或健康风险得到控制的技术，包括化学固化/稳定化技术、氧化还原技术等。

1. 化学固化/稳定化技术

化学固化/稳定化技术是通过化学的方式将土壤中有害重金属进行固定，使其封闭于土壤中，降低污染物的迁移性能。该技术既可以原位使用，也可以异位使用。通常用于重金属和放射性物质的污染修复，具有快速、有效、经济等特点，已广泛应用于场地土壤的修复工程中。

固化/稳定化技术包含两个概念。其一，固化是指将污染物包起来，使其成为颗粒或大块的状态，从而降低其迁移性能。例如，将污染土壤与诸如混凝土、沥青以及一些聚合物等混合，使土壤形成性质稳定的固体，从而减少污染物与水、植物根系及微生物等的接触机会。其二，稳定化则是指将污染物转化成不溶解、迁移性和毒性较小的状态，从而达到修复的目的。常用的稳定化修复剂有磷酸盐、硫化物、碳酸盐等。通常稳定化的化学原理包括调节pH值、沉淀、螯合、吸附等。

2. 氧化/还原技术

对于变价重金属元素如铬和砷，它们在不同形态时的毒性风险相差很大，因此通过氧化还原反应调节其在土壤中的形态，可以起到控制毒性的作用。如铬在+6价时有很强的毒性，但还原为+3价后毒性就大大降低；而砷的情况则相反，+3价砷的毒性很强，而+5价砷比较稳定。所以，该技术就是通过在已污染的土壤中添加氧化还原试剂，改变土壤中重金属离子的价态来降低重金属的毒性和迁移性。常用的还原剂有硫酸亚铁、硫代硫酸钠、亚硫酸氢钠、二氧化硫等，最典型的研究是把+6价铬还原为+3价铬，从而降低了铬的毒性。也有研究表明，降低土壤的氧化还原电位有利于土壤中稀土元素的释放。

化学修复的技术有很多，以上两类可用于原位土壤的污染修复，前文讲到的淋洗技术很多也是在通过化学反应改变重金属的形态的基础上进行的，也利用性质相近的Ca和Sr、Zn和Cd、K和Cs等之间会产生拮抗竞争的作用，用一些对人体没有危害的重金属通过拮抗作用来控制土壤中目标重金属的污染。

三、生物修复技术

生物修复是利用生物技术治理污染土壤的一种方法，主要利用生物来削减、净化土壤中的重金属或降低重金属毒性。由于该方法效果好，易于操作，日益受到人们的重视，成为污染土壤修复研究的热点。

（一）植物修复技术

植物修复是指将某种特定的植物种植在重金属污染的土壤上，利用植物对土壤中的污染元素进行特殊的吸收和吸附，最后收获植物将重金属移出土体，使土壤重金属浓度降低的一类技术。

植物修复的前提是找到对某种重金属具有特殊吸收富集能力的植物种或基因型。超富集植物是指能超量吸收重金属并将其转运到地上部分的植物。根据其作用过程和机理，重金属污染土壤的植物修复技术可分为植物提取、植物挥发、植物稳定和植物降解四种类型（表8-1）。

表8-1 典型的植物修复过程

修复类型	修复路径	修复对象	污染物	植物	技术进展
植物提取	提取、收集污染物	土壤、沉积物、污泥	Ag、As、Cd、Co、Cr、Cu、Hg、Mn、Mo、Ni、Pb、Zn；^{90}Sr、^{137}Cs、^{235}Pu、^{236}U、^{234}U	印度芥菜、遏蓝菜、向日葵、杂交杨树、蜈蚣草	已有工程化应用
植物挥发	通过植物将污染物挥发至空气中	地下水、土壤、沉积物、污泥	有机氯溶剂、As、Se、Hg	杨树、桦树、印度芥菜	已有工程化应用
植物稳定	稳定污染物	土壤、沉积物、污泥	As、Cd、Cr、Cu、Pb、Zn	印度芥菜、向日葵、草	已有工程化应用
植物降解	提取、收集并降解污染物	地下水、地表水	重金属、放射性元素	印度芥菜、向日葵、水葫芦	已有工程化应用

1. 植物提取

植物提取是指利用植物根系对重金属元素的吸收作用，并经过植物体内一系列复杂的生理生化过程，将重金属元素从根部转运至地上部分，再进行收割处理。根据实施的策略不同，植物提取技术可分为连续植物提取和诱导植物提取。

连续植物提取依赖于植物的一些特殊的生理生化过程，使植物（主要指重金属超累积植物）在整个生命周期中都能吸收、转运、累积和忍耐高含量的重金属。当有些植物只能在生命期中的一段时间内吸收重金属元素或整个生命周期中吸收量微弱时，人们辅以络合剂等理化措施诱导植物累积更多重金属元素，这就是诱导植物提取。

目前已发现有700多种重金属超累积植物，超累积植物富集Cr、Co、Ni、Cu、Pb的含量一般在0.1%以上，积累Mn、Zn的含量一般在1%以上；印度芥菜（*Brassica juncea*）可吸收Zn、Cd、Cu、Pb等，在Cu为250mg/kg、Pb为500mg/kg、Zn为500mg/kg的条件下可正常生长，在 Cd 为 200mg/kg 时才出现黄化现象，印度芥菜地上部对 Cr、Cd、Ni、Zn、Cu 的富集分别为地下部的 58 倍、52 倍、31 倍、17 倍和 7 倍；高秆牧草（*Agropyron elongatum*）能吸收 Cu 等；英国的高山莹属类等可吸收高浓度的 Cu、Co、Mn、Pb、Se、Cd、Zn 等。在我国南方已发现一些超累积植物种类，如小花南芥、续断菊、岩生紫堇、中华山蓼和细叶芨芨草等。

2. 植物挥发

植物挥发是指一些挥发性重金属（如 Hg、Se 等）被富集植物根系吸收后在植物体内转化成可挥发的低毒性物质散发到大气中，如 Se 在印度芥菜的作用下可产生挥发性 Se。湿地上的某些植物可清除土壤中的 Se，其中单质 Se 占 75%，挥发态 Se 占 25%。据报道，植物的挥发性能和土壤根际微生物的活动密切相关。还有报道称，利用抗 Hg 细菌在酶的作用下将毒性强的甲基汞和离子态汞转化为毒性较弱的元素汞，被看作是降低汞毒性的生物途径之一。不过像 Hg、Se 这类重金属元素经植物体进入大气后又会沉入土壤或水体当中，对环境造成二次污染，修复不彻底。所以植物挥发的应用范围较窄。

3. 植物稳定

植物稳定是指利用耐重金属植物或超累积植物降低重金属的活性，从而降低重金属被淋洗到地下水中或通过空气扩散进一步污染环境的可能性。其机理主要是通过金属在根部的积累、沉淀或根表吸收，来加强土壤中重金属的固化。如植物根系分泌物能改变土壤根际环境，可使多价态的 Cr、Hg、As 的价态和形态发生改变，影响其毒性效应。植物的根毛可直接从土壤中交换吸附重金属，从而增加了根表的金属固定。

值得注意的是，植物稳定并没有将重金属从土壤中彻底清除，当土壤环境发生变化时仍可能重新活化并恢复毒性。因此，此方法也不是理想的修复方法。

4. 植物降解

植物降解是指重金属元素被植物根系吸收后通过体内代谢活动来过滤、降解重金属的毒性。典型的植物降解即 Cr 的降解，六价态 Cr 的生物有效性最强，对环境造成巨大的威胁，通过植物根系的降解作用后变成低价态的三价态 Cr，毒性可大大减弱。

（二）微生物修复技术

微生物在修复被重金属污染的土壤方面具有独特的作用。其主要作用是降低土壤中重金属的毒性，吸附并积累重金属；微生物还可以通过改变根际微环境，从而提高植物对重金属的吸收、挥发或固定效率。

1. 吸附和富集

微生物通过带电荷的细胞表面吸附重金属离子，或通过摄取必要的营养元素主动吸收重金属离子，将重金属离子富集在细胞表面或内部。例如根霉（*Rhizopus*）对 Cd^{2+} 和 Cu^{2+} 的最大吸附量达 820mmol/kg 和 210mmol/kg；大肠杆菌 K-12（*Escherichia coli*）的细胞外膜能吸附除 Li 以外的其他 30 多种金属离子；哈茨木霉（*Trichoderma harzianum*）、小刺青霉（*Penicillium spinulosum*）和深黄被包霉（*Mortierella Isabellina*）即使在 pH 很低的情况下，对 Cd、Hg 都仍有很强的富集作用。首先，微生物可以直接依靠生物量吸持重金属，主要过程是微生物直接吸附固定金属离子，例如微生物多糖、多肽、糖蛋白上的官能团——COOH、—NH_2、—SH、—OH、—PO_4 对重金属离子的固定，主要过程有胞外沉积、胞外络合及随后的积聚、结合；其次是产生代谢产物（如微生物分泌磷酸根、腐殖酸、富里酸，产硫细菌产生 H_2S），与此同时重金属能够在土壤中产生不溶性的化合物，使其对植物的可利用度减小。微生物也可以直接将重金属吸收，在细胞内积聚，使重金属的移动性降低。从化学反应的角度考虑，主要是金属离子的络合或以其他的方式相配位。所以，特定的微生物具有固定重金属的作用。

2. 对重金属的溶解

许多真菌可以通过分泌氨基酸、有机酸以及其他代谢产物溶解重金属及含重金属的矿物。重金属被溶解后有利于从污泥中分离，或从土壤中被超累积植物更有效地吸收。在营养充分的条件下，某些微生物可以促进镉的淋溶，从土壤中溶解出来的镉主要是和低分子量的有机酸结合在一起。Munier-Lamy and Berthelin（1987）发现在酸性条件下，微生物能有效地将 Al、Fe、Mg、Ca、Cu 等溶解。微生物代谢产生的有机物质能促进此过程，溶解出来的元素以金属-有机酸络合物形式存在，这些有机配体包括乙二酸、琥珀酸、柠檬酸、异柠檬酸、阿魏酸、羟基苯等。所以，这类微生物可以作为重金属污染土壤植物修复的强化技术。

3. 氧化还原

微生物参与土壤的各种生化过程，而土壤的氧化还原作用也常有微生物的参与，所以微生物能通过参与土壤的氧化还原过程使重金属元素的活性降低或增强，自养细菌如氧化铁硫杆菌（*Thiobacillus ferroxidans*）和氧化亚铁硫杆菌（*Thiobacillus ferrooxidans*，*T. f*）能氧化 As^{3+}、Cu^{2+}、Mo^{4+}、Fe^{2+}；假单胞菌（*Pseudomonas*）能使 As^{3+}、Fe^{2+}、Mn^{2+} 等发生氧化；微球菌（*Micrococcus*）能还原 As^{5+}、Se^{4+}、Cu^{2+}、Mo^{4+}；脱硫弧菌属（*Desulfovibrio*）在厌氧条件下可将 Fe^{3+} 还原为 Fe^{2+}；厌气的固氮梭状芽孢杆菌（*Clostridium sp.*）能通过酶的催化作用还原氧化铁和氧化锰。

除了常见的植物和微生物修复技术之外，还有其他的生物修复技术，如采用蚯蚓和蠕虫处理城市下水道污泥中的重金属，经过 3 个月的堆肥处理后的结果表明：a. 与对照相比，积累在蚯蚓体内的重金属含量非常高，Cu 为 12 倍，Pb 为 10 倍，Cr 为 8 倍；Zn 为 7.5 倍，Ni 为 6 倍，Cd 为 4.5 倍，Mn 为 3.5 倍，Co 为 1.6 倍；b. 在蠕虫堆肥中只有 Fe 的浓度增加 1.5 倍，而其他元素都有所降低，Mn 降低了 92%，Zn 降低了 89%，Cu 降低了 90%，Cr 降低了 88%，Pb 降低了 87%，Cd 降低了 86%，Ni 降低了 51%，Co 降低了 42%。所以，土壤动物也有修复重金属污染土壤的潜力。

四、农业修复技术

农业修复技术是通过因地制宜地改变一些耕作管理制度来减轻重金属的危害，主要包括两个方面。

(1) 改变耕作制度　在有条件的地区旱田改水田；选种抗污染作物品种，或筛选出在食用部位累积污染物少的品种；种植不进入食物链的植物，如种植树木、花草等观赏或经济作物；选择能降低土壤重金属污染的化肥品种。

(2) 农艺修复措施　通过增施有机肥或深耕土地等手段调节诸如土壤水分、土壤养分、土壤 pH 值和土壤氧化还原状况等土壤理化性质，实现对污染物所处环境介质的调控。

（一）农艺调控技术

农艺调控是指通过采取农艺措施，减少污染物从土壤向作物特别是作物可食用部分的转移，从而保障农产品安全生产，实现受污染农用地的安全利用。农艺调控包括筛选低累积品种、调节土壤理化性质、科学进行水肥管理等。关键工艺有低累积品种筛选、土壤 pH 调节、水分调节等。

1. 低累积品种筛选

污染物在农作物可食用部位的累积同时受环境和基因型的影响。不同农作物对污染物的吸收和累积能力不同，即使同一作物的不同品种对污染物的吸收和累积也存在差异。低累积品种是一个相对的概念，指在相同土壤环境条件下作物可食用部位中污染物累积量相对较低的品种。在污染物含量超筛选值的土壤中，部分低累积品种可食用部位污染物含量可满足食品中污染物限量要求。例如，镉低累积水稻品种指在相同土壤环境条件下种植，稻米中镉累积量相对较低的水稻品种；在镉中轻度污染的土壤中种植时，稻米镉含量低于食品中镉限量值 0.2mg/kg（GB 2762—2022）。

2. 土壤 pH 调节

对于酸性污染土壤，可通过调节土壤 pH 值，影响土壤中重金属的转化和释放，降低土壤中重金属的生物有效性，阻控重金属在作物可食用部位累积。生石灰、熟石灰、石灰石、白云石等是农业生产中常用的土壤 pH 调节材料。施用石灰质物料时应注意石灰的质量、用量及施用时间和方法。

石灰质物料的质量要求通常包括 CaO 含量、水分、粒径等。石灰石和白云石的溶解度小、分解速率慢，利用率较低，若需确保当季农用地安全利用，不建议单独施用。以镉为例，湖南省农业技术规程《镉污染稻田安全利用石灰施用技术规程》（HNZ 141—2017）推荐的石灰质物料质量要求见表 8-2，用量要求见表 8-3。施用时间可选择在当年第一季水稻移栽前，或中稻、晚稻收获后的冬闲时，或秋、冬作物种植前，并且施用后要立即进行土壤翻耕，以促进石灰质物料与土壤中的游离酸和潜在酸发生中和反应。此外，应关注物料的重金属含量，不得使用重金属含量超标的物料，以防对土壤造成污染。

表 8-2 石灰质物料质量要求

农用石灰质物料	主要成分	CaO/%	水分/%	粒径
生石灰	CaO	≥70	≤5	要求不低于80% 过10目筛（2.0mm）
熟灰石	$Ca(OH)_2$	≥38	≤10	

表 8-3 CaO 施用量

土壤镉含量范围 /(mg/kg)	土壤 pH 值	CaO 施用量/[kg/(亩·年)]		
		砂壤土	壤土	黏土
0.3～0.9	<4.5	120	160	200
	4.5～5.5	90	120	150
	5.5～6.5	60	80	100
0.9～1.5	<4.5	160	200	250
	4.5～5.5	120	150	200
	5.5～6.5	80	100	150

3. 水分调节

通过田间水分管理，调节土壤的 pH 值和 Eh（氧化还原电位），降低土壤中重金属的有效性，减少农作物对重金属的吸收与累积。水分调节是轻中度污染稻田（如土壤全镉＜0.9mg/kg），尤其是轻度污染稻田（如土壤全镉＜0.6mg/kg），实现达标生产与安全利用最经济、最简便的技术措施。酸性土壤在淹水条件下，土壤环境呈还原状态，土壤pH值显著升高，镉容易形成硫化物沉淀，活性也随之降低，从而减少作物对镉的吸收。相反，针对砷污染，在降低土壤含水量的情况下可提高土壤的氧化还原电位，促使As（Ⅲ）向As（Ⅴ）转化，从而降低砷的有效性。

实践证明，农业修复措施在治理轻度污染土壤时效果较好，但修复时间一般都较长。如以下水稻镉、砷低累积品种示范案例。

4. 低累积品种筛选案例

（1）项目基本情况　从湖南、江苏、浙江、江西、四川和广西等南方地区收集471个主栽水稻品种进行镉、砷低累积品种筛选。湖南省和浙江省三个试验点土壤重金属含量和pH值如表8-4所列。

表8-4　湖南省和浙江省3个试验点土壤重金属含量和pH值

试验点	Cd /(mg/kg)	As /(mg/kg)	Cu /(mg/kg)	Zn /(mg/kg)	Pb /(mg/kg)	pH值
湖南试验点1	0.55	22.5	28.6	137.4	42.3	4.88
湖南试验点2	1.4	19.4	27.4	125.3	39.9	4.87
浙江试验点	0.39	12.2	28.3	120.6	36.4	5.64

（2）筛选过程　2014年，将从湖南、江苏、浙江、江西、四川和广西等南方地区收集的471个主栽水稻品种种植于湖南试验点1和浙江试验点镉、砷中度污染土壤中。根据随机区组设计，每个品种种植3个重复，每个重复3行，每行10个单株，行距和株距均为20cm。按当地常规栽培及水肥管理方法种植，在成熟收获期采集籽粒样品，糙米经研磨后进行微波消解，用ICP-MS测定镉和砷的含量。湖南试验点1糙米中Cd含量为0.03～0.87mg/kg，品种间相差28倍，17%的品种糙米中Cd含量未超标（＜0.2mg/kg），糙米对Cd的富集系数在0.05～1.58；糙米总砷含量为0.12～0.42mg/kg，品种间相差2.5倍。浙江试验点糙米中Cd含量为0.04～0.52mg/kg，品种间相差12倍，66%的品种糙米中Cd含量达标，糙米对Cd的富集系数在0.1～1.33；糙米总砷含量为0.11～0.44mg/kg，品种间相差3倍。另外，2015年增加了湖南试验点2。3个试验点糙米中Cd含量分别为0.02～0.24mg/kg、0.08～0.68mg/kg和0.14～1.17mg/kg，糙米对Cd的富集系数分别为0.04～0.52、0.21～1.74和0.1～0.84。

综合两年多的结果，筛选出相对稳定的低镉、低砷累积的主栽品种50个，于2016年在湖南试验点2进行验证。将初步筛选出的50个相对低累积品种，按照稻抽穗期分为早稻、中稻和晚稻3类，每一类型品种按照抽穗期先后分3期播种，以保证3种类型品种同时抽穗，减少晒田、灌水等水分管理措施对不同抽穗期品种稻米重金属累积的影响。

（3）筛选结果　根据两年三点初筛和一年三期验证的结果，最终确定稳定镉低累积品种8个（见表8-5）、砷低累积品种6个（见表8-6）。

表 8-5 筛选出的稳定镉低累积水稻品种

序号	品种	类型	品类
1	株两优 168	杂交稻	早稻
2	金优 402	杂交稻	早稻
3	金优 463	杂交稻	早稻
4	T 优 535	杂交稻	早稻
5	杰丰优 1 号	杂交稻	早稻
6	I 优 899	杂交稻	早稻
7	深优 957	杂交稻	晚稻
8	隆平 602	杂交稻	晚稻

表 8-6 筛选出的稳定砷低累积水稻品种

序号	品种	类型	品类
1	Y 两优 1998	杂交稻	中稻
2	II 优 936	杂交稻	中稻
3	甬优 538	杂交稻	中稻
4	冈优 94-11	杂交稻	中稻
5	II 优 310	杂交稻	晚稻
6	甬优 17	杂交稻	晚稻

（二）替代种植技术

该技术原理是在受污染农用地上替代种植对重金属抗性强且吸收能力弱的低累积作物物种（如用玉米替代水稻），利用食用农作物重金属累积的种间差异实现受污染农用地的安全利用。

需要注意的是，农艺调控中低累积作物品种筛选是利用作物种内差异，选育同种作物中低累积的品种，并未改变耕种作物物种（如用低累积水稻品种替代常规水稻品种）。而替代种植则是利用作物的种间差异，选育种植可食用部分对重金属累积能力弱的作物，替代原有的可食用部分对重金属累积能力强的作物。

替代种植技术作为单项技术适用于中轻度污染农用地，而且用于替代的低累积作物应适应当地气候和土壤性质。如果配合农艺调控措施，替代种植技术适宜的情境可扩大。对严格管控类农用地，在措施到位、确保农产品达标的前提下也可考虑替代种植。

（三）调整种植结构

调整种植结构的原理就是在重度污染农用地上种植非食用的农产品作物或花卉苗木等，切断土壤污染物通过食物链进入人体的暴露途径，实现污染农用地的安全利用。要对非食用的农产品作物或花卉苗木的筛选和栽培，以及对上述技术在项目区的适用性、效果效益进行评估。要因地制宜，以适应性强的当地常规经济作物为主；也可引种适宜的外地品种，但需要在项目区进行小试或中试研究，探究其在项目区的适用性与安全性。

（四）生理阻隔技术

该技术的原理是利用作物重金属累积生理特性、离子拮抗效应、重金属吸收与转运过程调控等，喷施生理阻隔剂，抑制作物吸收重金属或改变重金属在植株体内的分配，从而降低农产品可食用部位重金属超标风险。按照添加成分的不同，生理阻隔剂可分为含硅、含锌、含铁/锰等不同类型。

以水稻镉/砷累积生理阻隔技术体系为例，可分为阻隔原理分析、产品研制、技术实施和效果评价4个阶段。

（1）阻隔原理分析　水稻等农作物的重金属累积主要与根系吸收、茎秆和叶片的转运有关。硅、硒等有益元素和锌、铁、锰等微量元素，具有降低农作物吸收、转运镉砷等重（类）金属元素的功效，从而改变重金属元素在农作物植株体内的分配，降低农产品中重金属含量。针对不同的重金属元素，其吸收、转运的机制不同，需要研制不同的生理阻隔产品。

（2）产品研制　根据产品有效成分、pH值、粒径、稳定性、杂质含量等关键参数，研制水溶性优良、杂质含量低和较稳定的硅溶胶、硒硅复合溶胶及微量元素硅溶胶等生理阻隔剂。

（3）技术实施　综合稻田镉/砷污染程度和土壤理化性质，确定合适的生理阻隔剂，确定生理阻隔剂的实施时期、实施方式、用量和次数，并结合水分管理和施肥等农艺措施，确定经济可行的和不影响农业生产的水稻镉/砷生理阻隔技术方案。

（4）效果评价　从农产品达标率和生理阻隔技术的经济可行性等方面评价技术效果。

① 基本指标：农产品重金属达标率与下降率。

② 水稻产量：农作物产量提升率。

③ 生理阻隔技术应具备经济可行性。

生理阻隔技术适用于中轻度污染农用地。技术的效果评价参数包括稻米重金属含量下降百分比、稻米重金属达标率和稻米产量。影响生理阻隔技术应用的因素主要包括土壤重金属含量、工程规模、阻隔剂品种以及人力成本。

第三节　有机污染土壤修复技术

有机污染物根据挥发性能分为挥发性有机污染物、半挥发性有机污染物和持久性有机污染物。沸点在50～260℃、标准温度和压力 [20℃，1.0atm（$1.013×10^5$Pa）] 下饱和蒸气压超过133.32Pa的有机污染物为挥发性有机污染物（VOCs），在常温下以蒸气形式存在于空气中，包括烷烃类、芳香烃、烯烃、卤代烃、脂类、醛类、酮类和其他八大类。沸点在260～400℃、标准温度和压力下饱和蒸气压介于 $1.33×10^{-5}$～13.3Pa 的有机污染物为半挥发性有机污染物（SVOCs），主要为酚类、苯胺类、酚酞类、多环芳烃及有机农药类化合物等。VOCs和SVOCs并没有严格的界限，它们的化学性质稳定，不易分解，对大气的危害风险很大，它们还会渗入含水层，威胁地下水安全。

而具有特殊毒性、易于在生物体内富集，在环境中能持久存在，并能通过大气运动在环境中进行长距离迁移，对人类健康和环境造成严重影响的有机化学污染物被联合国欧洲委员会（UNECE）定义为持久性有机污染物（POPs）。它们有4个显著的特性，即长期残留性、生物蓄积性、半挥发性和高毒性，因此被《斯德哥尔摩公约》限制和禁止。

对不同类型的有机污染物污染的土壤国内外发展了不同的污染修复技术，主要有物理-化学修复技术、生物修复技术和联合修复技术。本节主要介绍生物修复技术。

一、物理-化学修复技术

物理-化学修复法是使用物理或化学方法将污染物从土壤中分离、分解或降低污染物在土壤中的迁移性能的方法。物理修复法主要有土壤气相抽提、土壤清洗、溶剂萃取、土壤固化、热脱附以及超临界提取等方法。化学修复法包括氧化/还原、化学淋洗、化学降解等技术。化学氧化/还原是指向污染土壤中注入氧化剂或还原剂，使污染物发生化学反应，从而得以去除的技术；化学淋洗是指借助能促进环境介质中污染物溶解或迁移的化学试剂作为淋洗溶剂，原位或异位洗脱或解吸污染物的技术；化学降解是使土壤中的有机污染物分解或转化为其他无毒或低毒物质从而得以去除的方法，如光催化修复技术、电化学修复技术、微波分解及放射性辐射分解修复技术等。

二、生物修复技术

生物修复法是应用生物对污染物的吸收、降解等作用达到移除污染物的效果的方法，包括微生物修复、植物修复和动物修复以及植物-微生物联合修复等技术，各技术对比如表 8-7 所列。微生物修复法具有操作简单、费用低的特点，在土壤污染胁迫下，部分微生物通过自然突变形成新的变种，并基因调控产生诱导酶，在新的微生物酶作用下产生与环境相适应的代谢功能，从而具备了对新污染物的降解能力。添加 N、P 等营养物质并接种经驯化培养的高效微生物，可将残存在土壤中的农药等有机污染物降解或去除，使之转化为无害物或 CO_2 和水。目前，用于污染土壤修复的微生物有土著微生物、外来微生物和基因工程菌几种。植物修复是利用植物生长吸收、转化、转移污染物而修复土壤，是一种有效、安全、廉价和无二次污染的非破坏性修复技术，主要包括 3 种机制：a. 植物直接吸收，并在植物组织中积累非植物毒性的代谢物；b. 植物释放酶到土壤中，促进土壤的生化反应；c. 根际-微生物的联合代谢作用。

表 8-7 动物修复、植物修复、微生物修复和植物-微生物联合修复技术对比

修复类型	优点	缺点
动物修复	提高土壤的透水性、通气性、松紧度和肥力	不能直接降解；修复速度慢
植物修复	成本低，操作简单；自养生物，无需外界提供能量；能固土、美化环境	修复周期长，效率低；缺乏完整降解污染物的能力
微生物修复	周期短，成本低；具备完整降解污染物的能力	需外界提供能量，易受自然环境因素的影响
植物-微生物联合修复	修复效率高，效果好，无二次污染；能修复复合污染物	影响因素多；不同的植物和微生物组合形式的修复效果的差异大

（一）微生物修复

有机污染物的微生物降解研究从最早的有机氯农药 DDT 开始已有几十年的历史。世界各国的科研工作者分离筛选了大量的降解性微生物，国内的研究工作者也在这方面做了大量

工作。南京农业大学分离鉴定了多株高效降解菌株，建立了目前我国农药微生物降解最大的菌株种质资源库。

已报道的能降解农药的微生物包含细菌、真菌、放线菌、藻类等，大多数来自土壤微生物类群（表 8-8）。细菌由于其生化上的多种适应能力以及容易诱发突变等特性从而占据主要的地位，其中假单胞菌属菌株是最活跃的菌株，对多种农药化合物有分解作用，其模式菌株 *P. putida* KT2440 全基因组序列测序已经完成。

表 8-8　已报道的可降解农药的微生物

农药	微生物	过程
三氟羧草醚	荧光假单胞菌	芳香环硝基还原
甲草胺	假单胞菌	谷胱甘肽介导的脱氯
涕灭威	无色杆菌	水解
阿特拉津	假单胞菌	脱氯
阿特拉津	红球菌	N-脱烷基
呋喃丹	无色杆菌	水解
2-（1-甲基-正丙基）-4,6-二硝基苯酚	梭菌	硝基还原
2,4-D	假单胞菌	脱氯
DDT	普通变形菌	脱氯
伏草隆	日本根霉	N-脱甲基
林丹	梭菌	还原脱氯
利谷隆	球形芽孢杆菌	水解
甲基对硫磷	邻单胞菌	水解
对硫磷	芽孢杆菌	水解和硝基还原
除草通	尖孢镰刀菌、宛氏拟青霉	N-脱烷基、硝基还原
敌稗	枯萎病菌、假单胞菌	酰胺酶
氟乐灵	念珠菌	N-脱烷基

微生物修复主要有两种方法。一种方法是在污染土壤中人工接种能降解有机污染物的微生物，利用微生物将残存于土壤中的污染物降解或去除，使其转化为无害物质或降解成 CO_2 和 H_2O。这种方法不会形成二次污染或导致转移，可将污染物的残留浓度降到很低，经过长期处理可明显消除。另一种方法是改善土壤的环境条件，特别是营养条件，定期向地下水中投加 H_2O 和营养物，以满足污染环境中已经存在的降解菌的生长需要，以便增强土著降解菌的降解能力。

以下介绍几种微生物修复的具体技术。

1. 微生物培养法

直接向遭受污染的土壤接入外源的污染降解菌，同时提供这些细菌生长所需的营养，包括常量营养元素和微量营养元素。微生物修复技术体系中最主要的营养元素是微生物生长所需的 C、N、P，其质量比约为 120∶10∶1。南京农业大学生命科学学院已筛选出 30 多株高效安全的农药残留降解菌株,并克隆出 mdp 水解酶基因 1 个,构建工程菌株 3 株,分为有机磷类、氨基甲酸酯类、菊酯类、有机氮类、有机氯类,入库菌株农药残留降解率达到 85% 以上。其中有机磷降解菌 DLL21(*Pseudomonas putida.*)在山东省滨州市惠民县拱棚进行韭菜试验,对辛硫磷、甲基对硫磷施用 3d 后的降解率分别为 99.52%、98.83%。2003 年在山东省博兴县、滨城旧镇拱棚韭菜地降解有机磷农药残留示范中,也取得了良好的效果。Kaempfer 等(1993)向石油污染的土壤中连续注入适量的氮、磷营养和 NO_3^-、O_2 及 H_2O 等电子受体,2d 后便可采集到大量的土壤菌株样品,其中大多数为烃类降解细菌。

2. 生物通风技术

生物通风(bio venting,BV)是将空气或氧气输送到地下环境,促进微生物的好氧活动,以降解土壤中污染物的修复技术。1989 年,美国 Hill 空军基地用 SVE(土壤蒸汽抽取技术)对其由航空燃料油泄漏引起的土壤污染进行修复。修复过程中,意外发现现场微生物对污染物具有很大的降解性,占所去除污染物的 15%～20%。人为采取促进生物降解的措施后,生物降解贡献率上升到 40% 以上。BV 在 SVE 基础上发展起来并很快应用于修复工程的现场。它使用了与 SVE 相同或相近的基本设施,如鼓风机、真空泵、抽提井或注入井及供营养渗透至地下的管道等。图 8-1 为 BV 修复系统示意图。BV 技术还可与修复地下水的空气喷射(air sparging,AS)或生物曝气(bio sparging,BS)技术相结合,将空气注入含水层来提供氧,支持生物降解,并且将污染物从地下水中传送到不饱和区,再用 BV 或 SVE 法处理(隋红等,2013)。

3. 农耕法

土壤农耕法,是在地面通过生物降解作用降低土壤中有机污染物组分浓度的修复方法。该方法一般将污染土壤挖掘并在地表铺成一薄层,通过向土壤中添加水分、营养物质和矿物质,以促进土壤中好氧微生物的活性。通过强化微生物活动,以降解土壤中吸附的石油烃。处理过程中结合施肥、灌溉等农业措施,尽可能为微生物提供一个良好的生存环境,使其有充分的营养、适宜的水分和 pH 值,从而使微生物的代谢活性增强,保证污染物的降解在土壤的各个层次上都能发生。

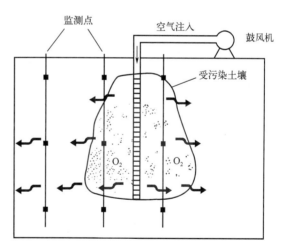

图 8-1 BV 修复系统示意图

该方法结合农业措施,经济易行,在土壤通透性较差、土壤污染较轻、污染物较易降解时可以选用。当污染深度小于 1m 时,该方法可原位进行;当污染深度大于 1.5m 时,该过程需异位进行。

现已证实土壤耕作几乎能够对挥发性较好的汽油、挥发性很差的燃料油和润滑油等所有的石油烃污染场地进行有效修复。

4. 生物堆技术

有机污染土壤可以采用堆制方法进行修复,该技术通常有两种形式:一种叫生物堆;另一种叫生物堆肥(隋红等,2013)。

（1）生物堆　生物堆是将污染土壤挖掘后堆放到某一场地，通过向土壤中添加水分、矿物质、营养物质、氧气等，提高微生物的活性，以降解土壤中的有机污染物质。主要包括生物堆体、通风系统、营养物系统、渗滤液收集处理系统、尾气收集处理系统等，如图8-2所示。生物堆与土壤耕作有许多相同之处，如二者都是在地上进行，都不适用于黏土，都需要适宜的温度、湿度、pH值、通风条件，主要修复污染物都是不易挥发的物质等。然而生物堆是通过具有开缝的管路向土壤中注入空气或者抽提土壤气体，而土壤耕作是通过耕作或犁田的方式进行通气。现场的生物堆一般高度为1～3m，长度和宽度没有严格的限制，通常需要翻转的生物堆宽度不会超过1.8～2.4m。生物堆中可以混入动物粪便，既增加营养物质，又增加了微生物的种类和数量；也可以加入石膏、秸秆等，以使生物堆介质保持膨松；或加入一些化学药剂，调整土壤的pH值至6～8，以利于微生物生长。

由于一些挥发性物质没有经过微生物降解而直接挥发到大气中，因此需要收集和处理尾气。一般将生物堆用塑料布覆盖并安装相应的收集管路。当空气是通过抽气系统进入生物堆时，挥发性污染物将进入土壤气相，进而可抽出处理。在某些情况下，抽出的气体可以进一步送入生物堆进行降解，更多情况下需要使用活性炭等进一步进行处理。为了避免生物堆的渗滤液污染地下水，需要在生物堆下安装防渗膜和管路，收集渗滤液以便进一步处理。

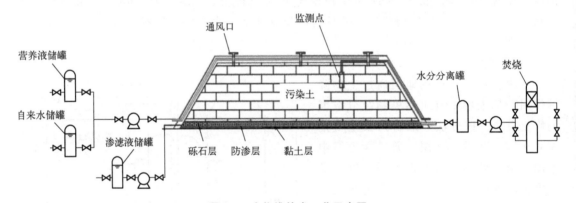

图8-2　生物堆技术工艺示意图

除了具有和土壤耕作相同的优点，如设计和实施较为简单、修复时间短、修复费用低之外，生物堆法所占用的土地比土壤耕作法少，能够在封闭系统内进行，可以控制气体的排放，能够适应各种场地类型以及石油类污染物。主要的不足为：去除率有限；当污染物浓度太高时，如总石油烃浓度高于5000×10^{-6}时该方法也不适用；挥发性有机物主要通过挥发去除，而不是生物降解；尽管所需场地小于土壤耕作法，但仍需要大片场地进行修复；修复过程中产生的VOCs需要处理后再进行排放；当有渗滤液产生时还需要做衬底（生态环境部土壤生态环境司 & 生态环境部南京环境科学研究所，2022）。

（2）生物堆肥　生物堆肥是在污染土壤中添加已经堆制过的堆肥产品进行的生物修复。一般分为好氧堆肥和厌氧堆肥。好氧堆肥是在有氧气条件下微生物对有机物的分解过程，其代谢产物主要是二氧化碳、水和热量；厌氧堆肥是在缺氧条件下进行有机物分解，厌氧分解最后的代谢产物是甲烷、二氧化碳和许多分子量低的中间产物，如有机酸等。厌氧堆肥与好氧堆肥相比较，单位质量的有机质降解产生的能量较少，而且厌氧堆肥通常易产生臭味。由于这些原因，几乎所有的堆肥工程系统都采用好氧堆肥，堆肥工艺能达到较好地实现脱水、杀灭土壤中病原菌和杂草种子的目的，如果再增加一定的后续制肥工艺，成品可作为土地培肥的原料。

好氧堆肥是在有氧气条件下，借助好氧微生物（主要是好氧细菌）的作用，使有机物不断被分解转化的过程。好氧堆肥通常会经历升温、高温和降温三个阶段。堆肥初期（起爆期和升温期）微生物数量较少、活性较低，堆体对氧气的需求量不大，此阶段鼓风策略以堆体的氧气含量状况为依据，宜采用小风量鼓风，以免带走堆体热量；堆体温度逐步从环境温度上升，当温度升高到高温期后微生物得到大量繁殖，活性也较高，耗氧速率较快，此阶段宜采用较大的鼓风量，以带走堆体水分，为堆体提供充足的氧气；当堆体进入降温期后，堆体的好氧速率降低，对氧气的需求量减少，此阶段采用曝气充氧与翻抛充氧相结合的方式。

5. 生物反应器

生物反应器方法是将受污染的土壤挖掘出来和水混合搅拌成泥浆，在接种了微生物的反应器内进行处理，其工艺类似于污水生物处理方法。处理后的土壤与水分离后，经脱水处理再运回原地。通常加入 3～9 倍的水混合，使其呈泥浆状，同时加入必要的营养物和表面活化剂，鼓入空气充氧，剧烈搅拌使微生物与底物充分接触，完成代谢过程，然后在快速过滤池中脱水。生物反应器可分为间歇式和连续式两种，前者应用更广泛。处理后的出水视水质情况，直接排放或循环使用。该方法适用于：a. 污染事故现场，而且要求快速清除污染物；b. 环境质量要求较高的地区；c. 污染严重，用其他生物方法难处理的土壤。这种液/固处理法以水相为主要处理介质，污染物、微生物、溶解氧和营养物的传递速度快，各种环境条件便于控制，因此去除污染物效率高，对高浓度的污染土壤有良好的治理效果，但它对高分子量 PAHs（多环芳烃）的修复效果不理想，运行费用较高。

（二）植物修复

1. 植物修复有机物污染环境的基本原理

重金属污染环境的植物修复往往是寻找能够超累积或超耐受该有害重金属的植物，将金属污染物以离子的形式从环境中转移至植物特定部位，再将植物进行处理，或者依靠植物将金属固定在一定环境空间以阻止进一步扩散。而植物修复有机物污染环境的机理要复杂得多，经历的过程有可能包括吸附、吸收、转移、降解、挥发等。图 8-3 为土壤中有机污染物被植物去除的途径示意图。植物根际的微生物群落和根系相互作用，提供了复杂的、动态的微环境，对有机污染物的去毒化有较大的潜力。已有的实验室和中试研究表明，具有发达根系（根须）的植物能够促进根际菌群对除草剂、杀虫剂、表面活性剂和石油产品等有机污染物的吸附、降解。

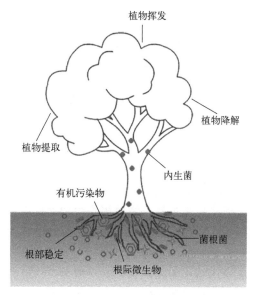

图 8-3 植物去除土壤中有机污染物的途径

2. 植物修复类型与降解机理

有机污染土壤的植物修复技术分为植物提取、植物稳定、根际降解、植物降解、植物挥发。植物主要通过三种机制降解、去除有机污染物：一是植物直接吸收有机污染物；二是植物通过分泌物和酶刺激根际微生物的活性和生物转化作用；三是植物增强根系的矿化作用。

(1) 植物对有机污染物的直接吸收和降解　植物对有机污染物的吸收受化合物的化学特性、环境条件和植物种类3个因素影响。植物对位于浅层土壤中的中度憎水有机物（辛醇-水分配系数的对数 $\lg K_{ow}=0.5\sim3$）有很高的去除率。高度憎水有机物（$\lg K_{ow}>3.0$）由于和植物根表面结合得十分紧密，根表吸附强烈，它们不能在植物体内转移。而水溶性物质（$\lg K_{crw}<0.5$）则不易被根吸附，容易被转运到植物地上部分，可能主要是通过植物膜转移而被吸收，与有机物的亲脂性有关。

植物吸收有机化合物后，将其在体内降解，并通过木质化作用使其成为自己的组成部分；或通过代谢、矿化作用将其转化为 CO_2 和 H_2O；还可通过植物的挥发作用达到去除土壤中挥发性有机污染物的目的。植物对农药的直接吸收需要有发达的根系，较高的根/枝比能提高植物对有机物的吸收性能。某些农药经植物体的代谢后转化为 CO_2 和 H_2O 或气体形态，可直接从叶表气孔挥发。

有机污染物直接被植物吸收取决于植物的吸收率、蒸腾率以及污染物在土壤中的浓度。而吸收率反过来取决于污染物的物理化学特征、污染物的形态以及植物本身特性。蒸腾率是决定污染物吸收的关键因素，其又取决于植物的种类、叶片面积、营养状况、土壤水分、环境中风速和相对湿度等。

(2) 植物根系分泌物和酶对有机污染物的去除　植物根系可以分泌一些物质到土壤中，起到去除有机污染物的作用，并可刺激根际微生物的活性。包括酶及一些有机酸，它们与脱落的根冠细胞一起为根际微生物提供重要的营养物质，促进根际微生物的生长和繁殖，而且其中有些分泌物也是微生物共代谢的基质。有研究表明，植物根际微生物明显比空白土壤中多，这些增加的微生物能强化环境中有机物质的降解，如植物使根际微生物密度增加，提高了多环芳烃的降解率。杨树根际的微生物数量增加，但没有选择性，即降解污染物的微生物没有选择性地增加，表明微生物的增加是由于根际的影响，而非污染物的影响。通过模拟根际环境，分别研究根系分泌物对根际微生物和对人为污染物降解的影响，结果表明：玉米根系分泌物通过促进根际微生物群落的生长促进了芘的矿化作用。

植物根系释放到土壤中的酶可以直接降解有关的化合物，死亡后的植物也可以将酶释放到土壤中继续发挥分解作用。有机农药在植物体内的脱毒过程基本上是在酶的作用下进行的，大部分属于酶氧化过程。已有研究证实，硝酸盐还原酶和漆酶可降解军火废物如 TNT（三硝基甲苯），使之成为无毒的成分，脱卤酶可降解含氯的溶剂如 TEC（四氯乙烯）。有机磷的分解主要靠植物根系分泌物中的酸性磷酸酶、真菌产生的酸性或碱性磷酸酶以及细菌产生的碱性磷酸酶，亚硝酸还原酶可降解含硝基有机农药。

(3) 根际的生物降解　根区是有机污染物发生降解活跃的区域，微生物的数量在根际区和根系土壤中的差别很大，一般为 5～20 倍，有的高达 100 倍，这种微生物在数量和活性上的增长，很可能是使根际非生物化合物代谢降解的原因。根际分泌物和分解物给微生物提供了营养物质，而微生物活动也促进了根系分泌物的释放，两者互惠互利，共同加速了根际区农药的降解。

菌根是土壤真菌菌丝与植物根系形成的共生体。据报道，VA 菌根外生菌丝重量占根重的 1%～5%，这些外生菌丝增加了根与土壤的接触，能增强植物的吸收能力，改善植物的生长，提高植株的抗逆能力和耐受能力。另外，菌根化植物能为真菌提供养分，维持真菌代谢活性。此外，菌根有着独特的酶途径，用以降解不能被细菌单独转化的有机物。所以菌根化植物可作为很好的生物修复载体。菌根化植物对农药有很强的耐受能力，并能把一些有机成分转化为菌根真菌和植株的养分源，降低农药对土壤的污染程度。

中科院南京土壤研究所的科研人员研究了施用绿麦隆、二甲四氯和氟乐灵的土壤上接种菌根对白三叶草生长的影响，发现接种 VA 菌根真菌后，植株的菌根侵染率、生长量和氮、磷的吸收都显著高于不接种的对照植株。用菌根真菌摩西球囊酶（$Glomus\ mosseae$）侵染的大豆，其生长不受杀虫剂乐果的影响，施用 0.5mg/L 的乐果反而促进了摩西球囊霉的孢子萌发。以上研究表明：有机农药污染土壤修复过程中，最重要的环节是根际区土壤微生物的数量和活性以及相关酶的活性。从某种意义上来说，根系分泌的酶比微生物对农药的降解更重要，因为菌根对农药的降解归根结底是由其分泌的酶来完成的，而且为多种酶协同完成。

3. 植物修复的优缺点

植物修复技术最大的优点是花费少、适应性广和无二次污染问题。此外，由于是原位修复，对环境的改变少；可以进行大面积处理；与微生物相比，植物对有机污染物的耐受能力更强；植物根系对土壤的固定作用有利于有机污染物的固定，植物根系可以通过植物蒸腾作用从土壤中吸取水分，促进污染物随水分向根区迁移，在根区被吸附、吸收或降解，同时抑制了土壤水分向下和向其他方向的扩散，有利于限制有机污染物的迁移等风险转移问题。

该技术的主要缺点是修复周期长，一般在 3 年以上；对深层污染的修复有困难，只能修复植物根系达到的范围；气候及地质等因素使得植物的生长受到限制，存在污染物通过"植物—动物"的食物链进入自然界的可能；生物降解产物的生物毒性还不清楚；修复植物的后期处理也是一个问题。目前经过污染物修复的植物作为废弃物的处置技术主要有焚烧法、堆肥法、压缩填埋法、高温分解法、灰化法、液相萃取法等。

三、联合修复技术

联合修复法是将物理-化学修复、生物修复等多种修复技术联合使用进行有机污染土壤修复的方法，可以实现单一技术难以达到的修复目标，也可以降低修复成本。

实际的污染场地地质条件往往较复杂，而且污染物组成也很复杂，单一的修复方式有时不能达到修复目标。例如，SVE（土壤气相抽提）适用于挥发性较好的污染物，不完全适用于挥发性差异较大的有机物污染的土壤；土壤清洗法一般是将污染土壤体积减小，而洗涤出的细颗粒部分往往需要使用其他方法进行处理；溶剂萃取法将污染物浓度降低到一定值时，进一步降低污染物浓度会大幅增加修复成本；生物修复法不能用于高浓度污染的情况等。为了达到相应的修复目的，有时会将不同的修复方式联合在一起使用，如将 SVE 与 BV 联合，土壤清洗与生物堆联合等。根据实际污染状况确定适宜的联合修复方法是场地修复的方向之一，如前文描述的美国 Hill 空军基地对航空燃料油泄漏引起的土壤污染的修复就是典型的 SVE-BV 联合修复。

第四节 污染土壤修复生态工程案例

污染土壤修复生态工程是指具体的污染土壤场景下，以生态工程的方法实施土壤修复的具体工程，而生态工程的核心思想就是整体、协调、循环、再生，因此污染土壤修复生态工程要求在体现这些生态工程思想的基础上实现污染土壤的修复目的。

污染土壤修复生态工程的实施，首先要从整体出发，分析污染土壤的污染程度及其对人体和环境健康的危害风险，同时要对土壤的利用现状、性质和规划用途进行详细的调查，分析现有修复技术的适用性，以及不同修复方案的资源利用和成本效益等情况，在详细调查评估的基础上制定出能体现"利用"和"再生"的生态工程修复方案。广义上讲，前面讲到的修复技术都是消除污染风险，使土壤实现再生利用的过程，所以采用这些技术修复土壤的工程都可以算是生态工程。而狭义的污染土壤修复生态工程更强调在修复的过程中就可以使污染土壤得到一定程度的利用，而且能发挥土壤不同组分的可利用功能，实现高效率的处理与利用。

一、土壤污染修复生态工程概述

《土壤污染防治法》（人民出版社法律与国际编辑部，2018）提出，对已污染的土壤，要管控风险，而不是盲目地搞大治理、大修复，实际上就是强调因地制宜的风险管控与生态修复。根据风险评估理论，污染源、暴露途径和受体是产生环境风险的三要素（图8-4）。对于土壤污染风险，污染源主要是指污染土壤；而受体则是需要关注的保护对象，在农用地中主要是农产品，在建设用地中则主要是在地块内工作、生活的人群；暴露途径则是受污染土壤对受体产生影响的作用路径，例如建设用地中的污染土壤通过居民经口摄入、皮肤接触或者吸入地表扬尘等路径进入人体。

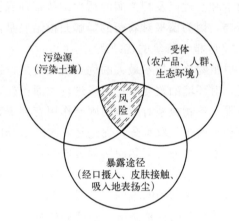

图 8-4　污染风险三要素（污染源、暴露途径、受体）的关系

因土地利用性质的不同，污染土壤的风险暴露途径和危害特点也很不相同，因此，通常把土地分成农用地和建设用地，受污染的土壤也相应地分成农田土壤和场地土壤。依据《土壤污染防治法》（人民出版社法律与国际编辑部，2018），"土壤污染风险管控和修复"这一术语包括"土壤污染状况调查和土壤污染风险评估、风险管控、修复、风险管控效果评估、修复效果评估、后期管理等活动"。在土壤污染风险管控和修复活动中，"风险管控"和"修复"是实现农用地和建设用地安全利用的两种主要技术手段（生态环境部土壤生态环境司&生态环境部南京环境科学研究所，2022）。

由于农用地和建设用地在污染风险途径与土地利用方向上存在差异，所以进行污染土壤修复时所采取的技术也有很大的区别，农用地和建设用地土壤修复生态工程的考虑因素也不相同。

1. 农用地土壤污染修复生态工程

对农田土壤，污染的风险主要体现在影响农产品质量，暴露途径主要是通过农作物对土壤污染物的吸收，某些土壤污染物可被输移至农作物可食用部分，造成农产品污染物含量超标。一些污染物（如 Cu、Ni、Zn）还会影响农作物生长，造成农产品减产。土壤污染还可能对土壤植物、动物及微生物的生存生长造成不利影响，继而危害正常的土壤生态过程和生态服务功能。

农用地土壤污染防治主要考虑保障农产品质量安全。我国耕地资源有限，污染土壤修复的技术投资大、周期长,所以我国的农用地土壤修复生态工程以风险管控为主,对安全利用类和严格管控类农用地中农产品污染物含量超标,确实有必要实施修复的农用地地块,应当优先考虑不影响农业生产、不降低土壤生产功能的修复措施。修复活动要因地制宜地选择科学的修复技术,降低污染土壤中目标污染物的总量或释放强度,同时防止对土壤造成新的污染,避免对土壤功能的损害。主要适用技术有农艺调控、替代种植、调整种植结构或退耕还林还草、固化稳定化及生理阻隔等技术,以及划定特定农产品禁止生产区域等措施,保障农用地安全利用,确保农产品安全。

严格管控类农用地由于土壤污染物含量较高,若直接用于食用农产品生产,则农产品超标风险较大。因此,以调整种植结构为主,如退耕还林还草、退耕还湿、轮作休耕、轮牧休牧等,目的是切断污染物通过农产品食物链的暴露途径。有经济条件的情况下可采取一些原位的物理、化学或生物技术,如客土法、深翻法等物理修复技术,重金属原位钝化技术等化学修复技术,以及植物提取、微生物修复等生物修复技术,这些技术都有一定的局限性,所以生态工程修复更强调多技术联合应用,目的是实现污染土壤的安全利用。

2. 建设用地土壤污染修复生态工程

对建设用地土壤,污染的风险主要是威胁人居安全。污染物可能通过经口摄入、皮肤接触、呼吸吸入等途径进入人体,对人体健康造成潜在影响。土壤污染还会影响其他环境介质的质量,尤其是地下水。部分土壤污染物可在溶解、淋滤、重力流等作用下迁移进入地下水中,危害地下水环境质量,甚至可能造成饮用水水源污染,威胁生态环境的安全。

建设用地土壤污染修复生态工程技术,因为面对的是场地土壤,场地修复后的土地价值通常也很高,所以可以采用的修复技术更加多样,既可以管控污染源为主,阻隔土壤污染物高浓度区域(污染源)向周边扩散;也可以保护受体为主,阻断土壤污染对人体健康造成影响的途径,或者限制公众进入土壤污染的影响范围。对存在地下水污染的建设用地地块,土壤和地下水的风险管控通常需要协同考虑,如采用阻隔技术(包括原位阻隔覆盖和异位隔离填埋)和制度控制(如限制地块的利用方式、限制公众在污染地块上的活动等)。

场地土壤污染的修复主要是针对污染源进行的削减污染物总量或者降低污染物释放强度的工程技术活动,前文介绍的化学技术、物理技术和生物技术(生物堆等生物技术等)都可以选择,既可以采用原位修复技术,也可以采用异位修复技术。原位技术不需要进行污染土壤的开挖,直接通过地下注射、加热、混合等方式,对地下环境中的污染物进行处理,工程量相对较小,但修复难度较大。异位技术则需要将污染土壤挖出后,在地面的设备、设施中进行处理,优点是处理效率高,但一般工程量大,代价高。此外,按照修复地点是在污染地块内,还是开挖清运后离开原地块进行处理处置,又分为原场修复、离场修复和离场处置等。

二、农用土壤污染修复生态工程案例

(一)重金属镉污染修复案例 1:河南某镉污染农用地土壤污染修复项目

(生态环境部土壤生态环境司& 生态环境部南京环境科学研究所,2022,p245)

1. 项目基本信息

① 项目规模:修复耕地 55.65 亩。

② 实施周期:2018 年 6 月至 2021 年 6 月。

③ 项目经费:433 万元。

④ 项目进展：已完成修复效果评估。

2. 区域自然环境概况

项目所在地位于河南省北部，地处黄河冲积扇平原。土壤类型繁多，有潮土、褐土、棕壤、粗骨土、石质土、风沙土及水稻土等。属暖温带季风气候，雨热同期，夏季高温多雨，冬季寒冷干燥。该区域种植业以粮棉油为主，主要农作物有小麦、玉米、花生、水稻、棉花。种植制度为小麦-玉米、小麦-夏大豆、油菜-玉米等二熟制，耕地绝大多数为旱田，具有较好的灌溉条件。

3. 主要污染情况

项目所在市是中原地区重要的工业基地。历史上镍镉电池工业污染排放导致农用地重金属污染，进而引发严重粮食安全问题，近年来受到社会及政府的广泛关注。

2017年，对235亩耕地土壤初步取样调查，发现土壤中主要污染物为Cd。对标《土壤环境质量 农用地土壤污染风险管控标准（试行）》（GB 15618—2018），100cm土壤样品点位超标率为42.5%。其中，表层0～20cm土壤点位超标率为100%，超标倍数为1.92～14.7倍。小麦籽粒Cd含量超出《食品安全国家标准 食品中污染物限量》（GB 2762—2017）相应标准4.89～13.25倍。

2018年夏季，对本项目实施修复区域55.65亩耕地进行加密采样调查。调查结果显示，修复区域土壤pH值范围为7.81～8.09，Cd污染主要集中于0～20cm表层土壤，20～40cm部分土壤超标。0～20cm土壤Cd含量范围为0.815～3.79mg/kg，平均含量为2.76mg/kg，参照GB 15618—2018，土壤Cd含量均超过筛选值（0.6mg/kg），但低于管制值（4mg/kg）。20～40cm土壤Cd含量范围为0.384～0.753mg/kg，平均含量为0.513mg/kg。

为科学合理地验证修复措施对土壤、植物及作物的影响，科学考评修复效果，特选择修复区域范围内重金属污染程度相似地块作为对照区，对照区表层（0～20cm）土壤Cd含量范围为2～4mg/kg。

4. 安全利用和修复目标

① 耕地污染治理措施对耕地和地下水不造成二次污染，修复后耕地土壤中重（类）金属（Cd、Hg、Pb、Cr、As）含量不增加，土壤肥力水平不降低；

② 农作物（小麦、玉米等粮食作物）产量不低于当年当地平均水平；

③ 参照《食品安全国家标准 食品中污染物限量》（GB 2762—2022），农产品可食用部分Cd含量单因子污染指数均值与1差异不显著（单尾t检验，显著性水平为0.05）且样品达标率为90%以上。

5. 技术路线

总体思路：按照农用地土壤重金属污染程度的差异，采用分区分类治理的思路，总技术路线采用低累积小麦品种筛选、工程措施+原位钝化联合修复和工程措施+农艺调控联合修复，通过取样送检和评价合格则验收，不合格则继续修复。修复分A、B两个区。A区：27.45亩，采取"工程措施+原位钝化"联合修复技术，边生产边修复，确保粮食产量与质量安全。B区：22亩，采用"深耕+替代种植/植物吸取"联合修复技术，确保有效降低农用地重金属含量。CK区（对照区）：2.68亩，一部分开展修复效果对照试验，另一部分开展低累积小麦品种筛选试验（农艺调控技术）。

（1）A区："工程措施+原位钝化"联合修复技术　包括深耕（0～45cm）、施用钝化剂、种植低累积小麦品种等。实行二熟制，冬季种植小麦，夏季玉米、大豆轮作。A1～A6

小区分别施用纳米硅材料、生物质修复材料、有机-无机天然复合材料、矿物微胶囊、高性能无机改性修复材料、有机硅材料等，筛选适用于当地的钝化材料。

（2）B区："深耕+替代种植/植物吸取"联合修复技术　采用的工程措施为深翻耕；部分区块开展植物吸取修复，部分区块开展替代种植的安全性测试。修复植物有伴矿景天、八宝景天、星柳、金丝柳、高羊茅、黑麦草、白三叶、猫眼草等；替代种植作物有甜高粱、油菜、棉花、红薯、花生、谷子等。采用植物吸取修复、修复植物-替代作物轮作和替代作物轮作三种模式。

具体分区有：B1-1，甜高粱-油菜轮作；B1-2，棉花-菜轮作；B2-1，八宝景天修复；B2-2，伴矿景天—蔬菜瓜果轮作；B3-1，白三叶/猫眼草-红薯轮作；B3-2，白三叶/猫眼草-花生/谷子轮作；B4-1，高羊茅/黑麦草-大豆轮作；B4-2，高羊茅/黑麦草-玉米轮作；B5，星柳/金丝柳。

（3）辅助建设

① 修复工程对照区建设。设置1个修复对照区，对照区面积为2.68亩，其中包含低累积小麦筛选区0.5亩。

② 围栏建设。整个项目区设置长500m、高2m的低碳冷拔丝材质的隔离护栏网围栏。网孔为66mm×66mm。并设置长75m、高2m的项目宣传围挡（设49个牌面长0.6m、高0.45m的宣传牌）。

③ 焚烧炉建设。修复植物不属于《国家危险废物名录》（2016）中所列危险废物类别，按照最不利情况考虑，将修复植物按照危险废物进行储存和处理，采用自建焚烧炉进行焚烧。焚烧量为50kg/h，燃烧室内焚烧温度控制在800℃左右，二级焚烧1100℃，除尘采用旋风除尘-水幕急冷-布袋除尘。

6. 实施效果

（1）小麦品种筛选　综合富集系数、产量和小麦达标等指标结果，筛选并验证"矮抗4199"为适宜推广的品种。

（2）深耕翻　通过深耕翻显著降低了耕层土壤总镉的含量，对后续土壤钝化调理、降低农产品超标率起到了根本性的作用。但个别区域深翻效果欠佳。

（3）植物修复　2018年，金丝柳和八宝景天的Cd生物累积量分别为1.40g/亩和0.91g/亩。2019年，金丝柳、甜高粱秸秆和星柳的Cd生物累积量分别为2.26g/亩、1.78g/亩和1.72g/亩。2020年，金丝柳、星柳和八宝景天的Cd生物累积量分别为11.39g/亩、4.52g/亩和0.019g/亩。3年连续监测结果表明金丝柳和星柳的生物量、富集能力均高于传统的修复植物八宝景天，可作为项目所在区域受污染耕地修复植物进行推广。

（4）替代种植　本项目试验的油菜、甜高粱、谷子、花生、棉花、金丝柳、星柳、牧草和各类蔬菜中Cd的超标率低，仅在大蒜头和黑麦草中各发现1个样品超标。但油菜、谷子、花生、卷心菜和白菜、牧草中Cd含量较高，需持续关注Cd在上述作物中的富集。

7. 成本分析

本项目待修复总面积约235亩。本项目为一期修复试点，修复耕地面积约55亩，修复技术成本控制在3万～4万元/亩。后期修复面积扩大可使直接成本大幅下降。

8. 问题总结

① 通过深翻耕显著降低了耕层土壤中总镉的含量，对后续土壤钝化调理、降低农产品超标率起到了根本性的作用。但个别区域深翻效果欠佳。

② 结合 Cd 小麦超标现状、区域气候特征，需进一步探索在 Cd 小麦超标区域冬季种植制度调整的技术模式（与小麦生长季节生态位一致或相近，而且农产品能达标安全利用的作物品种）。

③ 本项目实施周期较短，获得的阶段性结论还需长期监测验证，对于大面积推广仅作为参考。

9. 项目经验

① 传统的植物吸取在北方的技术推广难度大、修复效率低、经济成本高、无产出，不建议大面积推广；钝化修复材料在北方应用与南方应用的效果差异较大，必须本地化，并且需长期监测；修复策略和技术选择上，建议优先选择农艺调控、替代种植等措施。

② 本项目中实行分级分类的治理修复思路、技术途径和模式，针对不同污染等级，因地制宜地采取安全利用与修复的技术措施。重点探索适宜较高镉含量耕地的安全利用模式：一方面，尝试多种边修复边生产模式，达到农产品的安全利用；另一方面，尝试在较低投入下实现经济产出，达到成本低廉、易于推广。

10. 专家点评

该案例围绕镍镉电池企业生产造成周边农用地土壤镉污染、小麦镉超标等问题开展了系统的土壤风险管控与修复系列大田现场实践工作，针对重度污染土壤，探索出深耕法＋钝化修复＋低累积品种联合修复模式，实现了小麦籽粒镉含量达标，识别出深耕法对显著降低耕层土壤镉含量、有效态含量及小麦籽粒镉含量等关键性指标具有决定性作用。实践出豌豆替代冬小麦的种植新模式，具有无二次污染、低成本、边生产边修复的特点。提出了镉低风险的大田主栽品种名单如油菜、甜高粱、棉花、牧草和各类蔬菜等，具有较好的推广性。

（二）重金属镉污染修复案例2：湖南水稻降镉VIP＋技术示范项目

（生态环境部土壤生态环境司 & 生态环境部南京环境科学研究所，2022，p282）

1. 项目区污染情况

项目所在地为轻中度镉污染土壤，其土壤全镉含量为 0.3～1.5mg/kg。项目区域土壤类型为酸性水稻土，土壤 pH 值为 4.5～6.5。

2. 项目实施情况

① 实施时间：2016 年。

② 项目经费：4000 万元。

③ 项目进展：已完成项目验收。

3. 安全利用和修复目标

以实现粮食生产安全为主要目标，确保污染不威胁粮食生产安全、土壤环境质量向宜耕方向发展。

4. 技术路线

水稻降镉 VIP＋技术模式是将选种镉低累积水稻品种（variety，V）、采用全生育期淹水灌溉（irrigation，I）方式、施生石灰调节土壤酸碱度（pH，p），以及增施土壤钝化剂、喷施叶面阻控剂、深翻耕改土、科学施肥……（即"＋"）单项技术进行组装集成与中试示范，并于 2013 年底总结形成。2016 年，湖南省农业厅在全省共建设了 26 个千亩水稻降镉 VIP＋技术模式标准化示范片。

示范区域均按照"统一规划方案、统一技术标准、统一技术指导、统一组织实施、统一评价考核"的原则，全部实施了镉低累积水稻品种种植、全生育期淹水灌溉、施用生石灰、增施土壤钝化剂、喷施叶面阻控剂、深翻耕改土等6项修复治理技术措施。

(1) 试验田划定　在每个示范片分别选择了10块1~2亩的典型田块开展比对验证试验。将典型田块按"田"字形均匀分为4块，分别设置4个处理。其中1块为空白对照，采用当地主栽品种（非低镉品种），按照常规水肥进行日常管理；1块在空白对照基础上增施土壤钝化剂；1块在空白对照基础上增施叶面阻控剂；1块采用VIP+的所有技术措施，进行比对验证。

(2) 田间管理措施　每项措施的实施均严格按照技术规程进行，在早稻或晚稻移栽前20天一次性基施生石灰200kg/亩，施用石灰10d后全面施用土壤钝化剂；在每季水稻分蘖盛期、灌浆初期2个关键时期全面喷施叶面阻控剂；全面实施淹水灌溉；在早稻或晚稻施用生石灰前，按照相关技术规程全面实施深翻耕改土。

(3) 样品采集与分析测试　在实施前，在比对试验的每个小区、示范片每10亩设置1个点位，分别统一采集了基础土壤样品。在早稻收获时，统一采集示范片点位和比对实验的稻谷，以及比对试验的对应土壤样品。在晚稻收获时，统一采集示范片点位和比对试验的稻谷与土壤样品。

所有采集样品进行统一编码。土壤样品、稻谷样品均送至具有CMA资质的检测单位。检测分析方法按照《土壤质量　铜、锌的测定　火焰原子吸收分光光度法》（GB/T 17138—1997）、《食品卫生检验方法》（GB/T 5009—2003）系列标准执行。报告数据依据《土壤环境质量　农用地土壤污染风险管控标准（试行）》（GB 15618—2018）、《食品安全国家标准　食品中污染物限量》（GB 2762—2022）进行分析评价。

5. 实施效果

经过本年度水稻降镉VIP+技术的实施，比对验证试验结果显示：早稻和晚稻籽粒镉含量显著降低，分别比对照降低了69.4%和54.5%；籽粒镉含量达标率大幅提高，早稻的达标率由61.6%提高至91.4%、晚稻由52.0%提高至83.0%。

采用水稻降镉VIP+技术模式，26个示范片早稻和晚稻米镉达标率分别达到84.9%和81.6%，有14个千亩示范片的全年米镉达标率均超过80%。示范片的结果还表明，采用水稻降镉VIP+技术模式，可使土壤全镉含量<0.6mg/kg的酸性（pH值为4.5~5.5）稻田、全镉含量<0.9mg/kg的微酸性（pH值为5.5~6.5）稻田和全镉含量<1.5mg/kg的中性（pH值为6.5~7.5）稻田基本实现双季稻安全生产。

6. 成本分析

除一般农业生产成本外，采用水稻降镉VIP+技术模式新增了如下生产成本：

① 推广应用镉低累积水稻新品种较常规水稻品种每季每亩新增10元左右成本，全年共计20元/亩。

② 采用全生育期淹水灌溉技术每季每亩新增劳动用工1.5个，全年共450元/亩。

③ 每亩每季施用生石灰200kg需120元/亩、新增劳动用工0.5个需75元/亩，全年共390元/亩。

④ 早稻季施用"隆平2号"土壤钝化剂1次，计300kg/亩，需300元/亩。

⑤ 每亩每季喷施"降镉灵"叶面阻控剂2次，每次需20元/亩；每次新增劳动用工0.25个，需37.5元/亩。全年共计230元/亩。

⑥ 早稻季深翻耕改土较常规耕作新增45元/亩。

实施以上6项技术措施，共计新增成本1435元/亩。

7. 长期管理措施

根据多年实验研究结果和实践经验，全年施用生石灰 400kg/亩、土壤钝化剂 300kg/亩和深翻耕改土 1 次后，可保持 2~3 年的持续降镉效果，但镉低累积水稻品种、全生育期淹水灌溉、喷施叶面阻控剂 3 项技术措施在每个生产季节均需要实施。

8. 项目实施经验

推广应用镉低累积水稻品种是水稻降镉 VIP＋技术模式的基础，采用全生育期淹水灌溉、施用生石灰是水稻降镉 VIP＋技术模式的关键，增施土壤钝化剂、喷施叶面阻控剂是中度镉污染稻田实现安全利用最有效的辅助措施，深翻耕改土仅适用于人为污染引起的镉污染稻田。

2017~2020 年，通过面上考察、现场调研、查阅台账、访问业主等方式，对可达标生产区（即轻中度污染区）推广应用水稻降镉 VIP＋技术模式中的各单项措施的实际到位（落地）率进行了系统的评估。在水稻降镉 VIP＋技术模式中的各单项措施中，镉低累积水稻品种种植、施用生石灰、增施土壤钝化剂、喷施叶面阻控剂、深翻耕改土等五项措施的实际到位（落地）率均在 95％以上，只有全生育期淹水灌溉技术的实际到位（落地）率较低：农户自己经营管理的稻田，其技术实际到位（落地）率不足 50％；企业或农民合作社等第三方承包治理的稻田的技术实际到位（落地）率也只有 75％左右。全生育期淹水灌溉的技术到位（落地）率总体偏低，成为水稻降镉 VIP＋技术模式中最难落地的单项技术措施。究其原因，主要有如下 4 个方面。

① 关键时刻缺乏灌溉水源。虽然湖南的雨量充足、降水丰富，但降水季节分布不均，季节性干旱，尤其是 7~10 月的夏、秋季节性干旱严重，而且各地干旱程度不一，部分地区尤其是丘陵农区在关键时期无水可灌。

② 农田水利基础设施损毁严重。目前，大部分农区的农田水利设施因年久失修、老化破损、泥沙淤积等原因，调蓄水资源的能力不断下降，已丧失了 35％~50％的排灌功能，即使有水可灌，也到不了田间；而在有些地方，田埂垮塌严重，跑水、漏水不断，即使有水，到了田间也关不住水。

③ 农民种植习惯影响。农民习惯晒田。他们普遍认为不晒田会增加病虫害，易倒伏、减产，收割机难下田，即使能下田也会陷下去等。由于这些原因，部分农户不按照操作规程进行淹水灌溉，甚至有的农户在第三方管水人员灌水后又马上偷偷打开灌水口放水。

④ 管理层面的问题。全生育期淹水灌溉的管理时间长、工作量大，企业或农民合作社等第三方承包治理单位中，有的安排的管水人员不足，有的现场工作人员工作经验不到位，严重影响了淹水灌溉的到位（落地）率。

9. 问题总结

通过考察、现场调研和实地评估，项目团队发现了水稻降镉 VIP＋技术模式存在的相关技术缺陷，并研究提出了改进措施。

① 长期淹水可能诱发土壤次生潜育化的风险。长期淹水使稻田土壤一直处于强还原的状态，极易诱发次生潜育化的风险。可通过在农闲季节强化田间深沟排水、冬垡暴晒等措施来减轻或消除土壤次生潜育化的发生。

② 长期淹水增加了水稻机械收获的难度。长期淹水尤其是在成熟期持续淹水，可能使收获机械难以下田。可通过在水稻黄熟后排水晒田，或适当延迟晚稻季的收获期（晚稻季米镉超标的风险要远高于早稻季）等措施来降低机械收获的难度。

③ 长期淹水可能会导致水稻减产。全生育期持续淹水大大延长了淹水时间，导致稻田长期处于高温、高湿等环境条件下，可能会加重稻飞虱等病虫害的危害，从而造成水稻减产。可通过强化病虫害综合防治措施来减轻或消除其危害。

④ 长期淹水措施不可应用于镉砷复合污染的稻田。长期淹水时，因土壤 pH 值的提高，在一定程度上增加了土壤砷的活性，同时易使土壤中的 As^{5+} 被还原成移动性、生物有效性和毒性更强的 As^{3+}，从而导致稻米的砷含量增加。

10. 技术推广建议

稻田全生育期淹水灌溉技术本是实现轻度污染稻田达标生产与安全利用最经济、最简便的技术措施，但由于种种原因，其成为水稻降镉 VIP+ 技术模式中最难落地的单项技术措施。为保证该技术的治理效果，应从下列 4 个方面做好技术落地的保障措施。

① 完善与优化技术方案，实行分类与精准施策。对湖区的低洼稻田和其他区域的深泥田，可强调自抽穗初期起至收获前 10d 必须实行淹水管理，其他生长季节可按农民原有习惯管水；其余稻田，在全面落实《镉污染稻田安全利用田间水分管理技术规程》（HNZ 143—2017）基础上，后期自然落干，排水时间可从原规定的"收割前 7d"提早至"收割前 10d"。

② 全面加强农田水利基本建设，确保关键时节有水可灌。第一，加强塘、堰、坝、库等水源基础工程建设，修复提水、排灌、田埂等基本设施，尽快恢复、完善并配套现有农田水利工程设施，切实解决缺水和有水送不到田间的关键问题；第二，因地制宜地利用沟谷、低洼稻田等，兴建一批山塘、水坝等小型水利工程，增加水源保有量。

③ 广泛组织宣传培训，提升基层应用人员的环保意识。加强宣传和培训力度，尤其是要强化基层农技人员和种植大户的培训，提升其对镉等重金属污染危害的认识程度，使其充分了解稻田长期淹水对降低稻米产量和质量的效果与原理，提高其应用"淹水降镉"技术的积极性和主动性。

④ 着力推进技术攻关，发挥科技第一生产力的作用，应用分子育种辅助手段，加强耐水淹、抗倒伏、抗病虫害等高产优质 Cd 低累积水稻新品种的选育；强化重金属污染灌溉水的去除净化等技术研发，构建"前端初级净化—中端生态净化—末端强化净化"的污染水源处理系统，确保灌溉水源和水质的安全。

11. 专家点评

项目针对我国南方酸性红壤区大面积 Cd 污染稻田土壤，基于湖南稻田的主要风险源（高累积品种、酸化土壤及水分管理措施），分别采用了镉低累积水稻品种、生育期淹水灌溉和施生石灰调节土壤酸碱度的方式进行了修复。项目治理的目标明确：降低稻米 Cd 超标率，控制 Cd 污染风险。项目不同组合技术中，对其中单一技术应用效果和技术的实用性进行了评价，如对淹水降镉技术在实施过程中遇到的推广性价值、技术本身的局限性等进行了阐述，为稻田 Cd 污染的淹水降镉技术应用提供了借鉴。项目充分结合实践，客观分析了淹水降镉单项技术在实施层面的挑战（如长期淹水导致的水稻易染病性、不易收割等）。该项目技术总体具有低成本、易实施、易推广等特点，对南方酸性土壤区 Cd 污染稻田土壤修复具有较好的参考价值。

思考题

1. 土壤污染筛选值和土壤污染管制值分别指什么？

2. 你如何理解场地土壤？

3. 重金属污染土壤主要有哪些修复技术？它们分别适用于哪些场景的土壤修复？

4. 有机污染土壤主要有哪些类型？

5. 有机污染土壤的修复技术主要有哪些？它们分别适用于哪些场景的土壤修复？

6. 什么叫超累积植物？

7. 你认为农田土壤和场地土壤的污染风险有哪些不同？它们的修复技术选择策略有何区别？

8. 农田土壤和退役场地土壤的风险评价与修复分别包括哪些步骤？

9. 你认为污染土壤修复生态工程技术与物理、化学和生物修复技术最大的区别是什么？生态工程设计时应重点关注哪些方面？

参考文献

[1] GB 2762—2012 食品安全国家标准食品中污染物限量.

[2] GB/T 17138—1997 土壤质量 铜、锌的测定 火焰原子吸收分光光度法.

[3] GB/T 5009.1—2003 食品卫生检验方法 理化部分 总则.

[4] GB 15618—1995 土壤环境质量标准.

[5] GB 2762—2017 食品安全国家标准食品中污染物限量.

[6] Kaempfer P, Steiof M, Beckker P M, et al. Characterization of chemoheterotrophic bacteria associated with the in-situ bioremediation of a waste-oil contaminated site [J]. Microbial Ecology, 1993, 26 (2)：161-188.

[7] 高翔云，汤志云，李建和，等. 国内土壤环境污染现状与防治措施 [J]. 环境保护, 2006 (4)：50-53.

[8] 国家危险废物名录 [J]. 中华人民共和国国务院公报, 2016 (26)：39-40.

[9] 湖南省农业农村厅. HNZ 143—2017 镉污染稻田安全利用田间水分管理技术规程 [J]. 2021.

[10] 李晓光. 猪场废水灌溉农田对土壤重金属 Zn、Cu、As 含量的影响 [D]. 北京：中国农业科学院, 2009.

[11] 人民出版社法律与国际编辑部.《中华人民共和国土壤污染防治法》. 人民出版社, 2018（2018年8月31日，十三届全国人大常委会第五次会议全票通过了土壤污染防治法，自2019年1月1日起施行）.

[12] 生态环境部，国家市场监督管理总局. 土壤环境质量 农用地土壤污染风险管控标准（试行）GB 15618—2018 [S]. 北京：中国环境出版集团, 2018.

[13] 生态环境部生态环境司，生态环境部南京环境科学研究所. 土壤污染风险管控与修复技术手册 [M]. 北京：中国环境出版集团, 2022.

[14] 隋红，李洪，李鑫钢，等. 有机污染土壤和地下水修复：场地环境修复工程师与场地环境评价工程师内部试用培训教材 [M]. 北京：科学出版社, 2013.

[15] 王婷. 重金属污染土壤的修复途径探讨 [M]. 北京：化学工业出版社, 2016.

[16] 王玉军，刘存，周东美，等. 客观地看待我国耕地土壤环境质量的现状——关于《全国土壤污染状况调查公报》中有关问题的讨论和建议 [J]. 农业环境科学学报, 2014, 33 (8)：1465-1473.

[17] 吴燕玉，陈涛，张学询. 沈阳张士灌区镉污染生态的研究 [J]. 生态学报, 1989 (1)：21-26.

[18] 中华人民共和国土壤污染防治法（2018年8月31日第十三届全国人民代表大会常务委员会第五次会议通过），中华人民共和国土壤污染防治法 _ 中华人民共和国生态环境部（mee.gov.cn）.

第九章
固体废物利用生态工程

第一节 固体废物的产生、特点、处理及利用

我国固体废物年产生量巨大，历史累计堆存量超过 600 亿吨，并以 7%～9% 的年平均速度增长，目前我国固体废物的处理能力与固体废物产量的增加速度相比尚有不足。由于固体废物处理不当所引发的环境污染问题会对社会生产、人类生活和生态稳定带来极大影响，加强固体废物处置利用迫在眉睫。

对于城市固体废物，《2020 年全国大、中城市固体废物污染环境防治年报》明确指出：全国 196 个大、中城市 2019 年一般工业固体废物产生量为 13.8 亿吨，生活垃圾产生量为 23560.2 万吨，工业危险废物产生量为 4498.9 万吨，医疗废物产生量为 84.3 万吨。

对于农村固体废物，我国农村每年固体废物产量高达 40 多亿吨（史可等，2018），主要包括作物秸秆、畜禽粪污等。从 2019 年起，农业农村部建立了包含 13 种主要农作物的全国秸秆资源台账，显示 2021 年全国秸秆产生量 8.65 亿吨，较 2018 年增加了 3500 多万吨。其中，玉米、水稻和小麦三大粮食作物的秸秆产生量分别达到 3.21 亿吨、2.22 亿吨和 1.79 亿吨，合计占比 83.5%。此外，秸秆综合利用率稳步提升，2021 年，全国秸秆利用量 6.47 亿吨，综合利用率达 88.1%，较 2018 年增长了 3.4 个百分点。肥料化、饲料化、燃料化、基料化、原料化利用率分别为 60%、18%、8.5%、0.7% 和 0.9%，"农用为主、五化并举"的格局已基本形成。据第二次全国污染源普查测算，我国畜禽粪污年产量为 30.5 亿吨，是 2019 年工业固体废物产生量的 0.86 倍。按 70% 的收集系数计算，年需处理畜禽粪污量达 21.35 亿吨。"十二五"期间我国畜禽粪便处理以储存农用和有机肥为主，占比 95% 以上；污水处理以储存和厌氧利用为主，占比 90% 以上。

尽管如此，我国固体废物尤其是有机固体废物仍有 1/2 以上未被合理利用，其所含资源潜力巨大。如何将这些宝贵的有机固体废物资源利用起来，实现资源循环利用，对保障城乡环境优美、推动区域经济发展具有重要的理论和实践意义。

一、固体废物的产生及特点

固体废物，通常指人类在生产、流通与消费过程中产生的一般不具有原来使用价值而被丢弃的各类固体物质或泥状物质，或是提取组分后弃之不用的剩余物质。废弃物是一个相对概念，不存在任何绝对的废物，往往一种生产过程产生的废弃物，可成为另一生产环节的原料或资源。因此，固体废物又被称为"放错地方的资源"。

固体废物的产生按其来源可分为工业废物、矿业废物、城市垃圾、农业废物和放射性废物等。固体废物有其自身的特点，首先，固体废物是所有污染物的终极状态，通常含有有害

成分，而且扩散性较小，具有一定的稳定性；其次，固体废物又是污染的源头，在处理不当时，易通过土壤、水体、大气等环境介质产生二次污染；最后，固体废物的状态为其运输、加工和储存提供了方便。

二、固体废物的处理方式

无害化、减量化、资源化是解决固体废物问题的宗旨，常规的固体废物处理方法主要有填埋、焚烧及生物处理（好氧发酵、厌氧消化、腐生生物处理）等。

1. 填埋技术

根据工程措施是否齐全、环保标准能否满足可将填埋场分为简单填埋场、受控填埋场和卫生填埋场三类。

① 简单填埋场基本上未考虑环保措施和环保标准。目前我国相当数量的生活垃圾填埋场属于该等级。这类填埋场通常称为露天堆置场或简易堆场。最主要的缺陷在于占地面积广，并伴随着严重的二次污染问题。固体废物堆放会导致重金属等物质渗出，污染地下水及土壤，同时产生的恶臭也会影响填埋场周边的空气质量，产生的甲烷也存在火灾和爆炸隐患等。

② 受控填埋场存在部分环保措施，但不完备，或者是虽存在一定的环保措施，但并未完全符合标准。受控填埋场目前在场底防渗、渗滤液处理、覆盖等方面未达到卫生填埋场的技术标准。

③ 卫生填埋场是在简单填埋场的基础上，考虑了防渗、污水处理、臭气处理及沼气处理等措施，在一定程度上可以解决固体废弃物处理过程中的二次污染问题。卫生填埋是发达国家普遍采用的生活垃圾填埋方法，既有完善的环保措施又能满足环保标准。然而，卫生填埋场建设投资大，运行成本高，存在用地紧张、填埋处理能力有限等问题，在服务期满后仍需投资建设新的填埋场，加剧土地资源的占用问题。

根据是否允许渗滤液进入土层，可将填埋场分为衰减扩散型填埋场和隔离封闭型填埋场。

① 衰减扩散型填埋场是指废物渗滤液随渗透距离而出现数量和质量的衰减，直至扩散到周围的填埋场底部的地质层中进行自净，以达到环境可接受程度。

② 隔离封闭型填埋场则是采取渗滤液完全与周围环境隔离，防止渗滤液等有害物质侵入环境的填埋方式。隔离封闭型填埋场设置有黏土层或复合膜，或者两者兼用，并配置渗滤液收集系统来避免渗滤液渗入土壤。这类填埋场可根据封闭范围分为全封闭型填埋场和部分封闭型填埋场。对于全封闭型填埋场要求有一层以上的衬垫，以杜绝渗滤液穿透防渗层；而单层衬垫的防渗措施是允许部分渗滤液进入外界环境，但必须在环境承受范围之内。

2. 焚烧技术

焚烧是一种被广泛采用的城市生活垃圾处理方式。城市生活垃圾中含有大量的可燃物质，焚烧处理可以使城市垃圾的体积减少90%左右，质量减少80%~85%，是目前所有垃圾处理方式中最有效的减量化手段，同时其产生的热量还可以用于发电等资源化利用，在一些发达国家和地区（如欧盟、日本和新加坡等）垃圾焚烧处理占生活垃圾处理量的50%左右。

垃圾由于成分的复杂性和不均匀性，在焚烧过程中发生了许多不同的化学反应。产生的烟气中除过量的空气和二氧化碳外，还有对人体和环境有害的成分。根据污染物性质的不同,可将其分为颗粒物、酸性气体、重金属和有机污染物四大类。因此,垃圾焚烧所产生的烟气是焚烧处理过程产生污染的主要来源。在进行烟气净化工艺的选择时,应充分考虑垃圾特性和焚烧污染物产生量的变化及其物理、化学性质的影响,并应注意组合工艺间的相互匹配。烟气排放指标限值应满足焚烧厂环境影响评价报告批复的要求,可采用半干法、干法、湿法工艺进行处理,同时需要注意除尘,设置吸附剂喷入装置,对烟气中的二噁英和重金属进行去除。对于焚烧飞灰需要设置收集、输送、储存、排料、受料、处理等工艺设施。

3. 好氧发酵技术

好氧发酵是指在有氧条件下的微生物发酵过程。好氧发酵时间相对较短、生物反应较强烈,通常需要通风和搅拌,以保持较高的氧气浓度。好氧发酵主要有好氧堆肥和生物干化两类工艺。

(1) 好氧堆肥　是指在人工控制、一定的水分、C/N值和通风条件下通过微生物的发酵作用,将废弃有机物转变为稳定的腐殖质类物质的过程。通过好氧堆肥,既可以利用高温期杀死有机固体废物中的病原菌等有害微生物,又能实现有机物分解稳定,最终产生腐熟的资源化产品,如有机肥料、土壤调理剂等,从而达到减量化、资源化和无害化目的(李国学 & 张福锁,2000)。

(2) 生物干化　是利用微生物在高温好氧发酵过程中降解有机物所产生的生物热能,促进物料中水分的蒸发,从而实现快速去除水分的一种干化工艺。其特点是不需外加热源,干化所需能量来源于微生物的好氧发酵活动,即物料本身的生物能,是一种经济、节能、环保的干化技术。生物干化的另一个特点是增加了人为调控,包括对物料进行强制通风,从而提高了干化效率、缩短了干化周期(郭松林等,2010)。

4. 厌氧消化技术

厌氧消化是指在厌氧条件下依靠多种厌氧菌和兼性厌氧菌的共同作用逐级降解有机物,同时伴有甲烷和二氧化碳等气体产生的过程。厌氧消化因能回收利用沼气,所以又称沼气发酵。在厌氧处理过程中不需要供氧,有机物大部分转变为沼气,可作为生物能源,更易于实现处理过程的能量平衡,也减少了温室气体的排放(Baere,2000)。厌氧消化因运行条件不同可分为不同工艺。根据是否在同一反应器中进行消化可分为单相厌氧消化和两相厌氧消化;根据物料中干物质的含量可分为干式厌氧消化和湿式厌氧消化;按消化温度可分为低温厌氧消化、中温厌氧消化和高温厌氧消化;按进料方式则可分为序批式厌氧消化和连续式厌氧消化。

5. 腐生生物处理技术

腐生生物处理技术是利用腐生生物对固体废物中的有机物进行分解并实现其稳定化的技术。根据不同腐生生物种类、生活习性及其适合的有机废物类型,目前使用较多的腐生生物主要有蚯蚓、黑水虻等,其中常用的腐生生物处理技术是蚯蚓堆肥技术,蚯蚓堆肥技术可处理的有机废物类型广泛,处理时间短,转化效率高(林嘉聪,2021)。腐生生物体内含有蛋白酶、淀粉酶等多种消化酶,可以分解固体废物中的有机物,同时产生的虫体富含脂肪、蛋白质以及动物生长必需营养元素,可以作为动物饲料来源,其代谢废物也可作为肥料改善土壤,在农业生产中应用潜力巨大。

三、固体废物的资源化利用

随着社会的发展、经济的繁荣,环境污染和资源短缺日益成为人们关注的问题。固体废物资源化利用具有减少环境污染、节约资源的特点,受到世界各国的普遍关注。

我国的自然资源并不十分丰富,从世界45种主要矿物来看,我国居第三位,但人均占有量仅为世界平均水平的1/2。由于经营方式粗放、资源利用率低等原因,大部分资源没有发挥效益,造成资源的严重浪费。现今,我国的废弃物利用率仅为世界平均水平的1/3~1/2左右。因此,怎样把固体废物变废为宝,也就是固体废物资源化利用,存在很大的发展空间。

固体废物的资源化通常指利用人工或机械分选的方式对垃圾中可直接利用的物质进行回收,对不能直接利用的可经过生化等处理方式变为可利用的物质,如堆肥产品、垃圾衍生燃料等。可燃物较多的垃圾还可利用焚烧处理手段,利用垃圾焚烧所产生的余热以汽电共生方式发电,也可达到资源回收利用的目标。

因此,固体废物资源化利用要根据固体废物的种类和组成的不同,选择能耗低、操作简单、易推广的处理方式进行有效的资源化处理,物尽其用。农业固体废物,如作物秸秆、畜禽粪便等,具有有机物含量高、氮磷钾等养分元素含量丰富等特点,在考虑这类有机固体废物的处理问题时,可以从肥料化角度考虑,促进物质和养分循环。因此,利用堆肥处理农业废弃物备受人们关注,是当前有机固体废物无害化、资源化的重要途径之一。

第二节 好氧堆肥基本过程、原理与工艺

好氧堆肥是指生物质有机物在微生物的作用下,进行生物化学反应,最终形成一种类似腐殖质的过程。堆肥技术处理成本小、操作简单、能实现废物资源化利用,降低了污染风险,基本不产生臭气。相较于填埋和焚烧技术,好氧堆肥工艺占地面积小,二次污染也大大减小。堆肥产物可用作肥料或土壤改良剂,改善土壤中微量营养元素构成,增加有机质,改善土壤结构,减少化学肥料的使用(李季等,2005)。

一、好氧堆肥基本过程

堆肥过程通常分两个阶段,即一次堆肥(也叫快速或高温发酵)和二次堆肥(也叫后熟或陈化),如图9-1所示。一次堆肥阶段的特点是:高氧气吸收率,高温,可降解挥发性固体(BVS)大量减少,高的臭味潜力。二次堆肥阶段的特点是:温度低,氧气吸收率低,臭味潜力低。相对一次堆肥阶段来讲,二次堆肥阶段的管理和调控比较简单,然而从工程角度看,不能没有二次堆肥阶段,因为二次堆肥阶段可继续降解难降解有机物,重建低温微生物群落,有助于堆肥腐熟,减少植物毒性物质和病原菌(陈世和& 张所明,1990)。因此,这两个

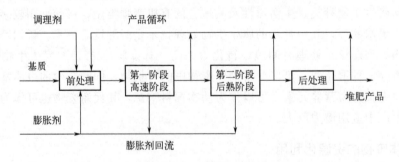

图 9-1 一般堆肥流程

阶段对一个完整的堆肥系统的设计和操作来说是缺一不可的，也是生产腐熟堆肥所必需的。

一次堆肥开始之前的原料处理称为前处理，后熟阶段之后的原料处理称为后处理。前处理或后处理需要根据原料的特点和期望的产品质量而定。

堆肥过程按温度变化规律一般分为以下 3 个阶段。

1. 升温阶段

一般指堆肥过程的初期，堆体温度逐步从环境温度上升到 45℃ 左右，主导微生物以嗜温性微生物为主，包括真菌、细菌和放线菌，分解底物以糖类和淀粉类为主，期间能发现真菌的子实体，也有动物及原生动物参与分解。

2. 高温阶段

堆温升至 45℃ 以上即进入高温阶段，在这一阶段，嗜温性微生物受到抑制甚至死亡，而嗜热性微生物则为主导微生物。堆肥中残留的和新形成的可溶性有机物继续被氧化分解，复杂的有机物如半纤维素、纤维素和蛋白质也开始被强烈分解。微生物不同种群的活动也交替出现，通常在 50℃ 左右时最活跃的是嗜热真菌和放线菌；温度上升到 60℃ 时真菌几乎完全停止活动，仅有嗜热细菌和放线菌活动；温度升到 70℃ 时大多数嗜热性微生物已不再适应，并进入休眠和死亡阶段。现代堆肥生产的最佳温度一般为 55℃，这是因为大多数微生物在该温度范围内活跃、易分解有机物，而病原菌和寄生虫大多数可被杀死。

3. 降温阶段

高温阶段必然造成微生物的死亡和活动减少，进入低温阶段。在这一阶段，嗜温性微生物又开始占据优势，对残余较难分解的有机物作进一步的分解，但微生物活性普遍下降，堆体发热量减少，温度下降，有机物趋于稳定化，需氧量大大减少，堆肥进入腐熟或后熟阶段。

好氧条件下，堆肥物料中的可溶性有机物透过微生物的细胞壁和细胞膜为微生物吸收；固体和胶体有机物质先附着在微生物体外，由微生物分泌胞外酶将其分解为可溶性物质，再渗入细胞。同时微生物通过自身的代谢活动，使一部分有机物被氧化成简单的无机物，并释放能量；另一部分有机物则用于合成微生物自身的细胞物质，提供微生物各种生理活动所需的能量，使机体能进行正常的生长与繁殖。好氧堆肥反应过程如图 9-2 所示。

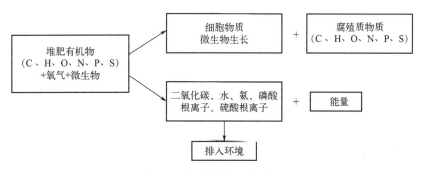

图 9-2 好氧堆肥反应过程

二、好氧堆肥原理

1. 生物学原理

堆肥过程有许多不同种类的微生物参与。由于原料和条件的变化，各种微生物的数量也不断发生变化，所以堆肥过程中没有任何微生物始终占据主导地位，每个环境都有其特定的微生物种群，微生物的多样性使得堆肥在外部条件出现变化的情形下仍可避免系统崩溃。参与堆肥过程的主要微生物种类是细菌、真菌以及放线菌。这三种微生物都有中温菌和高温菌。

在整个堆肥微生物群落中，细菌占主导地位，真菌、放线菌也有较多的数量。研究表明，每克堆肥中细菌数为 $10^8 \sim 10^9$ 个，放线菌数为 $10^5 \sim 10^8$ 个，真菌数为 $10^4 \sim 10^6$ 个，藻类数目 $<10^4$ 个。细菌是中温阶段的主要菌群，对发酵升温起主要作用；放线菌是高温阶段的主要菌群。

堆肥过程中微生物种类和数目如表 9-1 所列。芽孢杆菌、链霉菌、小多孢菌和高温放线菌是堆肥过程中的优势种。

表 9-1　好氧堆肥不同阶段主要微生物群体　　　　单位：个/g（湿样）

微生物	升温阶段 （堆温<40℃）	高温阶段 （40～70℃）	降温阶段 （70℃到冷却）	物种检验数量
嗜温细菌	10^8	10^6	10^{11}	6
喜温细菌	10^4	10^9	10^7	1
喜温放线菌	10^4	10^8	10^5	14
嗜温霉菌	10^6	10^3	10^5	18
喜温霉菌	10^3	10^7	10^6	16

总之，堆肥过程主要靠微生物的作用进行，参与堆肥的微生物有两个来源：一是有机废物里面原有的大量微生物；二是人工加入的微生物接种剂，这些菌种在一定条件下对某些有机组分具有较强的分解能力，具有活性强、繁殖快、分解有机物迅速等特点，能加速堆肥反应进程，缩短堆肥时间。

堆肥过程中微生物的种群随温度发生如下交替变化：以低、中温菌群为主转变为以中、高温菌群为主，以中、高温菌群为主转变为以中、低温菌群为主。随着堆肥时间的延长，细菌逐渐减少，放线菌逐渐增多，霉菌和酵母菌在堆肥的末期显著减少。研究发现：堆肥温度在 50℃时，高温真菌、细菌和放线菌非常活跃；65℃时，真菌极少，细菌和放线菌占优势；75℃时仅有产孢细菌是唯一存活的微生物。

在高温堆肥中，微生物的活动主要分为糖分解期、纤维素分解期、木质素分解期三个时期。堆制初期以氨化细菌、糖分解菌等无芽孢细菌为主，对粗有机质、糖分等水溶性有机物以及蛋白质类进行分解，称为糖分解期。当堆内温度升高到 50～70℃ 的高温阶段时，高温性纤维素分解菌占优势，除继续分解易分解的有机物外，主要分解半纤维素、纤维素等复杂有机物，同时也开始腐殖化过程，这一阶段称为纤维素分解期。当堆肥温度降至 50℃ 以下时，高温分解菌的活动受到抑制，中温性微生物显著增加，主要分解残留下来的纤维素、半纤维素、木质素等物质，称为木质素分解期。

2. 热力学原理

热力学是一个涉及能量及其转化的学科，其原理也广泛用于堆肥系统的分析。

热力学第一定律为能量守恒定律，即能量既不会凭空产生也不会消失。因此，可以认为能量进入一个系统后只有两条出路：一是储存起来；二是流出此系统。堆肥工艺中的主要能量输入是堆肥基质的有机分子，当这些分子被微生物分解时能量可转化为微生物机体或以热能释放到周围环境中。由此可见，有机物分解产生的能量推动了堆肥进程，使温度升高，同时还可干燥湿基质。

热力学第二定律则提出了热量的散失方向，即对于所有独立系统来讲，其熵的变化总是向着无序增加的状态进行。堆肥过程中始终伴随着热量的散失，热量一旦损失，就不可逆转，必须靠微生物进一步利用有机碳源来获得能量。

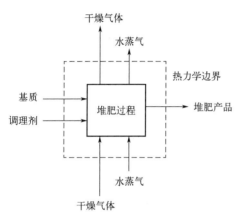

图 9-3 堆肥中的热力学边界和主要的输入、输出过程

堆肥热力学过程简图描述了系统的主要输入、输出过程，如图 9-3 所示。主要输入有基质、调理剂、空气及其携带的水蒸气；主要输出是堆肥产品、排出的干燥气体和水蒸气。另外，还有与这些物质相关的热量输入和输出。虽然散发到环境中的热损失没有计在内，但通常是热输出的一小部分；堆肥回料和膨胀剂回料没在图中标出，这些物料的流动属于系统边界的内部因素，它们对系统内的平衡是重要的，但不影响整个系统的热平衡。

有机物分解产生的热量使堆肥混合物中的水、气和固体基质的温度升高，也驱动了水分随气体排出而蒸发。由于堆垛温度比周围环境温度要高，热量会从暴露于空气的堆体表面散失。堆垛的隔离效应在一定程度上可限制热传导，减少热损失。

3. 热灭活原理

许多堆肥用的基质携带人类、动植物的病原体，以及令人讨厌的生物如杂草种子。来源于城市污水处理后的污泥，就是典型的携带病原体的基质。在堆肥过程中，通过短时间的持续升温，可以有效地控制这些生物的生长。因此，高温堆肥的一个主要优势就是能够使人和动植物的病原体以及杂草种子失活。

细胞的死亡在很大程度上基于酶的热失活。在适宜的温度下，酶的失活是可逆的，但在高温下是不可逆的。如果没有酶的作用，细胞就会失去功能，然后死亡。只有少数几种酶能够经受住长时间的高温。因此，微生物对热失活非常敏感。

通常在 60~70℃（湿热）下，加热 5~10min，可以破坏非芽孢细菌和芽孢细菌的非休眠体的活性。资料表明，利用加热灭菌，在 70℃ 条件下加热 30min 可以消灭污泥中的病原体。但在较低的温度（50~60℃）下，一些病原菌的灭活则长达 60d，因此堆肥过程中保持 60℃ 以上温度一段时间是必须的。如表 9-2 所列，热失活效应与时间和温度有关。短时间的高温和长时间的低温具有相同的热失活效果。

表 9-2 几种常见病菌与寄生虫的死亡温度

名称	死亡情况	名称	死亡情况
沙门氏伤寒菌	46℃ 以上不生长；55~60℃，30min 内死亡	沙门氏菌属	56℃，1h 内死亡；60℃，15~20min 死亡

续表

名称	死亡情况	名称	死亡情况
志贺氏杆菌	55℃，1h 内死亡	蝇蛆	51～56℃，1d 死亡
大肠杆菌	绝大部分，55℃，1h 死亡；60℃，15～20min 死亡	霍乱弧菌	65℃，30d 死亡
		炭疽杆菌	50～55℃，60d 死亡
阿米巴涂	50℃，3d 死亡；71℃，50min 内死亡	布氏杆菌	55℃，60d 死亡
美洲钩虫	45℃，50min 内死亡	猪丹毒杆菌	50℃，15d 死亡
流产布鲁氏菌	61℃，3min 内死亡	猪瘟病毒	50～60℃，30d 死亡
酿脓链球菌	54℃，10min 死亡	口蹄疫病毒	60℃，30d 死亡
化脓性细菌	50℃，10min 死亡	小麦黑穗病菌	54℃，10d 死亡
结核分枝杆菌	66℃，15～20min 内死亡	稻热病菌	51～52℃，10d 死亡
牛结核杆菌	55℃，45min 内死亡	麦蛾卵	60℃，5d 死亡
蛔虫卵	55～60℃，5～10d 死亡	二化螟卵	55℃，3d 死亡
钩虫卵	50℃，3d 死亡	小豆象虫	60℃，4d 死亡
鞭虫卵	45℃，60d 死亡	绕虫卵	50℃，1d 死亡
血吸虫卵	53℃，1d 死亡		

三、好氧堆肥工艺

（一）基本工艺及特点

20 世纪 50 年代以来全球陆续开发出各种各样的现代堆肥系统，这些系统具有机械化程度高、处理量大、堆肥速度快、无害化程度高等诸多特点，得到了广泛的应用。各种堆肥系统的主要区别在于维持堆料及通气条件所用技术手段的差异，一般将堆肥系统按堆料的运动与否分成静态堆肥系统和动态堆肥系统（蔡建成，1990）。

一般来讲，应用反应器的系统通常被叫作"机械的""封闭的"或"容器的"系统，而不用反应器的系统被称为"开放"系统。堆肥系统也可依据反应器类型、物料流动特点、反应器条件以及空气供应方式来分类。表 9-3 基本包括了大部分历史上和目前沿用的堆肥系统。

表 9-3 国内外主要堆肥系统分类

	搅动	鼓风	堆肥类型
开 放	无搅动	不鼓风	传统堆肥
		鼓风	静态堆肥
	有搅动	不鼓风	条垛堆肥（自然通风）
		鼓风	条垛堆肥（强制通风）

续表

	物料流动方向	干预方式	堆肥类型
密闭	水平	静态	隧道式堆肥
		搅拌	搅拌槽式堆肥
	垂直	翻转	转鼓式堆肥
		搅拌	塔式堆肥
		填充	筒仓式堆肥

根据堆肥技术的复杂程度以及使用情况，堆肥系统主要分为条垛堆肥、静态堆肥和反应器堆肥三大类。条垛堆肥主要通过人工或机械的定期翻堆配合自然通风来维持堆体中的有氧状态；与条垛堆肥相比，静态堆肥在堆肥过程中不进行物料的翻堆，能更有效地确保堆体达到高温；反应器堆肥则在一个或几个容器中进行，通气和水分条件得到了更好的控制。表9-4对常见的条垛堆肥、静态堆肥和反应器堆肥的优缺点进行了比较。

表9-4 各种堆肥系统的优缺点比较

项目	条垛堆肥	静态堆肥	反应器堆肥
投资成本	低	低	高
运行和维护费用	较低	低	高
操作难度	低	较低	难
受气候条件影响大小	大	较大	小
臭味控制	差	良	优
占地面积	大	中	小
堆肥时间	长	中	短
堆肥产品质量	良	优	良

（二）条垛堆肥

自1905年开发出印多尔法（Indore）堆肥后，堆肥开始走向机械化。20世纪30年代出现了丹诺（Dano）式堆肥，40年代出现了机械化较强的发酵装置——立式移动搅拌发酵仓，到50年代最常见的堆肥装置是条垛系统。

条垛堆肥是将原料混合物堆成长条形的堆或条垛，在好氧条件下进行分解，是一种常见的好氧发酵系统。垛的断面可以是梯形、不规则四边形或三角形。图9-4为露天条垛式堆肥系统图。

条垛的通气主要由自然或被动通风完成。通气速率由条垛的孔隙率决定。条垛太大，在其中心附近会有厌氧区，当翻动条垛时有臭气释放；条垛太小，其散热迅速，堆温不能杀灭病原体和杂草种子，水分蒸发少。

在条垛系统中，条垛的高度、宽度和形状随原料的性质与翻堆设备的类型而变化。氧气主要是通过条垛里热气上升引起的自然通风来供应，或通过翻堆过程中的气体交换少量供应。

图 9-4　露天条垛式堆肥系统

在强制通风条垛系统中,氧气在空压机的强制或诱导通风下进入条垛。无论在哪种情况下都可对条垛进行周期性的翻动,以调整其通透性。

条垛堆肥的改进技术主要表现在干燥堆肥的回流利用上。干燥堆肥的回流利用使堆体结构得到了改善,易于保持一个合适的条垛形状,物料的易碎性或孔隙率也得到极大改善,同时还提高了条垛翻堆的效果。

（三）静态堆肥

20 世纪 70 年代初,出现了通气静态堆肥系统。通气静态堆肥工艺是由美国农业部马里兰州 BELTSVILLE 的农业研究中心开发的。1972～1973 年间,该中心成功开发出了利用木屑作为膨胀材料处理消化污泥的条垛式工艺,但当把该工艺用于处理粗污泥时遇到了产生臭味的问题,通气静态系统就是为了解决发酵产生臭味的问题开发的,该工艺称为静态堆肥工艺。

静态堆肥工艺主要用于湿基质,中间可采用膨胀材料在堆中形成孔隙,使用管道及鼓风机向堆体供气。当管道建造好后,不需要对原料进行翻堆。如果空气供应很充足,堆料混合均匀,堆肥周期为 3～5 周。静态堆肥系统简图如图 9-5 所示。

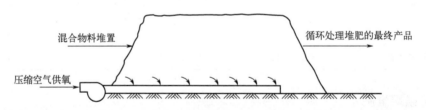

图 9-5　静态堆肥系统简图

静态堆肥技术,是将原料混合物堆放在用小木块、碎稻草或其他透气性能良好的物质做成的基垫上。透气性能良好的基垫包裹着通气管,通气管道向堆体供气或与抽气的鼓风机相连。建造相对高的堆体有利于冬季保存热量。另外,需要在堆体的表面铺一层腐熟堆肥,使堆体保湿、绝热,防止热量损失,防蝇并过滤氨气和其他可能在堆体内产生的臭气。

堆体的长度受堆体中气体输送条件的限制。如果堆体太长,距离鼓风机最远的位置很难得到氧气,堆体中形成气流通道,会导致空气从大部分堆体的原料旁绕过。当这种情况发生时,堆肥变得不均一,并可能产生厌氧现象,部分堆肥不能完全腐熟。通常需要添加硬度较大的固体调理剂（如稻草和碎木片）来维持堆体良好的通气性结构。为了使空气分布更合理,粪便或污泥在堆制之前必须和调理剂彻底混合。所需的鼓风速率、鼓风机的选型以及通气管道都由鼓风机的控制系统所决定。

对鼓风机系统的控制通常有两种方法。一种叫时间控制法,其原理是采用定时器控制鼓风,是一种简单而又廉价的方法,该方法可通过控制时间来提供足够的空气,以满足堆肥对氧气的需要。尽管如此,这种方法并不能保持最佳的温度,有时温度甚至会超过所需的限度,堆制的速度也会由于高温而受到限制。另一种叫温度控制法,该方法为保持最佳堆体温度,采用温度传感器(如热电偶)进行实时监测,当堆体温度达到设定温度时,从传感器中发出的电子信号能使控制器让鼓风机工作或停止。和时间控制方法比较,温度控制所需的鼓风机更大,气流速率更快,因而需要更昂贵和更先进的温度控制系统。

静态堆肥系统的步骤如下:a. 按比例把物料和调理剂混合;b. 在永久的通气管或临时的多孔通气管上覆盖约10cm厚的调理剂,形成堆肥床;c. 把物料/调理剂的混合物加到堆肥床上;d. 在堆体的外表覆盖一层已过筛或未过筛的腐熟堆肥;e. 把鼓风(空压)机连接到通气管道上。

此时堆体即将开始发酵。鼓风机可以把风吹到堆体内(强制式),也可把风吸出堆体(诱导式)。在诱导式控制模式下,鼓风机排出的废气可以收集起来,经过脱臭再排放出去。

考虑到膨胀材料体积较大、成本较高(如木屑),以及清除大型膨胀材料后可改善产品质量的情形,一般要求发酵完成后要把膨胀材料分离出来并得到再利用。若采用木屑或其他可降解材料作为膨胀物,发酵过程中必然存在降解和物理性破碎,最后由于基质直径的减小,有些膨胀物会通过筛眼进入发酵料中,这样就需要在下次发酵时添加膨胀材料以保持平衡。

通常堆体下还会有一些淋出物,在诱导式通风控制模式下,吹风机风头下必须设置一个水池,以收集沉淀物,这些淋出物和沉淀物均应得到收集和处理。

(四)槽式堆肥

槽式堆肥系统将可控通风与定期翻堆相结合,堆肥过程发生在长而窄的被称作"槽"的通道内。轨道由墙体支撑,在轨道上有一台翻堆机。原料被布料斗放置在槽的首端或末端,随着翻堆机在轨道上移动、搅拌,堆肥混合原料向槽的另一端位移,当原料基本腐熟时能刚好被移出槽外。

槽式翻堆机与条垛式翻堆机相似,它用旋转的桨叶或连枷使原料通风、粉碎,并保持孔隙率。有些由传送带来传送堆肥,无需操作人员。图9-6为槽式堆肥系统示意图。

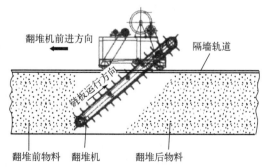

图 9-6 槽式堆肥系统

大部分商业堆肥系统包括通气管或安装在槽上的布气装置。在翻堆时,通过鼓风机鼓风并使堆肥原料冷却。由于沿着槽的长度方向放置的原料处于堆肥过程的不同阶段,因而沿着长度方向将鼓风槽分为不同的通风带。槽式堆肥系统可使用几台鼓风机,每台鼓风机把空气输送到槽的一个地带，并由温度传感器或定时器独立控制。

系统的容量由槽的数量和面积决定。槽的尺寸必须和翻堆机的大小保持一致。如果有搬运装置能使翻堆机从一个槽转移到另一个槽上，那么一台翻堆机就能处理几个槽。槽的长度和预定的翻堆次数决定了堆肥周期。槽式系统的最大优点是堆肥周期短、堆肥产品质量均匀、节约劳动力。

（五）反应器堆肥

20世纪80年代后，世界各国逐渐研发出大量的反应器堆肥系统。反应器堆肥系统将原料由容器内向外、由下向上堆放，器壁可以是简单的木板墙（有顶或无顶），也可以是一个谷仓或储藏建筑物。建筑物或堆肥仓允许堆放更高的原料，比无支撑堆体能更好地利用地面空间。堆肥仓还能消除天气和臭气问题，也能提供更好的温度控制。

反应器堆肥方法的操作类似于静态堆肥方法，如它们都采用强制通风、很少或无需翻堆等。对原料的重新混合有时可促进堆肥过程。好氧堆肥的大部分原则和指导建议也可应用于反应器堆肥，但是较高的堆肥反应器例外，因为更深的原料增加了对气流的阻力（压力损失）。和好氧静态堆肥相比，反应器堆肥一般需要较强或更高压力的鼓风机。

按物料的流向可将反应器堆肥系统分为水平流向反应器和竖直流向反应器。水平流向反应器包括旋转仓式、搅动仓式；竖直流向反应器包括搅动固定床式、包裹仓式。美国环保署把反应器堆肥系统分为推流式和动态混合式。根据不同发酵仓的形状，推流式系统分为圆筒形反应器、长方形反应器、沟槽式反应器；动态混合式分为长方形发酵塔、环形发酵塔。

下面介绍几种常见的反应器堆肥系统。

1. 筒仓式堆肥系统

该反应器堆肥系统类似于一种从底部卸出堆肥的筒仓。每天都由一台旋转钻在筒仓的上部混合堆肥原料，从底部取出堆肥。通风系统使空气从筒仓的底部通过堆料，在筒仓的上部收集和处理废气。这种堆肥方式典型的堆肥周期约14d。由于原料在筒仓中垂直堆放，因而这种系统使堆肥的占地面积很小。尽管如此，这种堆肥方式仍需要克服物料压实、温度控制和通气等问题，因为原料在仓内得不到充分混合，必须在进入筒仓之前就混合均匀。图9-7是典型的筒仓式堆肥系统和北京沃土天地生物科技股份有限公司的筒仓式堆肥反应器实物图。

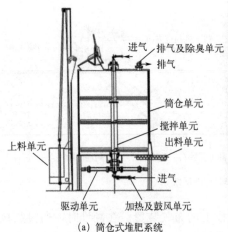
（a）筒仓式堆肥系统

（b）北京沃土公司筒仓式堆肥反应器

图 9-7　典型的筒仓式堆肥系统和筒仓式堆肥反应器

2. 塔式堆肥反应器

图 9-8 是典型的塔式发酵工艺。堆肥物料被连续地或间歇地输入这些系统，通常允许物料从反应器的顶部向底部周期性地运输。在输送期间物料发生了搅动，但当原料通过槽体时原料保持静止，当它们运输至其他高度并再一次运输时才发生搅动。

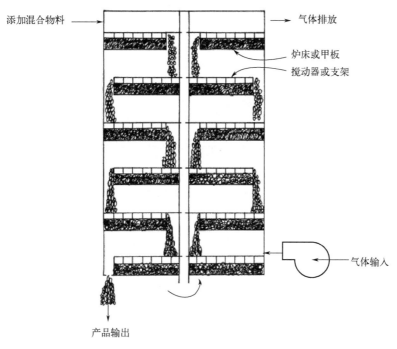

图 9-8 典型的塔式发酵工艺

3. 滚筒式堆肥反应器

滚筒式堆肥反应器是一个使用水平滚筒来混合、通风以及排出堆肥的堆肥系统。滚筒架在大的支座上，通过一个机械传动装置来翻动。在滚筒中堆肥过程很快开始，易降解物质很快被好氧降解。但是堆肥必须被进一步降解，通常采用条垛堆肥或静态好氧堆肥来完成堆肥过程的第二阶段。一些商业堆肥系统中堆料在滚筒中停留时间不到 1d，滚筒基本上作为一种混合设备来使用。图 9-9 是典型的滚筒式堆肥系统简图和美国 Rotoposter 的滚筒式反应器实物图。

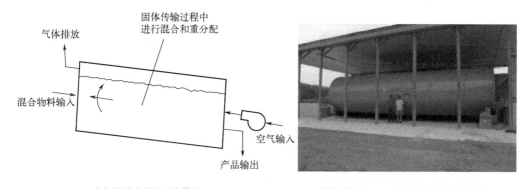

(a) 滚筒式堆肥系统简图　　　　　　　(b) 美国Rotoposter的滚筒式反应器实物图

图 9-9 典型的滚筒式堆肥系统简图和美国 Rotoposter 的滚筒式反应器实物图

由滚筒的排放端提供空气，原料在滚筒中翻动时与空气混合在一起。空气的流动方向和原料运动方向相反。靠近滚筒的排放端，堆肥由新鲜空气冷却；在滚筒的中部，气流温度升高且堆肥速率加快；在滚筒的入口处，添加新的堆料，气流温度最高，堆肥过程开始。

滚筒可分为合体式滚筒和分体式滚筒。合体式滚筒使所有堆料按照其装入滚筒时的次序运动，滚筒旋转的速度和旋转时滚筒中轴线的倾斜度决定了堆肥的停留时间。一个分体式滚筒的管理要比合体式滚筒方便。分体式滚筒分为两个或三个仓，每个仓包括一个装有一个移动门的移动箱。每天堆肥结束后，滚筒排放端的移动门被打开，第一隔仓被清空后，其他隔仓随后开放并相继移动，一批新堆料被装入第一个隔仓。每个移动门都有一个基座，以成功实现批次接种微生物。堆肥产品可由排放端直接输送到分选机，分选机去除大颗粒物质，大颗粒物质被送回到滚筒中进一步进行堆肥处理。

（六）膜覆盖堆肥

功能膜法好氧堆肥技术主要起源于20世纪90年代的德国，图9-10为德国UTV AG功能膜法好氧堆肥系统。近20年来，功能膜法好氧堆肥技术的发展从选用最优和适用的膜覆盖纺织材料，到改良升级堆肥通风排水系统，至引入智能控制管理系统以及配套设备升级。2010年，我国上海朱家角污水处理厂引进了国内首例功能膜覆盖好氧堆肥系统，用于污泥的堆肥化处理（王涛，2013），自此功能膜覆盖好氧堆肥技术被引入我国。然而，引进国外功能膜堆肥系统设备的附加成本过高，以中国农业大学工学院为代表的科研单位对功能膜法好氧堆肥技术开展了自主研发和本土化应用推广工作。目前该技术模式已经作为国家农机新产品试点陆续进入了北京、河北和山东等地区的农机购置补贴目录，于2021年进入了农业农村部遴选的农业主推技术名单。

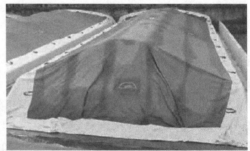

图9-10 德国UTV AG功能膜法好氧堆肥系统（孙晓曦等，2021）

膜覆盖好氧发酵技术核心主要在膜覆盖系统、微压送风系统、控制系统3个方面。膜覆盖好氧发酵技术构成如图9-11所示。

（1）膜覆盖系统　好氧发酵覆盖膜使用PTFE（聚四氟乙烯）材料，膜上0.2μm孔径的微孔是灰尘、气溶胶和微生物的有效物理屏障，可阻止它们向外扩散。分子筛选膜表面高

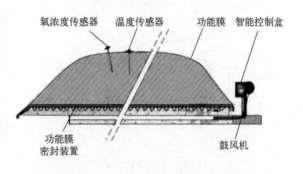

图9-11 膜覆盖好氧发酵技术构成（王军军，2016）

度疏水，在处理过程中，膜的内表面会生成一层冷凝水膜，尾气中大多数的臭气物质，如氨气、硫化氢、挥发性有机物（VOCs）等都会溶解于水膜中，之后又随水滴回落到料堆上，并在那里继续被微生物分解，从而有效减小氮的损失，阻隔臭气。膜覆盖系统还可以防止发酵系统受到外界气候的影响，防止雨水渗进，能将渗滤液与降水分开。渗滤液由一套沟槽系统收集，可以被储存和回灌，而降水被覆盖膜遮挡分流。膜覆盖系统还具有减少热量散失的功能，使堆体能够达到更高的发酵温度，维持高温持续时间，从而缩短发酵周期。

（2）微压送风系统　为了满足好氧微生物对 O_2 的基本需求，膜覆盖好氧发酵技术一般采用强制通风方式，使用鼓风机向堆体底部的通风沟鼓风，气体受到膜的阻拦后会在堆体内部形成微压环境，使气体分布更均匀，气流穿透力增强，所需通风量减少。同时不需翻堆，便可减少堆体的厌氧区域。一般来说，处理量越大，通风布风系统越经济。

覆膜的作用主要体现：a. 可显著改善堆体局部厌氧发酵区域，抑制了产甲烷菌的生长繁殖，从而减少 CH_4 的产生；b. 在"微正压"的作用下，微生物对氧气的利用率提高，显著改善了局部厌氧环境；c. 覆膜处理增加腐生真菌群落丰度，使得更多的生物可将有机氮储存于腐殖质中实现保氮。

膜覆盖好氧发酵技术具有如下优点：a. 环保，不滋生蚊蝇，可杜绝病菌传播，能够极大地缓解臭气对周围环境的影响；b. 适应性强，移动方便，不需要太多的基础建设，适宜各类型地区的养殖场，而且不受雨雪、大风等气候的影响；c. 生产周期短，升温、除臭迅速，腐熟彻底；d. 操作简便、灵活，对专业技术人员要求低。

上述堆肥类型目前在世界各地均有应用，每一种系统都有各自的优缺点，一种适宜的堆肥系统的选择永远是基于因地制宜的决策，没有一个系统适用于所有的环境条件。因此，需要根据物料、场地、生产规模、当地气候、环保政策、投资、产品质量等来选择最切合实际的堆肥类型。

第三节　厌氧消化原理与工艺

厌氧消化是厌氧菌和兼性厌氧菌对固体废物的作用，相较于好氧堆肥工艺，虽然技术要求高，但是无需为微生物供氧，不需要曝气，减少了能耗，产生的沼气作为生物能具有很高的回收利用价值，能带来收益。同时，厌氧消化工艺的污泥产量较低，厌氧微生物能够对一些难降解的有机废弃物进行降解，处理效率比较高，可以作为预处理工艺提高下一步好氧处理工艺的处理效果。

一、厌氧消化基本过程

厌氧消化产甲烷是在厌氧环境下，有机固体废物经过多种微生物的共同作用，最终产生甲烷的过程。厌氧消化理论经过了多年的研究和发展，历经了两阶段理论、三阶段理论和四阶段理论（任南琪 & 王爱杰，2004）。

目前厌氧消化四阶段理论最为人所接受，如图 9-12 所示。

（1）第一阶段：水解阶段　水解菌分泌纤维素酶、脂肪酶、蛋白酶等胞外酶，通过水解作用将有机固体废物分解为可溶性小分子，纤维素等多糖被降解为单糖，脂质被降解为脂肪酸，蛋白质则被降解为氨基酸等。这一阶段主要以拟杆菌门和厚壁菌门的菌群为主要消化细菌，往往是生物质厌氧消化的限速步骤。

(2) 第二阶段：产酸阶段 产酸菌将水解阶段产生的可溶性小分子转化为有机酸、乳酸、醇类等，并会产生次级代谢产物，如氢气和二氧化碳。根据产物的不同，可将产酸阶段分为产物主要为丁酸、乙酸的丁酸型消化阶段和产物主要为丙酸、乙酸的丙酸型消化阶段。此外，还有产物主要为乳酸、乙酸和乙醇的乳酸消化阶段，产物为乙醇和二氧化碳的乙醇型消化阶段等。

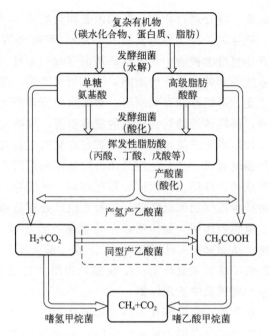

图 9-12 厌氧消化四阶段理论示意图

(3) 第三阶段：产氢产乙酸阶段 产氢产乙酸菌将第二阶段产物转化为乙酸、氢气和二氧化碳。产氢产乙酸菌主要分为两类：一类是可以将产酸阶段产生的有机酸和醇类等转化为乙酸、氢气和二氧化碳的专性产氢产乙酸菌；另一类是可以将有机酸、氢气和二氧化碳转化为乙酸的同型产氢产乙酸菌。产氢产乙酸菌分属互营单胞菌属、互营杆菌属、梭菌属、暗杆菌属等，多数是严格厌氧菌或兼性厌氧菌。

(4) 第四阶段：产甲烷阶段 甲烷菌利用乙酸、氢气和二氧化碳合成甲烷。甲烷菌主要分为三类，分别为乙酸营养型甲烷菌、氢营养型甲烷菌和甲基营养型甲烷菌。乙酸营养型甲烷菌以乙酸为底物合成甲烷，常见的为甲烷丝状菌属。氢营养型甲烷菌以氢气和二氧化碳为底物合成甲烷，常见的为甲烷杆菌属和甲烷袋状菌属。甲基营养型甲烷菌以甲醇和甲酸等甲基化合物为底物产甲烷，常见的为甲酸产甲烷杆菌。此外，甲烷八叠球菌属被研究发现可以通过这三个途径产甲烷。

碳水化合物、蛋白质和脂肪，以及其他废物典型的发酵方程如表 9-5 所列。

表 9-5 碳水化合物、蛋白质和脂肪，以及其他废物典型的发酵方程

有机固体	反应方程式
碳水化合物	$(C_6H_{10}O_5)_m + mH_2O \longrightarrow 3mCO_2 + 3mCH_4$
蛋白质	$C_{16}H_{24}O_5N_4 + 14.5H_2O \longrightarrow 8.25CH_4 + 3.75CO_2 + 4NH_4HCO_3$
脂质	$C_{50}H_{90}O_6 + 24.5H_2O \longrightarrow 34.75CH_4 + 15.25CO_2$
木质素	$m(-CH_2-) + 0.5mH_2O \longrightarrow 0.75mCH_4 + 0.25mCO_2$
厨房废物	$C_{17}H_{29}O_{10}N + 6.5H_2O \longrightarrow 9.25CH_4 + 6.75CO_2 + NH_4HCO_3$
奶牛排泄物	$C_{22}H_{31}O_{11}N + 10.5H_2O \longrightarrow 11.75CH_4 + 9.25CO_2 + NH_4HCO_3$
餐厨垃圾	$C_{46}H_{73}O_{31}N + 14H_2O \longrightarrow 24CH_4 + 21CO_2 + NH_4HCO_3$
粪便污泥	$C_7H_{12}O_4N + 3.75H_2O \longrightarrow 3.625CH_4 + 2.375CO_2 + NH_4HCO_3$

二、厌氧消化微生物

1. 水解酸化菌

水解酸化菌是一类发酵性细菌,主要是专性厌氧菌和兼性厌氧菌,属异养菌,对环境条件的变化有较强的适应性,世代周期短,数分钟到数十分钟即可繁殖一代。厌氧消化过程中,发酵性细菌最主要的基质是蛋白质、淀粉、脂质和纤维素等,这些复杂有机物大多不溶于水,需先经发酵性细菌所分泌的胞外酶水解成小分子的水溶性物质如可溶性糖、氨基酸等,再被发酵性细菌吸收进细胞内进行转化和利用,发酵主要生成乙酸、丙酸、丁酸、氢和二氧化碳,成为下一阶段生化反应的细菌吸收利用的基质。厌氧消化污泥水解酸化菌数量达 $10^8 \sim 10^9$ 个/mL,种类繁多,包括梭状芽孢杆菌属、拟杆菌属、丁酸弧菌属等。

2. 产乙酸菌

产乙酸菌根据反应底物的不同分为产氢产乙酸菌和耗氢产乙酸菌,耗氢产乙酸菌也称同型产乙酸菌。产氢产乙酸菌主要是将酸化细菌产生的有机酸和醇类(除乙酸、甲酸和甲醇外)分解转化为乙酸、氢和二氧化碳。不同物质转化为乙酸的过程所要求的氢分压和吉布斯自由能(ΔG^0)不同,如果氢气分压超过 10^{-4} atm(1atm=101325Pa),有机酸浓度尤其是丙酸将增大,相应的甲烷的产量就会受到抑制。表 9-6 反映出在标准条件下,乙醇、丙酸和丁酸降解为乙酸的过程是耗能反应($\Delta G^0 > 0$),不能自发地进行。产甲烷菌能利用分子氢而降低厌氧系统中的氢分压,有利于产氢产乙酸菌的生长。这种在不同生理类群之间氢的产生和利用氢的偶联现象被称为种间氢转移。产氢产乙酸菌只有在耗氢微生物共生的情况下才能将长链脂肪酸降解为乙酸和氢,并获得能量而生长,这种产氢微生物和耗氢微生物间的共生现象称为互营联合。

表 9-6 产乙酸反应

生化反应途径	ΔG^0/(kJ/mol)
(乳酸)$CH_3CHOHCOO^- + 2H_2O \longrightarrow CH_3COO^- + HCO_3^- + H^+ + 2H_2$	−4.2
(乙醇)$CH_3CH_2OH + H_2O \longrightarrow CHCOO^- + 3H^+ + 2H_2$	+9.6
(丁酸)$CH_3CH_2CH_2COO^- + 2H_2O \longrightarrow 2CH_3COO^- + H^+ + 2H_2$	+48.1
(丙酸)$CH_3CH_2COO^- + 3H_2O \longrightarrow CH_3COO^- + HCO_3^- + H^+ + 3H_2$	+76.1
(甲醇)$4CH_3OH + 2CO_2 \longrightarrow 3CH_3COO^- + 2H_2O + 3H^+$	−2.9
(碳酸)$2HCO_3^- + 4H_2 + H^+ \longrightarrow CH_3COO^- + 4H_2O$	−70.3

同型产乙酸菌是一类既能自养生活又能异养生活的混合营养型细菌。常见的同型产乙酸细菌有伍德乙酸梭菌(*Acetobacterium woodii*)、威林格乙酸杆菌(*Acetobacterium Wieringae*)、乙酸梭菌(*Clostridium Aceticum*)等。上述细菌既能代谢糖类产生乙酸,又能利用 H_2 和 CO_2 生成乙酸,一方面为嗜乙酸产甲烷菌提供基质;另一方面代谢分子氢,降低厌氧系统的氢分压,有利于沼气发酵的正常进行。

3. 产甲烷菌

根据代谢底物的类型,产甲烷菌分为乙酸营养型产甲烷菌、氢营养型产甲烷菌和甲基营养型产甲烷菌。乙酸营养型产甲烷菌的种类较少，如表 9-7 所列，它们可以直接利用乙酸在甲基转移酶的作用下生成甲烷，这一产甲烷途径被称为乙酸裂解途径（aceticlastic methanogensis，AM），约占甲烷来源的 72%。另一产甲烷途径叫作共生乙酸氧化联合嗜氢产甲烷降解途径（syntrophic acetate oxidation in combination with hydrogenotrophic methanogensis，SAO-HM），互营乙酸氧化菌（syntrophic acetate oxidation bacteria，SAOB）首先裂解乙酸盐为 H_2、CO_2，氢营养型产甲烷菌利用 H_2、CO_2 合成甲烷，经这一途径转化成的甲烷约占全过程甲烷产量的 28%。有研究指出，嗜乙酸产甲烷菌对环境生态的变化较为敏感，而嗜氢产甲烷菌对高氨氮等不利环境因素的耐受阈值相对较高，在环境压力下厌氧消化过程中大量的乙酸能够通过 SAO-HM 途径生成甲烷。然而，相比乙酸裂解途径，SAO-HM 途径消耗的吉布斯自由能高，反应速率慢，反应在热力学上不易进行。

表 9-7 厌氧消化过程中乙酸的降解途径和主要微生物

乙酸降解途径	反应	代表微生物	吉布斯自由能 /(kJ/mol)	总吉布斯自由能 /(kJ/mol)
直接裂解途径	$CH_3COOH \longrightarrow CH_4 + CO_2$	Methanosarcina、Methanosaeta	−36.0	−36.0
两阶段共生降解途径	$CH_3COO^- + 4H_2O \longrightarrow 4H_2 + 2HCO_3^- + H^+$	Syntrophaceticus、Tepidanaerobacter	+104.6	−36.0
	$4H_2 + HCO_3^- + H^+ \longrightarrow CH_4 + 3H_2O$	Methanosarcina、Methanobacterium、Methanococcus	−135.6	

注：Methanosarcina—甲烷八叠球菌属；Methanosaeta—甲烷丝状菌；Syntrophaceticus—施林克乙酸互营菌；Tepidanaerobacter—互营温热菌；Methanobacterium—甲烷杆菌属；Methanococcus—甲烷球菌。

三、厌氧消化的影响因素

厌氧消化产甲烷过程会受到多种因素的影响，如 pH 值、有机负荷、温度、碳氮比、氨氮、氧化还原电位、营养物质等，这些影响因素的变化对产甲烷效率有重要影响，而且在各种因素的共同作用下会形成该消化条件下特有的消化微生物组成，也就是微生物群落结构组成分析中常涉及的环境因子影响。

1. pH 值

厌氧微生物的生长活性、新陈代谢均与 pH 值密切相关。厌氧微生物需要在适宜的 pH 条件下才能正常生长，pH 值过高或过低都会造成微生物活性降低，尤其是对对环境 pH 极为敏感的甲烷菌的影响最大。大多数甲烷菌的最适生长 pH 值为 7.0~7.2，在 pH 值为 6.7~7.4 范围内亦可保持较高的活性，当 pH 值小于 6.3 或高于 7.8 时活性受到抑制（Ye 等，2012）。

2. 有机负荷

有机负荷是指消化反应器单位容积、单位时间内所承受的挥发性有机物量，它是消化反应器设计和运行的重要参数（吴云，2009）。厌氧消化技术对有机负荷要求严格，有机负荷过高、过低都会对厌氧消化产生影响，当有机负荷过低时，反应器容积产气效率低；当有机负荷过高时，会造成挥发性脂肪酸的积累，导致 pH 值降低，抑制产甲烷菌群活性，从而影响系统的产气效率。因此，反应器在适宜的有机负荷下运行可以充分利用原料且稳定产气。

3. 温度

温度是影响厌氧消化效率的主要因素，如图 9-13 所示。按温度及产甲烷菌群所适应的温度不同，厌氧消化可分为低温发酵、中温发酵和高温发酵，见表 9-8。厌氧消化过程中微生物的活性受相应酶的影响较大，对温度特别敏感，因此温度对厌氧消化过程中微生物的种类、数量及活性造成重要影响，并进一步影响水解、酸化及甲烷化速率。通常情况下，厌氧消化体系温度每升高 10℃，体系内的水解、酸化及甲烷化速率会增加 1 倍，但如果温度

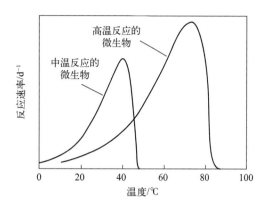

图 9-13 温度对厌氧消化效率的影响

与体系内的菌群所适应的温度相差太远，即使温度高也会影响厌氧消化效率。

表 9-8 不同温度类型厌氧消化温度范围

厌氧消化	产甲烷菌种类	温度范围/℃	最适温度/℃
低温发酵	低温产甲烷菌群	10～30	10～20
中温发酵	中温产甲烷菌群	30～40	35～38
高温发酵	高温产甲烷菌群	50～60	51～53

4. 碳氮比

厌氧消化过程是由多种微生物之间互相合作、相互作用完成的，必须保证微生物良好的生长条件，否则微生物就会在系统中失去活性甚至死亡，而微生物的生长需要适宜比例的碳源、氮源等营养物质，因此，碳氮比是否适宜直接影响厌氧消化效率，它不仅影响厌氧消化的沼气产率，而且还直接关系到发酵液的氨氮浓度等。适宜的碳氮比能够平衡微生物的营养，利于微生物繁殖及保持活性。有研究表明，最适厌氧消化碳氮比为（25∶1）～（30∶1），不宜过高或过低（Yan 等，2015）。碳氮比过高，一般常见于作物秸秆单独厌氧消化，会导致消化系统氮元素不足，碳元素积累，导致消化系统缓冲能力下降，体系易酸化，影响消化效率。在实际厌氧消化过程中会加入尿素来提高氮含量，调控碳氮比。碳氮比过低，常见于畜禽粪便厌氧消化，会导致氮元素积累，在微生物作用下转化为铵态氮，形成氨氮抑制。在实际消化过程中可以通过作物秸秆/畜禽粪便混合消化来提高体系碳元素含量，从而调控碳氮比。

5. 氨氮

基质中的蛋白质、尿酸（主要存在于禽类粪污中）等含氮有机物经过厌氧消化过程转化为氨氮。而氨氮可与碳酸氢盐结合为碳酸氢铵，它也是厌氧消化系统中主要的碱度，可用于发酵系统的缓冲，维持发酵系统 pH 的稳定。同时，氨氮也是厌氧微生物生长繁殖主要的氮来源，参与细胞形成过程。但是发酵体系氨氮浓度过高会对产甲烷菌活性产生抑制，尤其是

嗜乙酸产甲烷菌，从而造成厌氧消化系统有机酸积累，影响厌氧消化效率。研究表明，产甲烷菌群活性与氨氮浓度密切相关，氨氮浓度＞3g/L时就会显著抑制嗜乙酸产甲烷菌的活性。嗜氢产甲烷菌对氨氮的耐受性较强，但也不宜超过6g/L。

鸡粪、猪粪相比于牛粪、农作物秸秆、污泥等发酵基质氮含量较高，尤其是鸡粪，氮含量可达到干物质的4%以上，氨氮主要以铵离子（NH_4^+）和游离氨（NH_3）的形式存在，游离氨是引起氨抑制的主要形式，因为它可以自由扩散至微生物细胞内造成质子失衡。游离氨占氨氮的比例随着pH值和温度的升高逐渐变大。猪粪厌氧消化氨抑制作用较弱，但是当进料固体浓度较高（例如进料固体浓度＞15%）时，氨抑制问题可能也不可避免。对于农作物秸秆，例如玉米秸秆、小麦秸秆、水稻秸秆等氮含量较低，一般不存在氨抑制的问题。

6. 氧化还原电位

由于所有的产甲烷菌都是严格厌氧细菌，因此严格的厌氧环境是其进行正常生理活动的基本条件。非产甲烷菌可以在氧化还原电位为+100～-100mV的环境下正常生长和活动，而产甲烷菌的最适氧化还原电位为-150～-400mV。在培养产甲烷菌的初期氧化还原电位不能高于-330mV。值得注意的是，这里所指的氧化还原电位是指产甲烷菌所处的微生境，而不是指整个厌氧反应器，因此在实际操作运行中并不要求一定要保证进入厌氧反应器的原料的氧化还原电位达到上述的要求。

7. 营养物质

无机营养缺乏对厌氧消化产甲烷影响巨大，微量营养元素不仅能为产甲烷菌群的生长提供营养元素，提高产甲烷菌群的活性，保证底物最大限度地被分解利用，提高产甲烷效率，而且还可以提高微生物对毒素及某些抑制因素的耐受能力。产甲烷菌与普通细菌一样，除对生物细胞中的基本元素有需求以外，产甲烷菌群的主要营养物质还有磷、钾和硫，生长所必需的少量元素有钙、镁、铁，微量金属元素有镍、钴、钼、锌、锰和铜等。

四、厌氧消化工艺

厌氧消化因运行条件不同可分为不同工艺。根据是否在同一反应器中进行消化可分为单相厌氧消化和两相厌氧消化，依据物料中干物质的含量可分为干式厌氧消化和湿式厌氧消化，按消化温度分为低温厌氧消化、中温厌氧消化和高温厌氧消化，按进料方式则可分为序批式厌氧消化和连续式厌氧消化。

1. 单相厌氧消化和两相厌氧消化

单相厌氧消化和两相厌氧消化如图9-14所示。单相厌氧消化是指水解产酸和产甲烷在同一反应器中进行，该工艺操作简单，投资少，但易发生酸抑制现象，产气量低。两相厌氧消化则指水解产酸和产甲烷在不同反应器中分开进行，这种方法虽然操作难度较大，设备复杂，但反应器稳定性较高，处理量和产气量都远高于单相体系（Capson-Tojo等，2016）。

2. 湿式厌氧消化和干式厌氧消化

当物料含固率≥15%时，底物基本呈黏稠的糊状，流动性差，称为干式厌氧消化；当物料含固率＜15%时，底物流动性良好，称为湿式厌氧消化。水分是影响厌氧消化稳定性的重要因素，过高的含固率容易造成厌氧体系黏度增加，进而导致系统崩溃。尽管目前人们提倡使用干式厌氧消化以提高处理规模，但这一工艺容易因酸积累和体系黏稠而失败（Li等，2011）。

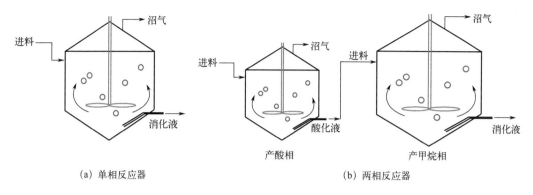

(a) 单相反应器　　　　　　　　　　(b) 两相反应器

图 9-14　单相厌氧消化工艺和两相厌氧消化工艺

3. 低温厌氧消化、中温厌氧消化和高温厌氧消化

低温厌氧消化不需要高能耗来保持温度，可以得到更高的净能值，但微生物活动缓慢，需要较长的反应时间。中温厌氧消化和高温厌氧消化则需要依靠外源加热进行，废弃物处理效率高，产气量也高。

厌氧消化 1 号模型 ADM1，2002 年由国际水质学会（IWA）推出。该模型主要描述了厌氧消化中的物化和生化过程，涉及厌氧体系中七大类微生物，19 个生化动力学过程，能够对厌氧生物处理过程进行较好的预测和模拟。不同温度下 ADM1 模型中单糖、氨基酸和高级脂肪酸的化学计量系数如表 9-9 所列。

表 9-9　ADM1 中单糖、氨基酸和高级脂肪酸的动力学与化学计量系数

	项目	高负荷中温 (35℃)①	低负荷中温 (35℃)②	低负荷高温 (55℃)
单糖	$km_{su}/[g\ COD/(g\ COD\cdot d)]$	30	30	70
	$KS_{su}/[mg\ COD/L]$	50	50	10
	$Y_{su}/(g\ COD/g\ COD)$	0.1	0.1	0.1
氨基酸	$km_{aa}/[g\ COD/(g\ COD\cdot d)]$	50	50	70
	$KS_{aa}/[mg\ COD/L]$	30	30	30
	$Y_{aa}/(g\ COD/g\ COD)$	0.08	0.08	0.08
高级脂肪酸*	$km_{fa}/[g\ COD/(g\ COD\cdot d)]$	6	6	10
	$KS_{fa}/[mg\ COD/L]$	40	40	40
	$Y_{fa}/(g\ COD/g\ COD)$	0.06	0.06	0.06

① UASB 过程。
② 固形物厌氧消化过程。

注：1. 最大比反应速率 km 的单位为 g COD/(g COD·d)；速率常数 KS 的单位为 mg COD/L；收率 Y 的单位为 g COD/g COD。
2. 下角 su 代表单糖；下角 aa 代表氨基酸；下角 fa 代表高级脂肪酸。

4. 序批式厌氧消化和连续式厌氧消化

序批式厌氧消化是指一次性投加物料的工艺，在发酵过程中不再添加新物料。该工艺操

作简单，但运行时间长，处理效率较低。连续式厌氧消化是指从投加物料启动开始，经过一段时间发酵稳定以后，每天连续定量地向发酵罐内添加新物料和排出沼渣、沼液。与序批式相比，连续式工艺具有处理效率高、运行成本低的特点，但操作较为复杂。

五、厌氧反应器

根据投入原料或反应器内总固体（total solids，TS）浓度，厌氧反应器大致可分为湿式（投入 TS 浓度＜15％，反应器中 TS 浓度＜8％）和干式（投入 TS 浓度＞25％，反应器中 TS 浓度＞10％）两大类。固体废物厌氧反应器中，一般是固体物质的分解和水解反应限制整体的反应速率，缩短水力停留时间比较困难。因此，提高处理能力的主要方法是提高反应器在高浓度投料时的运行能力。

（一）全混式厌氧反应器

1. 反应器基本结构

全混式厌氧反应器，在化工生产中也叫连续搅拌釜式反应器（continuous stirred tank reactor，CSTR），是化工生产中进行各种物理变化和化学反应广泛使用的设备，在反应装置中占有重要地位。CSTR 通过在厌氧消化槽中增加搅拌装置，物料和微生物处于完全混合的状态，加强传质的同时可以均匀传热。其基本结构如图 9-15 所示。

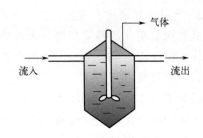

图 9-15 全混式厌氧反应器基本结构

2. 搅拌方式

目前在 CSTR 反应器设计中常用的搅拌方式主要包括机械搅拌、气体搅拌、无动力搅拌和泵循环几种方式。

① 机械搅拌是在甲烷发酵槽中设置搅拌机械来搅拌槽内污泥。

② 气体搅拌是在发酵槽上部利用鼓风机对消化气体进行吸引，在槽内设置导流管，利用气体循环将消化气体吹入槽内，对消化污泥进行搅拌。

③ 无动力搅拌的甲烷发酵槽中包括中心导流管、主发酵部、上部室等部分。投入的固形物由中心管通过搅拌翼流入主发酵部，经由搅拌轴送至上部室后排出槽外。消化污泥由产生的沼气压力压至上部室。因此，当沼气被排出后，在气体压力下上升的消化污泥迅速流下产生强烈的搅拌效果。

④ 泵循环甲烷发酵的污泥搅拌装置中运用泵进行污泥循环。其中一种泵循环在甲烷发酵槽内安装有若干多孔板，并利用泵产生向上的流动达到搅拌目的。在发酵槽上部的容器中储留的混合液经泵被快速推入发酵槽底部，由此产生的动力促使液体向上流动。这种发酵槽利用流动和多孔板组合起到促进搅拌的作用，同时反应槽下部设有沉淀物导出装置，可以选择性地将砂石等沉淀杂物排出。

（二）推流式厌氧反应器

推流式反应器（plug flow reactor，PFR）是长方形的非完全混合式反应器，也称塞流式反应器。高浓度悬浮固体发酵原料从一端进入，从另一端排出。理想的推流式反应器，物料从一端进入，沿着轴向向前推动，各部分之间基本不混合。其基本结构如图 9-16 所示。

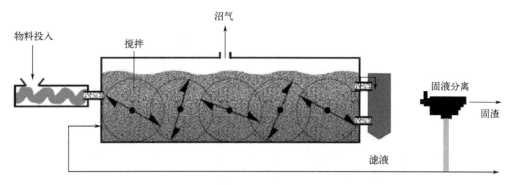

图 9-16　推流式厌氧反应器基本结构

优点是通常不需要搅拌，池形结构简单，能耗低；适用于固体悬浮物浓度高的废水的处理，尤其适用于牛粪的厌氧消化，用于农场有较好的经济效益；运行方便，故障少，稳定性好。缺点是固体悬浮容易沉淀于池底，影响反应器的有效容积，使固体滞留期和水力滞留期缩短，效率较低；需要固体悬浮物和微生物回流作为接种物；因该反应器面积/体积值较大，反应器内难以保持一致的温度，易产生厚的结壳。

（三）车库式干法反应器

干式厌氧发酵是适用于固形物浓度极高的情况的有机物处理技术，可处理含固率高达20%～40%的固体物质。干发酵的反应器中污泥流动性差，进料时必须使用螺杆泵和活塞泵。消化污泥以块状形式排出，可以直接焚烧或堆肥化处理，并且无需对消化液进行处理。

目前，欧洲的沼气干发酵反应器类型主要有车库式、气袋式、渗出液储桶式、干湿联合式、立式罐式等，如图 9-17 所示。车库式干发酵技术的主要特点是原料投加到反应器内再不需要搅拌或翻掀，也不需要额外补充水，而且原料在进入反应器内后不需要做任何预处理，从而减少生产资料的消耗。但其在整体发酵过程中，大都采用淋喷的方式对原料进行菌种播撒，而且反应器内通常不设置搅拌装置，这易使菌种局部发育，造成原料分解不均匀，间接导致产气效率低，生产周期较长。

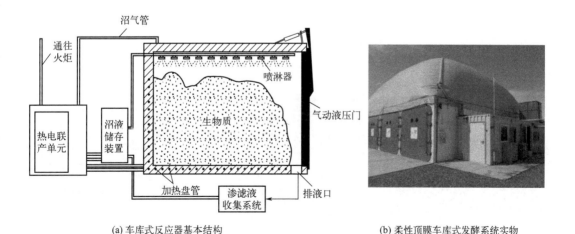

(a) 车库式反应器基本结构　　　　　(b) 柔性顶膜车库式发酵系统实物

图 9-17　车库式反应器基本结构和柔性顶膜车库式干发酵系统实物图

第四节 腐生生物处理固体废物生态工程

一、腐生生物转化原理

腐生生物固体废物资源化利用，其技术本质上是有机固体废物在腐生生物和环境微生物耦合作用下进行降解。有机废弃物经过一定初始阶段的初步腐败之后，内部微生物将其有机质组分部分分解，此时达到腐生生物采食腐败有机质的条件，腐生生物通过采食这类具有一定腐败程度的有机物质进一步将有机物分解为结构更简单的物质。腐生生物作为生态系统中的分解者，可以通过粉碎、翻动以及分泌酶的作用改变底物的理化性质以促进有机质的降解。近年来研究者们依据各类腐生生物的生活习性和周期特点，建立了较为成熟的腐生生物废弃物转化技术，目前广泛应用的腐生生物有蚯蚓以及黑水虻，同时黄粉虫、蟑螂、家蝇等在固体废物处理中也有一定的应用。

二、腐生生物转化技术工艺

（一）蚯蚓

1. 蚯蚓养殖堆肥

蚯蚓，俗名地龙，在地球上的生存历史已经超过了 2.5 亿年。从 20 世纪 50 年代起，世界上开始出现集约化的养殖。蚯蚓养殖堆肥处理技术（vermicomposting）可以高效处理人畜禽粪便、瓜果蔬菜、农作物秸秆等多种有机固体废物。具有处理时间短、处理规模大、转化效率高的优点。

2. 蚯蚓养殖堆肥工艺

蚯蚓养殖堆肥是将畜禽粪污、易腐垃圾、农作物秸秆等有机废弃物按一定比例混合、高温发酵预处理后，经过蚯蚓过腹消化从而实现废弃物高值化利用。蚯蚓养殖堆肥需配套原料预处理设备、幼蚓繁育设施、养殖场地等。该技术模式资源化利用率较高、经济效益较好，但需配套土地用于养殖蚯蚓，并采取污染物防控措施，对养殖技术、管理水平、气候条件要求较高。

目前蚯蚓养殖堆肥工艺可以分为三种类型，分别为传统养殖、半设施设备化养殖、精细化工厂养殖。如图 9-18 所示。

(a) 传统养殖

(b) 半设施设备化养殖

(c) 精细化工厂养殖

图 9-18 蚯蚓养殖堆肥形式（林嘉聪，2021）

（二）黑水虻

1. 黑水虻的生物学特点

黑水虻（*Hermitia illucens* L.），称作 Black soldier fly、凤凰虫，属昆虫纲、双翅目、短脚亚目、水虻科、扁角水虻属，起源于南美洲热带草原，现在已成为世界性分布的昆虫。以餐厨垃圾、腐烂的动植物、动物粪便等有机物为食，富集有益营养成分，转化为虫体蛋白，是自然界食物链的重要环节。其生长发育分为卵期、幼虫期、蛹期、成虫期四个阶段。

黑水虻具有快速生长、繁殖周期短、食性广泛、生物量大等特点，是一种价值极高的环境昆虫。在处理餐厨垃圾或畜禽粪便时，黑水虻幼虫可以抑制家蝇繁殖以及降低病菌数量，并有效利用氮、磷等营养元素。此外，黑水虻幼虫富含粗蛋白（42%～44%）和粗脂肪（31%～35%），可用作畜禽饲料，也可提取虫体粗脂肪加工成生物柴油，还可开发抗氧化食品、生物药剂等保健药用产品。基于黑水虻的餐厨垃圾处理系统工艺流程如图 9-19 所示。

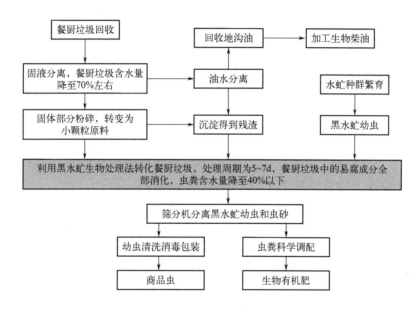

图 9-19　基于黑水虻的餐厨垃圾处理系统工艺流程

2. 黑水虻的养殖工艺和控制参数

黑水虻养殖方式包括地面池养殖、立体盒养殖和自动化养殖，地面池养殖一般采用单层饲养方式，需要大面积空间，管理粗放，不可持续；立体盒养殖适合于在空间较小的室内进行，方法简单，极易于管理，可最大限度地利用空间，但人工投入较大。

影响黑水虻生长的条件主要包括光照、温度、湿度、饲养基质（油脂、盐分、含水率、蛋白质和碳水化合物比值、起始 pH 值）等，改善这些条件是提高黑水虻幼虫产出率的重点。

（1）光照　阳光是诱导黑水虻交配的重要因素，可通过不同补光层模拟太阳光照。

（2）温度　最佳温度范围在 25～30℃之间。

（3）含水率　饲料的含水率在 70%～80%时，幼虫对饲料的转化效率最高。

（4）碳氮比　黑水虻更适合在 C/N 值<20∶1 的范围内生存。

（5）盐分　氯化钠含量 3.0%以内对幼虫的存活率无显著影响，但高盐分会影响虫粪利用，需降低湿垃圾中盐分含量，提高产品品质。

（6）pH值　黑水虻的最适生长环境pH值范围为6～10。湿垃圾经过水解后pH通常偏酸性，应调节到中性至弱碱性环境，有助于黑水虻的生长代谢和油脂类物质的碱性水解。

三、腐生生物处理技术应用的影响因素

（一）选择利用腐生生物处理废物的决策因素

1. 高效转化废物生物的筛选

有机固体废物组成成分复杂，因此并非所有废物都可被腐生生物利用。研究报道，废弃物中的油脂含量、农药含量、重金属含量以及是否含有塑料等是影响腐生生物存活的因素。

2. 重金属以及难降解有毒物质含量

有机废物中可能含有重金属、多环芳烃等，某些污染物进入昆虫体内不能被分解或完全排出，会随着虫体进入下一个能量级，最后通过食物链迁移转化，最终危害人体健康。因此，利用昆虫处理有机废物所得产品的安全性问题成为是否能够推广的关键。

（二）影响腐生生物生长的环境指标

腐生生物主要依靠对有机固体废物的粉碎、翻动以及分泌酶等作用来降解有机质，因此，任何影响腐生生物生长的因素都会影响有机固体废物处理效果，如环境温度、湿度、酸碱度、透气性、光照强度、腐生生物密度等。

研究表明，在利用蚯蚓处理废物时温度不宜超过30℃，同时蚯蚓生长的理想相对湿度为60%～70%。因此，在利用腐生生物处理固体废物时，应该从技术上考虑到避免不利于腐生生物生长的因素才能获得最佳的生态效益和经济效益。

第五节　固体废物生态工程处理案例

一、污水处理厂污泥好氧发酵处置工程

（一）项目背景

1. 项目概述

近几年来，城市污水污染问题已逐步得到缓解，然而城市污水污泥处理处置却是国内一直没有得到很好解决的难题。

污水处理过程中产生的剩余污泥具有含水率高、易腐烂、有恶臭、含有大量寄生虫卵与病原微生物的特点。过去污泥只作为固体废物稍做处理便弃置，至今许多城市仍然采用露天堆放或填埋的方法，造成了城市周围垃圾成山、蚊蝇滋生、污染环境和地下水源的不良后果。污水污泥如不加以妥善处理、任意排放，或者污泥处理、处置不当直接施入农田，都会引起严重的二次污染，因而污泥的处理和处置是城市污染治理中必须要解决的问题。

城市污水污泥其实也是一种生物资源，含有促进农作物生长的氮、磷、钾等营养成分，有机质含量高达50%以上，是良好的土壤改良剂。但是若不进行任何处理，直接将其作为普通有机肥，不但不能满足作物生长的需要，还可能造成其他方面的污染。

如何使污水处理厂的污泥稳定化、无害化、减量化、资源化已成为世界性的亟待解决的

问题。科学技术的飞速发展和人类认识水平的不断提高,越来越证明世界上绝大多数废物都具有循环再生利用的价值。

本案例为"武汉市污水处理厂污泥处置工程(陈家冲一期)项目",由北京沃土天地生物科技股份有限公司以建设-拥有-经营模式(BOO)投资、建设和运营,项目总投资6000万元人民币。该项目是武汉市重点城建工程,是武汉市第一个污泥资源化利用示范项目,项目的整体实施对市政污泥资源化利用具有良好的示范意义。

2. 污泥处置工程概况

武汉市污泥处置工程(陈家冲一期)处理规模175t湿污泥/d,年处理$6.39×10^4$t,厂区占地面积$2.507hm^2$,总建筑面积$14725m^2$,污泥处理厂主要建/构筑物包括原料车间、一次发酵车间、二次发酵车间、加工车间、成品库房、生物除臭滤池、中央控制室以及相应附属设施(如变配电间、办公楼、车库以及维修间等)。

该项目采用槽式高温好氧发酵污泥工艺,将含水率约80%的污泥与稻壳粉等辅料及筛分后返料(粉碎木片)混合到含水率60%左右,经过15d的一次发酵和后续15d的陈化,并经过筛分得到含水率在35%以下的粉状污泥产品,筛上物料作为返料使用。每天产出约47t完全腐熟的粉状污泥产品,为有机园林基质,符合《城镇污水处理厂污泥处置-园林绿化用泥质》(GB/T 23486—2009)标准的要求,作为基质土用于武汉市城市园林绿化或周边土壤改良。

项目从2015年1月开始建设,2016年4月建成、试运行,7月进入正式生产。武汉沃土公司发展污泥处理厂的运营,为武汉汉西、黄浦路、龙王庙等城市污水处理厂提供污泥处理服务,解决了城市污水处理厂的污泥出路问题,同时污泥产品用于园林绿化,使污泥产品得到资源化利用。

3. 污泥处理的目的

污泥处理的目的主要包括:a. 确保污水处理的效果,防止二次污染;b. 大大减少污泥体积;c. 使容易腐化发臭的有机物稳定化;d. 使有毒有害物得到无害化处理;e. 使有用物质得到综合利用,化害为利。

总之,污泥处理和处置的目的是减量化、稳定化、无害化、资源化,其中减量化、稳定化是前提,无害化是核心。

4. 处理目标

污泥处理是过程,污泥处置才是目的。污泥处置最为经济有效的方式就是生物资源循环利用,即污泥资源利用处置。污泥资源利用处置方案将污泥的处理、处置与污泥肥料产品的市场营销连为一体,系统解决。污泥处理的目标是在稳定化和无害化的基础之上实现污泥的资源化利用。

(二)工艺说明

该项目采用的具体工艺为槽式高温好氧发酵工艺。主要流程由原料预处理、一次发酵、二次发酵、粗加工等工序组成,如图9-20所示。

(三)工程设计

1. 建设规模

武汉市污泥处置工程(陈家冲一期)处理规模175t湿污泥/d,年处理$6.39×10^4$t,生产园林绿化基质$2.6×10^4$t。物料平衡如图9-21所示。

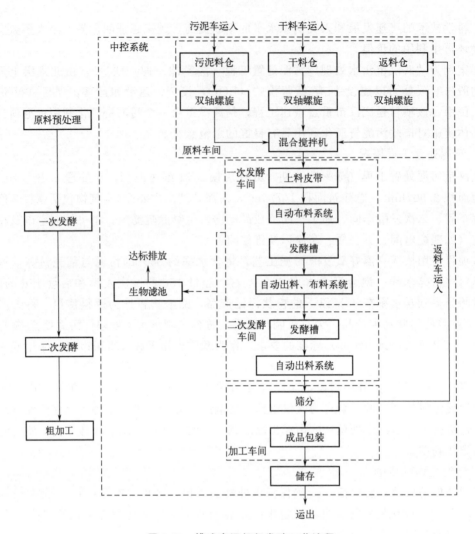

图 9-20 槽式高温好氧发酵工艺流程

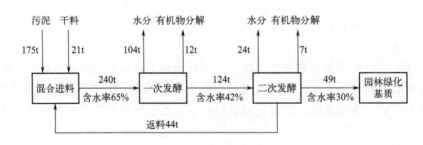

图 9-21 物料平衡图

2. 项目选址

该项目位于武汉市阳逻开发区陈家冲循环经济工业园垃圾填埋场东北角,场地目前为垃圾处理场范围,无拆迁,而且周围 500m 范围内没有居民楼、学校、办公场所等对环境敏感的建筑。

3. 工艺工程设计

(1) 原料车间 该工程设置 1 座原料车间,平面尺寸为 76m×21m,用于进行原料预处理，原料预处理为好氧发酵工艺前处理过程，使物料的含水率、C/N值、孔隙率等发酵条件适宜。

原料车间内设置1个污泥料仓，由污泥专用运输自卸车将污水厂产生的污泥卸到污泥料仓中。设计料仓有效容积20m³，底部相对标高为−4.0m；装配超声波料位计，以控制污泥装卸量；料仓出料采用双轴螺旋，以防止污泥粘在螺旋上。

为提高发酵效果，预处理过程中添加液态VT系列污泥发酵菌，用计量泵混入搅拌机中。设计菌液储存罐的容积为600L。

物料混合设备为卧式双轴桨叶搅拌机，使污泥、干料、返料和发酵菌混合均匀，混合后的物料由自动输送系统输送至一次发酵车间的自动布料系统中。

(2) 一次发酵车间　该工程设置1座一次发酵车间，平面尺寸为76m×63m，用于降解污泥，使之减量化、无害化。整个工艺的核心是一次发酵，车间按空间使用情况分成布料区、发酵区、出料区和整流区。

一次发酵车间共设3组（12条）发酵槽，标准槽长62m，宽4m，高1.8m。每槽每批次进料量约23m³，设计发酵周期为12~15d，控制温度为50~65℃；发酵后物料含水率控制在45%左右，发酵出料量约为124t/d。

(3) 陈化车间　陈化是一次发酵的后续工艺，由于一次发酵后物料含水率大幅降低，体积减少约1/3，物料中尚有部分大分子有机物未完全降解，需增加二次发酵工序，使物料逐步稳定，降低物料含水率。车间按空间使用情况，分成布料区、发酵区、出料区和整流区。

① 布料区：类似一次发酵车间物料流程，物料均匀分布在发酵槽0~4m进料端，设备配置相同。

② 发酵区：较一次发酵车间，设计强制曝气通风效率降低，为微生物发酵提供适量氧气，加快水分散失，确保出槽含水率≤35%。

③ 出料区：用于物料输送至加工车间和翻堆机的移位换行操作。

④ 整流区：气体整流区位于车间上部空间，集中了二次发酵过程中产生的水蒸气和臭味气体。布置不同数量的轴流风机，使车间形成微负压状态，气体受负压牵引进入除臭系统。

二次发酵车间共布置一组（5条）发酵槽，标准槽长62m，宽4m，高1.8m。每槽每批次进料量约23m³，设计发酵周期为15~20d，控制发酵温度为40~60℃；发酵后物料含水率控制在30%左右，发酵出料量为93t/d。

(4) 加工车间及成品库房　产品是生产的目标，因此加工环节是好氧处理工艺不可缺少的终端组成。本项目加工环节主要包括筛分和包装两道工序。

加工车间和成品库房为连跨结构，平面尺寸为76m×48m，按使用功能分成加工区和成品区两部分。

① 加工区：物料经圆筒筛分机筛分，大块筛上物送到原料预处理段作为返料，粉状筛下物作为产品，由提升机输送至包装秤称量打包。

② 成品区：存放周期以30d计，设计产品存放区约1800m³。

(5) 中央控制室　中央控制室位于两个发酵车间中间，有两层空间：一层放置供电设备，包括配电柜、进线柜、补偿柜等；二层放置控制设备，包括上位机、PLC（可编程逻辑控制器）控制柜、视频机柜、监控显示屏和UPS不间断电源柜等，并安装透明窗，可直接观察两个发酵车间设备运行情况。

(6) 除臭系统　为降低发酵产生的大气环境影响，采用生物滤池工艺对 H_2S、NH_3 等臭味气体进行去除。

气体收集是除臭系统的重要组成部分。发酵车间设计换气频率以 6～8 次/h 计，综合考虑车间水分平衡情况，经计算两个发酵车间总气体收集量约为 260000 m^3/h。依靠发酵车间上部轴流风机对气体进行整流、组织，将气体引到排风口。

设计布置两座处理量为 130000 m^3/h 的生物除臭滤池，配滤池引风机 4 台，单台风量为 65000 m^3/h，使发酵车间形成微负压状态。生物滤池单体尺寸为 23.2m×10.0m×3m，其内填料为有机、无机混合物，填料高度为 1.5m。气体被引入生物除臭滤池的前端，加湿系统对气体进行喷淋，再经过生物滤料吸附，气体可得到净化，排入大气。经除臭后的气体可达到《恶臭污染物排放标准》(GB 14554—93)中的二级标准。

4. 设计特点

(1) 高度机械化和自动化确保项目节能稳定　该套污泥处理工艺包含七个系统，分别为预处理系统、进出料系统、好氧发酵系统、曝气系统、加工系统、除臭系统、中控系统。每个系统均有机械化设备连接，使整体工艺完整、统一、可控，几乎不需劳动人员时时在现场操作，控制人员进入车间次数、减少了人工操作，进而降低人工成本。各车间设备可由中控系统集中控制，设备运行情况、发酵反应参数情况、环境质量情况均由相应设备进行采集，并上传至上位机进行实时监控，由中控系统控制设备运转，提供准确数据，为优化工艺提供决策依据。

(2) 微生物制剂和改型翻堆机等新产品的创新应用改变传统模式、提升效率　改进型链板式翻堆机翻堆移料效率更高，与自动布料机构、移行出料机构联动，实现了物料的自动布料、位移、出料，极大地提升了效率。每次抛料距离达 5.0m，其优化的多齿链板式结构，运行阻力更低，移动速度都有较大提高；翻堆机配有变频器和无线遥控系统，降低能耗，延长翻堆机使用寿命，并可实现远距离无缝对接。VT 污泥堆肥接种剂由光合细菌、放线菌、乳酸菌、酵母菌等近 10 种菌株构成，主要作用是加快堆肥升温，提高发酵效率，同时通过微生物的繁殖及其代谢产物维生素、核酸、各种特异酶，可快速降解、吸收转化异味物质，降低臭味。项目中还选用了自动布料机、侧出料移行车等新型产品，这些产品的应用改变了传统堆肥模式，极大地提升了发酵效率。

(3) 分区域间歇式曝气等过程控制技术加速发酵腐熟　该项目优化了曝气系统，采用分区域间歇式曝气技术进行供氧。曝气过程受上位机监测和控制，既可保证发酵各阶段的氧气供给又可减少设备运行时间，从而实现节能降耗的目标。相对于粗放式全天曝气，降低能耗明显，可降低约 75%，而且出槽含水率降低到≤35%，是优质的园林基质土，加快了发酵腐熟速度。

（四）效益分析

1. 经济效益

在政策的引导、支持下，与地方政府签订公共服务基础设施的特许经营协议，投资建设污泥处理处置设施，通过运营该设施，为政府提供专业的污染物处理服务，获得相应的服务报酬，即污泥处理费。本项目按日处理污泥 175t（一期）、每吨污泥预计政府支付处理费 180 元计算，每年可获得污泥处理费约 1100 万元。

通过市场销售适用于园林绿化的基质肥料、土壤改造的调理剂，以及高端的高尔夫球场草坪肥，获取产品销售收益。本项目年产基质肥 $2.6×10^4$ t，按平均销售单价 350 元/t 计算，每年可获得污泥产品销售费约 900 万元。

2. 生态效益和社会效益

污泥处理项目是环保工程,在污染物治理的同时,副产出含有机质和氮、磷、钾养分的肥料。本项目污泥产品为园林绿化基质,可作为高效的有机质改良剂,应用于园艺植物、草坪养护、苗圃育苗,均取得良好的效果,未来在林地、育苗、园林绿化、土壤改良和盐碱地修复,以及采石场、露天矿坑的固定和植被恢复等方面均有广阔的市场。这既解决了城市污水处理厂的污泥出路问题,又将污泥产品用于园林绿化,使污泥产品得到资源化利用。

二、养殖粪污厌氧消化处理工程

(一)河北省张家口市塞北现代牧场大型粪污处理循环经济项目

1. 项目概况

项目位于张家口市塞北管理区榆树沟管理处闪榆路西侧,2014 年 4 月开始建设,2016 年 4 月完工,设计方为内蒙古冰山设计院,建设方为安徽佳明环保技术股份有限公司,运行主体为现代牧业(集团)有限公司。

工程采用半地下推流式厌氧发酵池,发酵温度 35℃左右,沼液池外提取 2.80 万立方米,以牛粪等生物废弃物为生产原料,年处理畜禽粪便 30.24 万吨,年产沼气 640.58 万立方米,年产沼渣肥 1.2 万吨。沼气用于热能利用(主要用于厌氧罐的增温、保温,多余的热能可用于生产杀菌用热、冬季采暖用热等);沼渣脱水后用作牛卧床垫料,或进行堆肥发酵生产固体有机肥;沼液制作成液态有机肥还田。

投资规模:3200.00 万元。

原料:牛粪。

运行模式:沼气热能利用+沼渣沼液综合利用。

设计方案:项目新增总建筑面积为 4297.76m²,其中沼气锅炉房建筑面积为 617.76m²,晾晒车间建筑面积为 2880m²,饲料搅拌站建筑面积为 800m²;新增总建筑体积为 78613.27m³,其中匀浆池、调节池容积为 317.52m³,发酵池容积为 28000m³,竖流沉淀池容积为 295.75m³,沼液池容积为 50000m³。购置发酵池搅拌机、沼气锅炉、上清液泵、固液分离机、饲料搅拌机、运输车等设备共计 63 台套。

2. 工艺技术路线与装备

(1) 工艺流程 沼气工程采用中温厌氧发酵技术,能源采用生态型处理利用工艺。沼气经脱硫、脱水、脱杂等净化过程后进入沼气锅炉,产生的热能主要用于厌氧罐的增温、保温,多余的热能可用于生产杀菌用热、冬季采暖用热等。厌氧发酵无害化处理后的料液,经固液分离机实现沼渣、沼液分离。沼渣脱水后用作牛卧床垫料,多余的沼渣进行堆肥发酵,生产固体有机肥。沼液进入沼液池暂存,沼液池底铺设 PE 膜防渗,顶加封闭 PE 膜盖防止雨水流入及散发异味,沼液经后续处理,制作成液态有机肥还田。该项目采用的技术流程如图 9-22 所示。

(2) 工艺参数 工程建有完善的配套系统:发酵原料完整的预处理系统,进出料系统,增温保温系统,搅拌系统,沼气净化、储存、输配和利用系统,计量设备系统,安全保护系统,监控系统以及沼渣沼液综合利用系统。工艺参数如表 9-10 所列。

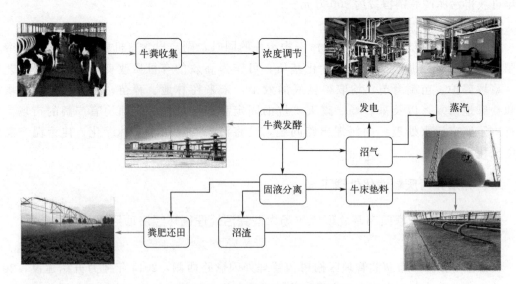

图 9-22 塞北现代牧场技术路线

表 9-10 塞北现代牧场大型粪污处理循环沼气工程工艺参数

参数名称	指标
发酵工艺	半地下推流式厌氧发酵池
发酵温度	35℃左右
搅拌	机械搅拌
水力停留时间	17.5d
发酵罐	沼气池外体积 28000m^3
发酵原料	牛粪等生物废弃物
日处理粪污量	840t
日产沼气量	17550m^3
甲烷含量	体积含量为 60%左右
日发电量	13000kW·h
沼气利用	替代煤燃烧锅炉供热
固液分离	螺旋挤压固液分离机
沼液、沼渣储存	沼液暂存池覆 PE 膜进行储存。沼渣烘干晾晒后存放于晾晒场
沼液、沼渣利用	作为农作物种植的肥料

3. 经济效益分析

(1) 工程效益

① 投资：本项目总投资 3200.00 万元，其中，建设投资 3122.32 万元，铺底流动资金 77.68 万元。

② 经济效益：本项目正常年产沼气640.58万立方米，解决自身生产、生活用沼气约141.07万立方米，折合标煤1168.91t ce。按照原煤折标系数0.7143t ce/t计算，相当于减少原煤1636.44t，按照当地原煤价格750元/t计算，项目建成后将节约原煤成本122.73万元。沼渣、沼液作为有机肥全部用于该公司青储玉米、燕麦、莜麦等农用肥，能对部分病虫害起到防治作用，减少化学药品使用，有利于无公害农产品生产，提升环境质量。本项目年产沼渣肥1.2万吨，年产沼液肥22.42万吨。

③ 环境效益：张家口塞北现代牧场有限公司在奶牛养殖过程中，产生大量的粪便、粪液。本项目是利用这些生物废弃物为原料，通过无害化和减量化处理，进行沼气发酵，以达到节能环保、废物循环利用的新能源模式。生产的沼气用于沼气锅炉，为生产、生活供热，发酵产气后的沼渣、沼液作为农作物种植的肥料。项目实施后，改善了农业农村生态环境和生产条件，提高了农业农村综合生产能力和经济效益，改善了能源供应结构，缓解了当地能源紧张现状，减少了化肥和农药的使用量，提高了产品品质和产量，实现了社会、经济和环境的协调发展。项目所排废水用作沼气发酵原料，项目建成后年减少废水排放25万立方米，减排COD 840t。开展生物废弃物资源循环利用的建设，所产生的沼气可以用来替代煤为燃烧锅炉供热。

(2) 工程稳定性和示范性　项目实现促进奶牛养殖的资源循环利用；通过建立畜牧集约化、规模化、标准化经营，实现传统畜牧业向"资源—畜禽产品—再资源化"的现代畜牧生产过程转变，实现农业农村生产的区域循环；通过加大农业农村生产的废物综合利用力度，提高资源转化率，形成节约资源、保护环境的生产方式和消费方式，构建高产、优质、高效、生态、安全良性循环的生态农业农村经济体系。

(3) 工程先进性　本项目建设期间，有大量建筑工人、安装工人参加工程建设，项目竣工后，在当地招聘员工，直接解决100多人的就业，对提高当地的消费水平、改善消费结构具有积极影响。

(二) 肥城市畜禽污染物治理与综合利用项目

1. 项目概况

建设地点：山东省肥城市桃园镇。

建设时间：2017年。

运行模式：由北京中持绿色能源环境技术公司负责项目运营，建立收集、转化、应用三级网络模式进行项目运营。

投资规模：8540万元。

付费机制：按处理量收取收运处理服务费。

原料：畜禽养殖粪便、果蔬垃圾、餐厨垃圾和秸秆等农村污染物。

工程规模：项目占地面积32亩，每天收运处理生物废弃物150t。经预处理、厌氧消化反应产生沼气10000m^3（生物燃气5000m^3）、沼液80m^3、有机肥20t。

产品及用途：生产生物燃气并入肥城港华燃气管网，沼液及有机肥用于农业种植。同时在项目周边流转土地约300亩，进行肥料施用和有机种植示范。

2. 工艺技术路线与装备

(1) 工艺流程　玉米秸秆一次粉碎后运至厂区内，卸料进入秸秆料仓，经二次粉碎至20mm以下；果蔬垃圾和餐厨垃圾进入厂区后，卸料至料仓并粉碎处理；猪粪、鸡粪、牛粪等畜禽粪便每日收集后，由运输车运送至厂区，卸料进入混合料仓。秸秆、果蔬垃圾和餐厨垃圾粉碎后在混合料仓中混合后泵入 DANAS 干式厌氧反应器。物料经过 28d 的厌氧消化处理，产生的消化液直接进入固液分离机，分离出的沼液进行稳定化处理后储存，分离出的沼渣进行好氧发酵及二次陈化后生产有机肥产品用于农业种植。

（2）工艺参数　厌氧消化产生的沼气经过脱硫、脱水处理后，少部分用作锅炉燃烧用气，其余沼气提纯后并入燃气管网出售；沼气提纯设备进行检修时，沼气通过火炬燃烧的方式安全排放。该项目采用的技术流程如图 9-23 所示，相关工程单元见图 9-24。

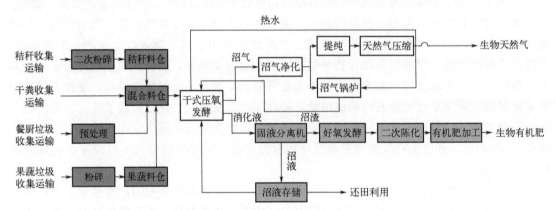

图 9-23　肥城市畜禽污染物治理与综合利用沼气工程技术流程

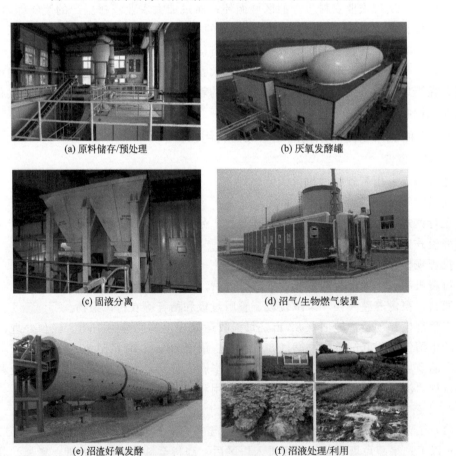

图 9-24　肥城市畜禽污染物治理与综合利用沼气工程单元

3. 经济效益分析

(1) 工程稳定性和示范性　项目的实施不仅可以有效地治理农村面源污染，改善大气环境，还可提高土壤肥力，改善当地能源结构，形成生态循环农业农村，实现社会、经济和生态环境的协调发展。肥城市畜禽污染物治理与综合利用工程应用示范如图 9-25 所示。

图 9-25　肥城市畜禽污染物治理与综合利用工程应用示范图

(2) 工程先进性　工程依托北京中持绿色能源环境技术有限公司的处于国内领先水平的 DANAS 干式厌氧发酵技术和 SG-DACT 动态好氧发酵技术。通过对整个区域的畜禽养殖和农业种植生物废弃物等实行收集、转化、应用三级网络建设，实现第三方专业化、社会化、市场化的集中处理处置，探索建立良性的资源、能源可持续生态循环体系，形成具有肥城特色的治理标准和治理模式，不断提升环境承载力。

思考题

1. 有机固体废物的常见处理方式及特点是什么？
2. 好氧堆肥分几个阶段？其特点是什么？
3. 条垛堆肥、静态堆肥和反应器堆肥的区别有哪些？
4. 针对一个社区或区域，对其不同来源的有机固体废物资源化利用进行生态工程设计，提出自己的设计思路和具体建设内容，目标是零排放。

参考文献

[1] Baere D E. Anaerobic digestion of solid waste: State-of-the-art [J]. Water Science & Technology, 2000, 41: 283-290.

[2] Capson-Tojo G, Rouez M, Crest M, et al. Food waste valorization via anaerobic processes: A review [J]. Reviews in Environmental Science and Bio-Technology, 2016, 15 (3): 499-547.

[3] Li Y, Park S Y, Zhu J. Solid-state anaerobic digestion for methane production from organic waste [J]. Renewable and Sustainable Energy Reviews, 2011, 15 (1): 821-826.

[4] Yan Z, Song Z, Li D, et al. The effects of initial substrate concentration, C/N ratio, and temperature on solid-state anaerobic digestion from composting rice straw [J]. Bioresource Technology, 2015, 177: 266-273.

[5] Ye R, Jin Q, Bohannan B, et al. pH controls over anaerobic carbon mineralization, the efficiency of methane production, and methanogenic pathways in peatlands across an ombrotrophic-minerotrophic gradient [J]. Soil Biology & Bio-

chemistry, 2012, 54: 36-47.

[6] 蔡建成. 堆肥工程与堆肥工厂 [M]. 北京: 机械工业出版社, 1990.

[7] 陈世和, 张所明. 城市垃圾堆肥原理与工艺 [M]. 上海: 复旦大学出版社, 1990.

[8] 郭松林, 陈同斌, 高定等. 城市污泥生物干化的研究进展与展望 [J]. 中国给水排水, 2010, 26 (15): 102-105.

[9] 李国学, 张福锁. 固体废物堆肥化与有机复混肥生产 [M]. 北京: 化学工业出版社, 2000.

[10] 李季, 彭生平. 堆肥工程实用手册 [M]. 北京: 化学工业出版社, 2005.

[11] 林嘉聪. 蚯蚓堆肥物料特性与蚯蚓-蚯蚓粪分离技术研究 [D]. 武汉: 华中农业大学, 2021.

[12] 任南琪, 王爱杰. 厌氧生物技术原理与应用 [M]. 北京: 化学工业出版社, 2004.

[13] 史可, 薛建良, 胡术刚. 农业固体废弃物的处理与利用 [J]. 世界环境, 2018, 174 (5): 21-24.

[14] 孙晓曦, 黄光群, 何雪琴, 等. 功能膜法好氧堆肥技术研究进展 [J]. 中国乳业, 2021 (11): 73-82.

[15] 王军军. 膜高温好氧发酵技术在污泥处理工程中的应用 [J]. 给水排水, 2016, 52 (4): 41-44.

[16] 王涛. 膜覆盖条垛堆肥技术与应用案例 [J]. 中国环保产业, 2013 (12): 25-28.

[17] 吴云. 餐厨垃圾厌氧消化影响因素及动力学研究 [D]. 重庆: 重庆大学, 2009.

第十章
人工设施生态工程

人工设施生态工程是指人类利用自然生态规律和现代工程方法建立的人工生态系统。该系统通过模拟自然生态系统的结构和功能，以人工设施工程方法调控环境因素，实现物质和能量投入的优化配置，从而达到提高系统效率及产出或创造适宜人类生存与居住的环境条件等目的。人工设施生态工程涉及的应用领域较为广泛，涵盖农业、旅游业、家居环境以及航天等领域，如生态温室、工厂化垂直生态农场、微型生态系统以及太空生命保障人工闭合生态系统工程等。人工设施生态工程是人类利用自然、改造自然以及拓展人类生存发展空间的重要装备，具有十分重要的应用价值和发展前景。

第一节 种养结合生态温室

种养结合是常见的生态循环农业的典型模式，是我国传统农业的精髓所在。20世纪中叶，美国、日本、德国、荷兰等发达国家逐步探索生态化的农业循环模式，绿色化、资源化、循环化的农业技术体系为各国的农业生产和环境改善带来了显著影响（王淑彬等，2020）。近年来，作物-畜牧综合系统（integrated crop-livestock systems）逐渐成为全球范围内专业化、集约化的可持续农业管理策略（Moraine 等，2017；Hou 等，2021），是应对气候变化背景下提升农业生产韧性和增强生态系统复原力的重要途径（Farias 等，2020；Udayakumar 等，2021）。

种养结合生态温室以提高农业生产力为根本目标，以资源循环高效利用和生态环境保护为特征，强调种植系统、养殖系统以及废弃物资源化利用系统有机结合，实现资源的多级利用和种养废弃物的减量循环，达到低投入、高产出、低（零）污染的可持续性生产目标，形成兼顾生态、社会和经济综合效益的绿色高效农业生产装备设施。种养结合生态温室已逐步成为提升现代农业生产力，破解我国农业面源污染难题，实现现代农业绿色发展的重要手段之一。

一、种养结合生态温室的基本原理

种养结合生态温室的基本原理是模拟自然界"生产者—消费者—分解者"生态系统的结构和功能，通过物质、能量的循环和多级利用，减少外部投入，提高系统生产效率，减少生态环境压力。主要原理包括生态学原理、经济学原理以及系统工程学原理等，具体包括物质循环再生和能量多级利用、食物链相互作用、生态位以及生物与环境协同进化等；循环经济、生态经济协调统一以及外部性等；资源高效利用、系统优化、开放性以及非线性等复杂性原理（刘琼峰等，2022；Puech & Stark，2022）。基本原理前面章节已做详述。

二、种养结合生态温室的关键技术

（一）农业生物多样性利用技术

自然生态系统中，通过生物多样性和食物链网构成的复杂系统能够通过自我调节机制有序地维护系统的稳定发展，因此，重视保护、培育、利用生物多样性，开发种植与养殖结合、用地与养地结合的农业模式是维持设施农业生态系统动态平衡的重要手段。从生态系统的层次结构来看，由生产者、消费者和分解者所构成的食物链，既是一条能量转化链、物质传递链也是一条价值增值链。生物群体通过捕食与被捕食的关系实现物质和能量的传递，各营养级相互作用、相互制约，形成复杂的食物链和食物网关系。因此，我国生态农业重视生物多样性的应用，挖掘各营养级的资源转化潜力，以人工生物种群来代替自然生物种群，从而达到废弃物的多级综合利用，提高农产品的产出效率和质量。在种养结合生态温室中，种植系统为养殖系统提供部分原料，而种植系统的非经济部分和养殖系统的废弃物全部进入沼气池系统，成为沼气池养分转换的原料，通过微生物作用为种植系统提供养分等生产要素，为养殖系统提供热量等，并实现氧气和二氧化碳的气体交换，从而在温室生态系统中形成生产者、消费者、分解者互惠共生、相互促进的循环农业模式。

（二）养分平衡技术

土壤养分平衡技术是维护生态环境健康和保证高质量农产品的关键技术，有助于减少化肥或饲料的浪费，提高作物和动物的养分利用效率，减少养分流失对生态环境的不良影响，因此，"以种定养，以养定种"成为设施生态农业管理中的重要理念。种养系统物质循环的角度，强调在种植和养殖过程中要实现养分平衡，即养分供应与作物或动物需求相匹配，以达到最佳的生长和生产效果。一方面，基于种植作物和规模合理规划配套的养殖系统，防止畜禽粪便过量产出，增加环境压力；另一方面，结合养殖产业的需求，选育适合的农作物进行种植，实现畜禽粪便无害化处理和科学合理地还田利用。这一技术的核心思想是充分掌握土壤或水域中的养分状况，根据作物或动物的需求精确施肥或投喂，避免出现养分过剩或不足的情况，以确保农业生产的可持续性和高效性。在"以种定养，以养定种"的理念下，设施农业生产实现了向更加科学精细的管理方式的转变。通过养分平衡技术，生产者能够更好地适应不同作物或动物的需求，提高设施农业生产的质量和可持续性，既满足人类对粮食和畜产品的需求，又能减轻农业活动对环境的负面影响。

（三）环境调控技术

1. 光环境调控技术

光照是作物进行光合作用的根本来源，对设施作物的生长发育会产生光热影响，在以太阳能为主要动力的生态温室中至关重要。生态温室内的光照环境不同于露地，受设施方位、骨架结构、覆盖材料、管理技术等多种因素的影响，若种植过程连续遇到光照不足的情况，则会出现病虫害加重、农产品质量下降等现象。目前光环境调控一般从遮光、补光两个方面实施相应技术：一方面是根据作物生长需求，适时调整采光面覆盖物揭盖时间，从而控制设施内部光照强度；另一方面是采用人工光源改善光照条件，调节作物生长发育。白炽灯、荧光灯、高压钠灯等传统光源应用技术已基本成熟，微波灯因有效辐射比例高而具有推广价值，LED（发光二极管）光源因其冷光性、节能性等多项优势得到农业生产者的青睐（李建明，2020）。通过上述技术举措调整光照强度、光照时数以及光质，从而满足作物对光环境的需求。

2. 温度调控技术

温度是影响作物生长的决定性因素之一,也是生态温室冬季农业生产的重要条件。对于设施温度的调控,按照目的不同可分为保温、增温和降温措施。为有效地将白天蓄积的太阳能储存于室内,从温室结构入手,设计异质复合墙体,加大墙体建造厚度,选择草帘、棉被、微孔泡沫塑料以及新型保温材料进行多层覆盖,从而兼具隔热和储放热双重功能。此外,采用地中热交换系统或地膜覆盖的方式也可减少温室热量的散失(梁新强,2022)。当温室出现热量难以维持作物生长的情况时,应考虑采用燃烧、洒热水、喷蒸汽等措施改善温室热环境条件。在夏季太阳辐射强烈、温室效应显著时期,必须采取人工降温措施减少高温对作物的伤害,如采用遮光降温、通风换气、屋面喷淋、蒸发冷却等技术,通过风机、天窗、湿帘等装备实现对设施内温度的调节。

3. 湿度调控技术

空气湿度和土壤湿度共同构成设施内的湿度环境。设施内湿度过大,容易造成作物茎叶徒长,影响正常生长发育,如表10-1所列。对于主要蔬菜作物来讲,光合作用的适宜空气相对湿度为60%～85%。一般情况下,温室降湿是湿度调控的主要内容:a.通过打开通风窗、塑料薄膜等方式进行通风换气,从而调控湿度;b.在土壤表面覆盖地膜减少水分蒸发,从而增温保墒保水;c.采用滴灌、微喷灌、膜下软管灌溉等技术,减少土壤灌水量和田间蒸发,在降低空气湿度的同时节约用水和用能,经济高效;d.通过铺设吸湿性材料进行化学除湿,也可达到防止空气湿度过高和作物沾湿的目的。

表 10-1 生态温室作物适宜湿度

类型	常见作物	适宜相对湿度/%
湿润型	白菜、芹菜等	80～90
半湿润型	黄瓜、萝卜等	70～80
半耐旱型	番茄、辣椒、茄子等	55～70
耐旱型	西瓜、甜瓜、南瓜等	45～55

资料来源：中国农业信息网。

4. 气体环境调控技术

CO_2是植物生长发育的重要原料,然而在设施栽培条件下,空气流动受密闭条件影响显著。研究表明,大气中CO_2浓度一般稳定在0.035%左右,而日光温室中CO_2浓度的日变化很大,白天植物进行光合作用大量消耗CO_2,导致设施内CO_2浓度急剧下降,仅为0.008%～0.015%,光合作用受阻,抑制作物生长(李建明,2020)。因此,CO_2已成为生态温室中的新型绿色肥料,推广CO_2施肥技术对作物提质增产具有重要意义。"五位一体"生态模式通过种植、畜舍相邻的生态设计,使畜禽呼出的CO_2成为种植系统的气体肥料,后者释放的O_2供给动物生存,真正实现种养循环的低碳农业模式。

5. 土壤环境调控技术

土壤为作物提供所需的水分、有机质和营养元素,因此土壤的性状、结构和营养状况将直接影响农产品的产量和品质。生态温室由于温度高、湿度大、水肥施用多、复种指数高等特点，容易出现土壤板结、次生盐渍化、酸化等问题，因此需采取一系列土壤环境改良技术，具体包括：

① 增施腐殖质有机肥，改良土壤理化性状，培肥地力；

② 采用科学的施肥方法，通过配方施肥技术维护土壤养分平衡和生产力稳定；

③ 应用水沼肥一体化技术，加强对粪尿厌氧发酵后的沼液、沼渣的还田使用，按照作物养分需求规律和土壤墒情养分情况，科学运筹，定量控制，结合沼肥施用技术、智能化调控等装备，动态补充水肥养分，避免土壤板结等现象的出现；

④ 通过化学药剂如石灰、矿物、硫黄粉等改良土壤酸化性质，减少有害生物。

（四）过程管理技术

1. 立体/无土栽培技术

无土栽培或立体栽培是充分利用生态温室空间和太阳能、提高土地利用率和作物单产的重要技术。无土栽培基质的选择至关重要，水、草炭、岩棉等都可成为基质来源，因此要因地制宜，选用原料丰富易得、理化性状良好、持水透气功能强的材料。立体旋转栽培技术可以实现高密度种植，降低工程造价，提高管理效率，具有重要的应用价值。

2. "三沼"工艺技术

畜禽粪污和农作物秸秆一直是我国农业污染的难题。在"五位一体"生态循环农业模式中，沼气成为农业废物资源化利用的重要纽带，如图10-1所示。在一定的温度、湿度、酸度条件下，秸秆、粪尿等废物利用发酵工艺，经过沼气池中微生物作用，形成沼气、沼液、沼渣等产物。沼气是一种清洁优质的生物质能源，可通过燃烧为温室大棚增温、增施二氧化碳气肥，此外沼气经净化、储运、发电可满足农户的生活用能需求。沼气池内的残余物质可作为沼肥为农田提供丰富的有机质，用沼液浸种以及对农作物进行叶面喷灌可促进作物生长代谢，提高农产品品质（李吉进等，2019）。沼气技术的综合利用不仅能够治理农业污染，营造良好的环境，而且能推广清洁能源利用，为农户带来综合效益。

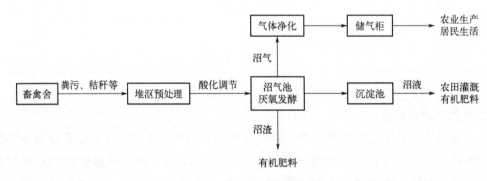

图 10-1　沼气处理工艺流程

3. 水资源综合利用技术

在水资源短缺地区，建立自然降雨的收储系统是生态温室有效的节水措施。在传统生态温室的基础上增设蓄水池、灌溉管道等水资源系统，不仅能够储存温室面积的全年降雨，还能避免自然降水的蒸发和流失，通过沉淀、过滤、吸附等措施，收集的雨水可以满足温室种植灌溉用水、禽舍冲洗用水和农户基本生活用水的要求，为我国华北、西北等缺水地区的生态农业发展提供支撑。

（五）智能控制技术

1. 自动化控制技术

随着数字化技术的飞速发展，现代设施农业已经将自动化控制技术应用于生态温室中，在没有人工参与的条件下，通过控制装置及参数设定使机器、设备在生产过程中自动化运行。例如，基于大数据和云计算建立的AI（人工智能）模型控制策略，可以远程或自动控制遮阳器、湿帘风机的运作，严格把控温室的适宜温度；基于感知系统和农情监测的自动化灌溉系统可以实现精准灌溉操作，提升农业资源利用效率，提高农业系统管理能力，挖掘农业生产潜力（王炜，2020）。

2. 智能化物联网技术

设施农业物联网就是依靠各类感知装备识别并采集农业种植、畜禽养殖、设施园艺等方面的信息，通过有线或无线的方式将数据传输至系统，在信息管理平台进行数据处理、计算、决策，最终通过操作终端进行智能化生产和最优化控制，达到生态、集约、优质、高效的目的。生态温室中的农业互联网应用是通过GPS（全球定位系统）、农业传感器等精准检测光、温、水、肥、气等环境指标参数，通过网络通信技术、预测预警技术、诊断决策技术、智能控制系统等保障作物生长最适宜的环境，提高农业生产效率和综合效益（见图10-2）。

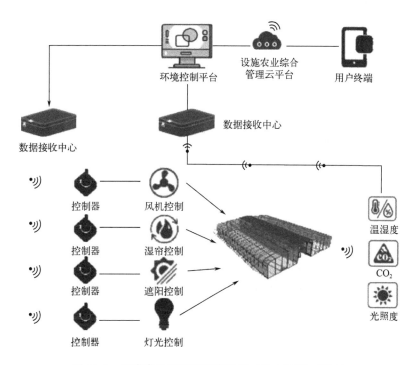

图10-2　设施农业物联网系统架构（林山驰等，2022）

三、种养结合生态温室发展模式与案例

（一）北方"四位一体"生态模式

1. 基本内容

"四位一体"生态模式是以土地资源为基础，以太阳能为动力，以沼气为纽带，以物质

能量转换技术体系为支撑进行综合开发利用的种养循环生态模式。通过合理配置日光温室、畜禽舍、沼气池和厕所4个因子，该模式将沼气技术、养殖技术、种植技术有机结合，形成一种高产、高效的优质农业工程和能流、物流良性循环的生态系统，简称"四位一体"。

2. 适用范围

北方"四位一体"生态模式作为我国"十大生态农业模式"中的推广典型，既适合北方平原地区发展农村庭院经济，又适合开展规模化种养结合的生态工程，在自然环境适宜、社会经济较发达、劳动力资源相对丰富的地区推广应用，有利于突破资源短缺、环境污染、生态破坏等农业可持续发展瓶颈。

3. 技术要点

北方"四位一体"生态温室包括日光温室种植、畜禽舍养殖、沼气池发酵和厕所四个部分。如图10-3所示，沼气池是北方"四位一体"生态模式的核心，建设在畜禽舍下方，起着联结养殖与种植、生活用能与生产用肥的纽带作用。它将畜禽和人类粪便收储进行厌氧发酵，过程产物沼气可用于农户照明和炊事，也可为温室增光提温，沼液、沼渣可作为有机肥料为作物提供营养物质，提升土壤肥力。温室大棚是结构主体，利用光、热、水、肥要素进行作物生产，通过畜禽舍与温室的气体交换窗，充分利用动物呼出的 CO_2 进行光合作用，并为畜禽舍提供充足的 O_2。畜禽舍位于沼气池上方，冬暖夏凉，通过气体的循环利用为动植物提供了互利的生长环境，加快畜禽生长，提高综合效益。

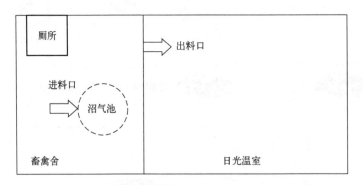

图10-3 北方"四位一体"生态模式布局

该模式是资源高效利用的复合型生态循环农业工程，能够提高自然资源利用效率，减少农业生产污染物排放，促进作物和牲畜优质高产，推动农村用能绿色转型，实现生态效益、经济效益、社会效益协同提升。

（二）以沼气为中心的"三结合"生态模式

1. 基本内容

种养结合循环模式的设计与区域自然条件、产业类型及资源禀赋紧密相关，目前在我国快速发展的以"三沼（沼气、沼液、沼渣）"综合利用为中心，以种植、养殖为主体的"三结合"生态温室已成为农业生态循环的典型范式。针对区域种养产业特点及资源现状，依据生态学、经济学和系统工程学原理优化种养系统内部结构，形成南方"猪-沼-种植系统"模式和北方牧区"草食动物-沼-种植/牧草系统"模式两种类型。"三结合"生态模式以沼气池为纽带，将传统农业种养分离的经营模式整合为集约化的系统生产方式，将农业外部污染转化为内部资源循环，实现减量化、再利用、循环化、可控化的生态农业目标。

2. 适用范围

以沼气为中心的"三结合"生态模式应用范围广泛,既可以在南方农田、山地、庭院等区域建设实施,开展粮食作物、蔬菜、果园、茶园等与生猪养殖的结合,也适用于生态脆弱的北方牧区发展草食动物养殖业,辅以种植和沼气利用。

3. 技术要点

"三结合"生态模式主要由种植子系统、养殖子系统和沼气池子系统构成。在实际应用中要围绕主导产业,因地制宜开展"三沼"综合利用,合理组合温室种植面积、畜禽养殖规模和沼气池容积。如图10-4所示,种植子系统可根据区域特征和产业需求灵活选择粮食作物、经济作物与饲料作物,为动物提供良好的生存资料。养殖子系统一方面创造畜禽产品,为牧民带来经济收入;另一方面,粪尿入池为

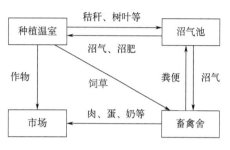

图 10-4 "三结合"生态温室循环示意图

沼气池子系统提供厌氧发酵原料,呼出的 CO_2 为种植子系统提供气肥。根据畜禽规模确定的沼气池用于消纳粪尿,并通过沼气工艺技术形成沼气、沼液、沼渣,为种植子系统提供有机肥的同时,满足农民、牧民对生活能源的需求。

以沼气为中心的生态养殖模式采取生物有机肥、饲料生产、沼气发电等综合技术,无害化利用种养业废弃物,实现了资源的再生利用和农业的循环发展,推动农村生活用能向清洁能源转变,促进产业融合发展。

(三)"五位一体"生态温室关键技术

1. 基本概念

"五位一体"生态温室是指遵循生态学、经济学和系统工程学原理,按照循环经济的减量化、再利用、再循环、可控化的基本原则,在建筑形式上包含"前温室、后冷棚、畜舍、沼气池及蓄水池"五位一体,在生产功能上实现"种植、养殖、生态、环保和能源综合利用"五结合,以太阳能为动力,以沼气为纽带,以现代智能化装备技术为手段,实现节能、节水、生态、高效的新型设施生态循环农业模式。"五位一体"生态温室是在北方庭院经济典型模式中的"四位一体(温室、畜舍、沼气、厕所)"模式的基础上发展起来的,能适应现代农业规模化、标准化和智能化发展的新要求。

2. 适用范围

相比于传统农业生产方式,"五位一体"生态循环模式能有效解决资源短缺、种养脱节、环境污染等问题,因此是适宜区域实施农业可持续发展的重要路径,不同地区可根据资源禀赋、产业特征及市场需求灵活调整种植和养殖的主体类型与结构,从而加快实现农业绿色转型升级。

3. 技术要点

"五位一体"生态温室包括种植、养殖两大生产子系统以及温室大棚光热控制系统、蓄水灌溉调控系统、沼气能源资源转换和养分资源利用系统三大辅助子系统。"五位一体"生态温室布局如图10-5所示。

沼气池是实现生态良性循环的关键,它将畜类粪尿及时收入并进行厌氧发酵,产生的沼气可用于农户照明、温室增温,沼液、沼渣可为前温室、后冷棚提供有机肥,同时喷洒沼液

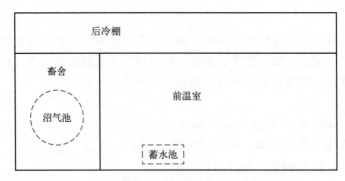

图 10-5 "五位一体"生态温室布局（赵桂慎等，2017）

也可杀菌除虫、培肥地力，确保土壤生态系统健康。畜舍建造于沼气池上方，为沼气池提供反应原料，与温室交界墙面设置一高一低两个气体交换窗，获取 O_2 的同时为植物的生长提供充足的 CO_2。前温室承担作物生产的主体功能，依靠适宜的光、热、水、肥条件保证全年的作物产量。后冷棚通过活动软墙与前温室进行连接，取消了传统日光温室的厚土墙，冬季可种植喜阴作物，日光条件好时移除活动软墙，与前温室连通成一个整体，增加种植面积，提高土地利用效率和农户经济收益。蓄水池设在前温室地下，收集和储藏地表径流雨雪等水资源，供给温室作灌溉用水或作人畜生活用水，避免自然降水的蒸发和流失，实现水资源的循环高效利用。

（四）典型案例

1. 山东省广饶县现代化生态循环农场[1]

山东省广饶县位居黄河三角洲与内陆腹地相连接的重要节点位置，是国家和山东省确定的优质粮棉菜基地与畜禽养殖基地，农业基础和经济实力雄厚，其高效生态农业发展战略可为黄河流域提供样板和示范。近年来，广饶县按照"瞄准绿色发力、推动绿色崛起"的农业产业发展理念，以家庭农场、专业合作社为主体，通过政策倾斜和资金扶持，大力推广种养结合循环模式，逐步建立起了"以地定养、以养肥地、种养对接、就地消纳"的种养循环体系，打造现代化高效绿色循环农业，保障了农产品的质量安全。

位于广饶县李鹊镇小张村的张守凤家庭农场是一家集养殖、种植、仓储于一体的现代化生态循环农场，不仅种植了地瓜、胡萝卜等大田作物和小麦、玉米等粮食作物，还建设了温室大棚，发展了五彩椒、西葫芦等设施农业，种植规模达到 $140hm^2$。同时，建设了 1 座 $500m^3$ 沼气池、4 座羊圈、40 座地窖、1 座冷库，利用胡萝卜等的农业生产废弃茎叶进行肉羊养殖，羊粪进入沼气池后发酵产出的沼渣、沼液作为有机肥料还田，通过"畜—沼—菜"循环模式种植的蔬菜全部达到绿色无公害标准。此外，新一代信息技术也在为生态农场赋能，高效蔬菜平台的运营实现了智能种植监控、智能水肥一体化灌溉、播种机器自动化操作等，带动粮食产能和产业效益稳步提升，加快实现乡村振兴和共同富裕。

2. 山东省宁阳县现代农业产业园[2]

山东省泰安市宁阳县是全国闻名的"中国蔬菜良种之乡"，蔬菜种质资源丰富，具有特定的生产区域、独特的产品品质及较强的市场竞争力。在新时期全面推进乡村振兴的战略背

---

[1] 内容来自《大众日报》，题为"山东广饶：'种养结合'打造绿色循环生态农业"。
[2] 内容来自宁阳县政府网站。

景下，宁阳县委县政府谋划推广生态循环农业模式，以乡饮乡为样板建设现代农业产业园，打造了一个"种植-养殖-生态-环保-能源利用"五位一体的生态温室模式。宁阳县立足本地资源禀赋和发展需求，以"五位一体"生态循环温室大棚为产业振兴的抓手，实施百村千棚工程，以种养产业、功能性食品为主导，打造绿色循环核心示范区，着力发展优质畜禽生态养殖、有机菜果粮生态种植、示范园信息化建设，促进一、二、三产业融合发展。

因地制宜的生态循环农业模式为宁阳县带来了显著的综合效益。暖棚区、冷棚区的结构建设将本地大棚土地利用率由60%提高到80%，带动种植效益和经济增益双提升；温室、畜舍、沼气池的组合解决了畜禽污染、废弃物资源化和能源供应问题，而且生产的农产品符合绿色食品标准，真正做到了藏粮于地、藏粮于技；地下水窖的修建及水肥一体化的灌溉技术缓解了宁阳县地下水资源匮乏的现状，降低了农民生产投入。未来宁阳县1000个生态、节约、高效、优质的温室大棚将实现新增产值2亿元，提供2000个就业岗位，带动农村剩余劳动力就业，为消费者提供不同营养需求的绿色功能型农产品，促进乡村振兴战略实施，具有显著的经济效益、社会效益、生态效益及巨大的推广价值。

第二节　工厂化垂直生态农场

一、工厂化垂直农场发展过程

（一）垂直农场的概念与起源

垂直农场（vertical farming）是在高楼大厦中进行农业活动，配合可再生能源与大棚技术，实现农业有效且快速地生产（陈旭铭，2013）。相较于传统的农业模式，它是一种较新潮的农业种植方法，是农业发展空间的重大突破，它将农业生产由地面向空中发展，可以在城市中增加农业生产空间。垂直农业系统最独特的地方是其可以在单位面积土地上可持续地生产更多食物（Khandaker & Kotzen，2018）。

早在2600年前，位于两河流域的美索不达米亚地区就出现了空中花园，空中花园采用立体造园的形式，在向上堆叠的平台之间种植花草，这是人类首次利用垂直空间进行花草种植的典型案例（Barthel等，2010；Cabannes，2006）。1909年，*Life Magazine*首次提出了垂直农场的概念，即垂直农场是能够在高层建筑中种植各种农作物以供人类使用的农业生产模式（Adinna，2003）。随后，Gilbert Ellis Bailey于1915年在他撰写的*Vertical Farming*书籍中首次明确了"垂直农场"这一学术术语（Zeldis，2014）。垂直农场最初的开发和研制与人类探索外太空息息相关。1960年，来自西伯利亚克拉斯诺亚尔斯克的苏联科学家们就开始研发如何使农作物在环境条件可控的封闭室内种植，以满足人类在这个封闭空间内对食物、空气和水的需求（Gitelson等，1976）。他们的研究为垂直农场提供了最初的模型与技术支撑。随后，美国国家航空航天局（NASA）的科学家在1980年前后启动了受控生态生命保护系统（Controlled Ecological Life Support Systems，CELSS）项目，又称"太空农场（space farm）"，着重研发在环境条件可控的室内进行小麦、大豆、马铃薯、莴笋、红薯等的生产，进一步完善了室内垂直农场的农作物种植技术（Hoff，1982；Tibbitts & Alford，1982）。2008年，蒂芙尼·贝雷斯在第25次被动式和低能耗建筑会议上将建筑学应用于垂直农业中，并且强调了垂直农场的农业生产功能。此后，欧洲、加拿大、日本等地的科学家也开始了相应研究（Wheeler，2017）。

（二）工厂化垂直农场的发展

前人的研究探索为如何设计、建造和发展工厂化垂直农场奠定了坚实的基础，近10余年世界各地开始尝试建立工厂化的垂直农场。

1. 亚太地区

工厂化垂直农场在亚太地区市场占比最大并保持领先地位。新加坡和日本受人口和国土面积的制约，成为垂直农业领域的先驱者。新加坡素来有"花园城市国家"之称，2012年第一个全球正式营业的工厂化垂直农场——Sky Greens农场就位于新加坡。该垂直农场利用100多座9m高的塔楼垂直种植白菜等蔬菜，并在当地的超市出售。它也是世界上第一个低碳液压驱动的城市垂直农场，以最少的土地、水和能源来维持绿色可持续生产（图10-6）。新加坡不仅通过垂直农业来为本国市场提供农产品，还将垂直农业与城市建筑群相融合，打造出独特的都市景观，具有极高的美学价值。日本的垂直农业一直位于世界前列，其目前运营约400多家工厂化垂直农场，为日本城市里的消费者提供蔬菜。韩国在垂直农业发展方面也有所进展。

图 10-6　Sky Greens 垂直农场（资料来源：Sky Greens 官网）

我国的工厂化垂直农场起源于20世纪90年代，以钱学森为代表的学者提出了"山水城市"的概念，他们认为"山水城市"分为大、中、小三种境界，小的境界是针对城市建筑而言，一座大楼应该实现人们的多功能需求。2010年，我国首个垂直农场设计方案"绿美人"摩天塔在深圳问世，"绿美人"集垂直农场、花园酒店和绿色生态观光于一体。2011年，山东首家全程智能化控制的立体垂直农业示范园开工建设，示范园实现了对作物生长环境的全程监控。国内中国科学院植物研究所、中国农业科学院都市农业研究所等研究机构与地方政府及企业合作，开展了垂直农场设施装备及关键技术的研发，取得了一系列重要进展，为我国垂直农场发展奠定了坚实的基础。

2. 欧美国家

与此同时，美国、法国、英国和丹麦等欧美国家也加快了本国垂直农场的建设及运营，如荷兰Dronten镇的Staay食品公司的垂直农场，英国斯肯索普的商业垂直农场，美国新泽西州的世界上最大的垂直农场Aero Farm，以及比利时的蜻蜓垂直农场等（李启凤等，2013）。

3. 贫困国家

垂直农业是发达国家农业的一种新兴趋势，同时也为一些粮食短缺的贫困国家带来了机遇。在新型冠状病毒疫情防控期间，粮农组织与美国国际开发署（USAID）合作，帮助巴基斯坦的一些地区在废弃隧道中进行蔬菜种植，以此来解决疫情防控期间的粮食短缺问题。隧道菜园延长了作物的种植季节，提高了产量，增加了当地新鲜营养农产品的供应。近年来，垂直农场和城市微型菜园方式正在普及。疫情防控期间世界各地通过实施相应措施来减轻疫情对粮食供应链的冲击。物流受限以及各国和地区对人员流动的限制措施导致农业收入下降，使许多需要粮食的地方面临粮食供应不足的风险。在这种情况下，垂直农业与城市农业恰恰可以缩短粮食供应链，满足多地对粮食的需求。

二、工厂化垂直农场发展类型

目前垂直农场的类型有三种（Kaplan 等，2019；Touliatos & Thompson，2016；Muller 等，2017）。第一种是指建造了几层种植床的垂直农场，这种垂直农场已经在世界各地兴起。许多城市在其新老建筑中实施了这种模式。第二种垂直农场常见于新旧建筑物的屋顶上、商业和住宅建筑的顶部以及餐馆和杂货店。第三种垂直农场是具有前瞻性的摩天大楼垂直农场（目前尚没有一个完全建成）。三种类型之间的联系在于前两种垂直农场项目的成功及其技术的成熟可能为第三种摩天大楼农场的建成提供基石（Despommier，2013；Touliatos 等，2016）。

（一）种植床垂直农场

世界各地对种植床垂直农场发展感兴趣的公司较多。例如，日本东京的 Nuvege 是一个 $2787m^2$ 的以水培为主的垂直农场，具有 $5295m^2$ 的垂直种植空间，该农场在保证安全的前提下在福岛核电站周围生产莴苣。荷兰 Den Bosch 的 Plant Lab 是一个三层的地下垂直农场，它使用先进的 LED 技术，可以根据作物需求精确校准光照的组成和强度，消除不利于农作物生长的阳光波长。该农场采用自动化系统来监测和控制湿度、二氧化碳、光强度、光色、风速、灌溉、营养价值和气温变量。这个高科技农场的产量是传统温室的 3 倍，其用水量相较于传统农场减少了 90%。

在美国，纽约、芝加哥、密尔沃基等城市是垂直农场发展的先驱，它们将空置的城市仓库、废弃建筑和高层建筑用于种植粮食。在建筑物内，垂直农场的农民建造具有几层种植床的设施，用人造光种植作物和蔬菜，如芥菜、甜菜根和向日葵等。室内垂直农业利用空置的工业建筑生产新鲜健康的食物，同时为贫困地区提供就业机会，在刺激经济发展方面发挥着重要作用。在美国，发展垂直农场的公司主要有 Green Spirit Farms、Farmed Here、The Plant 和 Green Girls 等。

以 The Plant 工厂为例，该工厂位于芝加哥废弃的堆料场中心，拥有近百年的历史。这座 $8686m^2$ 的四层红砖仓库被打造为了一个零能耗的垂直农场，其运作过程中以食物垃圾为燃料。其零能耗的实现依靠联合供热和发电（CHP）系统，该系统包含一个大型厌氧消化器，可将食物垃圾转化为沼气，为该建筑提供电力、供暖和制冷。厌氧消化器每天可处理 27t 食物垃圾，每年燃烧其采集的 11000t 食物垃圾的甲烷，以产生电力和热量。该工厂将该设施变成一个食品企业孵化器、研究实验室和垂直耕作的教育与培训基地。其改造于 2010 年开始，于 2016 年完成。

该工厂目前生产绿色蔬菜、蘑菇、面包和康普茶。未来该设施将结合罗非鱼养殖场、啤酒酿造厂、康普茶酿造厂、公共厨房、水产养殖系统进行绿色能源生产。该工厂致力于实现真正可持续的食品生产和经济发展，将一个老旧的肉类加工厂孵化成小型手工食品企业，在酿造啤酒和康普茶这一过程中只使用自身即时生产的可再生能源。通过将一个企业的产出与另一个企业的投入相结合，变废为宝，让人们扔掉的"垃圾"也能发挥其价值。

（二）屋顶农场

屋顶农场可在屋顶上种植水果和蔬菜。由于缺乏合适的城市耕地，屋顶近年来被视为种植粮食的合理空间，有利于城市的可持续发展建设，近年来大量的屋顶农场涌现（Sanyé-Mengual 等，2014；Whittinghill 等，2013）。

Gotham Greens 是一座占地 1394m² 的位于纽约布鲁克林区的一座两层建筑之上的垂直农场。它建于 2011 年，是美国第一个在城市环境中使用技术复杂的受控环境农业（CEA）的屋顶水培商业农场。该农场可以使用更少的占地面积种植比传统农业多 7~8 倍的粮食，而且可以全年提供绿色农产品，农业耕作效率极高。此外，Gotham Greens 可以在冬季种植夏季蔬菜，增加了纽约市冬季农作物的种类，每年可以生产 80~100t 有机的优质生菜、沙拉蔬菜和香草。Gotham Greens 不仅致力于提供优质产品，还采用先进的计算机系统来控制农作物的光照、灌溉和施肥等，同时利用太阳能来节约能源光伏。屋顶农场利用高效水泵和风扇进行自然通风与隔热，进一步减少了能源消耗。纽约市能源成本高，该垂直农场相较于传统农场消耗更少的土地和水，减少了能源使用，这些节能上的创新大幅降低了其生产成本。

另外，有趣的是，在飓风"桑迪"期间，传统农业遭受天气损害，Gotham Greens 成为了纽约唯一的新鲜食品供应商，这也凸显了城市地区保护性农业在面临气候、环境恶劣时有其优势所在。

（三）摩天大楼农场

关于摩天大楼农场的建设仍停留在设想阶段，很大程度上是因为这些想法在经济上还不具备可行性。但目前已经有一些公司正在尝试进行一些相关工作。Plantago 是先驱公司之一，其在"世界粮食大厦"项目中提到一种 16 层高的垂直高效温室。该公司已经发明了一种自动化的螺旋食品种植装置。该装置可以利用高效的机器人传送带，一个接着一个地移动每一排农作物。工作人员将作物种子放在花盆里，再将花盆放在一条自动化传送带上，利用升降机将它们提升到螺旋顶端，随后，这条传送带会根据作物的生长阶段严格控制不同作物接受的阳光量，在作物成熟后，会将它们稳定地带回地面，此时垂直农场的农民对其进行收割。为了让作物尽可能多地暴露在阳光下，托盘在缺少光照处会移动得更快。Plantagon 还采用浮石土壤作为生长介质，作物培育不是完全依赖水。浮石是一种火山岩，由熔岩在水中冷却而成，具有多孔性，可以吸收养分并将其输送给农作物。这两种方法为作物提供的营养水平相似，但浮石土壤可能可以克服水培产品的"无味"问题。Plantagon 提供了立面农业、多功能农业和独立农业三种垂直农业方式。

1. Planta Wall 立面农业

这种方法将建筑物的正面变成一个多产的温室，在阳光照射最强的地方放置一个 6m 高的温室。将农作物放在托盘中并在平行传送带上不断移动，在这个过程中获得最大的自然光照射。Planta Wall 立面系统基于灵活的模块化结构，可以连接到整个立面或现有结构的一部分上。除了结构灵活性之外，立面系统还具有隔声、隔热和遮阳优势。该系统培养了一种共生关系，将二氧化碳从人转移到农作物、将氧气从农作物转移到人，从而为每个人创造了一个健康的环境。立面系统也有其缺点，主要是减少了能够进入内部空间的自然光量。

2. 多功能农业

除了农业用途外，多功能垂直农场还包括办公空间、酒店、零售空间以及居住和教育用途。

3. 独立农业

独立的垂直农场专门用于食品的工业化生产。该公司已经生产了两种原型：一种是适用于热带气候的球形垂直农场；另一种是适用于温带气候的半月形垂直农场。"Plantscraper"是垂直农场的参考建筑模型，其设想建于瑞典首都斯德哥尔摩南部的林雪平市中心。"Plant-scraper"是一座12层的混合用途塔楼，它的南面（农作物墙）是一个室内农场，底层是一个农贸市场，办公空间用于城市农业研究。出租办公空间可为大楼提供额外收入。据估计，这种农场每年将生产300~500t以芹菜为主的绿叶蔬菜。此外，该建筑可进行废水的收集和再利用，并自动检测和控制所有农药、化肥与土壤污染。

三、工厂化垂直农场生态循环技术

1. 耕作技术

垂直农场技术的研究较多，旨在通过技术研究推动粮食的可持续生产。与传统农业生产相比，垂直农场生态循环技术可以在促进作物增产的同时节约水资源（Kalantari 等，2018；Kalantari 等，2017）。这些高科技农场的设计、布局和配置可以为作物提供最佳的光照，精确测量并满足农作物生长所需的养分。由于这些作物在受控的闭环环境中生长，很少使用有害除草剂和杀虫剂等，可以最大限度地提高食物的营养价值并保障食物安全。此外，在生产过程中还可以根据人们的喜好"设计"农产品的味道（Hedenblad & Olsson，2017）。垂直农场技术开发和改进的目的是在世界上的任何地方都实现作物产量的最大化，同时尽可能地减少其对环境的影响。这些技术将实现作物生产范式的转变，特别适用于土地有限的城市地区。其中，相关耕作技术（主要是水产养殖法、气雾栽培法和水培法）发展迅速且呈现多样化趋势（见表10-2）。

表10-2 垂直农场耕作技术

耕作方法	关键特征	主要优势	使用技术
水培法	无土栽培，用水作为生长介质	促进农作物快速生长；减少甚至消除与土壤相关的种植问题；减少化肥或杀虫剂的使用	计算机和监控系统；手机、笔记本电脑和平板电脑；粮食种植应用；远程控制系统和软件（远程农业系统）；自动化货架、堆叠系统、传送带和高塔；可编程LED照明系统；可再生能源应用（太阳能电池板、风力涡轮机、地热等）；循环系统；厌氧消化器；可编程营养系统；气候控制、暖通空调系统；水循环和再循环系统；雨水收集器；杀虫系统；机器人
气雾栽培法	水培法的一种变体，用喷雾或营养液喷洒农作物的根部	节约水资源的使用；促进农作物快速生长；减少甚至消除与土壤相关的种植问题；减少化肥或杀虫剂的使用	
水产养殖法	将水产养殖（养鱼）和水培法结合在一起	在农作物和鱼之间创造共生关系；利用鱼缸中营养丰富的废物来"灌溉施肥"水培床；水培床为鱼类栖息地净化水源	

资料来源：Kheir Al-Kodmany，2018。

2. 照明技术

垂直农场的发展离不开照明技术。现有的 LED 照明技术只能产生 28% 的发光效率,若想使室内耕作方法具有成本效益(Eve,2015),至少应将其发光效率提高到 50%～60%。发光二极管的实验发展已经达到了这一水平。飞利浦的照明工程师已经生产出发光效率为 68% 的发光二极管。照明效率的提升将大幅削减照明成本。位于荷兰的 Plant Lab 组织最近发明了一种照明技术代替了阳光,通过使用这种技术,即使是在很小的占地面积上也能种植食物,为农作物生长提供最佳波长的光。新兴的照明技术提供了农作物光合作用所需的照明颜色——蓝光、红光和红外线。

此外,新的"感应"照明技术模拟了阳光的色谱,以促进蔬菜和水果的生长。这种灯使用电磁体代替灯丝,激发氙气作为光源,需要使用的能源减少,而且灯的寿命长达 10 万小时,是 LED 灯的两倍。它产生的热量比 LED 灯多,但比白炽灯少。这种灯产生的热量正好满足作物种植的需求。

3. 农事操作

随着技术的不断进步,农业操作自动化程度会越来越高。例如,广泛地实施监测系统以检测农作物对水、养分和其他物质的需求;通过传感器发出的有害细菌、病毒或其他致病微生物信号,农民可以进行相应的作物种植调整;此外,气相色谱技术能够准确地分析作物类黄酮的水平,提供作物最佳的收获时间。此类关键技术的开发不断取得突破,发展前景广阔。

4. 远程耕作

研究人员近期在努力探索"远程耕作"技术。在这一技术愿景下,垂直农场的农民可通过手机软件和应用程序远程管理多个农场及其作物。例如,农场管理者可通过智能手机或平板电脑调整作物的营养水平及土壤 pH 值平衡,若垂直种植系统中的水泵出现故障,其会发出警报通知农场管理者。

正如保罗·马克斯解释的(Marks,2014),远程耕作将通过减少劳动力来大幅降低运营成本,并提高管理农场的便利性、灵活性和效率。此外,通过使用新的信息技术和应用程序,农业的趣味性也得到了提升。

5. "循环农业"生态系统

"循环农业"生态系统是一个模仿废弃物资源化的自然生态系统。例如,通过水培可以将一部分废物转化为养分。循环系统回收和再利用过程中的几乎每一个元素(如污水、食物垃圾等)都可以转化成堆肥。在循环系统中,所有东西都留存在系统中,在减少了浪费的同时产生了能源和其他副产品,如垫层和盆栽土。

厌氧消化器是一个沼气回收系统,可以将食物废物转化为沼气,以产生电力和热量。如芝加哥的一个垂直农场采用厌氧消化器可以从每天产生的 27t 食物垃圾中收集甲烷来发电和供热。加拿大魁北克省的大北水栽培公司(GNH)通过采用热电联产机器减少了供暖成本和对化石燃料的依赖。

因此,该种"循环农业"生态系统在美国芝加哥的 The Plant 工厂得到应用,其主要特点在于:a. 该系统的核心是一个厌氧消化器,可以将有机物质转化为沼气,再将沼气通过管道输送到涡轮发电机,为维持农作物生长发电;b. 农作物为康普茶酿造厂制造氧气,康普茶酿造厂为农作物制造二氧化碳;c. 鱼的排泄物可用于为农作物提供养分,农作物可为鱼净化水质;d. 鱼产生的废弃物随着农作物废弃物、啤酒厂的酒糟一起进入消化池;e. 啤酒厂的废大麦用来喂鱼；f. 消化池中的污泥变成了藻类浮萍，给鱼提供了食物；g. 除了发电外，涡轮机还产生蒸汽，蒸汽通过管道输送到商用厨房、酿酒厂和整个建筑，用于供暖和制冷。因此，该农场生产康普茶、新鲜蔬菜、鱼、啤酒和食物的过程中没有产生任何资源浪费。

四、工厂化垂直生态农场发展前景与展望

1. 发展前景

工厂化垂直农场可以通过解决粮食安全问题来确保城市的可持续发展。城市地区由于油价上涨、水和其他农业资源短缺，粮食价格飙升。目前由农村向城市地区提供食物的做法从环境和经济上考虑不合算，如长距离运输食物的效率低下。垂直农场的发展将通过节约能源、水和化石燃料的使用，在环境友好的同时提供新的就业机会，高效和可持续地种植粮食。发展工厂化垂直农场，在环境、社会和经济三方面均有利益驱动点（见表10-3）。

表10-3 发展工厂化垂直农场的利益驱动点

序号	利益驱动点	环境	社会	经济
1	减少食物运输距离	减少空气污染	改善环境，有利于人们的身体健康	减少运输食物的能源、包装和燃料
2	可通过高科技的灌溉系统减少生产食物的用水量	减少传统农场的地表水流失	让更多的人可以饮用纯净水	降低成本
3	回收有机废弃物	减少对废弃物的处理，保护环境	提高食品质量，有利于消费者的身体健康	变废为宝
4	创造当地就业机会	减少通勤市场，减少生态足迹	创建一个本地工人社区和农民社交网络	在经济上造福当地人民
5	减少化肥、除草剂和杀虫剂的使用	改善环境状况	提高食品质量，有利于消费者的身体健康	降低成本
6	提高生产效率	节约生产空间	减少多余、重复的工作，节约时间	提高收益
7	避免洪水、干旱、飓风、过度暴晒和季节变化造成的作物损失	减少环境破坏和破坏后农场的清理工作	改善粮食安全	避免经济损失
8	根据不同季节调整生产的作物类型	按季节生产	满足人们对不同种类农产品的需求	增加全年净利润
9	使用可再生能源	减少化石燃料	改善空气质量	降低成本
10	拉近自然与城市的距离	增加生物多样性	减轻压力，促进心理健康	创造就业机会
11	促进高科技和绿色产业发展	"绿色技术"减少环境危害	鼓励高等教育，培养技术工人	在生物化学、生物技术、建筑、维护以及研发领域提供新的就业机会

续表

序号	利益驱动点	环境	社会	经济
12	减少传统农业活动	保护自然生态系统	提高公民健康水平	降低成本，改善环境
13	改造危房	改善环境，消除居民的负面情绪	创造社交机会	振兴经济

注：资料来源：Kheir Al-Kodmany，2018。

尽管建设工厂化垂直农场前景光明，潜在利益巨大，但在其发展道路上仍存在挑战和障碍，主要在于社会阻力，即大多数人不接受传统自然的耕作方式发生改变（Abel，2010；Specht 等，2014）。此外，反对垂直农业的核心论点还在于在室内种植农作物比传统农业需要耗费更多的资源。由于建造一个垂直的温室比建造一个普通的温室要昂贵得多，盈利是实现垂直农场的可持续发展的关键点。垂直农业是第三次农业革命的重要组成部分，从目前来看如果仅通过它来解决城市人口的食物消费还有很长的路要走。

2. 展望

垂直农场是农业高新技术竞争的战略高地，是国家农业高水平技术的重要标志。未来，随着新能源技术、人工智能、种养结合、节能工程、生物育种以及材料科学等科学技术的快速发展和能源成本的降低，并且在光效与能效提升、机械化与自动化应用以及高产优质专用品种选育等方面的技术突破，工厂化垂直农场的盈利水平将大幅度提升，并加快产业化步伐。人们将更加关注垂直农场的生态化建设，投入更多的资金进行研发，促进垂直生态农场的加速发展，各方面技术体系也将不断完善。

未来，工厂化垂直农场的风格和形式会根据不同地区特有的条件，如审美需求、地方文化、生态环境、能源分布等进行设计，增加文化多样性和地域性，并且很有可能与其他作物混合种植。随着垂直农场生产的工厂化，垂直农场将成为人们主要的粮食来源，大量耕地将恢复到自然状态，地球生态系统逐渐恢复，人类与自然的关系将更加和谐。

此外，研究表明月球土壤并不适合种植植物，未来太空也将有望建立工厂化垂直农场，因此工厂化垂直农场可能是未来人类移居月球后最基础的粮食生产设施之一，并且可能在空间站中也会建立，以满足太空研究及生活的粮食需求。

尽管工厂化垂直农场目前还处于初级阶段，仍然存在一些不足，尤其是由于其投入产出比低，种养结合等生态循环技术有待深度研发与提升，目前其推广应用还很有限，但工厂化垂直农场涉及国家乃至世界未来的粮食安全问题，它能够在极端环境条件下保障粮食稳定持续供应，其战略价值已经远超经济价值。因此，不管工厂化垂直农场未来是否真正能够实现盈利，都很有可能得到政府的大力支持，成为国家粮食安全保障战略中不可或缺的组成部分。

第三节 太空生命保障人工闭合生态系统工程

一、太空生命保障系统发展过程

（一）太空生命保障系统的概念

目前，人类在太空中飞行和国际空间站中的生活大多是由定期补充物资来保证的。随着人类对太空探索的深入，其探索范围在不断扩大，任务持续时间不断延长，对航天员的生命保障提出了更高的要求。而且星球间距离遥远，空间货物常规运输的价格高达 10000 美元/kg，考虑到运输成本和难度，该方案难以持续实施（Harper 等，2016；Jone，2003；Verbeelen 等，2021）。

太空生命保障系统是在航天器中创造和维持类似地球的环境条件，保证航天人员的基本生存，包括载人航天器内的大气环境控制、物质保障、应急状态下的生命保障等方面（刘向阳等，2022）。目前，国际空间站中以物理化学为基础的环境控制和生命支持系统无法就地生产食物，也无法高效回收水和氧气，这导致需要频繁地从地球上进行补给。因此，提出了生物再生生命保障系统（bioregenerative life support system，BLSS），又称为受控生态生保系统（图 10-7）。生物再生生命保障系统是以生态学原理为基础，将生物技术与工程控制技术等有机结合，构建由人、植物、动物、微生物组成的人工闭合生态系统。该生态系统与地球表面的生态系统具备类似的营养链结构，即生产者-消费者-分解者结构（刘红等，2020）。其通过综合集成营养学、心理学、医学、环境工程、植物学、动物学、空间生命科学、电子信息工程、材料学等多种学科领域的知识体系与研究成果，合理、高效、稳定地调控系统中生产者、消费者和分解者之间的协同关系，基本实现系统中物质的循环再生和自给自足，从而持续供应航天人员生存所需的食物、氧气和水等基本生命保障物质（孙喜庆等，2010）。

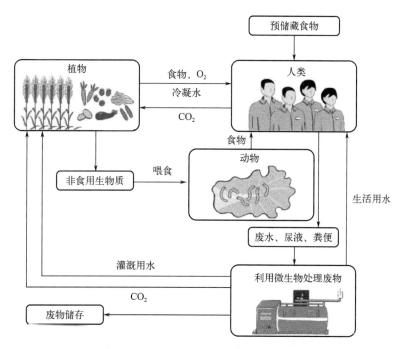

图 10-7　BLSS 的物质循环（Liu 等，2021）

（二）生物再生生命保障系统（BLSS）的发展历程

生物再生生命保障系统是目前世界上最先进的、可实现高闭合度物质循环的生命保障技术，是人类进行月球、火星等长时间、远距离空间探索活动必需的关键技术之一，是实现长期深空载人航天的根本保障（刘红，2009；郭双生 & 武艳萍，2016）。20 世纪 60 年代以来，苏联（俄罗斯）、美国、欧洲、日本和中国等国家相继对 BLSS 展开研究，并先后建立了不同规模和类型的 BLSS 实验系统，进行了大量的模拟实验。

1. 俄罗斯

BLSS 的研究最早起源于 20 世纪 60 年代初期，是由苏联科学院生物医学问题研究所（Institute of Biomedical Problems，IBMP）最先发起的。该研究所建立了一个 $5m^3$ 的密闭舱，其中包含三个单细胞藻类培养器作为氧气发生器，利用单细胞藻类进行了世界上第一次 BLSS 实验，实现了"人-微藻"系统中气体 90% 的循环再生（Shepelev，1966）。20 世纪 60 年代，苏联科学院西伯利亚分院生物物理研究所（Institute of Biophysics，IBP）建造了 BIOS 系统，这是世界上第一个用于研究 BLSS 的大型地面综合实验设施。其实验结果表明，该系统在气体循环方面实现了部分封闭，可满足一个人 20% 左右的物质需求。为了进一步提高系统闭合性，研究人员在原有基础上进行了扩建，将系统升级为 BIOS-2，并通过 90d 的封闭实验以及不断调整后证明了气体循环可完全封闭，约 25% 的 O_2 由植物再生，其余由微藻再生，系统中的水资源也完成了循环，总体闭合率为 80%~85%（Salisbury 等，1997）。

1972 年，在上述工作的基础上，研究人员建造了全新的系统——BIOS-3，试图实现物质循环的完全闭合（Sychev 等，2011）。BIOS-3 多次进行"密闭有人试验"。实验结果表明，该系统在气、水循环方面实现了完全封闭，可满足 2 人 70% 或 3 人 30% 的食物需求，有 24% 的矿质元素在系统中实现了循环，总体闭合率为 95%（Gribovskaya 等，1997；Gitelson 等，1989）。BIOS 系统的密闭有人试验已在 20 世纪 80 年代结束，但是其已经充分证明了构建一个基于生物再生生命保障技术的闭合生态系统的可行性。他们的工作为后来其他国家开展相关研究提供了有价值的参考（Degermendzhi & Tikhomirov，2014）。

2. 美国

1966 年，美国国家航空航天局（National Aeronautics and Space Administration，NASA）在艾姆斯研究中心（Ames Research Center）首次召开了关于开展闭合生态系统研究的会议，标志着 NASA 正式开始涉足 BLSS 研究（Wheeler 等，1996）。1979 年，NASA 启动了"受控生态生命保障系统计划"（Controlled Ecological Life Support System Program，CELSS），致力于利用生态学和生物学技术开展生命保障系统研究（Wallace & Powers，1990；Mitchell，1994）。在 CELSS 计划的基础上，NASA 对长期载人航天任务进一步提出了先进生命保障理论（advanced life support，ALS）（Henninger 等，1996）。此外，NASA 还与一些大学合作进行了密闭环境下的植物栽培实验，建立了包括生物量生产舱（biomass production chamber，BPC）在内的诸多 BLSS 试验装置（图 10-8）（Wheeler 等，2008；Wheeler，2015，2018）。

图 10-8　NASA 构建的密闭实验系统（Wheeler，2015，2018）

1986 年，Edward Bass 作为投资人，在美国亚利桑那州图森市以北的沙漠建立了闻名于世的"生物圈 2 号（Biosphere-2）"。曾有 8 名科研人员在"生物圈 2 号"内进行了为期 21 个月的封闭实验，但不科学的设计导致了食物短缺、大气氧浓度不足等问题，系统内基本物质循环失衡，实验人员被迫离开，实验宣告失败（Dempster，1999）。

1995~1997 年，NASA 还开展了"月球-火星生命保障试验项目"（Lunar-Mars Life Support Test Project，LMLSTP），将生物再生生命保障技术同传统的物理化学技术结合起来。该计划使用物理、机械、化学和生物相结合的方法来回收航天人员使用的空气和水，并利用连接室中生长的植物来为航天人员提供食物（Kloeris 等，1998）。

2010 年，NASA 开始了舱室演示模块深空居住舱（Habitat Demonstration Unit-Deep Space Habitat，HDU-DSH）工程，这项工程在亚利桑那州沙漠中建立了一套居住舱系统，计划分阶段进行一系列有人系统试验（Kennedy，2011）。

目前，NASA 一直致力于完善深空任务的技术需求，不断开发环境控制和生命支持（environmental controll and life support system，ECLSS）技术，包括生命支持、环境监测、消防安全和后勤保障。国际空间站上的一项新研究使用微藻小球藻作为混合生命支持系统（LSS）的生物成分进行测试。其未来的重点领域包括将藻类加工成可食用的食物，并扩大系统规模，为长期太空飞行任务的宇航员提供必需品，包括食物、水和 O_2。

3. 日本

1988 年，日本环境科学技术研究所（Institute for Environmental Sciences，IES）开始筹建一座密闭生态实验系统（closed ecology experiment facilities，CEEF）。日本宇宙航空研究开发机构（Japan Aerospace Exploration Agency，JAXA）以此系统为平台开展了大量针对 BLSS 技术的研究，并首次引入了动物单元——山羊。CEEF 系统由密闭植物实验舱、密闭动物饲养舱、人居住实验装置 3 部分构成，其独特之处在于物质循环迅速，便于航天人员控制；缺点是系统规模过大，而且未考虑到微生物在系统内的重要作用，需要依赖外部人员对系统进行干预（Masuda 等，2005）。

2016 年，CEEF 更名为 EEF（ecology experiment facilities），正式放弃密闭实验计划，但仍在进行植物培养单元的同位素化学分析实验，将继续研究生态系统中物质循环的规律，试图阐明 BLSS 系统内物质循环的科学机理（Tako，2018）。

4. 欧洲

1989 年，欧洲航天局（the European Space Agency，ESA）、比利时、西班牙、加拿大共同资助启动了微生态生命保障系统研究计划（Micro-Ecological Life Support System Alternative，MELiSSA）（Fulget 等，1999）。

2008 年，MELiSSA 计划进入整合阶段，将实验装置设在西班牙巴塞罗那大学，多家高校及科研机构针对系统中的物质循环（Farges 等，2012）、高效植物栽培（Paradıso 等，2014）等领域开展了研究，其最终的目标是要实现系统内水、气循环的完全闭合（Lasseur 等，2010），满足一个人 100% 的 O_2 需求和至少 20% 的食物需求。

MELiSSA 项目负责人 Christophe Lasseur 指出，下一步是扩大系统规模，聚焦于食物生产，并利用有机废物中的二氧化碳（图 10-9）。2017 年 12 月，国际空间站上的 ArtemISS 光生物反应器证明微藻生物反应器可以利用二氧化碳产生氧气，并且具有很强的抗辐射能力。在俄罗斯卫星上进行的 Nitrimel 实验还表明，暴露于太空飞行辐射中的细菌在地球上的表现仍然很好，证明了其可行性。

图 10-9　MELiSSA 试验工厂内部情况（资料来源：欧洲航天局 ESA）

目前，欧洲航天局正在地球和太空中测试封闭生命保障系统。西班牙巴塞罗那试验基地构建了一个与自然环境完全隔绝的完整生态系统，为试验动物提供舒适的栖息地，旨在保持试验动物的健康，最终满足长期载人航天任务的技术需求。

5. 中国

20 世纪 90 年代，我国国内高校、科研院所开始进行 BLSS 方面的探索性研究，提出了我国 BLSS 的研究方向和发展设想。自 2004 年以来，北京航空航天大学刘红教授科研团队系统深入地开展了大量 BLSS 研究工作，建立了"人-莴苣-藻-蚕"地面小型实验系统，进行了我国首次 BLSS 地基模拟有人实验（Li 等，2013），为后续 BLSS 研究奠定了坚实的基础。

2013 年 10 月，我国建成了第一个 BLSS 地基大型有人综合试验系统——"月宫一号"（图 10-10）。2014 年在"月宫一号"中完成了我国首次有人高闭合度密闭实验，实验持续了 105d，实现了 100％的氧气循环、100％的水循环以及 55％的食物循环，"月宫一号"的系统整体闭合度为 97％，达到了当时的世界最高水平。同时它也是世界上首次成功实现"人-植物-动物-微生物"四生物链环的 BLSS（Fu 等，2016）。

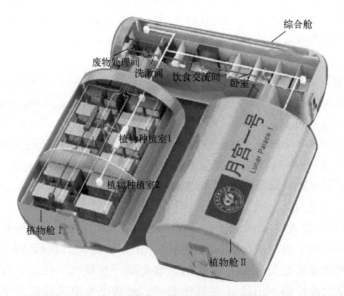

图 10-10　"月宫一号"设计示意图（资料来源：北京航空航天大学官方网站）

2016年，在前期基础上，"月宫一号"完成了规模和技术上的全面升级，并于2017年5月10日开始"月宫365"实验，全程历时370d，创下了世界上BLSS最长连续运行时间纪录。"月宫一号"的BLSS在长期运行过程中具有良好的稳定性，其通过自身反馈调节消除了气体扰动的影响，具有较强的鲁棒性。实验中，可完全满足乘员食物需求，卫生废水净化效果达到了植物灌溉标准，尿液和固体废物也实现了循环利用。系统最终在承载4名乘员的负荷下，实现了氧气和水100%循环、食物83%再生，系统整体闭合度达到98.2%（Zhu等，2019；Hao等，2019）。

2020年，为解决BLSS中植物不可食秸秆等固体废物处理问题，采用微生物发酵技术对小麦秸秆进行处理。研究结果为处理BLSS中植物固体废物提供了高效的解决方案，并为植物固体废物处理的微生物菌剂制备提供参考（刘佃磊等，2020）。

我国其他科研团队也对BLSS开展了相关研究。2011年，中国航天员科研训练中心建立了小型BLSS系统，并于2012年12月1日完成了2人30天的短期有人封闭实验。此后与深圳市合作共建"深圳市太空科技南方研究院"，开展大型BLSS地面实验装置建设与运行工作，于2016年6月17日正式开展"太空180"实验，共有4名志愿者参与，历时180天。该实验实现了100%的氧气循环、99%的水循环以及70%的食物循环，取得了丰厚成果（Yuan等，2019；Li等，2018）。

二、太空生命保障系统主要类型

1. 非再生式环控生保系统（open loop ECLSS）

非再生式环控生保系统是载人航天以来最常用的生命保障方式，该类型又称为开放式或补给式系统（于喜海，2003）。系统内所需的O_2、水、食物等资源均从地面携带，即消耗性原材料全靠载人航天器自身携带，或者由其他航天器运送补给（刘向阳等，2022）。并且会提供收集和处理人的生活排泄物与冷凝水的储罐，废水、尿液和其他废物不进行在轨的再利用，而是抛出舱外或封存带回地面（王康 & 高峰，2011）。

非再生式环控生保系统目前已在我国载人飞船、空间实验室等飞行任务中得到充分应用，其所需的消耗性物资数量与乘员人数、飞行时长成正比，适应短期载人航天任务。但由于其所需的物资补给量过大，不适用于中长期载人航天任务。以中国航天空间实验室采用的非再生环控生保方案为例，3人乘组在轨1年要消耗大量水、气物资以及存储容器，主要包括水约4t、O_2约2t、CO_2净化剂约2t；同时，生成的废水、尿液和废弃净化剂需要占用大量储存空间（刘向阳等，2022）。

2. 物化再生式环控生命保障系统（closed loop ECLSS）

该系统又可以称为部分再生式或物理化学再生式系统，用物理、化学方法将舱内人体呼出的CO_2收集浓缩后再通过电解制氧的方式使其转化为O_2，并且提供收集和处理人的生活排泄物的储藏罐，通过物理、化学方式将人体排泄的尿液、汗液和舱内收集的冷凝水转变为饮用水与生活用水，但系统中的食物无法循环再生，需要提前储备（王康 & 高峰，2011）。

物化再生式环控生命保障系统在非再生式环控生命保障系统的基础上，可通过对物质的回收循环利用，大幅降低消耗品携带的需求负担，水、气消耗量不到非再生系统的1/5（王康等，2011）。该系统的结构较为复杂，属于第二代环控生保系统，适用于中长期太空飞行任务（于喜海，2003）。

3. 生态受控生命保障系统（controlled ecological life support system，CELSS）

生态受控生命保障系统，又被称为生物再生生命保障系统。该系统会在航天器或密闭空间内部种植植物，使人与植物形成生物圈进行物质循环。人呼出的 CO_2 被植物吸收，植物光合作用提供 O_2。排泄物变成有机肥料供植物作为养分使用，植物成长成熟作为食物。尿液、汗液和冷凝水则进入水循环系统，经过处理后成为可使用水源（王康&高峰，2011）。最终可实现 O_2、水、食物等生存必需资源的物质循环再生（图 10-11），并为人提供类似地球生态系统的适宜环境。该系统是最复杂的第三代环控生保系统，不需要系统外的补给，适用于长期空间飞行和地外星球探测飞行任务（于喜海，2003）。

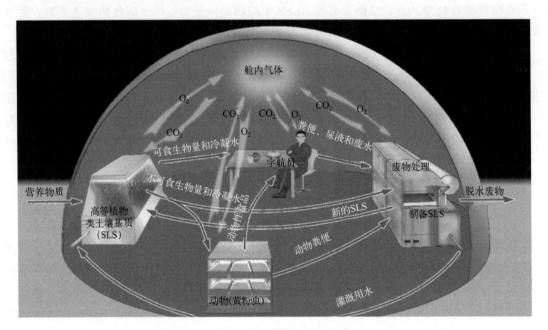

图 10-11　CELSS 的物质循环（刘红等，2020）

三、太空生命保障人工闭合生态系统关键技术

1. 氧气与水再生技术

氧气和水是航天人员在闭合生态系统中生存的基本保障，目前载人航天器大多采取物化再生式生保系统再生氧气和水。但物化再生系统的反应条件苛刻，而且需要持续补充反应物，这会导致长期载人航天任务的实施难度增大。因此，进行更长时间、更远距离的载人深空探测任务时必须采用生物再生法，即通过 BLSS 技术来提升氧气和水的循环再生效率（刘红等，2022）。

"月宫一号"团队以"月宫105"实验证明了 $69m^2$ 的植物栽培可以保障 3 人的氧气需求，并通过生物调控实现了系统中 O_2 和 CO_2 的浓度平衡（Fu 等，2016）。中国航天员中心"太空180"实验则采用物化再生与生物再生相结合的方式实现了氧气和水的 100% 循环再生（张良长等，2018；Zhang 等，2019；Tang 等，2021）。

2. 食物生产技术

密闭系统内的食物必须做到原位生产才能持续地为航天人员提供饮食保障，目前食物原位生产技术方案主要有两种：生物合成和 BLSS 技术。生物合成是指基于合成生物学技术将 CO_2 等原料转化为可食用物质。但其目前能够生产的多为简单碳水化合物、氨基酸、蛋白质等，无法满足人类复杂多样的营养需求且成本高昂。利用 BLSS 中的高等植物和动物，是实现食物原位生产的最优方案（刘红等，2022）。俄罗斯的 BIO-3（Salisbury 等，1997）、中国的"太空 180"实验（张良长等，2018）等都实现了不同程度的食物原位再生。

3. 固体废物循环利用技术

如何实现固体废物的高效处理和循环利用，是载人航天器中提升物质循环利用率的关键问题。生物再生生命保障技术主要利用微生物处理固体废物，其特别之处在于产物可重新利用，是目前面向长期航天任务的主流技术路线（刘红等，2022）。美国（Trotman 等，1997）、俄罗斯（Manukovsky 等，1997）以及我国的"月宫一号"团队（Liu 等，2018）等利用 BLSS 技术完成了各种固体废物处理。

4. 地外资源原位融合利用技术

开发地外星球资源，实现资源的融合利用，可有效解决物质补给的问题。在 BLSS 中，植物作为生命保障功能的核心单元，需要大量栽培基质（刘红等，2022）。以月球为例，月球土壤可作为植物栽培基质，因此有必要开展月壤等星球表层物质的改良研究，例如加入地球有机物质和微生物以改良月壤，形成接近地球土壤性质的作物栽培基质用于 BLSS（Wamelink 等，2021）。

四、太空生命保障人工闭合生态系统案例

1. 案例 1："月宫一号"

"月宫一号"是北京航空航天大学建立的空间基地生命保障人工闭合生态系统地基综合实验装置，是基于生态系统原理将生物技术与工程控制技术有机结合，构建由植物、动物、微生物组成的人工闭合生态系统。人类生活所必需的物质，如氧气、水和食物，可在系统内循环再生，为人类提供类似地球生态环境的生命保障。

该系统总面积 $100m^2$，总体积 $300m^3$，参与试验的志愿者在"月宫一号"里能种出小麦、大豆、玉米等 5 种粮食，豆角、四季豆、黄瓜、辣椒、茄子、西红柿和胡萝卜等 15 种蔬菜和 1 种水果——草莓，还饲养黄粉虫，以提供动物蛋白，此外还有微生物来降解废物。植物不仅能够给宇航员提供食物，还可以通过光合作用产生氧气，通过蒸腾作用获得纯净的饮用水。植物中人不吃的部分，比如作物的秸秆、蔬菜的根和老叶败叶，可以用来饲养动物（黄粉虫），其可为宇航员提供优质的蛋白和更合理的氨基酸配比。剩下的植物不可食部分、人的排泄废物、厨余/生活垃圾被送进微生物降解环节，微生物可以分解被它们固定的碳，变成二氧化碳进入空气中，重新被植物利用进行光合作用。从尿液中回收水和氮素以及经过生物净化后的卫生废水，用于灌溉培养植物。植物吸收这些废物处理产生的二氧化碳和水，又可以不断生长出新的食物。这样，就形成了"月宫一号"里物质的闭合循环（图 10-12）。

"月宫一号"于 2004 年启动研究，2014 年 5 月成功完成我国首次长期高闭合度集成实验，持续时间达 105d。2017 年 5 月 10 日启动"月宫 365"实验，于 2018 年 5 月 15 日圆满完成，共历时 370d，闭合度达到了 98.2%，是世界上时间最长、闭合度最高的生物再生生命保障系统实验，建立了堪与地球媲美的"微型生物圈"，是我国第一个、世界上第三个生物再生生命保障试验系统，也是目前世界上最先进的地基试验系统之一。

"月宫一号"所使用的生物再生生命保障技术，是保障人类在月球、火星等地外星球上

图 10-12 "月宫一号"一期照片
（资料来源：根据"月宫一号"官方网站资料整理）

长期生存所需的关键技术，"月宫一号"系列实验的成功也标志着世界首个由"人-动物-植物-微生物"构成的四生物链环人工闭合生态系统的成功建立，使我国此项技术水平进入世界领先行列。

2. 案例2："生物圈2号"

"生物圈2号（Biosphere 2）"是美国建于亚利桑那州图森市以北沙漠中的一座微型人工生态密闭系统，为了与"生物圈1号（地球本身）"区分而得此名。"生物圈2号"的建设由美国商人爱德华·巴斯（Edward P. Bass）资助，历时8年，几乎完全封闭，系统占地$1.3 hm^2$，总体积$1.8 \times 10^5 m^3$。

"生物圈2号"于1989年建造完成，主要由地上气密玻璃封闭区域、地下技术区域（technosphere）和人类栖息地三个部分组成。主要的地上区域由近$204000 m^3$的密封玻璃制成，最高点为27.7m，包含热带雨林、草原、沙漠、湿地、海洋五个生态系统，其中还配备集约化农业区域。地下技术区域具备运行和维护生物圈环境的技术设施，用于控制生物圈中的空气温度和相对湿度（图10-13）。

图 10-13 "生物圈2号"鸟瞰图（Dempster，1999）
1—雨林；2—草原/海洋/沼泽；3—沙漠；4—集约化农业；5—栖息地；
6—西肺；7—南肺；8—能源中心；9—冷却塔

"生物圈2号"的生存任务始于1991年9月26日，当时4名男性和4名女性，通常被称为"生物圈人"，进驻"生物圈2号"。农业任务占据了生物圈人的大部分日常生活，他们操作集约化农业系统，管理和监测其他生态系统，并维护设施内的设备和计算机。"生物圈2号"在任务过程中，其大气组成比例无法达到平衡，同时，由于其采用的是玻璃日光温室的结构，直接利用自然光进行植物培养，环境条件（光照、温度）受外界天气变化的影响较大，系统内部生物过程（例如植物呼吸、光合作用）不能实现人工控制，从而影响系统内部气体循环再生、物质流动。另外，"生物圈2号"内部的农田生态系统大量使用亚利桑那州的土壤，带有大量微生物，消耗O_2，造成了内部的气体失衡。并且内部设施大量使用了混凝土，其吸收了大气中的CO_2，从而导致系统CO_2损失。"生物圈2号"未能达到设计者的预定目标，最终确认实验失败。

1994年，该系统被出租给哥伦比亚大学作为科研设施。2007年，总部位于图森的CDO牧场和开发公司购买了其所有权。随后将其出租并于2011年捐赠给亚利桑那大学，该大学将其用于科学研究机构、艺术家驻地和公共宣传计划。

"生物圈2号"实验虽然失败了，但仍具有里程碑式的科学意义。其是对封闭生态系统在外层空间支持和维持人类生命的可行性的探索，改变了我们看待地球和太空生命的未来模式。

第四节　微型人工生态系统工程

一、微型人工生态系统工程发展现状

（一）微型人工生态系统工程概念

微型人工生态系统是近年来才兴起的一种新型模式，即在生态工程基础上进行范围的划定，微型这一概念的界定是相对的，一直以地方实践为主，但如何定义还没有统一的认识。主要包括集装箱农场、阳台种植、生态缸（瓶）等。

集装箱原本是一种运输货物的容器，但农产品行业的创新者正在打破粮食生产的边界，不是在田间种植，而是在集装箱中种植。农产品的生长总是受到自然界土壤、光、水等各种因素影响。但是，当果蔬生长在"集装箱"植物工厂里时，利用现代化的技术，系统能实现全自动栽培，利用植物本身的生长规律，能大大提高蔬菜瓜果的生长质量和效率，具有环境友好、灵活便捷的优势，是一种集约式的绿色小型农场，有望成为未来一种重要的农业生产方式。

阳台农业即在露台、阳台进行果蔬种植，在自己的家中打造花园、菜园，一般不会使用农药和化肥。阳台农业所涉及的技术与传统农业相比更高新，栽培模式更趋于无土性，生产产品更趋于观赏性与自给性。阳台种植是一种健康的生活方式，能激发人们的兴趣和陶冶情操，减少热岛效应。

生态缸（瓶）是指在隔绝物质交换的空间内，依据生态学原理，将生态系统具有的基本成分进行组织配置，构建的闭式人工微型生态系统。

（二）微型人工生态系统工程的意义

随着社会的不断发展，新型微型人工农场能够为农作物的生长提供适宜的环境，打破了传统农业的限制，降低了对自然环境的依赖程度，实现了各种农作物的反季节生长，提高了农产品的质量和产量，满足了人们多元化的需求（叶崇文等，2017）。微型农场可以增加市民的种植、采摘体验感，在繁忙的都市生活中放松身心，让孩子能更接近自然，识得五谷杂

粮、各种蔬菜。在粮食安全的大背景下，人地矛盾问题突出，耕地保有量要严格把控，进行微型种植，能够缓解这一问题。微型农场的经营管理可提供一些就业机会，帮助就业。进行绿色种植，能够发挥调节温度、促进资源循环利用等功能，带来一定的生态价值；现代化的集装箱农场，能源利用效率高，温度、湿度可以精准把控，节约水量，完全脱离农药和除草剂，可以叠放运输，空间利用率高，运输方便；阳台种植充分利用了空间，增加了阳台的色彩，人们能吃上自己种植的新鲜蔬菜；进行生态缸、生态瓶培育过程中可以体验到艺术性、变化性、交互性、教育成效性、示范性、趣味性、简单灵活性等特点，成本低的优势使其具有极强的市场推广价值。目前对生态瓶、生态缸多样性的开发及其他类别衍生产品的开发具有填补市场空白的重要意义，也有利于推进生态知识的传播，普及生态学知识，促进大众环保意识和行为的提升。

（三）国内外研究进展

1. 集装箱农场

传统农业中，化肥、农药的大量使用使得农产品安全问题突出，环境也遭到污染，农产品生产和销售中间环节较多，消费者对农产品的质量存在不信任的情况（景旭等，2022）。集装箱农场采用多层耕作模式，人工控制环境，在有限的城市空置区域实现收入最大化，在此背景下很多学者开始研究一种基于集装箱进行生产的模式，这种集装箱模式在国内还较为新奇，但在国外已成为一种流行趋势。美国波士顿 Freight Farm 设计的集装箱农场，长为 11.8m，宽为 2.13m，高为 2.18m，采用水培和 LED 灯带的方式进行养殖，每个集装箱可以同时种植 3600 株绿叶菜。基于实测数据，对马萨诸塞州波士顿水培集装箱农场的 Energy Plus 模型进行了验证，将性能冷却系数建模为室外空气温度的函数，利益相关者可以可靠地预测集装箱农场的年度能源使用情况（Liebman-Pelaez 等，2021）。使用复合材料生产集装箱，如由碳纤维层压板制成的 40ft（1ft＝0.3048m）集装箱，可以减少能源需求，进而减少温室气体的排放，轻型集装箱未来将会是一个非常有前景的发展模式（Yildiz，2019）。考虑到高效管理的要求，设计了物联网（the internet of things，IOT）管理系统，可以远程和现场监视与控制该集装箱农场的环境，提供了可靠的生产数据（He 等，2022）。在快速城镇化的过程中，城市中没有太多的空间种植农作物，而且一些地区面临着高昂的蔬菜成本，我们需要寻找可替代的、简单实用的农作物种植方式，集装箱农场可为家庭提供更多高营养的蔬菜。韩国政府为了让在南极科考的研究人员吃上新鲜的蔬菜，补充维生素，特别研发出集装箱农场。在集装箱养鱼方面，2016 年广东省罗非鱼良种场的陆基推水式集装箱养殖系统和河南长垣一拖二式集装箱养殖"翡翠斑"都取得了不错的收益。集装箱密闭的环境使得果蔬免受害虫、杂草的影响，化肥、农药的用量极少或者不需要使用，同时提高了土地的利用率，根据需要可以在密集度较高的城市地区享受到新鲜、绿色蔬菜。

2. 阳台种植

在寸土寸金的城市地区，可用于绿化、作物种植的面积十分有限，阳台种植既能陶冶情操也能获得自己精心种植的绿色果蔬，是目前中国大力推广的"见缝插绿"的一部分。20 世纪 90 年代初期，我国开始出现阳台农业方面的实践，其中主要集中在一、二线城市，而且初具成效。现代化室内阳台种植通过合理的设计能够提供更为绿色生态、安全舒适的居家环境，充分发挥室内阳台的多功能性。北方阳台盆栽的关键技术包括栽培容器选择、栽培蔬菜种类选择、播种方法、秧苗的管理及收获等。北京市农业技术推广站经过 3 年研究，成功推出家庭阳台菜园装置，使人们不出家门就能吃上自种的新鲜蔬菜，而且使阳台具有美学价值、生态价值和经济价值。

3. 生态缸（瓶）

国内有关生态缸、生态瓶的研究大多为高中生物学习过程中的实验设计，通过观察生态系统的稳定性，帮助学生更好地理解生态系统相关的知识。生态缸、生态瓶是模拟自然界中的生产者、消费者、分解者的运作方式，并使生态系统越来越稳定，具有艺术性、变化性、示范性、趣味性、简单灵活等特点，作为生态衍生产品具有普及传播生态知识的功能。近些年来，生态缸成为一种备受青睐的生态商品，小型生态缸结合互联网技术，可以进行智能照明、水质监测、APP（手机软件）管理，网上交易的活跃度还在不断提升，具有可观的经济价值。

二、微型人工生态系统工程关键技术

1. 集装箱微农场关键技术

作物的生长受土壤、光照、水分等因素的影响，集装箱农场涉及的主要技术包括智能温控技术、LED 冷光灯照明技术、无土栽培技术。

（1）智能温控技术　温室智能控制系统可实时远程获取集装箱内部的空气温湿度、土壤水分和温度、二氧化碳浓度、光照强度及视频图像，通过模型分析，远程或自动控制加温补光等设备，保证集装箱内环境适宜作物生长，为作物高产、优质、安全创造条件。

（2）LED 冷光灯照明技术　由于集装箱内无法自然采光，可采用 LED 灯带。LED 光源又称半导体光源，这种光源波长比较窄，能控制光的颜色，可以采用 LED 半导体灯泡配置出最适合植物生长的光源。用它对植物进行单独照射，可提高植物的生长速度。

（3）无土栽培技术　无土栽培是指不用土壤，采用水、基质以及含有植物生长发育必需元素的营养液提供营养，使植物正常完成生长周期的技术。无土栽培目前已经极其成熟，可以有效防止土壤连作障碍和土传病害，提高作物的产量与品质，节省水肥，减少农药使用，甚至不用农药。

法国有一家名叫 Agricool 的初创公司，开发了一种集约化种植技术（图 10-14），把草莓种在了摆在城市中的集装箱里，当天收获当天销售，价格也比普通草莓便宜不少。每个集装箱的水果产量比同一面积的农场土地高出 120 倍，富含多种维生素，产品不含有害化学物和农药，品尝之前不需要清洗。此外，集装箱的基本养护可以由没有农业经验的人来完成，而 Agricool 实际上只负责监测作物的健康，远程控制水和营养物。

图 10-14　街头集装箱农场

（图片来源：粤莱晟公众号）

2. 阳台种植模式及关键技术

（1）选择适宜的种植模式　我国阳台农业的种植模式主要有5大类。

① 容器栽培种植模式。所用的容器有盆钵、框篮、袋式容器等。盆、钵等器具都可以成为阳台栽培容器，可以根据所栽种植物种类、大小及阳台空间特点进行选择。

② 多层栽培种植模式。多层栽培种植即用各种支架将阳台容器栽培的作物多层架起来或相互堆积形成多层次的栽培组合。

③ 吊挂栽培种植模式。又可分为吊式栽培和挂式栽培两种方式，是应用支架、钩环将栽培容器悬挂起来的一种栽培模式，在吊挂容器中以种植花卉为主，也可以种植蔬果。

④ 附着栽培种植模式。种植攀缘性果菜类植物，具体可分为附壁式和支架式两种种植方式。附壁式栽培是利用阳台墙壁进行攀缘类植物种植的栽培方式；支架式栽培是指人为搭建支架方便植物攀缘生长的栽培方式。

⑤ 无土栽培种植模式。指不用土壤而用人工配制的营养液供给水分和各种矿质元素来栽培植物的方法。

无土栽培可分为水培、基质培和气雾栽培三种；水培是将植物根系直接接触营养液的一种栽培方式；基质培是将植物栽种于具有良好物理结构、稳定的化学性质的基质中，供以营养液来满足植物生长需要的无土栽培方法；气雾栽培是集生物、计算机、工程技术于一体的一种全新栽培模式，植株悬挂于雾化空间，让其根系从高湿度的气雾环境中获取水分、氧气及其他营养。

（2）不同朝向的阳台果蔬种类及种植模式的选择　阳台的封闭环境和朝向是影响果蔬生长的一个重要因素，南向阳台阳光充足、通风良好，是最理想的种菜阳台，一般蔬菜四季均可种植，所有种植模式都可适用，某些果蔬种植中夏季要注意降温，冬季要注意保暖。东向阳台为半日照阳台，上午光线柔和，下午照不到阳光，所以适宜种植喜光耐阴蔬菜，种植模式主要是容器栽培模式、多层栽培模式、吊挂栽培模式及无土栽培模式，此外，冬季不适合种植蔬菜。西向阳台也为半日照阳台，下午光线较强，上午照不到阳光，所以适宜种植耐热的蔓性蔬菜，一般选用附壁式或支架式附着栽培种植模式。北向阳台全天几乎没有日照，可选择耐阴的蔬菜进行种植，一般采用容器栽培模式及无土栽培模式，也可在北向阳台上利用袋式容器栽培平菇、金针菇等食用菌，可采用书橱式多层栽培模式，外用密度大的遮阳网遮光生产。

（3）栽培管理技术　首先，要选择优良的品种和合适材质的花盆；其次，不同种类的果蔬根据自身的生长特点，可选择的播种方式有直播、穴播或条播等。温度低时可以覆盖无纺布或扣小棚，防寒、保温、保湿；夏季温度较高、湿度较大的时候，尽量不要种植果蔬。不同作物需水量不同，夏季需要浇透水，冬季按需浇水，切忌大水浇透。选择有机肥施用，若基质选择正确，可起到防虫防病的作用，但是，当病虫害发生时可采用盖防虫网，拔除病株，喷施大蒜水、辣椒水、生姜液，覆盖草药渣等方法进行灭虫。此外，可以采取轮作、间作、套作制度，进行中耕松土，减少土壤虫害。

3. 生态缸（瓶）主要类型及关键技术

生态缸是由传统观赏性鱼缸发展而来的，常见的主要是水生生态缸，它的结构主要由非生物组件（水体、过滤系统、照明系统及水体摆件等）和生物类群（鱼类、藻类、朽木寄生物等）两部分组成。近年来，以土壤、岩石和陆生植物为主构成的陆生生态缸也较为流行（图10-15）（乔保勇，2018）。

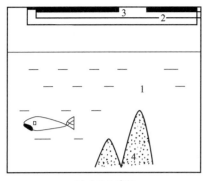 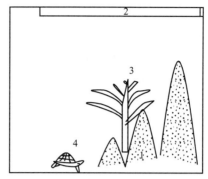

(a) 水生生态缸　　　　　　　　　　　　　(b) 陆生生态缸

1—水体；2—水循环槽；3—照明灯；4—水体摆件　　1—岩石摆件；2—照明灯；3—陆生植物；4—陆生动物

图 10-15　两种常见的生态缸（乔保勇，2018）

（1）设计要求　生态缸中必须有生态系统必需的生物成分和非生物的物质与能量，特别注意要有足够的空气（体积最低应占 2/3）；有合适的食物链结构，形成一定的营养结构，必须能够进行物质循环和能量流动，在一定时期保持稳定；仿照自然生态，合理设计各组分占比，做到计算完全再填缸，而填缸时也应按步骤进行试缸；生物数量不宜过多，并且生态系统的组成成分齐全；透明材质封箱，保证太阳能输入稳定；应采用散射光，尽量避免整体同时日光照射，防止温度变化过大而杀死生物；生态缸周遭环境应保持长期稳定；必须设立肺室，防止外壳因温度变化而产生压胀致裂；若缸内生态达到长期稳定，便可封缸；一经封缸，不可再启。

（2）物种选择与美学价值　生态缸应具有观赏性，应选择美观、有特色、富有情趣的动植物品种。具体选择可参照表 10-4。

表 10-4　不同类群动植物选择参照表

类群	功能	物种举例
鱼类	供观赏；消费者	锦鲤苗、鹅头红、红珍珠、草金鱼、龙睛
其他动物	供观赏；消费者；分解者	金钱龟、巴西龟、蝾螈、沙虾、田螺、泥鳅、螃蟹
潜水植物	供观赏；生产者	金鱼藻、黑藻、椒草、水榕、翡翠草丝、乌拉草
陆生植物	供观赏；生产者	葫芦藓、翠云草、铁线蕨、瓦松
挺水植物	供观赏；生产者；食用	绿萝、水芹、水仙、碗莲、海芋、水葫芦、香蒲

资料来源：乔保勇，2018。

三、微型人工生态系统工程发展前景

随着人们生活水平的提高及科学技术的发展，城市化进程中城镇居民将土地搬进了楼房，蔬菜生产从耕地种植向自己家的楼房阳台、楼顶、庭院空间种植发展，出现了越来越多的微小型新型农场，将蔬菜生产从食用性发展为生态、观赏、食用、娱乐、教育等多用途相结合。

1. 政策支持

目前对微型人工生态系统的引导性政策比较少，公众对相关知识、原理了解不多，在进行种植的过程中会出现一系列问题，很多消费者可能是出于一时的新鲜感，很难长时间坚持下来，在一定程度上限制了微型人工生态系统的发展。根据市场需求和生态环境质量要求，制订相应的激励引导政策十分必要。

2. 技术支持

国外针对微型人工生态系统已经具备了较为完善的质量检测体系和标准，我国在研发设计、设备安装、设施生产以及培训等相关配套技术方面还有待完善。微型人工生态系统所用的设备相比传统设备，操作较为复杂，价格较高。应加大对微型人工生态系统的投入，形成企业、科研院所、高校联合体系，通过加大科研投入，多方合作研究，不断降低成本，简化种养方法，提供技术指导服务。与物联网相结合，提高微型人工生态系统的智能化水平，拓展微型生态循环农业的发展空间。

3. 文化支持

微型人工生态系统是在高楼林立的城市中回归田园的重要方式，让城市居民能够享受到田园生活带来的乐趣，缓解压力，从本质上讲也是对传统农耕文化的创新和传承，是未来典型生态农业工程模式之一。

思考题

1. 种养结合生态温室的基本原理是什么？
2. 工厂化生态垂直农场的关键技术包括哪些？发展前景如何？
3. "月宫一号"太空生命保障人工闭合生态系统的技术优势体现在哪些方面？

参考文献

[1] [1] Abel C. The vertical garden city: Towards a new urban topology [J]. CTBUH journal, 2010, 2 (1): 20-30.

[2] Adinna E. Environmental pollution in urban and rural areas: Sources and ethical implications [J]. Environmental Pollution and Management in the Tropics, Adinna, EN, Ekop, OB, Attah, VI, Eds, 2003: 298-316.

[3] Al-Kodmany K. The vertical farm: A review of developments and implications for the vertical city [J]. Buildings, 2018, 8 (2): 24.

[4] Barthel S, Folke C, Colding J. Social-ecological memory in urbangardens: Retaining the capacity for management of ecosystemservices [J]. Global Environmental Change, 2010, 20 (2): 255-265.

[5] Cabannes Y. Financing and investment for urban agriculture [J]. Cities farming for the future, 2006: 87-124.

[6] Cerón-Palma I, Sanyé-Mengual E, Oliver-Solà J, et al. Barriers and opportunities regarding the implementation of Rooftop Eco. Greenhouses (RTEG) in Mediterranean cities of Europe [J]. Journal of Urban Technology, 2012, 19 (4): 87-103.

[7] Degermendzhi A G, Tikhomirov A A. Designing artificial closed land-and space-based ecosystems [J]. Herald of the Russian Academy of Sciences, 2014, 84 (2): 124-130.

[8] Dempster W F. Biosphere 2engineering design [J]. Ecological Engineering, 1999, 13 (1-4): 31-42.

[9] Despommier D. Farming up the city: The rise of urban vertical farms [J]. Trends Biotechnol, 2013, 31 (7): 388-389.

[10] Farges B, Poughon L, Roriz D, et al. Axenic cultures of Nitrosomonas europaea and Nitrobacter winogradskyi in autotrophic conditions: A new protocol for kinetic studies [J]. Applied biochemistry and biotechnology, 2012, 167: 1076-1091.

[11] Farias G D, Dubeux J C B, Savian J V, et al. Integrated crop-livestock system with system fertilization approach improves food production and resource-use efficiency in agricultural lands [J]. Agronomy for Sustainable Development, 2020, 40: 1-9.

[12] Fu Y, Li L, Xie B, et al. How to establish a Bioregenerative Life Support System for long-term crewed missions to the Moon or Mars [J]. Astrobiology, 2016, 16 (12): 925-936.

[13] Fulget N, Poughon L, Richalet J, et al. Melissa: Global control strategy of the artificial ecosystem by using first principles models of the compartments [J]. Advances in Space Research, 1999, 24 (3): 397-405.

[14] Gitelson I I, Terskov I A, Kovrov B G, et al. Life support system with autonomous control employing plant photosynthesis [J]. Acta Astronautica, 1976, 3 (9-10): 633-650.

[15] Gitelson I I, Terskov I A, Kovrov B G, et al. Long-term experiments on man's stay in biological life-support system [J]. Advances in Space Research, 1989, 9 (8): 65-71.

[16] Gribovskaya I V, Kudenko Y A, Gitelson J I. Element exchange in a water-and gas-closed biological life support system [J]. Advances in Space Research, 1997, 20 (10): 2045-2048.

[17] Hao Z K, Zhu Y Z, Feng S Y, et al. Effects of long term isolation on the emotion change of "Lunar Palace 365" crewmembers [J]. Sci Bull, 2019, 64 (13): 881-884.

[18] Harper L D, Neal C R, Poynter J, et al. Life support for a low-cost lunar settlement: No showstoppers [J]. New Space, 2016, 4 (1): 40-49.

[19] He L, Fu L, Fang W, et al. IoT-based urban agriculture container farm design and implementation for localized produce supply [J]. Computers and Electronics in Agriculture, 2022, 203: 107445.

[20] Hedenblad E, Olsson M. Urban growth analysis of crop consumption and development of a conceptual design to increase consumer adoption of vertical greenhouses [D]. Chalmers University of Technology, 2017.

[21] Henninger D L, Tri T O, Packham N J C. NASA's advanced life support systems human-rated test facility [J]. Advances in Space research, 1996, 18 (1-2): 223-232.

[22] Hoff J. Nutritional and cultural aspects of plant species selection for a regenerative life support system [J]. NASA CR-166324, 1982.

[23] Hou Y, Oenema O, Zhang F. Integrating crop and livestock production systems-towards agricultural green development [J]. Frontiers of Agricultural Science and Engineering, 2021, 8 (1): 1-14.

[24] Jones H. Design rules for space life support systems [R]. SAE Technical Paper, 2003.

[25] Kalantari F, Mohd T O, Mahmoudi L A, et al. A review of vertical farming technology: A guide for implementation of building integrated agriculture in cities [C]. Advanced engineering forum. Trans Tech Publications Ltd, 2017, 24: 76-91.

[26] Kalantari F, Tahir O M, Joni R A, et al. Opportunities and challenges in sustainability of vertical farming: A review [J]. Journal of Landscape Ecology, 2018, 11 (1): 35-60.

[27] Kaplan D M, Thompson P B. Encyclopedia of food and agricultural ethics [M]. Springer Netherlands, 2019.

[28] Kennedy K. NASA Habitat Demonstration Unit Project-deep space habitat overview [C]. 41st International Conference on Environmental Systems, 2011: 5020.

[29] Khandaker M, Kotzen B. The potential for combining living wall and vertical farming systems with aquaponics with special emphasis on substrates [J]. Aquaculture research, 2018, 49 (4): 1454-1468.

[30] Kloeris V, Vodovotz Y, Bye L, et al. Design and implementation of a vegetarian food system for a closed chamber test [J]. Life Support & Biosphere Science, 1998, 5 (2): 231-242.

[31] Lasseur C, Brunet J, De Weever H, et al. MELiSSA: the European project of closed life support system [J]. Gravitational and Space Research, 2010, 23 (2): 3-12.

[32] Li M, Hu D W, Liu H, et al. Chlorella vulgaris culture as a regulator of CO_2 in a bioregenerative life support system [J]. Advances in Space Research, 2013, 52 (4): 773-779.

[33] Li T, Zhang L C, Ai W D, et al. A modified MBR system with post advanced purification for domestic water supply system in 180-day CELSS: Construction, pollutant removal and water allocation [J]. Journal of environmental management, 2018, 222: 37-43.

[34] Liebman-Pelaez M, Kongoletos J, Norford L K, et al. Validation of a building energy model of a hydroponic container farm and its application in urban design [J]. Energy and buildings, 2021, 250: 111192.

[35] Liu D L, Xie B Z, Dong C, et al. Effect of fertilizer prepared from human feces and straw on germination, growth and development of wheat [J]. Acta Astronautica, 2018, 145: 76-82.

[36] Liu H, Yao Z, Fu Y, et al. Review of research into bioregenerative life support system (s) which can support humans living in space [J]. Life sciences in space research, 2021, 31: 113-120.

[37] Manukovsky N S, Kovalev V S, Rygalov V Y, et al. Waste bioregeneration in life support CES: Development of soil organic substrate [J]. Advances in Space Research, 1997, 20 (10): 1827-1832.

[38] Marks P. Vertical farms sprouting all over the world [M]. New Scientist, 2014.

[39] Masuda T, Arai R, Komatsubara O, et al. Development of a 1-week cycle menu for an Advanced Life Support System (ALSS) utilizing practical biomass production data from the closed ecology experiment facilities (CEEF) [J]. Habitation, 2005, 10 (2): 87-97.

[40] Mitchell C A. Bioregenerative life-support systems [J]. The American journal of clinical nutrition, 1994, 60 (5): 820S-824S.

[41] Moraine M, Duru M, Therond O A. social-ecological framework for analyzing and designing integrated crop-livestock systems from farm to territory levels [J]. Renewable Agriculture and Food Systems, 2017, 32 (1): 43-56.

[42] Muller A, Ferré M, Engel S, et al. Can soil-less crop production be a sustainable option for soil conservation and future agriculture? [J]. Land Use Policy, 2017, 69: 102-105.

[43] Paradiso R, De Micco V, Buonomo R, et al. Soilless cultivation of soybean for Bioregenerative Life-Support Systems: A literature review and the experience of the MELiSSA Project-Food characterisation Phase I [J]. Plant Biology, 2014, 16: 69-78.

[44] Puech T, Stark F. Diversification of an integrated crop-livestock system: Agroecological and food production assessment at farm scale [J]. Agriculture, Ecosystems & Environment, 2022, 344: 108300.

[45] Salisbury F B, Gitelson J I, Lisovsky G M. Bios-3: Siberian experiments in bioregenerative life support [J]. BioScience, 1997, 47 (9): 575-585.

[46] Sanyé-Mengual E, Oliver-Solà J, Antón A, et al. Environmental assessment of urban horticulture structures: Implementing Rooftop Greenhouses in Mediterranean cities [C]. Proceedings of the LCA Food Conference, San Francisco, CA, USA, 2014: 8-10.

[47] Shepelev Y. Human life support systems in spaceship cabins on the basis of biological material cycling [J]. Space Biology and Medicine, 1966: 330-342.

[48] Specht K, Siebert R, Hartmann I, et al. Urban agriculture of the future: An overview of sustainability aspects of food production in and on buildings [J]. Agriculture and human values, 2014, 31: 33-51.

[49] Sychev V N, Levinskikh M A, Gurieva T S, et al. Biological life support systems for space crews: Some results and prospects [J]. Human Physiology, 2011, 37: 784-789.

[50] Tako Y. Habitation experiments conducted circulating materials inside "Closed ecology experiment facilities" [J]. Eco-engineering, 2018, 30 (4): 103-106.

[51] Tang Y K, Dong W P, Ai W D, et al. Design and establishment of a large-scale controlled ecological life-support system integrated experimental platform [J]. Life Sciences in Space Research, 2021, 31: 121-130.

[52] Tibbits T W, Alford D K. Controlled ecological life support system: Use of higher plants [R]. 1982.

[53] Touliatos D, Dodd I C, McAinsh M. Vertical farming increases lettuce yield per unit area compared to conventional horizontal hydroponics [J]. Food and energy security, 2016, 5 (3): 184-191.

[54] Trotman A A, David P P, Bonsi C K, et al. Integrating biological treatment of crop residue into a hydroponic sweetpotato culture [J]. Advances in Space Research, 1997, 20 (10): 1805-1813.

[55] Udayakumar S, Liming L, David A N U, et al. Role of integrated crop-livestock systems in improving agriculture production and addressing food security—A review [J]. Journal of Agriculture and Food Research, 2021, 5: 100190.

[56] Verbeelen T, Leys N, Ganigué R, et al. Development of nitrogen recycling strategies for bioregenerative life support systems in space [J]. Frontiers in Microbiology, 2021, 12: 700810.

[57] Wallace J S, Powers J V. Publications of the NASA Controlled Ecological Life Support System (CELSS) Program, 1979-1989 [R]. NASA, 1990.

[58] Wamelink G W W, Frissel J Y, Krijnen W H J, et al. Crop growth and viability of seeds on Mars and Moon soil simulants [J]. Terraforming Mars, 2021: 313-329.

[59] Wheeler R M, Mackowiak C L, Stutte G W, et al. Crop productivities and radiation use efficiencies for bioregenerative life support [J]. Advances in Space Research, 2008, 41 (5): 706-713.

[60] Wheeler R M, Mackowiak C L, Stutte G W, et al. NASA's biomass production chamber: A testbed for bioregenerative life support studies [J]. Advances in Space Research, 1996, 18 (4-5): 215-224.

[61] Wheeler R M. Agriculture for space: People and places paving the way [J]. Open agriculture, 2017, 2 (1): 14-32.

[62] Wheeler R M. Growing food for space and earth: NASA's contributions to vertical agriculture [C]. 2015 ASHS Annual Conference, 2015.

[63] Wheeler R M. NASA's Interests in Bioregenerative Life Support [C]. Department Seminar, University of Guelph, 2018.

[64] Whittinghill L J, Rowe D B, Cregg B M. Evaluation of vegetable production on extensive green roofs [J]. Agroecology and sustainable food systems, 2013, 37 (4): 465-484.

[65] Yildiz T. Design and analysis of a lightweight composite shipping container made of carbon fiber laminates [J]. Logistics, 2019, 3 (3): 18.

[66] Yuan M, Custaud M A, Xu Z, et al. Multi-system adaptation to confinement during the 180-day controlled ecological life support system (CELSS) experiment [J]. Frontiers in physiology, 2019, 10: 575.

[67] Zeldis E M. Urban Agriculture: Examining the Intersection between Agriculture and High-Rise Living [D]. University of Maryland, College Park, 2014.

[68] Zhang L C, Li T, Ai W D, et al. Water management in a controlled ecological life support system during a 4-person-180-day integrated experiment: Configuration and performance [J]. Science of The Total Environment, 2019, 651: 2080-2086.

[69] Zhu G R, Liu G H, Liu D L, et al. Research on the hydrolysis of human urine using biological activated carbon and its application in bioregenerative life support system [J]. Acta Astronautica, 2019, 155: 191-199.

[70] 陈旭铭. 垂直农业在城市发展所面临的问题与策略研究 [J]. 生态经济, 2013 (3): 136-139.

[71] 郭双生, 武艳萍. 空间植物栽培技术研究新进展 [J]. 航天医学与医学工程, 2016, 29 (4): 301-306.

[72] 景旭, 刘滋雨, 秦源泽. 基于区块链中继技术的集群式农产品供应链溯源模型 [J]. 农业工程学报, 2022, 38 (11): 299-308.

[73] 李吉进, 张一帆, 孙钦平. 农业资源再生利用与生态循环农业绿色发展 [M]. 北京: 化学工业出版社, 2019: 144-151.

[74] 李建明. 设施农业概论 [M]. 北京: 化学工业出版社, 2020: 100-107, 118-120.

[75] 李启凤, 王宇欣, 韩梦宇. 世界垂直农业发展案例分析与展望 [J]. 农业工程, 2013, 3 (6): 64-67.

[76] 梁新强. 环境生态工程 [M]. 北京: 科学出版社, 2022: 87-91.

[77] 林山驰, 刘林, 李相国. 基于多信息融合的设施农业物联网系统设计 [J]. 现代信息科技, 2022, 6 (19): 136-141.

[78] 刘佃磊, 工律杰, 董迎钟, 等. 生物再生生命保障系统中小麦秸秆好氧生物处理及其微生物群落演替 [J]. 载人航天, 2020, 26 (4): 498-507.

[79] 刘红, 付玉明, 谢倍珍, 等. 载人航天再生生命保障技术和太空原位资源融合利用 [J]. 中国科学基金, 2022, 36 (6): 919-927.

[80] 刘红, 姚智恺, 付玉明. 深空探测生物再生生命保障系统研究进展和发展趋势 [J]. 深空探测学报 (中英文), 2020, 7 (5): 489-499.

[81] 刘红. 生物再生生命保障系统理论与技术 [M]. 北京: 科学出版社, 2009.

[82] 刘琼峰, 周峻宇, 吴海勇, 等. 国内种养复合循环农业模式应用现状 [J]. 农学学报, 2022, 12 (7): 81-88.

[83] 刘向阳, 高峰, 邓一兵, 等. 中国空间站再生生保系统的设计与实现 [J]. 中国科学: 技术科学, 2022 (9): 1375-1392.

[84] 乔保勇. 复合式生态缸的生态与美学价值 [J]. 现代园艺, 2018 (21): 132-133.

[85] 孙喜庆,姜世忠,万玉民,等.空间医学与生物学研究[J].西安:第四军医大学出版社,2010:101-105.

[86] 王康,高峰.载人航天器环控生保系统50年研制回顾与展望[J].航天医学与医学工程,2011,24(6):435-443.

[87] 王淑彬,王明利,石自忠,等.种养结合农业系统在欧美发达国家的实践及对中国的启示[J].世界农业,2020,491(3):92-98.

[88] 王炜.精准自动化灌溉系统设计及应用探讨[J].陕西水利,2020,231(4):77-79.

[89] 叶崇文,段茂春,徐娥.设施农业发展现状及对策探讨[J].湖北农业科学,2017,56(22):4386-4390.

[90] 于喜海.载人航天器及其环境控制与生命保障系统[J].中国科技术语,2003,5(3):41.

[91] 张良长,李婷,余青霓,等.4人180天集成试验环控生保系统设计及运行概况[J].航天医学与医学工程,2018,31(2):273-281.

[92] 赵桂慎,王京平.生态温室循环模式与关键技术[M].北京:中国农业大学出版社,2017.

第十一章
综合生态工程

综合生态工程即依据生态系统原理,应用系统科学的方法,选择多种在生态上和经济上都有优势的生物,采用一整套生态工艺流程,形成多层次合理配置的复合生态系统,以获得持续最大(或最优)的生产力、生态效益和经济效益。

鉴于前面的篇章里已涉及了众多结构相对简单的复合型生态工程,如农田生态工程、水体生态工程、土壤生态工程等,本章将重点介绍生态村、生态工业园、循环经济示范区和生态区域等内容。

第一节 综合生态工程的基本原理、类型和特点

一、综合生态工程的基本原理

综合生态工程通常以生态学为原理,利用生态工艺及设计思路,实现物质再生循环与分层多级利用,保障生态效益、经济效益、社会效益。其基本原理归纳起来就是食物链、生命周期、价值链的集中体现。

1. 食物链

食物链是生态系统中一个重要的基本概念,是指在生态系统中生产者固定的能量通过取食与被取食的关系在生态系统中传递,彼此连接为一个序列,组成一个整体,就像一条"链索"。这一链索关系就被称为食物链。

自然生态系统中食物层次多且长,构成复杂的食物网。而人类生态系统中的生物很多是人工选择的结果,种类、层次少,食物链结构较短,有时还存在一些有害的结构,不利于能量转化和物质的有效利用,从而使生态系统的自我稳定性下降。因此,综合生态工程就可以根据食物链原理延长或减少食物链的环节来维持能量和物质的有效利用,达到生态平衡的目的。所以,食物链理论和方法是综合生态工程和生态建设的重要理论与技术手段。

2. 生命周期

生命周期评价(life cycle assessment,LCA)是一种对产品、生产工艺以及活动对环境的压力进行评价的客观过程,它是通过对能量和物质利用以及由此造成的环境废物排放进行辨识和量化来进行的。其目的在于评估能量和物质利用,以及废物排放对环境的影响,寻求改善环境影响的机会以及如何利用这种机会。这种评价贯穿于产品、工艺和活动的整个生命周期,包括:原材料提取与加工;产品制造、运输以及销售;产品的使用、再利用和维护;废物循环和最终废物弃置。其优点在于为科学问题的提出提供了一个宽广的框架,引导研究者超越地域的界限去发掘一些被以前的研究所忽略了的因子,是丰富信息的重要管理工具,也可为更全面的研究奠定基础。

3. 价值链

人类通过定向调控生态系统，物化投入要素，在实现物质循环和能量转化最大有效化过程中，使投入的价值量转移并形成价值增量凝结在初级产品或次级产品内，这些产品以不同形式、不同流向、不同流量强度在社会经济系统内进行流转。

产品在流转过程中，虽然在数量上不会改变产品物质存量和能量存量，但它可以将其货币化并以价值的形式来体现物质存量和能量存量的效用。而其产品价值的高低、大小对生态系统的结构、组分和功能有直接的调节作用。

价值是反映效用的主要形式，产品价值在沿价值链向消费者流动过程中得以体现。所谓价值链是指在产品生产和消费过程中，由于消费者具有不同层次的需求和产品具有不同的使用价值，产品在利用程度上出现差异，这种通过对产品的利用和消费者的需求层次而建立起来的链索关系称为价值链。价值链的长短直接反映产品的使用价值和人类对产品的开发利用程度，同时也可以体现主导产业与其他产业的密切程度。一般来讲，价值链越长，表明人类对该产品的开发利用程度越高；相反，价值链短，则表明人类对该产品的开发利用程度较低。

二、综合生态工程的类型和特点

综合生态工程的类型可以按照产业组合、自然资源禀赋和社会经济条件的不同来划分。

（一）按照产业组合分类

按照产业组合来划分，综合生态工程可以分为农林复合生态工程、农牧复合生态工程、林牧复合生态工程、农渔复合生态工程、农林牧复合生态工程和农林牧加复合生态工程等以农为主的类型，也可划分出如农工联合、农业服务业和农业商业等的生态工程。

1. 农林复合生态工程

农林复合生态工程在我国分布较广，类型较多，主要有农林、农果、林药和农经等几种模式。利用农业和林业相结合，利用森林产生的生态效益，为作物的高产、稳产提供环境条件。

2. 农牧复合生态工程

根据农牧复合生态系统中的连接环节不同，可以将其分为以沼气为纽带的农牧复合生态工程、以蚯蚓为接口的农牧复合生态工程和多层次循环农牧复合生态工程。

3. 林牧复合生态工程

林牧复合生态工程是指林业的副产品如某些种类的树叶可以直接作为畜牧业的饲料，在林地里直接进行畜禽饲养。例如，我国海南文昌市的胶-茶-鸡模式等。

4. 农渔复合生态工程

稻田养鱼和稻田养蟹是目前最典型的农渔复合生态工程，通过农作物（水稻、茭白等）与水生生物（鱼、蟹等）的互利共生，在同一块田地上同时进行粮食和渔业的生产，使农业资源得到更加充分的利用。

5. 农林牧复合生态工程

林业子系统为整个生态系统提供生态屏障，对整个生态系统的稳定起着决定性的作用；农业子系统为人们提供较丰富的粮、油、果、蔬等农产品；牧业子系统是整个物质循环和能量流动的重要环节，为农业系统提供充足的有机肥，同时生产动物蛋白。因此，农、林、牧三个子系统的结合有利于生态系统的持续、高效、协调发展。

6. 农林牧加复合生态工程

农林牧复合生态系统再加上一个加工环节,使农、林、牧产品得到加工转化,能够极大地提高农、林、牧产品的附加值,有利于农产品在市场中的销售,使农民增收,整个生态系统进入生态与经济的良性循环中。

7. 农工生态工程

在原有以农业为基础的系统上增加工业部分,实现工业废弃物与农业系统间的合作和共生,如典型的电厂废热与温室养鱼、种菜的结合。

(二) 按自然资源禀赋分类

根据生态工程具有明显地域性的特点,按自然资源禀赋的不同将综合生态工程模式分为城市型、平原型、内陆水域型和山地丘陵型等。

1. 城市综合生态工程

城市综合生态工程是城市环境系统调控的重要手段和方法,依据城市生态环境调控的基本原理,通过城市林业生态工程、污水控制技术、土地净化技术、固体废物处理技术等生态工程技术解决城市环境系统中出现的一系列问题,如环境污染、热岛效应、水资源缺乏、废弃物污染等问题,促进城市的可持续发展。

丹东市位于辽宁省东南部,是我国最大的边境城市,是连接朝鲜半岛与我国及欧亚大陆的主要陆路通道。丹东市水资源丰富,占辽宁省总量的1/4,人均拥有水资源量$3537m^3$,是全省人均水量的4.3倍。通过持之以恒的水生态文明建设,丹东市水环境质量大幅度提高,水生态系统健康程度不断改善,生态效益、社会效益及经济效益显著,为辽宁老工业基地振兴发展提供了坚实的水资源和水环境支撑。2017年11月通过国家水生态文明城市行政验收,正式成为全国首批水生态文明城市。丹东市委市政府高度重视试点工作,以"建设美丽丹东"为主线,以打造"青山绿水蓝天,和谐优美宜居"的生态城市为总体目标,大力实施碧水、青山、蓝天等生态工程,加强了水资源合理开发、高效利用和节约保护,促进了传统水利向可持续发展水利转变和民生水利发展。先后实施城市供水、水生态保护、水系连通、河道生态治理等67项工程,通过3年试点建设,主要水功能区水质达标率由试点前(2013年)的84.0%提升到2016年的97.8%,目前全市国家重要水功能区水质达标率达到100%,鸭绿江、爱河等主要河段水质常年达到Ⅱ类,人居环境质量显著改善。

2. 平原综合生态工程

平原地区广泛采取的生态工程的技术类型有农林(果)综合生态工程、农牧综合生态工程和农牧加综合生态工程等几种。在生态工程建设过程中,不同地区地理气候条件差异很大,种植作物和养殖动物种类及由此组成的复合系统组分的复杂程度也不尽相同。以农牧复合系统为例,其以多方式连接为特征,使农业有机废弃物"并联"成多层次,循环利用,形成多层次循环农牧复合生态工程模式(图11-1)。

3. 内陆水域综合生态工程

按照水产和农田两个生产主题,分为以水产养殖为主的水陆复合生态系统和以农田为中心的水、土、林、田综合系统。

(1) 以水产养殖为主的水陆复合生态系统 该模式立足于当地水产资源,以水体为生态背景,将水体和陆地看作一个相互联系的整体,建立一个以渔业为主,渔、农、牧、林(果)业合理结合的、多功能复合式的生态经济系统。该模式中,不仅最大限度地开发利用资源潜力,同时从各种生物的组合方式上对生态系统内部的废弃物再利用,从而不断改善水

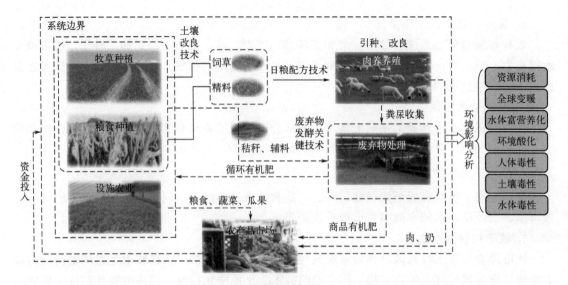

图 11-1 多层次循环农牧复合生态工程

域生态环境,使整个系统内部物质实现良性循环。

湖北省第五大湖泊——汉川市汈汊湖,自 2014 年国家林业局批准汈汊湖国家湿地公园开展试点建设以来,汉川严格按照"保护优先、严格管理、系统治理、科学修复、合理利用"的原则,累计投入 13 亿元,统筹推进保护修复、科普宣教、科研监测、社区共建等一系列工作,强力恢复和保护汈汊湖原有湖泊湿地生态系统。汈汊湖养殖场积极探索出一条"湿地＋公园""生态＋旅游""创业＋就业"的高质量发展路径,水生动物中有各种淡水鱼类和野禽类,如龟、鳖、虾、蟹、螺、蚌、野鸭等,水生植物中有莲藕、芡实、菱角、茭白、蒿草、蒲草等,这些动植物有的是营养丰富的食品,有的是优质的轻材料,都具有较高的经济价值和观赏价值。2016~2021 年,全养殖场螃蟹养殖 83222 亩,小龙虾养殖 48755 亩,莲藕种植 49769 亩,实现农业总产值 22.45 亿元,新增利税 3.3 亿元,成立水产专业合作社 78 个。

(2) 以农田为中心的水、土、林、田综合系统 该模式强调在一定区域内,运用生态规律对内陆水域的山、水、林、田、路进行全面规划,协调生产用地与庭院、房舍、草地、道路、林地等比例空间配置,提高自然环境调节能力,从而取得较高的经济效益和生态效益。

江苏省姜堰区河横村是生态环境全球 500 佳、全国文明村、全国生态村、全国农业旅游示范点、国家 AA 级旅游景区、全国部省共建社会主义新农村建设示范村。现有人口 3156 人,耕地 4030 亩,水面 2100 亩。1985 年前后,在国家和省市环保部门的指导下,河横村经过研究试验,推出了生态经济良性循环和优化模式,做到用地与养地相结合,保持土壤肥力。在防治病虫害上采取病、虫、草综合防治措施,降低农药用量,普遍使用生物农药、有机肥料和农业生产废弃物,同时大力开展植树造林活动。林间养鸡,鸡粪拌饲喂猪,猪粪、秸秆沤制沼气,沼气点灯,沼液壅田,沼渣育菇,探索了一条林下养禽、稻田养鱼等主体复合养殖的生态体系,2011 年社会总产值 8.6 亿元,集体经济收入 240 万元,农民人均年纯收入 13320 元。目前,全村所有的路边河边、沟边池边、庄内庄外到处都是树成行、林成荫,绿地折合面积达 1849 亩,森林覆盖率达 30% 以上,村庄绿化覆盖率达到 41% 以上,已经形成常年树木成荫、四季花果飘香的生态特色。

稻、棉、油菜、绿肥及水面放养的"三水"植物（浮水植物、沉水植物和挺水植物），为生态系统中的生产者；沼气池、堆积肥中的微生物为生态系统中的"分解者"。这个农业生态系统的能量流动和物质循环由若干个小循环组成，包括农田—畜禽—沼气—农田循环；农田—绿肥—沼气—农田循环；农田—绿肥—畜禽—农田循环，农田—畜禽—鱼池—农田循环，"三水"植物—畜禽—沼气—农田等。以上若干个小循环都是以农田为中心，又条条通向农田，最后组成一个大的农田良性生态循环系统，使各种物质循环和能量流动围绕农田运转。

4. 山地丘陵综合生态工程

山地丘陵地区有其自身的地理特点，一般以发展果树和林木为中心，因此，按照山地丘陵综合生态工程实现的生态功能不同，可以分为以林果为主的水土保持型生态工程模式和以林为主带动农、果、牧、工、商综合发展的生态工程模式两种。

（1）以林果为主的水土保持型生态工程模式　该模式以林果业生产为方向，以水土保持为重点，积极发展畜牧业，由单纯的原料生产向原料深加工和综合利用转变，逐步将水土流失的区域建成果品、木材、畜牧等生产基地。

根据不同主体生态环境，按地形的高、中、低和空间的上、中、下等不同生态位，建立多层次的生产结构，实行等高种植，采取山顶陡坡种防护林，山腰缓坡种果林带，山下沟边基本农田，地边堰旁种经济林和作物的乔灌草结合等措施，并结合一系列拦蓄工程，达到涵养水源、充分合理地利用土地的目的。

根据丘陵地区林木创造的环境，发展畜牧业和农（林）业，加强畜牧废弃物的循环利用，提高农田和林区的单位面积产出量，保护森林面积，减少水土流失。用人工食物链取代自然食物链的办法，例如通过将草食动物、人工培育禽类、食用菌和蚯蚓等纳入食物链的办法创造出林（叶、种子）—昆虫—鸡—貂、林（果）—畜—蚯蚓、林—鸭—鱼等生态模式。

（2）以林为主带动农、果、牧、工、商综合发展的生态工程模式　山东省五莲县位于鲁中南山区，五莲县山地丘陵面积占86%，全县森林覆盖率31.45%，全省排名第七，高于全国平均水平7.33个百分点，高于全省平均水平17.29个百分点。生态是其亮丽的名片和最大的发展优势。日前公布的五莲县生态系统生产总值（GEP）核算结果显示，五莲县2021年度GEP为292.96亿元，是GDP（国内生产总值）的1.38倍。位于五莲县叩官镇的富园茶场总面积3000亩，但茶树只有1200亩，其余栽种的是雪松、侧柏等苗木，500多种植物、100多万株林木形成高中低错落有致的绿色生态防护林，将一个个大小不等的茶园分割开来，生态茶场投入大、见效慢，但多年坚守效益可观；普通农户种植的茶园，一年亩均效益在1万元左右，富园茶场的效益在3万～5万元，2022年产值达到2000多万元。1980年以前，由于单纯追求粮食生产，毁林开荒严重，致使水土流失严重，生态环境恶化，农业生产与经济发展缓慢，1978年人均收入仅72.5元。1980年以来，他们根据当地条件，确定了以林果为主，林、粮、牧结合，牧、工、商一体化的多种经营、全面发展生态农业模式（图11-2），统一规划，对山、水、林、田、村进行综合治理。五莲县让农村既保留原汁原味的乡村风情，又充满现代生活气息和元素——近年，全县开展"全域"美村、"全域"美路、"全域"美水、"全域"美家"四美"工程，建成仿若"流动风景线"的100条175km农村道路，省、市级美丽乡村410个，占村庄总数的2/3，全县50%以上村庄实现农村污水集中化处理。全县范围内初步形成了以林促农、以农促牧、以牧促农林的农业生态良性循环系统，昔日的荒山秃岭、土地瘠薄的穷山区变成了山青水秀、林茂粮丰的林果之乡。

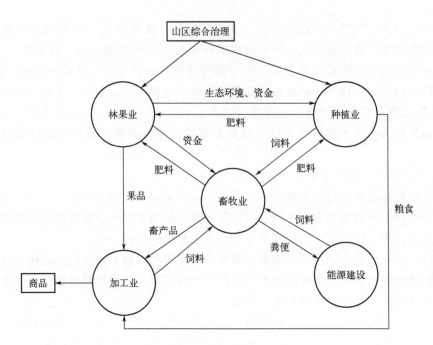

图 11-2　山东省五莲县生态农业模式

第二节　生态村与生态农场建设

一、生态村

生态村是在生态学原理指导下，运用生态农业工程、遗传工程等现代科学技术，以一个自然村为对象而设计和实施的一种新型农业生态经济模式。这种模式应是农村生产、加工、运销在结构和功能上相互协调、补偿的模式，以增强农业抗御自然灾害的能力，实现发展农村经济与改善农业环境的双重目的。

（一）生态村建设的原则

1. 因地制宜

按照地域分异规律，确定不同的生产发展方向和途径。例如，黄淮海平原为干湿过渡地带，要加强综合治理，重视农、林、牧、渔的结合。

2. 就近原则

农村工业宜就地取材，以农产品为主要原料，发展多对象的分级生产，增加经济效益。

3. 协调发展

引用农业技术方面，注重以"种"为中心的土、肥、水等多种技术措施的综合作用，以及工农业的生产工艺，把农、工、商联为一体，纳入本地区经济建设规划。

4. 整体规划

进行以流域或区域规划为中心的水、田、林、路的综合规划，协调庭院、房舍、林地、草坪等面积、比例，提高自然环境调节能力，以改善农村生活环境。

5. 能量平衡

处理好物质与能量投入、产出间的总量平衡。

(二)生态村建设的特色

1. 具有多层复杂的生态经济结构

既有农、林、牧、副、渔,又有农、工、商、贸业,既有粮、油、饲、药、林、果等,又有鸡、鸭、猪、牛、特种动物,形成多层次的转化链条,有利于开拓更多生产部门,解决更多的剩余劳动力就业。

2. 具有多种生态经济功能

包括提高太阳能利用的功能;将生物能转化为动物和高价值产品的功能;将无机物质转变为有机物的功能;将废物转变为使用价值的功能;将生物能变为电能、热能以及较少投入取得多种产出的功能等。

3. 是自然环境与开放循环的统一体

不仅有自成体系的内部物质循环利用与再生系统,还有与外部发生紧密联系的输入和输出系统。

(三)典型生态村建设——以江苏太仓东林村为例

江苏省苏州市太仓市城厢镇东林村,坚持创新驱动、科技支撑和粮食安全、生态安全,走出了高效生态种养循环农业之路和一、二、三产业融合发展之路。自2012年开始,围绕2200亩稻麦两熟制农田的秸秆资源化利用,经过10多年探索实践,创建了以水稻秸秆饲料化利用为核心的种养结合"四个一"循环产业链模式,构建了"稻麦生态种植、秸秆机械收集、草畜饲料生产、饲料养羊、羊粪堆肥、有机肥还田"的物质循环闭链,实现了村域范围内农田、羊场废弃物全部消纳利用以及产业化增值,取得了显著的社会效益、生态效益和经济效益。

东林村位于长江三角洲地区的太仓市城厢镇,拥有 146.67hm^2 高标准农田、1.33hm^2 饲料厂、3.33hm^2 养殖场与 0.5hm^2 有机肥厂的基础建设与能源配套。农场在江苏省农业科学院、苏州市农业科学院、太仓市农业农村局等技术支持下,联合创制了现代"草-羊-田"农牧循环模式,集成创新了以"秸秆机械收集裹包发酵与加工技术、肉羊全价日混饲料配方技术、羊粪机械收集与堆肥技术、羊粪有机肥适量机械还田技术"为核心的省部技术推广引领模式(图11-3)。

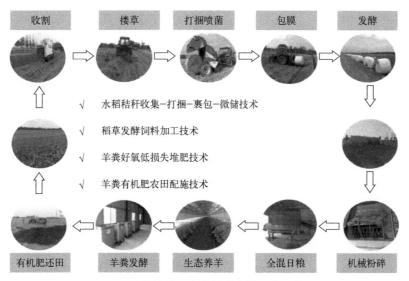

图11-3 东林村现代农牧结合循环农业模式

东林村以苏州金仓湖农业科技股份有限公司等作为产业化载体,在国家省市及地方有关现代农业发展和生态文明建设等政策支持的基础上,获得了各级政府部门试点项目支持和用地指标奖励,建设总投资 8050 万元,稻麦秸秆收集能力 3 万亩/季,年生产秸秆饲料 6 万吨(8h),年生产有机肥能力 1 万吨,构建了现代农牧循环产业体系,由粮食种植与加工、饲料加工、湖羊养殖与有机堆肥四大板块组成(图 11-4)。

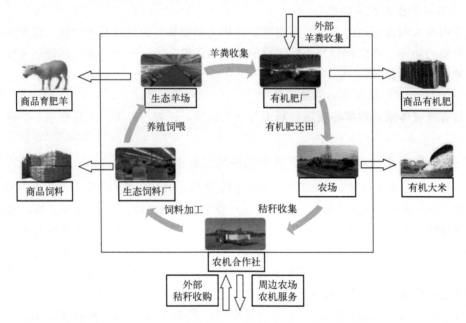

图 11-4 东林村农场现代农牧循环产业链及载体组成

该系统是将种植业和养殖业紧密衔接的农业生态系统,对实现种养一体、农牧结合、粮草兼顾具有重要意义,符合现代循环农业产业基本特征,具有典型代表性。其中,饲料加工与有机堆肥是由农牧复合生态系统的中间副产品经产业化后分离形成的促进系统高效运行的环节,其突出的生态效益与经济效益为当地的产业兴旺提供支持。

东林村的粮食种植环节,实行小麦和水稻周年复种连作,其中麦季部分绿肥或休耕,稻季施用羊粪有机肥后将经温室育秧的水稻毯苗机插,稻麦二季均配备耕、种、管、收等农机进行全程机械化生产,部分秸秆实施直接还田。饲料加工环节,利用作物秸秆和豆渣、糖蜜等种植业与加工业废弃物,经有益微生物菌剂发酵制成草畜粗饲料。湖羊养殖环节,通过饲喂以粗饲料为主的全混合日粮进行标准化养殖与管理;有机堆肥环节,以羊粪便为原料,辅以菌渣、米糠和作物秸秆等农业废弃物,经好氧堆肥生产羊粪有机肥。东林生态农场对现代"草-羊-田"农牧循环模式的应用,为缓解社会经济发达地区面临的农业资源与环境双重压力提供了有效路径,为长江三角洲平原地区提供了以农为主的产业振兴样板。

东林村积极践行习近平总书记的"两山"理念,通过绿色化、科技化、机械化、数字化实现减排降污固碳与农畜产品提质增效相协同,形成了"一片田、一根草、一只羊、一袋肥"的生态循环农业模式,进行了产业化开发,在稻麦农田 2200 亩、农业生产配套设施用地 33 亩、零星集体建设用地 12.97 亩的基础上,农场坚守"以粮为纲、以农为主",在产业链和创新链协同下,对于生态产品走一条在产业链方面增效、在农文旅方面融合增值的、为充分实现生态产品价值的乡村产业振兴成功之路。

东林村产业化开发了金仓湖发酵饲料、太湖湖羊、金仓湖富硒米、伽马功能米、秦川红牛等高附加值农产品和味稻公园、田园游道、田园新干线、云山米都、四季驿站、穗月广场、名人水街、乡村振兴实践所等文旅产品（图11-4）。根据第三方检测报告，东林大米含硒量达0.266mg/kg，达到富硒米标准。村集体经济来源于生态农场的总收入1800多万元，解决产业链内365名失地农民就业问题，发放工资超过2000万元，探索开发味稻东林、水系治理和水景观产业，做优农文旅品牌，2022年累计接待省内外游客10万余名，经济收入超500万元。

二、生态农场

生态农场遵循"整体、协调、循环、再生、多样"原则，采用了一系列生态友好型农业技术体系，并优化了生物与生物、生物与环境的相互关系，使得农业生态系统体现出结构合理、功能高效的特点，不仅能获得可持续的较高产量，而且能达到资源匹配、环境友好、食品安全的基本要求（高尚宾等，2018）。生态农场具有本地化的特点，扎根本土，充分调动当地自然资源和生产条件。由于生态农场类型生于本土，对当地资源禀赋特点进行全面总结和提炼，使农业生产更加适应当地自然环境，可以减少对于外部资源投入的依赖。

生态农场是以生态学的理论为依据建立起来的新型农业生产基地和单元，是全面考虑"合理开发和利用能源，提高生产效益，保护环境，符合自然规律和经济规律，把近期利用和长远利益结合起来"的生产模式。生态农场作为兼顾生态环境与经济社会可持续发展的农业经营主体，具有市场灵活性，是一种发展较为成熟的农业经营主体，在带动农户发展专业化、标准化、绿色化生产方面具有明显优势。

（一）生态农场遵循的原则

1. 整体性原则

在对系统成分的性质及相互关系充分了解的基础上，应用整体性原理，综合考虑当前与长远、局部与整体、经济开发与环境保护等关系，保障生态农场的平衡与稳定。

2. 协调性原则

在生态农场建设中，在保证满足环境承载力的前提下，将传统方法与现代技术、制度政策与生产技术、本土技术与引进技术等相结合，协调发展各方面资源，实现第一、二、三产业融合，促进生态农场高效、安全运转。

3. 循环性原则

生态农场在运作中涉及的群体非常丰富，其中包括人、动物、植物、微生物和非生物群体等，每一个群体在农场中的物质循环和能量转化都能对其他群体产生有益的影响。要有针对性地设计合理的循环方式，最大限度减小外部投入，发挥最大的内部循环效应（图11-5）。

4. 再生性原则

再生性是指将农场内部的废弃物转换为可利用的农业生产资源，即实

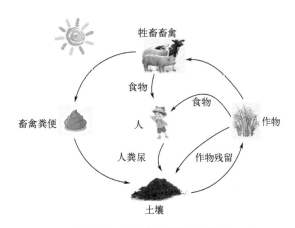

图11-5 生态农场循环性原则

现废弃物资源化利用。在生态农场中利用再生性原则，一方面可以增加系统内部物质循环；另一方面，还可以增加生态农场的经济效益与社会效益。

5. 多样性原则

物种丰富度越高，系统稳定性越高，抵抗风险的能力越大。生态农场通过丰富多样的生物，实现生物之间的共生、互补和"牵制"（相克），从而可以在农业生产过程中少用甚至不用农药就可达到防治病、虫、草害的目的。

（二）生态农场的特点

1. 本地化

生态农场是建立在合理和充分利用当地自然资源与生产条件的基础上的凸显本地化的农场。在不同区域和地区，只有在对当地资源禀赋特点进行全面总结和提炼的基础上才能建立起因地制宜、独具特色的生态农场。

2. 整体性

生态农场与普通农场的区别主要在于，生态农场通过对资源和能源利用的整体规划、设计与实施来提高系统生产率，从而避免了对自然资源的过度消耗和对生态系统平衡的破坏。

3. 稳定性

包括生态系统功能的相对稳定和社会经济效益稳定增长两方面。生态系统功能的相对稳定包括营养物质和能量平衡，可维持一个稳定的输入和输出。农场经济效益的稳定增长应建立在对营养物质和能量动态平衡的基础上，对多目标的投入、产出与循环进行成本效益分析，选取经济效益最优化的方案，以达到系统产出经济效益稳定增长的目的。

（三）生态农场的典型模式

由于地域差异性及技术的复杂性，原则上并不存在单项的生态农业技术，生态农业技术的推广往往依托在生态农场模式的建设当中。将这些单项技术在生态农业建设中组合成一定的生态农业发展模式，这些生态农业技术和模式的开发、应用与创新可以均衡资源配置，提高资源利用率，转变农业发展方式，以及促进产业可持续发展。目前，我国生态农场的典型模式包括生态种植型、资源循环型、生态种养型以及产业融合型。

1. 生态种植型

主要是指按照生态农场标准，实施生态农业种植技术，如秸秆还田，绿肥轮作，病虫害生物防治，设置缓冲带、净水带等，提升农田生物多样性；规范企业生产，促进产品价值与服务提升；减少环境污染，达到生物与环境协同共生发展。重庆四季香生态农业发展有限公司是一家以种植柑橘为主的生态农场。该农场坚持"预防为主、综合防范"原则，优先采用农业管理防治措施，尽量利用物理和生物措施，必要时合理使用低风险农药。农业管理防治措施包括：选用抗病品种，适时翻土、修剪、排水、清洁果园，减少病虫害源，加强栽培管理，增强树木自身抗病虫害的能力；提高采果质量，减少果实伤口，降低果实腐烂率；对杂柑施用的农家有机肥，要充分腐熟后施用，通过高温发酵杀死杂草种子，避免引入杂草或其他病原微生物；结合果园浅耕，人工铲除杂草；果园生草，抑制杂草生长，培肥地力；用杀虫灯、醋液等诱杀害虫；改善果园生态环境，保护天敌动物；必要时，利用无人机，按规定用药浓度、频率施药，并严格、准确地记录化学农药使用情况。

2. 资源循环型

根据生态经济学及系统工程学等原理，充分利用土地资源、太阳能资源等，将农业与畜牧业有机融合，从而实现物质循环和能量多级利用，提高资源利用率和产出率。云南鼎成农业科技有限公司采用的"猪-沼-果"模式是这一类型的典型代表。该公司以 4.2 万亩糖料蔗、1.2 万亩柑橘生产基地和 4 个单元生猪养殖为基础，实现养殖业与种植业协同发展。公司将甘蔗加工产生的副产物滤泥经处理后制成有机肥，用于橘园生产；将糖料蔗收获时产生的副产物蔗梢、蔗叶经微生物处理后用于生猪养殖；养殖场产生的粪污全部进入沼气池后，通过沼气发电供园区生产、生活使用，沼液、沼渣又能全部用作橘园肥料；甘蔗通过深加工，变成了白糖、纸等商品；粪污得到有效利用，实现生态种养。

3. 生态种养型

多指以农业生产为主体，利用空间优势，同时在稻田中进行渔业生产或禽类养殖，使物质和能量在不同产业或不同组分之间有序转换，实现资源的高效利用，形成多层次、多结构、多功能的农业经济模式。位于湖北省荆门市的京山盛老汉家庭农场的稻龟生态种养是生态种养型的典型代表之一。该农场对水田、堰塘、小沟渠及荒坡等进行标准化建设，安装自动排灌设施、监控设备等，推行稻龟共作的生态综合种养模式。在保证粮食产量的前提下，不打农药、不施化肥，使京山乌龟保持优良品种特性。将种稻和养龟结合，秋、冬时节在稻田轮作油菜，夏收油菜籽，实现种植、养殖一水两用，水陆一亩多收，生态循环，种养高效。

4. 产业融合型

产业融合型是指农业进行加工和包装后将其嵌入第二、三产业，把农业资源转化成价值更高的经济资源的生产模式。这一模式突破了传统农业的功能定位，为农业增加附加价值，极大限度地增加了农业经济收入，促进了农业及农村可持续发展。例如，北京的窦店农牧工商总公司坚持生态优先，发展乡村旅游。该农场的生态种植用地面积 1200 亩，上茬种植小麦优良籽种，下茬种植饲料型全株玉米进行青储，发展畜牧业。养殖土地面积 150 亩，含智能化、生态化、自动化肉牛规模养殖基地，并建有年产 5 万吨的生物有机肥厂。另外有 600 亩农业休闲观光园，700 园苗木种植。构建起绿色低碳循环发展的农业产业体系，力求在绿色农业、生态农业、生态产业走出自己特色的道路。

综上所述，我国生态农业模式大多从资源高效利用角度入手，着眼于农业功能拓展，多角度整合农业要素，全方位推进由增产导向转向提质导向，最终实现经济效益、社会效益及环境效益三大效益的协调统一。

（四）典型生态农场建设案例——以北京市房山区窦店农牧工商总公司为例

1. 基本情况

窦店农牧工商总公司位于北京房山区，全村土地由集体农场统一经营，土地连片，标准化管理，全过程机械化生产，村民确权确利，走出了一条农牧结合、农工商结合的第一、二、三产业融合发展之路。农场总面积 1350 亩，上茬种植小麦优良籽种，下茬种植饲料型全株玉米进行青储，发展畜牧业，养殖土地面积 150 亩，投资 1 亿元建起了智能化、生态化、自动化肉牛规模养殖基地，同时利用牛粪、鸡粪、枯枝落叶和餐余垃圾建成年产 5 万吨生物有机菌肥生产厂，窦店村还建有清真肉联厂，实现了农业资源利用集约化、废弃物资源化、产业模式生态化。

2. 主要措施

（1）科学种田育良种，推进地区农业高质量发展　窦店村按照"因地制宜、一村一品、突出特色、完善机制、不断创新"的发展思路，积极发展籽种农业。将 1200 亩粮田专门用于小麦优良品种的繁育，建立了优良品种繁育基地，为了籽种基地的长远发展，建立了小麦良种品比试验田，引进经国家审定的小麦新品种，进行品比试验，找出适合本地区且畅销的品种进行种植和推广。窦店村千亩优良小麦籽种是北京市农业技术部门研究推荐的高产、优质品种。该公司和中国农科院、北京市农业技术推广站、房山区农科所建立了长期合作关系，有可靠的技术来源和研发力量，保证籽种的质量、品质和更新换代，为地区小麦高产稳产奠定了坚实的基础。

（2）生态种植，绿色防控技术　近年来，农场积极开展生态绿色高质高效种植模式，增施有机肥，不断减少农药、化肥投入，增加了物理杀虫、生物治虫等多种方式，减少和治理病虫害。为了稳定粮食产量，坚持科学田间管理，细化管理过程，粮食生产种、管、收全过程实现机械化。利用水肥一体化技术，全年浇水 180m³ 左右。小麦使用杀虫剂、杀菌剂、植物生长调节剂、叶面肥、微肥等混配剂喷雾，达到防病虫害、防倒伏的效果，并且增粒增重，做到一喷三防，达到了节水、节肥、节药的目的，确保了农业粮食生产的稳定收入，粮食播种面积、产量、效益逐年稳步提高。窦店千亩小麦籽种繁育基地成为集科技、生态、环境保护于一体的旱涝保收标准农业示范区。

（3）以农养牧，以牧肥农　窦店村投资 1 亿元建起了智能化、生态化、自动化肉牛规模养殖基地，建筑面积 5 万平方米，达到年存栏肉牛 6000 头、年出栏肉牛 12000 头的规模，肉牛养殖基地建有安全监测平台、大数据处理中心，通过大数据处理中心，科学进行牛只饲喂、称重、运动、健康等信息监测，每头肉牛全程可追溯，一屏观全貌，形成一牛一档。窦店村多年来一直坚持以农养牧、以牧肥农，实现了农牧结合的良性循环，小麦秸秆和青储玉米全部用作肉牛的饲料，同时利用牛粪、鸡粪、枯枝落叶和餐余垃圾，建成年产 5 万吨生物有机菌肥生产厂，集中收集处理养殖粪污和残枝落叶，进行固体废物无害化处理和资源化利用，消除了农业面源污染，实现了农牧业的良性循环。

（4）发展乡村旅游，坚持生态优先　农场用 600 亩土建起了农业休闲观光园，在观光园周围垃圾坑等闲散用地上建起五个观光亭，构建了一个由春、夏、秋、冬四季景观大道连接的环形道，在东北角利用废弃坑地建起景观池，池内有假山和荷花等观赏植物，中心观景台坐落在原机井房上方，在观光园东南角，将原来的垃圾坑修建成绿色景观池，彻底改变了周围的生态环境。在通往观景台的观光长廊走道上，新增体现农耕文化的水泥浮雕壁画 19 幅、传统农耕人物雕塑 11 组，主要体现中华农业发展史，使人们感受到农民的勤劳与智慧，为孩子们的农耕文化教育提供实践课堂，丰富课外生活。

第三节　生态工业园

一、生态工业园的由来和发展

自 18 世纪中叶工业革命爆发以来，人类社会的工业化与现代化进程不断加快，但这种"高资源投入—低物质产出—高污染排放"的单向经济扩张模式，在推动全球经济迅猛发展的同时，也不可避免地导致了全球范围内的生态环境与自然资源被线性消耗的现象（Massard 等，2018）。为了缓解这一现象，人类急需一种可以实现经济与生态的和谐共生、保障人类社会可持续发展的新战略，而此时以循环经济、产业共生以及工业生态等理论为基础的生态工业园（eco-industrial park，EIP）恰好为战略的应用指明了方向（Fan 等，2020；

Huang 等，2019）。

生态工业园作为一种全新的工业模式，以工业生态学理论为基础，并致力于通过集成不同行业的企业和组织，实现在促进资源共享和协同发展的同时，减少对环境的污染和破坏。在 20 世纪 70 年代初，当时的美国以《国家环境政策法》为基础，成立了国家环境保护署，并颁布了诸多环保法案（张雯，2011），要求工业企业必须采取措施减少对环境的影响。为了满足这些要求，一些企业开始尝试将其废弃物转化为有用的资源，并且与周边企业合作实现循环利用，从而逐渐形成了将生态学理念与工业园区建设相结合的思想。到了 90 年代初期，"生态工业园"开始以工业生态系统的现实表征和理论实践的"身份"陆续出现在一些会议报告与学术论文之中（刘喜风等，2003）。美国 Indigo 发展研究所的 Ernest Lowe 教授更是明确指出，生态工业园是一个由制造业企业和服务业企业组成的工业集群体系（Lowe，1997）。这一概念的提出，便极大地促使各国学者开始针对生态工业园展开了广泛且细致的研究，特别是一些发达国家，积极推广生态工业园建设，获得了丰富的经验，并为后续生态工业园的建设以及相关研究提供了相应的理论基础（详见表 11-1）。

表 11-1　国外生态工业园区主要发展情况研究

研究方向	研究内容
生态工业园规划设计	Boulding（1966）最早认为地球资源存在有限性，要形成循环经济发展模式，这被认为是生态工业园区理念的萌芽
	O. Genc（2019）通过社会网络和食物网两种分析方法相结合的方式对生态工业园区内工业共生网络的可持续性进行评估
	Hu 等（2021）采用广义节约梯度法，提出多准则产业结构调整模式，以求得生态工业园区的最佳结构，提高园区整体资源利用效率和工业产出效率
	Valenzuela-Venegas（2020）从园区规划角度进行研究，他指出生态工业园是一个企业社区，相互交流，彼此交换材料和能源，以实现参与者的可持续发展优势
生态工业园的概念研究	Frosch 和 Gallopulos（1989）正式提出工业生态学理论，并基于对工业生态学的研究，强调生态工业园完全可以类比于生态系统那样运作
	Cote 和 Hall（1995）从园区内部的运作与管理视角出发，发现生态工业园区可以通过一系列操作实现资源的整合再利用，不仅可以改善园区整体的生产质量和生产效率，还能降低企业生产成本和改善生态环境
生态工业园评价指标体系	Zhao（2017）从循环经济的角度出发，运用德尔菲法建立起一个包含生态、经济、社会、生态产业建设标准以及管理级别标准的生态工业园区评价指标体系
	Hong 等（2020）基于关键政策文件和机构分析，指出与生态工业园区开发和运营相关的关键机构，以及对可持续性的影响因素
	Valenzuela-Venegas（2016）以 Kalunblorg 生态工业园为例，通过可持续性指标进行了广泛的搜索和分类，制定了一个包含相关性、实用性、理解性以及可持续性的生态工业园评估指标

自 20 世纪 70 年代丹麦建立了世界上第一个生态工业园——Kalunblorg（卡伦堡）生态工业园以来，卡伦堡便一直是世界上最成功的生态工业园区之一（李玲玲，2018）。卡伦堡模式的生态工业系统的主要优势在于其系统自身的灵活性和自我维系能力，即整个园区内的

生态工业系统完全是自发的、自我维持的，不需要额外的第三方机构来监管其园区内的日常生产活动，并且通过园区内部企业之间的有机联系，使得后续加入的合作企业也能很快融入并且实现副产品之间的交换。

卡伦堡生态工业园作为产业共生的经典案例，经过近半个世纪的发展已演化为涵盖众多机构与企业的知名生态工业园区，其中知名的机构和企业有阿斯奈斯发电厂（工业园区内交换循环的核心）、挪威国家石油公司（年产量超过300万吨，是丹麦最大的炼油厂）、诺和诺德公司（丹麦最大的生物工程公司，也是世界领先的工业酶和胰岛素生产商集群）、吉普洛克（年产量1400万平方米石膏板材的建筑公司），另外还有个体农户、农场和小型废物管理公司等其他区域性参与者以及当地政府部门（周园园等，2022；陈波等，2021）。具体的资源输入和输出交换通常在以下情况中发生：

① 来自阿斯奈斯发电厂（Asnas）的多余蒸汽被转移到了工业园区中的热力站，并出售给挪威国家石油公司和诺和诺德公司，后者将其用作炼油和药物生产线工艺的热源。

② 挪威国家石油公司（Statoil）将生产过程中产生的废水处理后作为冷却水或是冷凝蒸汽送还到卡伦堡发电厂。

③ 发电厂将所产生的石膏发送给吉普洛克公司（Gyproc），作为其生产石膏板的原料，并且Gyproc还从Statoil接收多余的石化尾气作为输入能源。

④ 诺和诺德（Novo Nordisk）公司将生产胰岛素的酵母发酵过程中产生的副产品做成生物质污泥并当作肥料出售给当地农民，或是将副产品转化为酵母浆，用于当地养猪场的饲料混合物之中。

卡伦堡生态工业园以当地发电厂作为园区内生态农业共生网络的中心，并进一步向外衍生出生物制药、建材加工和石化炼油等诸多核心企业，促进了以各成员企业物质交换为基础的生态工业共生网络的形成。具体网络结构如图11-6所示。

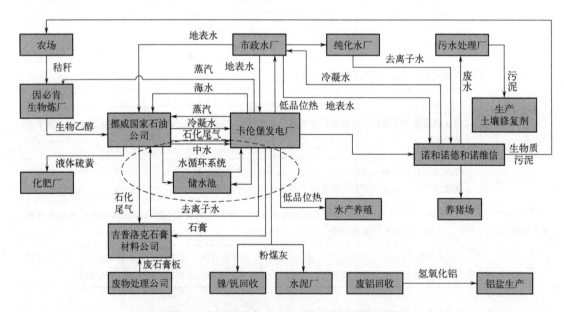

图11-6 卡伦堡生态工业园产业共生网络简图

卡伦堡生态工业园的成功不仅使得生态工业园开始成为世界工业园区发展领域的潮流

(《中国生态工业园区建设模式与创新》编委会，2014），也促使世界各国纷纷开展自身生态工业园区的建设，以求提升本国资源利用效率和工业经济的发展（表11-2）（包惠玲，2019）。其中，欧盟当中的部分国家对于生态工业园的建设较早，内容较为丰富，欧盟六国（西班牙、芬兰、葡萄牙、荷兰、瑞典、德国）还针对生态工业园区设立了专门的研究机构，来指导欧盟生态工业园区的发展与规划（李明等，2016；杨玲丽，2010）。以荷兰建立的鹿特丹港生态工业园为例，园区内不仅吸引了85家大中型企业入驻，形成了以石油加工及其衍生产业为主导产业链的生态产业园，而且在技术上获得当地一所大学的支持，形成了典型的"产-学-研"相结合的发展模式（王维，2018）。

美国作为生态工业园区建设发展最快的国家之一，从1993年开始，美国总统可持续发展委员会（President's Council of Sustainable Development，PCSD）便联合当地企业共同规划了4个社区作为生态工业园区的示范点（Veiga等，2009）。其中，位于田纳西州的查塔努加（Chattanooga）工业园区在规划建设之前是一个存在严重环境污染问题的制造中心，但对其进行生态改造后，园区内部产业结构得到彻底改变，形成了一个以回收尼龙线头为核心的产业集聚地，同时针对园区内原有的老旧工业企业进行升级改造，如将原本污染强度较大的铸铁车间改造成园区内的污水处理厂，而经污水处理厂处理过后的废水又被提供给了需水量较大的肥皂生产厂，极大降低环境污染的同时还有效带动了地方经济的发展（Sakr等，2011）。

在亚洲，日本作为较早提出工业生态化理念的国家，也急速地开展了本国的生态工业园区建设工作。1997年，日本政府在"零排放工业园"的基础上，开始规划和设计以静脉类产业为主导的生态工业园区。日本环境省与经济产业省会以地方政府递交的生态工业园区规划以及拟规划园所产生的废弃物种类、数量以及运输距离为依据来判定是否批注园区建设。截至2006年，已有26个地区被允许开展以静脉类产业为主导的生态工业园区建设。其中，北九州生态工业园作为以日本政府为主导规划的生态工业园区的典型代表，其园区内主要以静脉类产业为主，即在园区内输入园区外工业产业的废弃物资源后，吸引多家废弃物再利用的企业或机构入驻园区，从而实现对园区内乃至园区外部废弃物的资源整合再利用（翟一凡，2022）。

除上述几个有代表性的国家以外，加拿大、新加坡和澳大利亚等发达国家，以及如菲律宾、印度尼西亚等发展中国家也陆续开展了对生态工业园区的规划建设工作。此外，国际机构也对生态工业园展开了诸多实践探索。早在2000年，联合国环境署便颁布了有关加强工业园区环境管理的相关技术文件（Francis等，2001）；2010年，联合国工业发展组织出台了推进建设低碳工业园区的指导文件（Unido，2016）；2017年，联合国工业发展组织联合世界银行和德国国际合作机构共同制定了生态工业园区的评估框架体系（Organization，2017），并在2020年对该框架体系进行了更新升级。

表11-2 国外主要生态工业园实践案例

国家	生态工业园区
澳大利亚	Kwinana工业区
新加坡	裕廊工业园
美国	费尔菲得工业园、查尔斯角工业园、查塔努加工业园

续表

国家	生态工业园区
加拿大	伯恩赛德工业园、卡尔顿高科技园
日本	藤泽生态产业园、Eco-Town 工业园
印度尼西亚	LIK 工业园、三宝垄工业园
印度	泰米尔制革工业园、Nandeseri 工业园、Naroda 工业园
菲律宾	轻工业与科学园、Carmelray 工业园

二、生态工业园的含义和基本原理

产业生态是全球经济发展的必然要求，也是顺应时代发展的潮流。生态工业园作为继经济技术开发园区和高新科技园区后的第三代工业园区，是产业生态学的具体实践和重要表现形式。生态工业园区与前两代工业园区之间最大的区别在于生态工业园区主要是从自然生态系统中获得启发，并借鉴生态系统中的物质循环理念，对园区内的企业进行产业链升级构建，促使不同企业之间的资源或能源整合再利用，从工业源头上将污染排放量降至最低（Guo 等，2012）。此外，生态工业园作为一个可持续发展的区域综合体，在实现废弃物资源再利用方面具有得天独厚的优势，其最主要的特征在于园区内存在一种相互作用关系，即园区内企业之间和企业与生态环境之间的相互作用关系。通过这种互惠互利的相互作用关系，可以从根本上提升园区内企业的资源利用效率，降低对资源的消耗，从而实现园区内经济、社会和生态的协调发展（张莉红等，2022）。

综上所述，生态工业园的本质便是将生态学的思想融入工业经济的发展中，再将产业生态学理论应用于具体的工业园实践之中。由此，我们可以看出生态工业园不仅是一个技术与经济相结合的产业集群，还是一个包含生态、社会以及工业的可持续发展结合体。这变相地要求我们在今后对工业园区进行规划设计时，要从产业生态学的角度出发，仿照自然生态系统中"生产者-消费者-分解者"的关系来循环利用资源，并尽量通过各类操作将企业生产过程中产生的污染物或废弃物进行园区内部化处理，从而降低对自然环境的影响，促进园区内产业实现"1+1>2"的效益发展。

三、生态工业园区案例分析——以广西贵港国家生态工业园区为例

随着全球范围内生态工业园区建设的兴起，产业生态学的理念也开始被引入了国内，我国于 2000 年环境保护总局开始推进生态工业园建设，在随后的时期我国各地地方政府也纷纷展开工业园区规划建设。

（一）广西贵港国家生态工业园区基本情况

贵港国家生态工业园区是我国环境保护总局（现生态环境部）于 2001 年批准建立的我国第一个生态工业试点园区。该园区位于广西省贵港市港北区内，总体规划面积为 $30.53 km^2$。该区以贵糖（集团）股份有限公司为龙头，形成以甘蔗制糖为主导，并涵盖酒精、造纸、蔗田种植、环境综合处理和热电联产在内的六大产业生态系统。各系统之间严格贯彻"减量化-再利用-再循环（Reduce-Reuse-Recycle）"的"3R"发展理念，通过各生产

单元产品与废弃物交换的方式，形成一个闭合循环且互为上下游的循环生态产业链条，实现经济与自然资源的良性发展（图 11-7、图 11-8）。广西壮族自治区作为我国最大的蔗糖产区，其甘蔗种植面积与蔗糖产量均占全国总产量的六成以上（谢鑫昌等，2021）。经过 20 多年的发展，贵港生态工业园区以当地特色的可再生资源——甘蔗为基础，积极推动当地制糖产业的发展，并利用蔗糖蜜和甘蔗渣等主要废弃物来开发酒精产业和造纸产业，建立了完备的生态工业网格结构，实现区域尺度上的生产零排放目标。贵港国家生态工业园区零排放目标的达成，表明我国工业园区生产零排放不再仅仅是一个梦想，而是可以落实的现实行动，不仅对促进我国产业生态理论的发展具有极大的现实和理论意义，更是为我国其他生态工业园区的规划建设提供了科学参考。

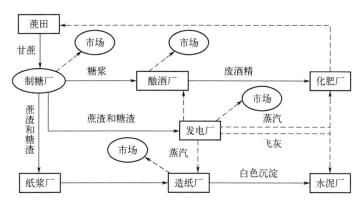

图 11-7　贵港生态工业园资源（能源）循环示意图

图 11-8　贵港国家生态工业园一角

（二）广西贵港国家生态工业园区基本特点

从前述的贵港生态工业园区的资源（能源）循环示意图中可以看出，该园区具有较为完善的发展模式，主要可归纳为以下 3 点。

1. 横向耦合、纵向闭合性特点

园区内的工业系统主要以制糖模块中的甘蔗为生产原料，并通过酿酒厂、造纸厂等工业单元的资源、能量的交换与共享在一定程度上建立了一个企业的网格结构，从而构成了园区内各产业的横向耦合关系。同时，甘蔗系统作为园区内工业系统的起点，为园区内提供主要生产原材料，并由此衍生出如糖、纸以及酒精等主要产业链。最后，将废弃物输入化肥厂生产出适用于蔗田的专用复合肥，从而保障肥料回到蔗田。由此可以看出，甘蔗生产系统作为整个园区生态系统的"开端"和"终点"，体现出整个园区生态系统的纵向闭合（王春华，2019）。

2. 动态适应性特点

如前文所述，贵港生态工业园区的结构整体呈现出一种闭合的网格结构，但这并不意味着整个园区内的产业规模或是产业结构与园区外界的环境和市场情况脱节。相反，园区内各个生产单元都与当前及未来市场有着较好的配合程度，紧紧地依附于市场，以此来提升园区内企业的抗风险能力，对市场表现出较强的动态适应性特点，也正是这一特点保障了贵港生态工业园区的产业发展活力。

3. 区域整合性特点

贵港生态工业园的区域整合性主要表现在园区内结构性的环境污染有所降低。首先，甘蔗不仅是园区中各产业的生产原料，其榨糖后余下的蔗髓更是在生产系统的燃料中占据主要地位。蔗髓的有效利用，直接降低了园区内工业对传统矿物燃料的需求，极大地减少了资源浪费和空气污染情况的发生；其次，在水资源的利用方面，园区内工业用水多是来自回收水，这一行为减少了对当地河流水或地下水的抽取行为，有利于当地生态环境的可持续发展（吴汉洪等，2013）；最后，在废弃物资源再利用方面，制糖后所产生的甘蔗渣和废糖蜜分别输入造纸厂和制酒厂中，而肥料厂又将前述两厂生产过程中产出的废弃物进行加工后制成回收碱、回收水以及复合肥等农资用于甘蔗田，减少了农田肥料的使用，从而实现整个区域的整合性，推动了园区的生态文明建设。

（三）广西贵港国家生态工业园区效益分析

1. 社会效益

园区的社会效益主要包括对当地社会和居民的影响。一方面，随着能源安全问题的日益凸显，贵港国家生态工业园在规划建设过程中便充分考虑到这一现实要求，瞄准当前我国的燃料和能源缺口，积极发展新能源生态产业链，经过多年的发展，贵港生态工业园区内的乙醇生产已达到全国领先水平，为我国能源的使用和安全做出了贡献；另一方面，园区积极贯彻循环经济理念和工业生态学原理，采取一系列环保措施和绿色发展模式，实现生产污染零排放目标，减少了结构化污染的可能，不仅保障了当地人民群众的生态福祉和健康，提高了园区抵抗市场风险的能力和科技创新的实力，而且塑造了一种可供我国其他生态工业园区借鉴的循环经济发展模式，具有较好的示范带动作用。

2. 经济效益

经济效益是衡量生态园区发展水平和可持续性的重要指标之一。贵港国家生态工业园位于甘蔗种植系统发达的贵港市，该市2021年的甘蔗种植面积和产量分别高达39.6万亩和251.63万吨，平均每7个农民中便有一个蔗农，仅靠甘蔗销售所带来的直接经济效益已高达近13亿元❶，同时，为激发蔗农的种植热情，地方政府联合园区加大了对糖料蔗生产的扶持力度，极大促进了蔗农的农业种植收入，具有较强的经济带动作用。此外，贵港生态工业园区内部有多个不同种类的有限公司，能够提供多种终端产品，除制糖产业所产出的有机

---

❶ 数据来源：贵港市人民政府《2021年贵港市国民经济和社会发展统计公报》。http://www.gxgg.gov.cn/sjfb/tjgb/t11985302.shtml

果糖和普通糖外，造纸业、酿酒业也能制造如生活用纸、饮用酒和能源酒精等产品。据统计，截至2022年底，贵港国家生态工业园区固定在库产业项目67个，当年累计完成总投资额超过11.5亿元，园区企业当年累计完成工业总产值实近80亿元，同比增长56.74%[1]。贵港国家生态工业园区在保障自身经济效益发展的同时也上缴了巨额税收，增加了当地政府的财政收入，促进地区的经济发展。

3. 生态效益

生态效益是生态工业园的重要组成部分。贵港国家生态工业园区内诸多产业的大部分原料均是以园区内制糖系统的废弃物为基础的，使得如废水、甘蔗渣等废弃物不需要进行外排，直接输入下游产业进行循环使用，进而在生产源头实现了对污染源的有效控制，减少了当地和周边地区因污染物排放所导致的水体、气体污染；同时，基于园区内的横向耦合、纵向闭合的特点，园区内甘蔗种植系统成为整个生产系统的"源"和"汇"，实现了从传统农业向生态农业的转变，从源头减轻了可能造成的农业源污染，积极推动了园区的清洁生产，提高了各生产系统的资源利用效率。

（四）广西贵港国家生态工业园区存在的问题

1. 园区产业结构单一，抗市场风险能力弱

贵港国家生态工业园区是一个以制糖业为核心的生物链形式的企业网络集群，该网络集群作为一个中观层次的循环经济生产体系，体系内的各个系统环环相扣，企业之间也存在着紧密的依附关系。由图11-7可以看出园区内存在3条主要的生态产业链（"甘蔗-制糖"、"甘蔗渣-造纸"和"废糖蜜-酿酒"），都包含制糖系统，导致制糖业成为贵港国家生态工业园区生态网络当中的重要集散节点，对整个园区内网络的运行起到重要的作用。这也变相地导致一旦出现如市场变化、技术革新等问题将影响到制糖系统的正常运行情况，就会直接影响整个园区内产业链的生产活动，甚至对整个生态工业园区都有可能造成毁灭性的打击。因此，如何提升贵港国家生态工业园区企业集群的多样化发展和加强以制糖系统为核心的生态产业链的抗风险能力是整个园区需要关注的焦点。

2. 园区规划存在不足，管理机制尚不完善

贵港国家生态工业园区作为我国一个正式挂牌筹建的生态工业园区，由于在其规划建设之初国内尚未存在其他生态工业园区供其借鉴，而且从全球视角来看，各国的生态工业园区也正处于刚刚起步阶段，整体的参考意义并不大。尽管贵港国家生态工业园区经过20多年的发展，已取得了许多宝贵的经验，但总体来说我国生态工业园区在全球范围内仍处在初级发展阶段。园区管理组织制定的有关政策还停留在针对生态工业园区的前期规划建设批复等方面，对园区招商运营后的各个阶段如何发展、规划还尚不清晰。在没有明确的发展规划目标下，单单依靠前期招商引资的优惠政策也只能吸引大量企业入驻，并不能对园区未来的产业集群发展起到相应的促进作用。反之，大量企业的进入会促使园区内产业结构过度重合，间接地影响了整个园区的循环经济发展模式的运行，最后造成资源浪费的局面。

（五）广西贵港国家生态工业园区的发展启示

1. 优化产业结构，促进多元发展

生态工业园区的产业结构与园区生态产业链的高效性和稳定性密切相关，针对当前贵港

---

[1] 数据来源：贵港国家生态工业示范园区管理委员会《2022年工作总结和2023年工作计划》。http://www.gbq.gov.cn/xxgk/ghjh/ffs3333/t15632661.shtml

国家生态工业园区产业结构较为单一、抗市场风险能力较差的问题，可以通过对园区产业结构的升级改造来推动园区的绿色发展。首先，园区应当结合现有的产业结构和产业布局，加大招商力度，积极吸引新兴产业入驻园区，以此来对园区的旧产业结构进行补充，消除产能落后、污染较大的传统企业。此外，在引进新型企业的同时还应该充分考量新兴企业与园区内现存企业的关系匹配程度，可以通过吸引园区内企业的上下游产业来实现对园区现有生态产业链的增链补链，从而形成新的企业共生网络集群，推动整个贵港国家生态工业园区的发展。

2. 明确发展目标，深化管理机制

明确园区的发展定位和具有适宜配套的管理机制是保障生态工业园区可持续发展的重要条件之一。贵港国家生态工业园区应当在认真落实现有的法律法规的基础上，根据自身的园区特点和区位优势，结合世界上生态工业园区的成功经验来深入完善园区的政策保障体系和制定相关的法规制度，以保证园区内的循环经济发展模式和生态产业链能够有章可循、有法可依，并在今后的发展实践过程中与时俱进，形成符合自身特色的政、法、规一体化的园区管理机制；同时，贵港国家生态工业园区还要加强自身的信息化建设，充分利用现代信息手段来加强对园区的管理能力和水平。例如，建设适用于本园区的企业大数据管理平台，利用物联网等技术对园区内企业的数据信息进行采集，并将获取到的信息录入数据平台之中，最后通过 AI 技术对园区内数据进行处理分析，从而达到移动执法、快速执法，提升园区管理组织的管理效率。

第四节　循环经济示范区

一、循环经济的基本模式

循环经济（circular economy）即为物质闭环流动型经济，是指通过减量化、再使用、再循环等方式，实现废物排放最小化、资源循环利用最大化、环境负担最小化的绿色发展模式（Veleva 等，2018）。其本质是在人类、科技以及自然资源这一个大系统中，从资源投入到企业的加工生产，再到产品的消费，直到最后被遗弃这一整个过程中，将以往依赖资源消耗的线性增长型经济，逐渐发展为依赖生态型资源进行循环发展的经济模式。《中华人民共和国循环经济促进法》中将循环经济定义为在生产、流通和消费等过程中进行的减量化、再利用、资源化活动的集合或总称（Pan 等，2015），通过物质的无限循环、转化和增值带动经济发展，采用的是可逆循环、多向转化、多级利用和无废物排放的模式，减少自然资源的过度开发，追求无生态环境破坏和污染物的"零排放"。

二、循环经济示范区的概念、指导思想

循环经济示范区以循环经济理论为理论指导，利用生态规律，将清洁生产、资源综合利用、生态设计和可持续消费与政府宏观经济政策和相关法律制度相结合，引导企业层面的物质和能源资源循环利用，在区域级共生企业或产业之间建立生态产业网络，实现具有社会效益、经济效益、环境效益的"多赢"局面的生态工业园（Franco，2017）。循环经济示范区通常是以生态学为原理，利用生态工艺及设计思路，实现物质再生循环与分层多级利用，保障生态效益、经济效益、社会效益三方面效益，包含生产、消费、废弃物处理及环境交互的

完整的循环经济系统模型（李俊夫，2022），如图 11-9 所示。

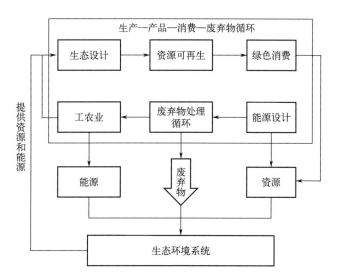

图 11-9 循环经济系统模型

循环经济是人类社会进入工业化中后期以来，在经济发展与资源短缺、环境污染的矛盾日益加剧的情况下产生的符合可持续发展理念的创新型经济发展模式，一般包括以下几个特点：a. 以资源的循环利用以及高效利用为根本目标；b. 其主要遵循的原则是"减量化、资源化以及再利用"；c. 其属于靠能量流动方式运行以及自然生态系统物质循环的一种经济模式；d. 其比较突出的一个特点即为以能量梯次使用以及物质闭路循环为主（鲁浩，2015）。循环经济可以实现能源以及物质的充分利用，实现资源与环境的优化配置，是一种新型的经济发展模式，是可持续发展的必然选择，同时也是生态文明建设的重要内容。在 20 世纪 90 年代，循环经济发展模式被正式引入中国，各个行业也都非常重视循环经济，积极地开展循环经济发展模式，在借鉴国外循环经济发展模式的基础上，依据发展尺度的大小，主要分为大循环（宏观的社会层面）、中循环（中观的区域层面）及小循环（微观的单个企业层面）3 个层次（刘柄麟等，2016）。

大循环一般对应于行政区域，主要着眼于整个社会的物质循环过程及其效率。大循环通过统筹城乡发展，建立城镇（城乡）之间、人类社会与自然环境之间的循环经济圈，构筑包括生产、生活领域的整个社会的大循环，旨在实现行政区域的资源高效利用、社会经济环境的协调发展（谢园园等，2012）。

中循环在我国主要以生态工业园的形式存在，旨在调整工业产业结构，形成园区内部企业之间、工业园区与外部区域之间的互利共生，通过优化配置工业园区的物质流、能量流、信息流、资金流，实现生态工业园的可持续发展。此外，还有很多学者采用不同的研究方法与理论对生态工业园的发展模式进行了定性和定量的研究。

所谓小循环，即企业、工厂等个体在内部推行清洁生产制度，以物质循环为基础，构筑企业、工厂等经济实体内部的资源循环再生利用。企业、工厂等经济实体是经济发展的微观主体，是经济活动的最小细胞。小循环是实现中循环和大循环的基础，只有依靠科技进步，充分发挥企业的能动性和创造性，才能提高资源、能源的利用效率，减少废物排放，实现循环经济微观体系的健康发展，为可持续发展注入活力。近年来，小循环的研究成了热点，我国越来越关注到小循环对实现中循环和大循环健康发展的重要性,小循环相当于塔基,大循环相当于塔顶,根基不牢,一切都是空谈。由此可见,不同的企业都有其自身发展的特点,针对不同企业可以有不同的评价方法与体系。

三、循环经济示范区建设理论

1. 循环经济理论

循环经济以生态经济理论为基础,是人类实现可持续发展的一种全新的经济运行模式。循环经济是一种以资源高效利用和循环利用为核心,以"3R"(即减量化、再利用、再循环)为原则,以低消耗、低排放、高效率为基本特征。

循环经济以生态产业链为发展载体,以清洁生产为重要手段,实现物质资源的有效利用和经济与生态的可持续发展。从本质上讲,循环经济就是生态经济,就是运用生态经济规律来指导经济活动。循环经济要求把经济活动组成"资源利用绿色工业(产品)—资源再生"的闭环式物质流动,所有的物质和能源在经济循环中得到合理的利用。循环经济所指的"资源"不仅是自然资源,而且包括再生资源所指的"能源";这不仅是一般能源,如煤、石油、天然气等,而且包括太阳能、风能、潮汐能、地热能等绿色能源。循环经济注重推进资源、能源节约,资源综合利用,以及推行清洁生产,以便把经济活动对自然环境的影响降低到尽可能小的程度。循环经济与传统经济的比较如表11-3所列(贺亦农,2013)。

表 11-3 循环经济与传统经济的比较

项目	循环经济	传统经济
基础理论	以生态学、生态系统理论及产业经济学为基础	以西方经济学、政治经济学等传统经济学理论为基础
经济增长方式	内生型增长	数量型增长
物质运动方式	物质、能量循环流动的闭环式反馈流程:资源—产品—再生资源	物质单向流动的开放式线性流程:资源—产品—污染排放
对环境的影响	环境友好型经济发展模式	以牺牲环境为代价的经济发展模式
治理方式	强调源头预防和全程控制	要求末端治理
资源使用特征	低开采、高利用、低排放	高开采、低利用、高排放
经济评价指标	绿色核算体系	单一经济指标
经济发展要素	劳动力、资本、环境、自然资源和科学技术等要素	土地、资本、劳动力
企业经营理念	优化物品利用的长期性	为不断生产新产品而造成产品使用的短小性
追求的社会目标	经济、环境和社会三方面和谐	经济利益和资本利润最大化
采用的技术手段	清洁生产技术手段,并渗透到生产、营销、财务和环保等各个领域	常规生产技术手段,较少关注资源利用和废弃物排放

2. 生态工业理论

生态工业是指仿照自然界物质循环的方式来规划工业生产系统的一种工业模式。在生态工业的理念中，一个生产过程的废物可以作为另一个过程的原料加以利用。生态工业追求的是系统内各生产过程从原料、中间产物、废物到产品的物质循环，达到资源、能源、投资的最优化利用。生态工业中把若干工业生产活动按照自然生态系统的模式，组织成一个"资源—产品—再生资源"的物质循环流动生产过程。在该生产过程中没有废物的概念，每一个生产过程产生的废物都变成下一生产过程的原料，所有的物质都得到了循环往复的利用。生态工业系统可以在企业内部，或者在联合企业构成的企业群落范围内，或者是在包括若干工业企业以及农业、居住区等的区域系统范围内，即生态工业园区的范围内建立。在生态工业系统内的各过程实行清洁生产，减少废物产生；在各过程之间进行物质、能量和信息的交换，实现资源的有效利用和物质循环，使得整个系统对外界排放的废物最少。

3. 生态农业理论

所谓生态农业，就是以生态学理论为依据，在一定的区域内，因地制宜地规划、组织和进行农业生产。也可以说，生态农业就是要按照生态学原理，建立和管理一个生态上自我维持的低输入、经济上可行的农业生产系统，该系统能在长时间内不对其周围环境造成明显改变的情况下具有最大的生产力。生态农业以保护和改善该系统内的生态动态平衡为总体规划的主导思想，合理地安排生产结构和产品布局，努力提高太阳能的固定率和利用率，促进物质在系统内部的循环利用和多次重复利用，以尽可能减少燃料、肥料、饲料和其他原材料的输入。生态农业不仅可以避免石油农业所带来的一切弊端，而且可以有效地发展农业生产，充分合理地利用自然资源，提高农业生产力，使农、林、牧、副、渔等都得到全面的发展。生态农业更强调建立生态平衡和物质循环。主要是利用森林、灌木、牧草、绿萍以及农作物等来促进土壤中有机质的积累，提高土壤微生物的活力，提高土壤肥力，并要求把一切农业废物、城市垃圾和人粪尿等物质都用到农业生产中去，把种植业、畜牧业和农产品加工业结合起来，形成一个物质大循环系统。

循环农业模式是典型的生态工程循环经济示范区，也是农业生产可持续发展的必然动力。发展循环农业模式：一是可以降低农业发展的资源消耗；二是生产有机肥替代化肥的施用可以有效地减少环境污染，提高农业废弃物的资源化利用率；三是可以有效提高农业生产的经济效益。因此，发展循环农业是解决我国农业发展问题的有效途径之一。循环农业发展模式是实现耕地资源利用、减少施肥、防止污染的有效方法，这有助于减少农业面源污染，增加农业收入（Wang等，2014）。中国已经将可持续发展理念、循环经济理论和产业链延伸理念相结合（尹昌斌等，2006），探索了几种新的农业生产模式，如通过沼气池和堆肥回收农业废弃物；在小农经济中，通过种植和养殖的结合，因地制宜地推广稻鱼共生、猪-果-沼气、稻田养蟹等生态循环农业模式。

4. 可持续发展理论

可持续发展既要满足当代社会经济的生产和生活对资源的需求，又要满足未来很长一段时期内社会经济生产活动的顺利开展。要处理好经济发展与生态环境保护的关系、不同产业之间的关系、经济发展和社会发展之间的关系等，营造自然·社会·经济支持系统的外部适宜条件，使得人类生活在一种更严密、更有序、更健康、更愉悦的内外环境之中，最终实现人口、经济、社会、资源、环境的协调发展。当代社会经济发展和未来社会经济发展是公平的，而人类赖以生存的自然资源是有限的，当代社会经济发展不能因为自身发展与需求而损害未来社会经济发展需求的条件。可持续发展观认为，地球是一个整体，因而保持经济、社会发展同资源、环境保护的协调一致是人类共同的任务。可持续发展是把人类及其赖以生存的生态环境看成一个以人为中心、以生态环境为基础的巨大的系统，在系统内，自然、经济、社会和政治的因素是相互联系、相互影响的。这个社会经济系统的可持续发展有赖于对人口的控制能力、资源的承载能力、环境的自净能力、经济的增长能力、社会的供给能力、管理的调控能力的提高以及各种能力建设的相互协调。

四、循环经济示范区建设原则和规划步骤

（一）循环经济示范区建设原则

1. 坚持可持续发展，人与自然和谐的原则

按可持续发展要求进行产业结构的调整、产业循环链的设计、再制造示范企业和一批专业化再制造企业群的建设，努力提高资源利用效率，减少对环境的压力，促进人与自然和谐发展。

2. 坚持转变经济发展模式的原则

由传统的线性经济发展模式向循环流动的新的经济发展模式转变，坚持走新型工业化道路，形成有利于节约资源、保护环境的生产方式和消费模式。

3. 坚持减量化、再利用和再循环的原则

在生产和服务过程中，减少进入生产和消费过程中的物质与能源，尽可能地减少资源消耗和废弃物的产生，即减量化。产品多次使用，或修复、翻新、再制造后继续使用，尽可能地延长产品的使用周期，防止产品过早地成为垃圾，即再利用。废弃物最大限度地转化为资源，变废为宝、化害为利，既可减少自然资源的消耗，又可减少污染物的排放，即再循环。鼓励生产可再循环、再利用和进行安全处置的产品与提供相应的服务。

4. 坚持以先进的科学技术为支撑的原则

要采用现代化技术，包括生物、生态、节能、节水、再循环、信息等技术，采纳国际上先进的生产过程质量管理和环境管理标准体系，力求使经济效益、社会效益和环境效益实现"三赢"。

5. 坚持统筹规划、突出重点、分步实施的原则

循环经济示范区规划，是一个从微观到中观、宏观，多层次的综合性规划，要科学规划，统筹安排，并与生态省建设规划和各级国民经济及社会发展规划等相衔接，突出重点，分期推进，保持连续，逐步提高。

（二）规划的功能定位

1. 生态农业循环经济功能

生态农业循环经济功能，重点发展精准农业、精品畜牧业、特产养殖种植业和深加工功能。依托良好环境优势，生产绿色优质粮食、畜产品等绿色有机产品，打造特色品牌，发展优质粮食、畜牧业等深加工产业。

2. 绿色制造功能

绿色制造功能，重点发展以清洁生产为手段的机械制造业和以废旧资源为主要生产原料的高新科技维修及再制造产业。

3. 资源高新技术和综合服务支撑功能

资源高新技术和综合服务支撑功能：一是重点建设以回收、拆分、集并各种废旧资源为主的废旧资源流通配置集中处理中心。二是重点建设资源利用和农业等高新技术的研究、开

发、应用和信息技术交流平台，并作为全国废旧资源利用技术研究试验基地。

（三）循环经济示范区建设步骤

1. 循环经济示范区的优势分析

循环经济园区的发展关键是凝聚企业、政府、园区、服务机构的合力。充分发挥企业的主体作用，聚集项目、人才、技术；发挥政府的政策倒逼作用，利用节能、环保制约的倒逼，加快企业绿色、低碳转型升级；发挥专业服务机构以及高层次专家的智力支持，依托协会、专家以及社会化力量开展工作。

同时，示范区应以循环经济理念，深入梳理入驻示范区的所有企业的资源状况，设计循环利用资源，从而提高资源产出率的方案，构建循环链条。从示范区存量资源实际出发，突破企业界线，探索创建工业新型发展道路，具体分析应该包含以下几个方面。

（1）规划区域概况　主要包括地理位置、地理特点、气候条件等。

（2）规划区域经济社会发展基本情况　主要包括总体经济发展情况、产业结构与布局情况以及社会发展情况等。

（3）规划区域资源、环境基本情况

① 资源情况主要包括土地、水、能源、矿产、森林等主要资源的品种、储量、开采、消耗情况等。

② 环境情况主要包括水环境、大气环境、土壤环境等的质量以及各种废弃物的排放情况，环境保护基础设施建设及运行情况等。应对资源承载能力和环境容量进行分析与评价，并通过资源（包括物质资源、能源、人才等）的全面调查和分析，为循环经济的构建打下基础。

2. 制定政策与激励措施

制定政策与激励措施是推动循环经济示范区建设的关键一步，具体可通过以下几个方面展开：

（1）财税政策支持　国家或地方政府可以制定优惠的税收政策，如对循环经济相关产业给予减税、免税、税收抵免等优惠措施。同时，可以为重新利用废物的企业提供补贴，鼓励企业转型升级。

（2）资金扶持与补助　设立专项基金，为循环经济项目和技术研发提供财政资金扶持。引导金融机构提供贷款优惠，为企业循环化改造提供低息贷款。

（3）土地使用政策　为循环经济产业园区及企业提供土地使用政策上的便利，包括降低土地使用成本、简化土地审批流程等，吸引企业入驻。

（4）技术研发和推广支持　提供技术研发资助，鼓励高校、研究机构与企业合作进行关键循环经济技术的研发，并推广成熟的循环经济技术。

（5）法规制度建设　完善循环经济相关的立法工作，建立健全循环经济法律法规体系，规范循环经济市场行为，保障企事业单位的合法权益。

（6）对外合作与交流　通过国际合作与交流，引进先进的循环经济理念和技术，促进本地循环经济的发展。

通过这些政策与激励措施的实施，可以有效地提高企业和社会各界参与循环经济示范区建设的积极性，从而推动示范区经济和环境的可持续发展。

3. 产业链梳理与优化

产业链梳理与优化不仅关系到资源效率的提升，还与产业升级和区域经济的可持续发展密切相关，是循环经济示范区成功的关键。通过不断优化调整，示范区的产业链能够在资源节约和环境友好的基础上,实现高效、协同、可持续的发展。

(1)资源循环利用分析　对示范区内部的资源流进行全面分析,识别可能的循环点,实现废物的减量、资源的再利用和产品的再生。

(2)上下游企业对接　建立和完善产业链上下游企业间的信息共享平台,促进各环节企业间的相互对接,为废弃物的再利用与回收提供便利条件。

(3)促进产业链内闭环协同　依托区域内产业特点,发展特色产业集群,通过产业集聚效应,提升整个产业链的资源使用效率和市场竞争力,同时搭建产业链内部的循环经济闭环,使得一个企业的废弃物成为另一个企业的输入,最大限度地减少总体资源消耗。

(4)技术改造与创新　鼓励企业进行技术改造和创新,推广清洁生产技术,提高原材料利用率,降低能耗和废弃物排放,推广循环型产品设计理念,从源头上减少资源消耗和废弃物产生,延长产品寿命,提升产品整体环境绩效。

4. 完善基础设施

建设适应循环经济发展需要的基础设施,如循环水系统、废弃物回收利用系统,是循环经济示范区建设重要的一环。关键是构建一套环保高效的基础设施体系,使循环经济示范区能够有效整合资源,构建起低消耗、低排放、可持续发展的经济体系,为可持续发展奠定坚实的基础。

5. 定期评估与调整

定期对示范区的运行状况进行评估,根据评估结果进行及时调整和优化。

五、循环经济示范园区建设案例

1. 贺州华润循环经济产业示范区

贺州华润循环经济产业示范区位于广西省贺州市富川瑶族自治县莲山镇,示范区内以华润电力、华润雪花啤酒和华润水泥为核心形成了电子、再生生物、现代农业、物流的循环产业链。通过打造"废物循环利用产业链",啤酒厂产生的中水由电厂消纳;电厂产生的粉煤灰、脱硫石膏由水泥厂回收利用;啤酒厂所需的水、电、蒸汽全部由电厂供给;排出的硅藻土、酵母泥、酒糟等循环交付水泥厂掺烧处理;实现华润电力、华润水泥和华润雪花啤酒三厂之间工业废弃物、污染物的循环利用。

在这套机制里,水泥厂向电厂、啤酒厂提供建设用水泥,并向电厂提供脱硫用石灰石粉。电厂将脱硫产生的石膏、煤炭燃烧产生的粉煤灰和炉渣供给水泥厂,分别用作水泥缓凝剂和添加料。同时,电厂每年还向水泥厂、啤酒厂供电1.87亿千瓦时,短距离、直供电降低了供电投资费用及运营损耗。另外,电厂的蒸汽供给啤酒厂,后者无需另外建锅炉房,从而减少原煤消耗及二氧化硫、烟尘排放。啤酒厂则将每年产生的80万吨中水供给电厂作为循环水的补充水。在啤酒行业,废料的处理方式通常是倒入城市垃圾场,但在循环经济产业园,啤酒厂的废硅藻土和酒糟供给饲料厂作为饲料原料。此外,废硅藻土还连同水泥厂、电厂、啤酒厂产生的工业、生活垃圾一起被投入水泥旋窑作为燃料综合利用。通过企业间的循环经济协作,贺州华润循环经济产业示范区避免了设备、设施的重复建设,节省建安费用8668万元,节约土地超过1050亩。按照目前的状况,示范区可实现每年节能降耗标煤29.29万吨,节水78万吨,废水处理复用263万吨,每年减少污染气体排放4329t,每年综合利用粉煤灰92万吨、石膏44万吨、炉渣10万吨。

2. 曹妃甸循环经济示范区

曹妃甸循环经济示范区位于唐山市南部沿海、渤海湾中心地带。北距唐山市 80km，距北京市 220km；西距天津市 120km；东距秦皇岛市 170km。功能定位为以建设国家科学发展示范区为统揽，逐步建成我国北方国际性铁矿石、煤炭、原油、天然气等能源、原材料主要集疏大港，世界级重化工业基地，国家商业性能源储备和调配中心，国家循环经济示范区。曹妃甸区自开发建设以来，就将发展循环经济、促进资源节约作为立区之本，坚持以资源的高效利用和循环利用为核心，大力推进区域生产资源的减量化、再利用、资源化进程，在区域内广泛编织企业内、产业间、社会化 3 个方面的循环经济网络，使得参与循环经济的产业总规模超过了千亿元。

以示范区三友集团为例，三友集团成立之初，是一家以海盐为基础原料生产化工产品的企业，只有纯碱、化纤两个互不关联的产业。近年来，他们坚持以科技投入作为企业发展支撑，建立了 2 个国家级、4 个省级、2 个市级创新平台，累计投入上百亿元技改资金实施循环经济深度开发，先后攻克了一大批制约企业发展的关键技术难题，获得了 500 多项专利技术、100 多项省部级以上科技成果。这些创新还把纯碱、化纤、氯碱这 3 个产业紧密衔接在一起，形成了循环经济链条，构筑起包括 9 大类、160 多个品种的产品生产体系，产品远销全球 100 多个国家和地区。2021 年共实现销售收入 233 亿元，实现利润 25.5 亿元，分别比上年增长 30% 和 151%，其中来自循环经济的效益达 7 亿多元。实现良性循环的同时，三友集团的副产品供应还带动了整个南堡经济开发区的循环经济链条延伸。目前，通过三友的循环经济链条供应，整个开发区已经形成了碳酸锂、氢氧化锂、氯化钛白粉、三氯氢硅、有机硅等多条产业链条。

第五节　生态区域建设

生态环境是人类赖以生存与发展的基本条件，是社会经济发展的物质基础。21 世纪，我国已进入全面建设小康社会的新阶段。生态文明建设已经引起了全世界范围的重视。自党的十八大起，我国更是把生态文明建设上升到国家意志的战略高度和突出地位，纳入中国特色社会主义事业建设的总体布局中。由于复合生态系统边界的不确定性，规划尺度不同时，规划对象也不同，但其目标都是实现区域可持续发展。我们将不同尺度的规划对象称为生态区域，而不同规划对象谋求可持续发展的过程称作生态区域建设。为此，国家环境保护总局（现生态环境部）制定了《生态县、生态市、生态省建设指标》，提出了生态区域建设的基本条件和经济发展、环境保护、社会进步三大类指标。

作为农业大国，我国化肥、农药等农资的过量使用，水土流失，土壤污染以及水资源短缺等导致农业发展面临巨大挑战，是阻碍我国生态县、生态市、生态省建设的关键障碍因素。基于对现代农业的反思和革新，生态农业应运而生。生态农业是指在经济和环境协调发展的原则下，根据生态学、生态经济学、物质循环再生的原理，总结吸收各种农业生产方式的成功经验，应用系统工程方法和现代科学技术建立与发展起来的合理安排农业生产的优化农业体系（马世骏，1987；石山，2001）。生态农业的实践就是要将粮食生产与多种经济作物生产相结合，种植业与林牧副渔业相结合，大农业与第二、三产业发展相结合，利用中国传统农业的精华和现代科学技术，通过人工设计农业生态工程，协调农业生产与环境之间、资源利用与保护之间的关系，形成生态和经济的良性循环，实现农业的可持续发展，达到经济效益、生态效益、社会效益的统一。

一、生态县建设

生态县是国家对全国各县提出的期望要求，打造生态县可以提升本县经济水平，同时进一步对县内环境加以保护，最终真正实现可持续发展战略。

生态县是一个崭新的概念，是人类对环境污染和生态破坏导致县域不可持续发展的深刻反思，是人类对自我生存方式和生活方式以及县域建设发展方式的一次重新选择，是县域经济、政治、文化、社会以及科技生态发展到一定阶段的必然产物。截至 2016 年，我国国家级生态县共有 97 个（中华人民共和国环境保护部，2016a、b）（见表 11-4）。

表 11-4　国家生态县（市、区）名单（中华人民共和国环境保护部，2016a、b）

县（市、区）名	所属省（市）
高邮市、张家港市、常熟市、昆山市、江阴市、太仓市、宜兴市、滨湖区、锡山区、惠山区、吴江区、吴中区、相城区、高淳区、江宁区、溧阳市、金坛区、武进区、海安市、清江浦区、金湖县、六合区、通州区、海陵区、仪征市	江苏
闵行区、崇明区	上海
余杭区、天台县、安吉县、义乌市、临安区、桐庐县、磐安县、开化县、洞头区、云和县、泰顺县、新昌县、淳安县、宁海县、仙居县、庆元县、江干区、象山县、吴兴区	浙江
密云区、延庆区	北京
建宁县、永泰县、海沧区、洛江区、南安市、东山县、马尾区、安溪县、福清市、长乐区、翔安区、集美区、同安区、松溪县	福建
荣成市	山东
盐田区、中山市、福田区、南山区、珠海市、斗门区、金湾区	广东
双流区、温江区、彭州市、邛崃市、大邑县、都江堰市、洪雅县	四川
靖安县、婺源县、湾里区、浮梁县、铜鼓县	江西
霍山县、绩溪县、宁国市、岳西县、泾县	安徽
新县	河南
浐灞生态区、凤县	陕西
浑南区、沈北新区	辽宁
西青区	天津
长沙县	湖南
扎兰屯市、鄂温克旗	内蒙古自治区
京山市	湖北

目前，对于生态县的论述，总的来讲有以下几种：

① 从可持续发展理论的角度来看，生态县是代内公平❶和代际公平❷，造福后人，经

---

❶ 是指同一代人，在要求良好生活环境和利用自然资源方面，都享有平等的权利。

❷ 是指当代人和后代人在利用自然资源、满足自身利益、谋求生存与发展上权利均等。

济、社会和自然协同持续发展的县域。

② 从生态哲学的角度来看，生态县主要强调人与自然、人与人之间的和谐。生态县强调人是自然的一部分，人依靠自然，人类的发展必须以实现人与自然的和谐为前提，强调人与自然的整体价值大于人与人之间的局部价值（余谋昌，2000）。

③ 从系统论的角度来看，生态县是一个集自然、经济和社会于一体的复合生态系统，具有结构合理、功能稳定的特征，目的在于保证生态县的持续稳定发展。

④ 从生态经济学的角度来看，其目的在于保证县域经济的稳定增长和满足居民的生活需求。

⑤ 从生态社会学的角度来看，生态县不仅是自然的生态化，同时还是人类的生态化，以推崇生态价值观、生态哲学以及生态伦理为核心，以实现教育、科技、文化、政治等的全面生态化为特色，从而形成资源节约型和环境友好型的社会，建立公平、公正、安全、舒适的社会环境。

生态农业的发展既符合我国当前国情，又符合国家"三农"政策。开展生态农业，既能够改变目前农业资源的使用情况，提高农业的整体生产能力与产品竞争能力，又可以促进农村经济发展，从而实现农业稳定发展的战略。

二、生态省建设

所谓"生态省"，就是生态环境与社会经济实现了协调发展、各个领域达到了当代可持续发展目标要求的省份。生态省既是一个战略目标，更是一个全新的发展理念，其核心是可持续发展，无论生态环境建设，还是生态经济发展，甚至生态文化建设都要围绕可持续发展这个中心进行。建设生态省要以可持续发展理论为指导，在全省范围内建立科学合理的良性循环经济体系，促进经济、社会和生态环境复合系统和谐、高效、可持续发展，实现经济效益、社会效益和生态效益相统一（朱孔来等，2007）。生态省建设是中国为解决生态环境整体性及生态环境保护治理过程中行政管理条块分割矛盾而提出的以省（自治区、直辖市）为单位而开展生态环境保护的制度安排。

从1999年开始，中国已有海南、吉林、黑龙江、浙江、山东、安徽、江苏、福建、河北、四川、广西、辽宁、天津、山西、河南、湖北16个省（区、市）开展了生态省建设试点工作，试图以此方式，提高生态环境保护治理的整体效果。根据各试点省（区、市）提出的生态省建设规划纲要，生态省建设包括生态经济体系、资源支撑体系、环境安全体系、自然生态体系、生态人居体系及生态文化体系6大体系的建设内容，其核心是推进生态经济建设，实现可持续发展。中国生态省建设是一个探索前进的过程，是由试点逐渐走向成熟的综合性规制和发展战略，并逐步涵盖了环境、经济、社会、制度与文化等多方面内容（王桂新等，2020）。此外，在生态省建设的总体框架下，生态市、生态县以及生态村建设蓬勃发展，不仅夯实了生态省建设的基础，同时探索了不同尺度区域的可持续发展道路，积累了丰富的经验（李文华，2007）。

三、生态县建设规划设计案例

1. 案例一：江西省万载县有机农业发展

（1）案例的区域背景和特点　万载县地处江西省西部，位于省会南昌以西300km处。全县总面积1718km^2，耕地面积约3.33万公顷，林地面积约10.86万公顷。2012年，全县总人口达到 531116 人。属亚热带湿润气候，年平均降水量 1600～1800mm，年平均气温 14.7～17.4℃，日照平均时间 1693.2h，无霜期 227～257d。万载县土壤以黄壤土和黄棕壤土为主。主要种植作物有水稻、生姜、红薯、大豆、花生、大蒜和萝卜等。

万载县虽然自然资源丰富，但由于地处山区，经济发展条件欠佳，因此该地高度重视农业的可持续发展。经过多年的发展，有机农业已成为增加农民收入、加强环境保护和经济区域发展的主要战略。2015 年成为"国家有机产品认证示范区"。2019 年 11 月 18 日，使其入选"绿色农业发展支撑体系建设试点县"，并编制三年建设规划，努力建立健全绿色农业技术体系、标准体系、产业体系、管理体系、政策体系和数字化体系；同时建立农业绿色发展长期固定观测实验站。为深入推进全国绿色农业发展，实现绿色农业发展提供参考和支持。

(2) 实地调查和数据收集　本案例研究主要采用与利益相关方的半结构化访谈和农民调查相结合的方式。完成每个农户的问卷大约需要 1h。调查走访于 7 月 11～18 日在江西省万载县仙源乡、茭湖乡、赤兴乡等乡镇进行。还采访了合作社、有机食品办公室、有机食品开发有限公司的成员和一些村干部。本次调查，在万载县有机食品办公室官员的帮助下，在此前调查的基础上共选取了 36 个调查对象，包括农民、家庭农场、合作社和从事有机生产的企业，选取 3 个传统农民作为对照组。这种研究方法确保研究人员对万载县生产有机产品的村镇以及数据的有效性有充分的了解。该案例的部分信息来自 2014 年在万载县进行的农业可持续发展调查。

(3) 有机农业的起源与发展　在政府的大力推动下，江西万载县逐步探索出以有机农业为主导的现代农业发展模式。1999 年，万载县茭湖乡率先启动有机农业生产，建设生态有机食品示范园。到 2002 年底，全乡实现了有机土壤转化，建立了有机产品质量体系。2003 年，万载县茭湖有机食品开发有限公司经乡政府同意成立，协调农民与加工企业合作，制定有机大米、毛豆、荞麦等作物生产技术规程。在此基础上，万载县政府制定了《有机农业产业化总体规划（2003—2007 年）》，逐步将有机农业推广到其他乡镇。2006 年，万载县有机食品行业协会成立，充分发挥政府与企业、企业与企业之间的桥梁作用。2011 年，万载县被授予"国家有机产品认证示范区"。2012 年，农业部将万载县确定为 153 个国家级现代农业示范区之一。如今，有机农业已成了该县农业的主要发展方向，也是自 2003 年以来的主要经济来源。全县发展有机农业的积极性高涨，有机农业蓬勃发展。

截至 2020 年底，有机种植面积 3 万公顷以上，产值 26 亿元。有 112 个认证的有机品种，主要是大米、毛豆、芦笋和生姜。该县有机生产基地由万载县有机食品行业协会负责，包括耕地和野生采集两部分。198 个地块已通过欧盟及美国等认证机构的认证。

但 2015 年后，万载县有机农业发展逐渐进入瓶颈期。当地龙头企业管理不善、资金投入不足、政府资金支持有限、技术支持不足、专业人才匮乏等因素很多。有机产品市场不够健全，无法实现高质量和有竞争力的价格。虽然政府试图保留有机认证的区域，但实际仍在做有机生产的农民数量已经减少，目前有机产品的加工公司只有七八家，认证产品的品种也在减少。

现在万载县农业发展与绿色、有机、富硒产业并行，县政府对发展有机农业的支持力度减弱，对富硒产业的政策相对较大。从农产品质量来看，有机生产的要求很高，但未能达到高质量和更好的价格。有机农业仅仅依靠政策支持和政府监管是远远不够的。企业要发挥领导和监督作用。最好的监管形式是以企业为主体，通过承包耕的形式倒逼农民提高产品质量。有机农业需要"两条腿走路"，政府的推广和市场整合并行不悖。

(4) 现有措施

① 政府补贴和支持政策。万载县鼓励合作社等基地经营主体与企业结成合作联盟，并为企业提供政策帮扶，向各种商业实体提供有机农业设施补贴，转让耕地以发展有机基地，标准为：20~33.3 hm^2，补贴为每公顷232美元；33.3~66.7 hm^2，补贴为每公顷280美元；66.7 hm^2 以上，补贴为每公顷350美元；对于333.3 hm^2 以上的，提供额外的设施补贴。成功转让的有机基地将获得每公顷116美元的工作费用补贴。补贴政策期限为3年。

万载县财政部门负责有机农田和野生采集的认证与检测费用。通过农业贷款等金融政策，加大对从事有机产业的大户、合作社、企业和其他商业实体的支持力度。各类农业保险将更多地流向有机农业城镇。

对于首次被认定为国家驰名商标的有机品牌、国家地理标志产品品牌和获得中国质量奖的品牌，奖励31040美元。省级质量奖奖励4656美元。省级名牌产品、著名商标、市级质量奖可以获得3104美元的奖励。

② 严格监管有机农业。万载县加强对农业投入品和农产品市场的监管。有机乡制定"村规民协议"，发展有机农业。有关部门不得批准有机生产区内禁用投入品的销售网点，禁止在有机生产区内销售禁用化肥、化学农药等禁用投入品。鼓励在有机产区设立有机投入专卖店，每个乡镇有1~2家门店，每家奖励1552美元。成立综合规则执行小组，对县内有机产品生产基地、企业、专卖店进行不规范检查整改。各乡镇成立督导组，加强对项目区违禁品运输、经营、使用情况的监督检查。

③ 有机生产的严格要求。万载县要求有机生产者与乡政府签署《有机农产品生产申请表》。每个生产基地必须配备一名以上的有机农业技术人员，由县有机食品办公室培训。除没收产品外，在生产加工过程中使用违禁产品、销售假冒有机产品的企业，每次将被罚款15520~77600美元。他们不能在5年内在万载县从事有机生产，必须退还政府以前的财政支持。农业合作社、大型种植者和农资经营者在有机生产区内非法使用、运输与分销违禁品的，每次罚款1552~7760美元，5年内不得转让或承包土地，必须退还政府以前的财政支持。

④ 农民采取的生态农业措施。在万载县，农民通过增加绿肥、牲畜粪便（猪粪、鸡粪和兔粪）的施用以及轮作的使用来保持和提高土壤肥力。水稻通常与其他作物轮作，如毛豆、黑麦草或紫云英。在收获晚稻之前，农民会在稻田里播种紫云英种子。牛奶野豌豆在整个冬天生长，直到第二年它作为绿肥回到土壤中。一些农民还利用洪水来控制病虫害。此外，与传统农户相比，有机农户采取更多的农业生态措施，例如与豆类间作或其他土壤保护措施。他们在生物防治措施和改良土壤肥料方面进行了多次尝试，这反过来又增加了生物多样性并保护了环境。

⑤ 与联合国可持续发展目标的联系。自1999年以来，万载县有机农业发展良好，取得了显著的社会效益和生态效益。采取可持续的措施，如避免在生产过程中输入化学药剂，保护农民和消费者的健康，并在一定程度上促进妇女就业，改善土壤质量和田间小气候，注意保护生物多样性。参照联合国可持续发展的17个目标，万载县有机农业发展制定了以下目标。

Ⅰ. 无贫穷。万载县广泛采用"农林合作社（大户）＋基地＋贫困户"的经营模式。全县为贫困家庭劳动者组织了80多期技能培训班。科技人员为扶贫行业提供指导，现场答疑1000余次。划转土地和林地有机化面积已达53333 hm^2 以上。建立了350多个生态种植和养殖基地。大量贫困农民从土地和林地的流转中受益。他们在土地和林地上分配了红利，增加了收入。

Ⅱ. 零饥饿。有机农民的家庭及其员工的食物摄入量完全来自农场。政府根据种子保鲜成本和育种要求，将种子保鲜任务委托给企业。恒辉大农业科技有限公司因其规模大、经营条件好，积极承担社会责任，承担康乐黄鸡的品种保护工作。该公司每年花费约 40 万美元用于饲养员的保护和 DNA 测试。每年都会淘汰幼鸡，以确保品种纯度。目前，维护成本相对较高。该公司每年因品种保护而出现约 40000 美元的赤字。在过去几年中，政府每年为品种保护提供 6216 美元的补贴，但补贴已暂停。

Ⅲ. 良好的健康和福祉。调查发现，自有机生产开始以来，约 40% 的生态农场的土壤肥力有所提高。约 15% 的生态农场水质有所改善。受访者普遍认为，当地的水质一直很好。

Ⅳ. 体面的工作和经济增长。农业工人劳动力短缺。基本上没有年轻（35 岁或以下）员工。劳动力人口结构失衡，劳动力以 60 岁以上为主。统计年鉴显示，2020 年江西省农村居民人均可支配收入约为 2639 美元。调查显示，有机农场员工工资为 388.5~466.2 美元/月，高于当地平均工资。

Ⅴ. 消费和生产责任制。调查发现，约 8% 的生态农场会定期对农场从业人员进行培训，提高自身环保意识和食品安全意识，规范农民有机生产中的农业经营。近 70% 的有机农户认为，有机生态发展后，农场的生物多样性有所增加，如许多在传统农田中看不到的动物和昆虫，还有更多的有益昆虫；尽管老鼠和黄鼠狼也出现了，但对产量影响不大。

Ⅵ. 气候行动。在受访者中，约 70% 的生态农民认为气候变化在过去 3 年中对产品的产量和质量以及农民的收入产生了负面影响。农场已采取相应的对策，但收效甚微。到目前为止，从事有机农业生产的农场暂时没有显示出对气候和环境的任何影响。

Ⅶ. 促进目标实现的伙伴关系。为完善有机农业组织，万载县坚持"私管、私利"的原则，创新利益联动机制，大力发展培育农民专业协会、农民专业合作社等各类农业经济合作组织。通过在县内成立有机食品行业协会，在村设立分支机构，在单位地块建立互助小组，将企业和农民联系起来，真正建立"龙头企业＋有机农业合作组织（协会）＋生产基地农民"。发展模式达到了"建组织、发展产业、生经济、富农"的目标。有机农业协会或组织已成为生产农民与企业之间的纽带，是标准化操作程序推动的服务站，是有机农产品进入市场的渠道，是有机农业生产农民的支撑。

（5）万载县有机农业发展障碍

① 资本投入不足。目前，国家层面对有机农业没有专门的补贴政策，仅靠地方财力难以维持发展。在发展中经济体和低购买力的情况下，政府的支持对有机农业的发展至关重要。虽然万载县政府大力支持发展有机农业，但支持力度有限，仍不足以满足当地有机农业发展的需求。

除了地方政府的支持外，其他金融投资应该有很好的补充，但目前农村信贷很难获得。目前，信用贷款和担保贷款占农村信贷的绝大多数，额度低，期限短。此外，农民信用体系和担保体系尚未建立，贷款手续复杂。农民很难为发展有机农业筹集资金。

② 不完善的有机农业发展保障体系。国家财政的农业保险补贴有待加强，特别是有机农业的农业保险保障体系有待完善，全国农业保险业务缺乏防灾损失赔偿支撑。由于农业生

产受自然条件影响较大，近年来自然灾害频发，严重损害了整个有机农业产业、生产企业和农民的利益，制约了有机农业的发展。有机农业生产投资大，风险高。小企业抵御市场和自然风险的能力较差，无法担负起农民与市场挂钩的作用。

调查期间，不少企业反映没有相应的农业保险可购，或者农业保险价格太高，负担不起。他们希望政府出台相关政策，提高农业保险的应用水平。此外，在农业税收方面，有机农业没有优惠的税收政策，需要在国家层面加强对有机农业的支持。

③ 有机农业产业化水平低，生产分散。万载县市场竞争力强的大型龙头企业寥寥无几。2005年，江西金源农业发展有限公司作为龙头企业在万载县建立了有机毛豆产业链。对原材料的需求促使当地农民在 666.7 hm^2 的土地上种植有机毛豆。其每年采购的有机毛豆超过15000t，并将其加工成速冻毛豆。市场销售稳定，供大于求。其产品主要在国内大城市的超市和中小城市的专卖店销售。此外，还有在线商店进行销售。他们还开拓了国外市场，并将有机产品出口到欧洲、美国和日本。

然而，公司后续发展战略的失败在融资过程中打破了资金链，公司的破产对万载县的有机毛豆产业产生了巨大冲击。原料、速冻加工没有龙头企业联系市场，有机毛豆只能作为常规新鲜毛豆在周边地区销售，没有溢价。收入大幅减少。加快发展有机农业产业化，必须引进和支持龙头企业，特别是农产品加工领域的龙头企业。

④ 农业劳动力短缺。农业劳动力的性别与农村地区的中年女性和老年人不均衡。留守劳动力水平低，制约了农业的转型发展。随之而来的劳动力成本增加，挤压了有机农业的利润空间。此外，有机农业不能使用除草剂，除草需要大量的人力，作物在成熟期也需要大量的劳动力。如果不能及时收获，利润将大大减少。采访中，万载县大豆大户黄先生多次强调劳动力短缺限制了有机农业的发展。他不得不去附近的几个村庄招工，每天雇一辆公共汽车接送工人，以便能够及时收获。

（6）总结　总体来说，这15年来万载县有机农业取得了长足发展。万载县现已成为中国重要的有机农业生产基地之一。万载县有机农业的良好声誉吸引了更多消费者与投资商，这可能会进一步提高有机产业的可持续性。

根据调查与分析，有机农业确实能够带来更高、更稳定的经济收益，特别是一些大规模有机农户更是如此。茭湖乡政府的官员表示，对于偏远山区以农业为主要收入来源的农民来说，有机农业非常重要。

万载县有机农业是中国可持续农业发展的先行者。经验教训总结如下。

① 有机农业比常规农业带来更高的经济效益。在研究区域，有机农户比常规农户有更好的经济收益，尽管有机农业的产量低于常规农业，主要是因为有机产品（如稻谷）的市场价格较高，所以有机农户的农业收入仍旧比常规农户高。

② 大规模有机农户从有机农业中获得更多的利益。所有加入合作社的大规模有机农户的经济收益明显好于小规模有机农户或者常规农户。总的来说，无论在水稻生产的净经济价值方面，还是在水稻生产净利润或家庭总收入方面，大规模有机农户与小规模有机农户或者常规农户的差距都非常明显。与小规模有机农户相比，大规模有机农户拥有更多的土地、更高的产品价格、更多种类的作物，同时也采用了更多的农业生态措施。在万载县除了支持大规模有机农户继续发展有机农业之外，应该鼓励和支持小规模有机农户加入合作社，扩大有机种植土地占比。

③ 有机农业创造了更多的就业机会并改善环境。无论是通过合作社还是地方企业组织，

有机生产为当地农民创造了更多的就业机会，特别是妇女收益更多。女性劳动力成本较男性劳动力低，因此一些企业更愿意雇佣妇女来做一些像收获毛豆与草莓等这样的工作。农民认为环境保护非常重要，他们认为良好的自然环境是可持续农业与食品安全的重要保障。

④ 当地政府在万载县有机农业发展中起关键作用。在经济欠发达与购买力较低的地区，政府的支持对有机农业的发展至关重要。虽然地方政府最初所起的一些作用逐渐转移给企业，但是当地政府至今仍起着举足轻重的作用。目前，地方政府仍为企业和农民支付有机认证费用，从而减轻农民的负担。

⑤ 私营企业扮演重要角色。私营企业在为资源匮乏的农户提供市场信息与新的有机经济作物种植技术中起到重要作用。应该采取措施将这种商业动机与所有农户（特别是小规模有机农户）的培训和获得更广泛的能力建设联系起来，以提高当地农作系统整体稳定性，同时支持合作社与村级自助组织等地方制度体系建设。

在万载县地区，像茭湖有机食品开发有限公司与合作社这样的地方组织积极参与到有机农业生产中，并取得了很好的发展效果。这充分说明有机生产可以将位于偏远地区的小规模有机农户与企业、消费者联系起来。万载县的有机产业创造了可观的经济收益，但是小规模有机农户收益甚微。需要采取多种措施保证小规模有机农户能从有机农业中获得更多的收益。

2. 案例二：吉林省抚松县生态县建设规划探析

（1）案例的区域背景和特点　抚松县位于吉林省的东南边陲，地处松花江上游，白山市的东北部。动植物资源丰富，被誉为最著名的人参之乡，位列中国百家特产之乡之首。林蛙养殖基地已初具规模，丰富的野生动植物资源为有机食品加工业提供了充足的原料。抚松县交通条件良好，具备航空、水运、铁路、公路等多种运输能力。目前抚松县的城乡建设取得突破，基础设施不断完善，但仍需进一步改善。水利设施落后，保障能力差；公共设施不健全，服务能力不强；防灾设施不配套，防御能力亟待提高，对经济社会发展的承载能力不足。

从土地利用现状来看，抚松县主要的生态系统是森林生态系统，但其林分结构失调，其成熟林比重减少，林龄结构不合理，使森林生态系统具有不稳定的隐患。同时，抚松县耕地面积 $215km^2$，占全县总面积的 3.49%。而这些耕地分布较分散，以旱田居多，主要植被为玉米、大豆，只有很少的水田。在农业生产过程中使用化肥、农药不当，使部分农田生态环境受到污染，生物产量有所下降。此外，抚松县水土流失面积 $767.9km^2$，占全县土地总面积的 12.5%，主要分布在坡耕地，侵蚀强度为中度的占比最高为 35%，水土流失使土地土层减薄，粮食减产。同时，水土流失也是引起水质变差、库塘淤毁、生态恶化的主要原因。

（2）生态环境系统现状分析　抚松县属森林资源和矿产资源混合型资源型城市，由于长期粗放经营和掠夺式采伐，抚松县已逐渐成为资源枯竭型城市，其主要生态环境问题分析如下。

1) 森林生态环境问题　由于人们对森林资源的保护认识不够充分，法律意识不强，多年来抚松县对森林资源开发利用不当，使抚松县林分结构有所失调，成熟林比重降低，幼、中、近熟林比重过大，而且人工林较多，树种趋向单一，龄组结构不合理等，森林生态环境存在一定的问题：a. 森林生态系统有所退化；b. 森林生态系统稳定性降低；c. 森林生物多样性有所减少；d. 森林景观趋向生境片段化，随着森林资源的不断开发利用，森林景观发生了根本性变化，抚松县原始森林已被破坏，被天然次生林及人工林所替代；e. 森林生态经济功能下降。

2) 人参种植业带来的生态环境问题分析

① 人参种植业消耗了大量的林地资源，林参矛盾突出。截至目前，由于发展人参种植，已经累计消耗森林资源面积达 1000 多平方千米，占抚松县林地资源的 17.9% 左右，可利用的参业用地面积已经所剩无几。

② 人参种植业发展给森林造成"绿色污染"，生态环境遭到破坏。抚松县虽然实施了林参间作，恢复了森林植被，但是栽植的树种全部是针叶树种，树种有单一倾向性，对生物多样性的恢复不利。

③ 伐林栽参面临生存危机。根据国家生态功能规划，抚松县属于限制开发区域，国家也将实施功能区定位，而且随着国家保护天然林工程和重点公益林保护等严格的生态保护政策的实施，参业用地批复面积将急剧减少。

3) 农业生产带来的生态环境问题分析　由于化肥的大量使用，农田遭受了较大的污染，农产品安全不能得到保障。

① 乡镇生活垃圾和固体废物污染日益突出。虽然抚松县农膜均回收再利用，但塑料包装物（如木耳菌袋）和农膜等尚因处置方式不当，对生态环境及景观有一定的影响；而农药瓶及化肥袋等多数乡镇未统一收集处置，多为农户收集且回用，其中农药瓶如果处置不当会对人畜造成伤害。

② 水环境污染加剧。农村生活污水对境内松江河等河流的污染有所增加，各河流受人参业发展的影响，一些河流呈富营养化状态。

(3) 生态环境系统问题的影响

① 林产品加工企业受到影响。森林资源日趋减少，木材生产成本增加，使抚松县内的卫生筷子、密度板、人造板、集成材、地板等企业原料供应困难，给企业造成难以克服的困难，对抚松县社会经济发展带来了不利因素。

② 由于森林资源退化和地表植被的破坏，森林保土蓄水能力有所降低，水土流失加重，特别是沿河两岸，土壤有机质及氮、磷、钾等养分流失量有所增加。

③ 人参、中药材产业大而不强。主要表现在抚松县人参、中药材精深加工处于启蒙阶段，产品仍然以原料销售为主，产业链条短，产品科技含量低，产品附加值低等。

④ 生态旅游产品少，品质低，基础设施薄弱。虽然抚松县位于长白山西坡脚下，但并没有充分开发利用这一资源，生态旅游处于起步阶段。

(4) 抚松县生态功能区划方案　《吉林省主体功能区规划》中将抚松县划为国家级重点生态功能区，而在《吉林省生态功能区划研究》中将抚松县划为吉林东部长白山地生态区、长白山生物多样性保护与水源涵养生态功能区。依据以上功能要求，在对抚松县土地资源利用现状、自然资源类型、地域环境特点以及景观生态环境格局等进行调查研究的基础上，充分考虑抚松县地貌特征、经济发展和生态环境保护，现将抚松县分为重点生态功能区、生态旅游区、生态农业区、生态经济林抚育区、生态公益林区、中心城区 6 个生态功能区，18 个亚区，生态功能亚区分别为：Ⅰ-1 长白山自然保护区，Ⅰ-2 吉林松花江三湖保护区，Ⅰ-3 露水河国家森林公园，Ⅰ-4 松江河国家森林公园，Ⅰ-5 泉阳泉国家森林公园，Ⅰ-6 吉林抚松野山参省级自然保护区；Ⅱ-1 池西生态旅游区、Ⅱ-2 仙人桥休闲度假旅游区、Ⅱ-3 露水河狩猎休闲旅游区；Ⅲ-1 绿色农产品种植区、Ⅲ-2 生态观光农业区、Ⅲ-3 人参种植区；Ⅳ-1 中药材种植区、Ⅳ-2 林下养殖区；Ⅴ生态公益林区；Ⅵ-1 抚松镇片区，Ⅵ-2 兴隆集镇区，Ⅵ-3 长白山旅游服务区，Ⅵ-4 松东地区，Ⅵ-5 长白山体育休闲度假区。生态功能区划见表 11-5。

表 11-5　抚松县生态功能区划一览表

生态功能区划	生态功能亚区	位置	面积/km²	主导功能	环境保护要求	发展方向
Ⅰ. 重点生态功能区	Ⅰ-1 长白山自然保护区（西北部）	位于抚松县南部、漫江镇和东岗镇内，是世界A级自然保护区，属森林生态系统类型保护区	87000	保护长白山森林生态系统及其中野生动植物	（1）严格执行"森林法"、"自然保护区管理条例"、"吉林省松花江三湖保护区管理条例"等；（2）禁止破坏环境，保护生态环境，保护生物多样性；（3）该区空气环境质量和声环境质量、地表水环境质量满足各功能区要求	以保护为主，兼顾旅游业
	Ⅰ-2 吉林松花江三湖保护区	位于抚松县西北部、抽水乡、兴参镇、新电子镇、北岗镇、露水河镇及沿江乡境内，以森林资源和水资源为目的综合性保护区	182205	保护松花湖、红石湖、白山湖及其周边森林生态系统		
	Ⅰ-3 露水河国家森林公园	位于抚松县东北部、露水河镇沿江乡境内	25786	保护露水河红松母树林和森林生态系统		
	Ⅰ-4 松江河国家森林公园	位于松江河镇、漫江镇和仙人桥镇境内	6018	保护森林生态系统		
	Ⅰ-5 泉阳泉国家森林公园	位于泉阳镇境内	4977	保护森林生态系统		
	Ⅰ-6 吉林抚松野山参省级自然保护区	位于兴隆乡境内	8316	保护野山参及森林生态系统		
Ⅱ. 生态旅游区	Ⅱ-1 池西生态旅游区	位于抚松县西南部的漫江镇、邻近长白山国家级自然保护区，为长白山生态旅游的集散地	5014.7	保护森林资源及生物多样性；为生态旅游的补充和集散地，提供休闲娱乐度假场所	（1）严格执行"森林法"、"森林管理条例"和"野生动植物保护法"；（2）"节约用水"，生活污水达标排放；（3）该区空气环境质量、地表水环境质量和声环境质量满足各功能区要求	保护优先，兼顾开展生态旅游；提高现有旅游景点开放游览效率
	Ⅱ-2 仙人桥休闲度假旅游区	位于抚松县西部仙人桥镇温泉资源，开展温泉休闲、疗养度假旅游区，为长白山游客和长白山体育休闲娱乐场所提供场地	2237.4	借助仙人桥镇温泉资源，开展温泉休闲、疗养度假旅游区，为长白山游客提供休闲娱乐服务场地		
	Ⅱ-3 露水河狩猎休闲旅游区	位于抚松县东北部的露水河镇狩猎场	2738.0	开展狩猎休闲旅游		

第十一章 综合生态工程

续表

生态功能区划	生态功能亚区	位置	面积/km²	主导功能	环境保护要求	发展方向
Ⅲ. 生态农业区	Ⅲ-1 绿色农产品种植区	分布在沿江乡、兴隆乡西、新屯子镇、抽水乡四个区块（其中沿江乡、新屯子镇和抽水乡位于三湖保护区内）	14862.8	绿色有机农产品种植及产业服务	(1) 保护基本农田，禁止征占；(2) 合理处理农业生产固体废物；(3) 选择无毒或低毒农药，施用有机肥	发展绿色有机农产品种植
	Ⅲ-2 生态观光农业亚区	分布在兴隆乡东部、东岗镇	13005.8	选生态文明农户为示范户，以朝鲜族民俗为特色，开展花卉、林果种植及垂钓观光农业	(1) 保护基本农田，禁止征占；(2) 农业种植施用农药化肥满足功能区要求；(3) 合理处理农业生产固体废物	种植观光苗木花卉，发展采摘林果休闲度假产业
	Ⅲ-3 人参种植区	分布在万良镇、北岗镇和新屯子镇（其中新屯子镇位于三湖保护区内）	13964.5	种植绿色有机人参，为抚松县中药材产业化提供原材料	(1) 保护参地，防治参地污染；(2) 该区空气环境质量、地表水环境质量和声环境质量满足各功能区要求	生产绿色优质人参
Ⅳ. 生态经济林抚育区	Ⅳ-1 中药材种植区	分布在万良镇，探索种植中药材新品种	3175.2	以种植天麻等为主，适当发展种植平贝母、五味子等中药，发展林下中药种植业	(1) 保护林地，禁止乱开参地；(2) 林下种植被及时恢复并进行保护	中药材种植
	Ⅳ-2 林下养殖区	分布在泉阳镇、东岗镇	13023.4	以林下养殖林蛙、野猪、野鸡等为主	(1) 保护森林，禁止因林下养殖动物而乱砍伐林木；(2) 合理处置养殖废物	林蛙等绿色动物养殖

续表

生态功能区划	生态功能亚区	位置	面积/km²	主导功能	环境保护要求	发展方向
V. 生态公益林区		分布在全县各地	227587.2	以保护和修复为主，发挥其水源涵养功能	(1) 严禁乱砍滥伐，严格执行"森林法"相关规定；(2) 以保护为主，为辅	保护生态功能，适当开发
VI. 中心城区	VI-1 抚松镇片区	抚松县西北部，原抚松县县政府所在地，为老城区	600	重点发展教育、商贸、养老养生产业，打造宜居佳地		城镇服务与旅游休闲居住、生态工业产业发展
	VI-2 兴隆集镇区	位于抚松县中北部，兴隆镇建成区	300	以农产品加工、生态观光农业和教育为主	(1) 各工业企业污染物达标排放；(2) 城镇街道绿化率、垃圾无害化处理率、污水处理率满足要求；(3) 空气环境质量、地表水环境质量和声环境质量满足功能区要求	
	VI-3 长白山旅游服务区	位于抚松县东北部，兴隆镇和东岗镇内	1830	以行政办公、旅游服务功能为主		
	VI-4 松东地区	位于抚松县中部、松江河镇和东岗镇内	1820	以商贸物流、旅游服务功能为主		
	VI-5 长白山体育休闲度假区	位于抚松县南部、松江河和漫江镇内	850	以运动健身、休闲度假会展、旅游地产和生态居住功能为主		营造适宜人居的环境优美、社会和谐的环境

思考题

1. 什么是综合生态工程？综合生态工程的基本原理是什么？
2. 生态村建设的原则和特色是什么？
3. 什么是生态工业园？并以广西贵港国家生态工业园为例简述其主要技术措施和作用。
4. 什么是循环经济和循环经济示范区？简述建设循环经济示范区的基本原则。
5. 简述生态县建设的基本目标和建设步骤。

参考文献

[1] Boudling K. Environmental quality in a growing economy [J]. Environmental Quality in a Growing Economy, 1966: 3-14.

[2] Cote R, Hall J. Industrial parks as ecosystems [J]. Journal of Cleaner production, 1995, 3 (1-2): 41-46.

[3] Fan Y, Fang C. Assessing environmental performance of eco-industrial development in industrial parks [J]. Waste Management, 2020, 107: 219-226.

[4] Francis C, Erkman S. Environmental management for industrial estates-information and training resources prepared for UNEP [J]. Division of Technology, Industry and Economics, 2001.

[5] Franco M A. Circular economy at the micro level: A dynamic view of incumbents' struggles and challenges in the textile industry [J]. Journal of Cleaner Production, 2017, 168: 833-845.

[6] Frosch R A, Gallopoulos N E. Strategies for manufacturing [J]. Scientific American, 1989, 261 (3): 144-153.

[7] Genc O, van Capelleveen G, Erdis E, et al. A socio-ecological approach to improve industrial zones towards eco-industrial parks [J]. Journal of environmental management, 2019, 250: 109507.

[8] Guo J, Cai L. Study on the theory and application of ecological industry [C]. World Automation Congress, 2012 (2012): 1-4.

[9] Hong H, Gasparatos A. Eco-industrial parks in China: Key institutional aspects, sustainability impacts, and implementation challenges [J]. Journal of Cleaner Production, 2020, 274: 122853.

[10] Hu W, Tian J, Chen L. An industrial structure adjustment model to facilitate high-quality development of an eco-industrial park [J]. Science of The Total Environment, 2021, 766: 142502.

[11] Huang B, Yong G, Zhao J, et al. Review of the development of China's Eco-industrial Park standard system [J]. Resources, Conservation and Recycling, 2019, 140: 137-144.

[12] Lowe E A. Creating by-product resource exchanges: Strategies for eco-industrial parks [J]. Journal of Cleaner Production, 1997, 5 (1-2): 57-65.

[13] Massard G, Leuenberger H, Dong T D. Standards requirements and a roadmap for developing eco-industrial parks in Vietnam [J]. Journal of Cleaner Production, 2018, 188: 80-91.

[14] Organization UNID. An international framework for eco-industrial parks [J]. The World Bank, 2017.

[15] Pan S Y, Du M A, Huang I T, et al. Strategies on implementation of waste-to-energy (WTE) supply chain for circular economy system: A review [J]. Journal of Cleaner Production, 2015, 108: 409-421.

[16] Sakr D, Baas L, El-Haggar S, et al. Critical success and limiting factors for eco-industrial parks: Global trends and Egyptian context [J]. Journal of Cleaner Production, 2011, 19 (11): 1158-1169.

[17] UNIDO. Global assessment of eco-industrial parks in developing and emerging countries: Achievements, good practices and lessons learned from thirty-three industrial parks in twelve selected emerging and developing countries [J]. World Evaluation of Eco-Industrial Parks Development, 2016, 2: 351-385.

[18] Valenzuela-venegas G, Salgado J C, Díaz-alvarado F A. Sustainability indicators for the assessment of eco-industrial parks: Classification and criteria for selection [J]. Journal of Cleaner Production, 133: 99-116.

[19] Valenzuela-Venegas G, Vera-Hofmann G, Díaz-Alvarado F A. Design of sustainable and resilient eco-industrial parks: Planning the flows integration network through multi-objective optimization [J]. Journal of Cleaner Production,

2020，243：118610.

[20] Veleva V，Bodkin G. Corporate-entrepreneur collaborations to advance a circular economy [J]. Journal of Cleaner Production，2018，188：20-37.

[21] Wang H Q，Li H，Wu X. Study on information needs for promoting the development of circular agriculture [C] //Applied Mechanics and Materials. Trans Tech Publications Ltd，2014，675：1028-1031.

[22] Zhao H，Guo S. Evaluating the comprehensive benefit of eco-industrial parks by employing multi-criteria decision making approach for circular economy [J]. Journal of cleaner production，2017，142：2262-2276.

[23] 包惠玲. 中国生态工业园发展现状研究 [J]. 特区经济，2019 (1)：3.

[24] 陈波，石磊，邓文靖. 工业园区绿色低碳发展国际经验及其对中国的启示 [J]. 中国环境管理，2021，13 (6)：40-49.

[25] 翟一凡. 中外生态工业园管理模式比较研究 [J]. 合作经济与科技，2022 (1)：2.

[26] 福建省人民代表大会常务委员会关于批准福建省"十四五"生态省建设专项规划的决议 [R]. 福建省人民代表大会常务委员会公报，2022：112.

[27] 高尚宾，李季，乔玉辉. 中国生态农场案例调查报告 [M]. 北京：中国农业出版社，2018.

[28] 关于拟命名浙江省杭州市等40个地区为国家生态市（县、区）的公示 [R]. 中华人民共和国环境保护部，2016a.

[29] 关于授予上海市崇明县、广东省珠海市等22个市、县（市、区）"国家生态市、县（市、区）"称号的公告 [R]. 中华人民共和国环境保护部，2016b.

[30] 河南省人民政府办公厅关于印发2016年河南林业生态省建设提升工程实施方案的通知 [R]. 河南省人民政府公报，2016：9-12.

[31] 贺亦农. 林海循环经济示范区发展研究 [D]. 天津：天津大学，2013.

[32] 湖北省人民代表大会常务委员会关于批准《湖北生态省建设规划纲要（修编）（2021-2030年）》的决定 [N]. 湖北日报，2021-09-30 (3).

[33] 李俊夫. 双碳背景下循环经济发展的机遇、挑战与策略 [J]. 现代管理科学，2022 (4)：15-23.

[34] 李玲玲. 丹麦卡伦堡生态工业园的成功经验与启示 [J]. 对外经贸实务，2018 (5)：4.

[35] 李明，汪锋，田超. 欧洲生态城市发展的成功经验及其对中国的借鉴意义 [J]. 特区经济，2016 (5)：48-50.

[36] 李文华. 对生态省建设的几点思考 [J]. 环境保护，2007 (5)：31-35.

[37] 刘柄麟，李琼雯，张超. 基于循环经济的我国可持续发展模式研究 [J]. 内蒙古科技与经济，2016 (20)：13，61.

[38] 刘喜凤，罗宏，张征. 21世纪的工业理念：生态工业 [J]. 北京林业大学学报（社会科学版），2003 (01)：51-55.

[39] 鲁皓. 关于我国循环经济发展模式的研究 [J]. 商场现代化，2015 (30)：222-223.

[40] 马世骏. 高新技术农业应用研究 [M]. 北京：中国科学与技术出版社，1987.

[41] 马世骏. 中国农业生态工程 [M]. 北京：科学出版社，1987.

[42] 山西省人民政府关于印发山西生态省建设规划纲要（2021—2030年）的通知 [R]. 山西省人民政府公报，2022：16.

[43] 石山. 发展中的中国生态农业 [M]. 北京：中国农业科学技术出版社，2001.

[44] 王春华. 以价值链为基础的制糖企业成本控制分析 [J]. 广西蔗糖，2019 (04)：50-52.

[45] 王桂新，李刚. 生态省建设的碳减排效应研究 [J]. 地理学报，2020，75 (11)：12.

[46] 王维. 国内外生态工业园发展趋势研究 [J]. 北方环境，2018 (8)：30.

[47] 吴汉洪，苏睿. 制糖业循环经济发展研究——以广西贵糖集团循环经济为例 [J]. 2021 (2013-4)：30-34.

[48] 谢鑫昌，杨云川，田忆，等. 基于遥感的广西甘蔗种植面积提取及长势监测 [J]. 中国生态农业学报（中英文），2021，29 (2)：410-422.

[49] 谢园园，傅泽强. 循环经济评价研究进展述评 [J]. 环境工程技术学报，2012，2 (5)：422-427.

[50] 杨玲丽. 生态工业园工业共生中的政府作用——欧洲与美国的经验 [J]. 生态经济，2010 (1)：125-128.

[51] 尹昌斌，唐华俊，周颖. 循环农业内涵、发展途径与政策建议 [J]. 中国农业资源与区划，2006 (1)：4-8.

[52] 余谋昌. 生态哲学 [M]. 西安：陕西人民教育出版社，2000.

[53] 张莉红，周敏. 基于面板数据的生态工业园区对产业结构升级的影响研究 [J]. 经营与管理，2024：1-10.

[54] 张雯. 20世纪70年代美国环境政策研究 [D]. 武汉：华中科技大学，2011.

[55] 周园园，何颖，张怀宇，等. 丹麦卡伦堡生态工业园绿色循环发展经验及启示 [J]. 冶金经济与管理，2022 (6)：32-35.

[56] 朱孔来，孙志伟，张首芳，等. 生态省建设进程指标体系及其监测评价 [J]. 管理世界，2007 (2)：166-167.

[57] 《中国生态工业园区建设模式与创新》编委会. 中国生态工业园区建设模式与创新 [M]. 北京：中国环境出版社，2014.